高职高专"十三五"规划教材

立体化数字资源配套教材

本书第一版荣获中国石油和化学工业优秀出版物奖(教材奖)一等奖

机械设计基础

第三版

胡琴 主编　彭永成 主审

化学工业出版社

·北京·

本书是根据高等职业技术教育机械类专业机械设计基础课程教学要求编写的。全书共16章，包括绪论、平面机构的结构分析、平面连杆机构、凸轮机构、间歇运动机构、键联接与销联接、螺纹联接与螺旋传动、带传动、链传动、齿轮传动、蜗杆传动、轮系、轴、轴承、联轴器和离合器、减速器，每章最后均附有重点口诀与知识小结。

为方便教学，本书配套视频、动画、电子教材课件等数字资源，视频、动画等可通过扫描书中二维码观看学习，电子教材课件等资源可登录化学工业出版社教学资源网 www.cipedu.com.cn 免费下载。

本书可作为高等职业学校、高等专科学校、成人高校及中等职业学校的机械类、机电类以及近机类各专业“机械设计基础”教材，也可供有关专业师生和工程技术人员参考。

图书在版编目（CIP）数据

机械设计基础/胡琴主编. —3版. —北京：化学工业出版社，2018.8（2025.1重印）

高职高专“十三五”规划教材　立体化数字资源配套教材

ISBN 978-7-122-32347-7

Ⅰ.①机…　Ⅱ.①胡…　Ⅲ.①机械设计-高等职业教育-教材　Ⅳ.①TH122

中国版本图书馆CIP数据核字（2018）第119913号

责任编辑：韩庆利　　装帧设计：张　辉

责任校对：王　静

出版发行：化学工业出版社（北京市东城区青年湖南街13号　邮政编码100011）

印　　装：河北延风印务有限公司

787mm×1092mm　1/16　印张 $16\frac{1}{2}$　字数425千字　2025年1月北京第3版第7次印刷

购书咨询：010-64518888　　售后服务：010-64518899

网　　址：http://www.cip.com.cn

凡购买本书，如有缺损质量问题，本社销售中心负责调换。

定　　价：42.00元

前言

高等职业技术教育的重点是培养面向生产一线的应用型和技能型人才，除了要求学生具备一定的理论知识外，更注重和强调运用所学知识分析和解决实际问题的能力。 机械设计基础课程是高等工科院校必不可少的一门应用型技术基础课程，重在培养学生的认知能力、应用能力和创新能力，具有理论性和实践性很强的特点，是学习专业课程和从事机械类技术工作的必备基础。

本书是根据高等职业技术教育机械类专业机械设计基础课程教学要求编写的。 本书紧密结合高职高专机械设计基础教学改革的需要，既注重学习、吸收有关院校高职高专教育机械设计基础改革的成果，又尽量体现作者长期教学积累的经验与体会；结合学生的认知能力和素质基础，从实用角度出发，精选内容、恰当组织、简化公式推导；以易用够用为宗旨，体现了高职高专教育的特色。

自 2008 年 6 月本书第一版由化学工业出版社出版以来，经 20 个学期的教学实践证明，使用效果良好，使用评价很高。 本书曾荣获中国石油和化学工业优秀出版物奖（教材奖）一等奖。本版为第三版，编者队伍更加合理。 特别值得一提的是请到了企业专家、高级技师以及技师加入工作。 该书将具有新意、受同学欢迎、经过教学实践证明效果良好、反映职业教育特色及教改要求的相关内容，以及结合教学改革实际和现场专家提供的一些具有职业教育特色的实例新增到教材之中，充分体现产教结合的开发要求。

本书力求形式上的创新，将许多机械机构的应用实例加入教材之中，这些实例均是“大学生机械创新设计与制作大赛”中获奖的作品，这也反映了学生学习《机械设计基础》课程的成效。

全书共 16 章，包括绪论、平面机构的结构分析、平面连杆机构、凸轮机构、间歇运动机构、键联接与销联接、螺纹联接与螺旋传动、带传动、链传动、齿轮传动、蜗杆传动、轮系、轴、轴承、联轴器和离合器、减速器，每章最后均附有重点口诀与知识小结。

参加本书编写的有湖南铁路科技职业技术学院胡琴（第 1、2、3、5、8、11、12、13、14、15、16 章），湖南铁路科技职业技术学院程友斌（第 4、6、7、9 章），湖南铁路科技职业技术学院何燕（第 10 章）。 全书由胡琴主编并统稿，由湖南铁路科技职业技术学院彭永成主审。 周亚焱对书稿的修订进行了指导。

本书配有与该教材内容一致的电子教材，其中视频与动画超过 300 多个。 电子教材全部章节由湖南铁路科技职业技术学院胡琴组稿并编写，由湖南铁路科技职业技术学院程友斌主审。

电子教材不仅是对教材内容的高度概括，而且还是对教材内容的拓展和延伸。 其汇集了丰富的纸质教材所不能表达的图、声、视频等内容。 有关动画采用参数化模型，使构件尺寸可调，且若尺寸给定有误时将有文字提醒。电子教材中的动画过程循序渐进，将理论问题形象化，帮助学生加深理解，同时，也给教师教学带来了极大的便利。电子教材中所有设计例题的图与表均作了超链接处理，方便查取相关数据。

该教材相关数字化资源，如素材库、电子教案、课件、视频资料、习题等内容，以及根据职业教育特色及教改要求，将经过教学实践证明效果良好、反映职业教育特色及教改要求的讨论课、创新实践课课件均上传到世界大学城，并在不断完善之中。

为方便教学，本书配套视频、动画、课件等数字资源，视频、动画等可通过扫描书中二维码观看学习，电子教材课件等资源可登录化学工业出版社教学资源网 www. cipedu. com. cn 免费下载。

在教学过程中有问题可以与本书作者沟通，另外还有“自测练习版块”“电子教材(校园版)”等资源，也可与作者联系，邮箱 46064338@qq. com，949243535@qq. com。

本书可作为高等职业学校、高等专科学校、成人高校及中等职业学校的机械类、机电类以及近机类各专业“机械设计基础”教材，也可供有关专业师生和工程技术人员参考。

本书中带※号的章节可作为选修内容，根据学时及要求的不同进行增删。

本书的编写过程中，编者查阅了大量相关教材与文献资料，得到了许多人士的帮助，其中企业现场专家——中车株洲电力机车公司技师协会的高级技师晏丙午对编写进行了指导，湖南化工职业技术学院李琴和新乡学院刘建华老师、国防科技大学设计员谭幸运以及原湖南铁路科技职业技术学院机械侠协会成员为该书的编写也作出了辛勤的工作，在此一并表示衷心感谢!

限于编者的水平和经验，书中难免有不妥之处，敬请广大读者批评指正。

编者

目 录

第1章　绪论 …… 1
1.1　机构、机器与机械的概念 …… 1
1.1.1　机器与机构 …… 1
1.1.2　零件和构件 …… 3
1.1.3　本章重点概念关系汇总 …… 3
1.2　本课程的性质、内容和任务 …… 4
1.2.1　本课程的性质 …… 4
1.2.2　本课程的内容和任务 …… 4
1.3　本课程的学习方法 …… 4
1.3.1　注重实践性以及综合能力的培养 …… 4
1.3.2　注意本课程自身的系统性 …… 4
1.3.3　学习理论的同时要坚持联系实际 …… 4
1.3.4　重视结构设计 …… 4
1.3.5　继承传统、与时俱进、努力创新 …… 5
1.4　机械设计的基本要求 …… 5
1.4.1　使用要求 …… 5
1.4.2　经济性要求 …… 5
1.4.3　安全可靠性要求 …… 5
1.4.4　工艺性要求 …… 5
1.4.5　其他特殊性要求 …… 5
1.5　机械零件设计的标准化、系列化及通用化 …… 6
1.6　常用的现代化机械设计方法简介 …… 6
思考与练习 …… 6
本章重点口诀 …… 7
本章知识小结 …… 7
第2章　平面机构的结构分析 …… 8
2.1　平面机构的组成 …… 8
2.1.1　自由度、运动副和约束 …… 8
2.1.2　运动副的分类 …… 8
2.2　平面机构运动简图 …… 9
2.2.1　机构运动简图及作用 …… 9
2.2.2　绘制机构运动简图的步骤 …… 11
2.3　平面机构具有确定运动的条件及自由度 …… 13
2.3.1　平面机构的自由度 …… 13
2.3.2　平面机构具有确定运动的条件 …… 14
2.3.3　计算机构自由度时应注意的事项 …… 14
思考与练习 …… 18
本章重点口诀 …… 20
本章知识小结 …… 20
第3章　平面连杆机构 …… 21
3.1　概述 …… 21
3.2　铰链四杆机构的基本类型 …… 23
3.2.1　曲柄摇杆机构 …… 23
3.2.2　双曲柄机构 …… 23
3.2.3　双摇杆机构 …… 25
3.3　铰链四杆机构的演化 …… 26
3.3.1　移动副取代转动副的演化 …… 26
3.3.2　变更机架的演化 …… 26
3.3.3　运动副元素逆换的演化 …… 26
3.3.4　扩大回转副的演化 …… 28
3.4　铰链四杆机构的基本特性 …… 29
3.4.1　铰链四杆机构曲柄存在条件 …… 29
3.4.2　急回运动 …… 30

3.4.3 压力角和传动角 …………………… 30
3.4.4 死点 ………………………………… 32
※3.5 平面四杆机构的设计 ………………… 32
3.5.1 平面连杆机构设计的基本问题 ………………………………… 32
3.5.2 按照给定的行程速比系数设计四杆机构 ……………………… 32
3.5.3 按给定连杆位置设计四杆机构 ………………………………… 34
3.5.4 按照给定两连架杆对应位置设计四杆机构 ……………………… 35
3.5.5 按给定点运动轨迹设计四杆机构 ………………………………… 35
思考与练习 ………………………………… 36
社会实践活动——连杆机构的应用课外调查报告 …………………… 37
本章重点口诀 ……………………………… 37
本章知识小结 ……………………………… 37
第 4 章 凸轮机构 ………………………… 39
4.1 凸轮机构的应用和分类 ………………… 39
4.1.1 应用举例 ………………………… 39
4.1.2 凸轮机构分类 …………………… 40
4.1.3 凸轮机构的特点 ………………… 41
4.2 从动件的常用运动规律 ………………… 42
4.2.1 术语介绍 ………………………… 42
4.2.2 几种常见的从动件运动规律 …… 42
4.3 图解法设计凸轮轮廓 …………………… 44
4.3.1 绘制原理 ………………………… 44
4.3.2 几种常见的凸轮轮廓的绘制 …… 45
4.4 设计凸轮机构应注意的问题 …………… 47
4.4.1 滚子半径的选择 ………………… 47
4.4.2 压力角的确定 …………………… 47
4.4.3 基圆半径对凸轮机构的影响 …… 48
思考与练习 ………………………………… 49
本章重点口诀 ……………………………… 50
本章知识小结 ……………………………… 50
第 5 章 间歇运动机构 …………………… 52
5.1 棘轮机构 ………………………………… 52
5.1.1 棘轮机构的基本组成及工作原理 ………………………………… 52
5.1.2 棘轮机构的常见类型及特点 …… 52
5.1.3 棘轮机构的主要功能 …………… 54
5.2 槽轮机构 ………………………………… 55
5.2.1 槽轮机构的基本组成及工作原理 ………………………………… 55
5.2.2 槽轮机构的常见类型、特点及应用 ………………………………… 55
5.3 不完全齿轮机构简介 …………………… 56
5.3.1 不完全齿轮机构的组成及工作原理 ………………………………… 56
5.3.2 不完全齿轮机构的特点及应用 ………………………………… 57
思考与练习 ………………………………… 57
本章重点口诀 ……………………………… 57
本章知识小结 ……………………………… 58
第 6 章 键联接与销联接 ………………… 59
6.1 键联接和花键联接 ……………………… 59
6.1.1 键联接的类型和结构 …………… 59
6.1.2 平键联接计算 …………………… 60
6.1.3 花键联接 ………………………… 63
6.2 销联接 …………………………………… 64
6.3 其他联接简介 …………………………… 65
思考与练习 ………………………………… 66
本章重点口诀 ……………………………… 66
本章知识小结 ……………………………… 66
第 7 章 螺纹联接与螺旋传动 …………… 67
7.1 螺纹的形成、分类和参数 ……………… 67
7.1.1 螺纹的形成 ……………………… 67
7.1.2 螺纹的分类 ……………………… 67
7.1.3 螺纹的参数 ……………………… 68
7.2 机械设备常用螺纹及螺纹的代号与标记 …………………………………… 69
7.2.1 机械设备常用螺纹 ……………… 69
7.2.2 螺纹的代号与标记 ……………… 70
7.3 常用螺纹联接件和螺纹联接的基本类型 …………………………………… 70
7.3.1 常用螺纹联接件 ………………… 70
7.3.2 螺纹联接的基本类型 …………… 72
7.4 螺纹联接的预紧和防松 ………………… 72
7.4.1 螺纹联接的预紧 ………………… 72

7.4.2 螺纹联接的防松 …………………… 73
7.5 螺栓联接的设计 …………………… 74
7.5.1 螺纹联接的强度计算 …………………… 74
7.5.2 螺栓组的结构设计 …………………… 78
7.5.3 提高螺栓联接强度的措施 ……… 79
7.6 螺旋传动 …………………… 81
7.6.1 螺旋传动的应用和类型 ………… 82
7.6.2 滚动螺旋简介 …………………… 83
思考与练习 …………………… 84
本章重点口诀 …………………… 84
本章知识小结 …………………… 85
第 8 章 带传动 …………………… 86
8.1 带传动的类型和特点 …………………… 86
8.1.1 带传动的类型 …………………… 86
8.1.2 带传动的特点 …………………… 87
8.2 普通 V 带和 V 带轮 …………………… 87
8.2.1 普通 V 带 …………………… 88
8.2.2 V 带轮 …………………… 88
8.3 带传动的工作能力分析 …………………… 91
8.3.1 带传动的受力分析 …………………… 91
8.3.2 带的应力分析 …………………… 92
8.3.3 弹性滑动和打滑 …………………… 93
8.4 普通 V 带传动的设计计算 …………………… 94
8.4.1 带传动的失效形式及设计准则 …………………… 94
8.4.2 单根 V 带的基本额定功率和许用功率 …………………… 94
8.4.3 普通 V 带传动的设计步骤和参数选择 …………………… 97
8.5 带传动的张紧、安装与维护 ………… 102
8.5.1 带传动的张紧 …………………… 102
8.5.2 带传动的安装与维护 ………… 103
思考与练习 …………………… 103
本章重点口诀 …………………… 104
本章知识小结 …………………… 104
※第 9 章 链传动 …………………… 105
9.1 链传动特点及应用 …………………… 105
9.2 链条 …………………… 106
9.2.1 链条的种类 …………………… 106
9.2.2 滚子链基本参数和尺寸 ……… 106
9.3 滚子链链轮 …………………… 107
9.4 链传动的运动分析和受力分析 ……… 108
9.4.1 平均传动比 …………………… 108
9.4.2 瞬时链速和传动比 …………… 108
9.5 链传动的主要参数以及链传动的布置 …………………… 109
9.5.1 链传动的主要参数及选择 ……… 109
9.5.2 链传动的布置 …………………… 110
思考与练习 …………………… 111
本章重点口诀 …………………… 111
本章知识小结 …………………… 111
第 10 章 齿轮传动 …………………… 112
10.1 齿轮传动的特点及类型 …………… 112
10.1.1 齿轮传动的特点 …………………… 112
10.1.2 齿轮传动的分类与应用 ……… 112
10.1.3 齿轮传动的基本要求 ………… 113
10.2 齿廓啮合基本定律 …………………… 113
10.3 渐开线齿形 …………………… 114
10.3.1 渐开线的形成 …………………… 114
10.3.2 渐开线的性质 …………………… 114
10.3.3 渐开线齿轮啮合特点 ………… 115
10.4 渐开线直齿圆柱齿轮基本参数和几何尺寸计算 …………………… 116
10.4.1 齿轮各部分的名称 …………… 116
10.4.2 渐开线直齿圆柱齿轮的基本参数 …………………… 117
10.4.3 标准直齿圆柱齿轮几何尺寸计算 …………………… 118
10.4.4 标准齿轮的公法线长度 ……… 119
10.4.5 径节制齿轮简介 …………………… 120
10.5 渐开线标准齿轮的啮合传动 ……… 120
10.5.1 正确啮合的条件 …………………… 120
10.5.2 重合度 …………………… 120
10.6 渐开线齿轮的加工方法及根切现象 …………………… 121
10.6.1 仿形法 …………………… 121
10.6.2 范成法 …………………… 122
10.6.3 范成法加工时的根切现象 …… 123
10.7 变位齿轮传动的基本知识 ………… 124
10.7.1 变位齿轮的概念 …………………… 124

10.7.2 最小变位系数 …………………… 124
10.7.3 变位齿轮几何尺寸和传动类型 ……………………………… 125
10.8 齿轮传动的失效形式 ………………… 126
10.9 齿轮材料及热处理……………………… 127
10.9.1 对齿轮材料的要求 …………… 127
10.9.2 齿轮的常用材料………………… 128
10.10 齿轮传动的精度 ………………… 129
10.11 标准直齿圆柱齿轮传动的强度计算 ……………………………… 130
10.11.1 齿轮传动设计准则 ………… 130
10.11.2 受力分析 ……………………… 130
10.11.3 计算载荷 ……………………… 131
10.11.4 齿面接触疲劳强度计算……… 131
10.11.5 齿根弯曲疲劳强度计算……… 133
10.11.6 参数选择 ……………………… 134
10.11.7 圆柱齿轮的结构设计 ……… 135
10.11.8 设计步骤 ……………………… 136
10.12 斜齿圆柱齿轮传动 ……………… 139
10.12.1 斜齿圆柱齿轮齿廓的形成及传动特点 ……………………… 139
10.12.2 斜齿圆柱齿轮的基本参数和几何尺寸计算 ………………… 140
10.12.3 平行轴渐开线斜齿轮正确啮合的条件和重合度 …………… 141
10.12.4 斜齿轮的当量齿数 ………… 141
10.12.5 斜齿圆柱齿轮传动的强度计算 ………………………… 142
10.13 圆锥齿轮传动 …………………… 145
10.13.1 圆锥齿轮概述 ……………… 145
10.13.2 背锥和当量齿数 …………… 146
10.13.3 直齿圆锥齿轮几何尺寸计算 ………………………… 147
10.13.4 直齿圆锥齿轮传动的强度计算 ………………………… 148
思考与练习 ………………………………… 148
本章重点口诀 ……………………………… 149
本章知识小结 ……………………………… 150
第 11 章 蜗杆传动………………………… 152
11.1 概述 ……………………………………… 152
11.1.1 蜗杆、蜗轮的形成以及蜗杆传动的特点 ……………………………… 152
11.1.2 蜗杆传动的分类…………………… 153
11.2 圆柱蜗杆传动的主要参数和几何尺寸 ………………………………………… 154
11.2.1 圆柱蜗杆传动的主要参数 …… 154
11.2.2 圆柱蜗杆传动的几何尺寸计算 ……………………………… 156
11.3 蜗杆传动的失效形式、材料和结构 ……………………………… 156
11.3.1 蜗杆传动的失效形式 ………… 156
11.3.2 材料选择 ………………………… 157
11.3.3 蜗杆及蜗轮的结构 …………… 157
11.4 蜗杆传动的强度计算 ………………… 157
11.4.1 蜗杆传动的受力分析 ………… 157
11.4.2 蜗杆传动的强度计算 ………… 158
11.5 蜗杆传动的效率、润滑和热平衡计算 ……………………………………… 159
11.5.1 蜗杆传动的效率……………………… 159
11.5.2 蜗杆传动的润滑……………………… 160
11.5.3 蜗杆传动的热平衡计算 ……… 160
思考与练习 ……………………………………… 161
本章重点口诀 …………………………………… 162
本章知识小结 …………………………………… 162
第 12 章 轮系……………………………… 163
12.1 轮系及其类型 ………………………… 163
12.1.1 定轴轮系 ………………………… 163
12.1.2 周转轮系 ………………………… 163
12.2 定轴轮系传动比计算 ………………… 164
12.2.1 一对齿轮传动的计算 ………… 164
12.2.2 定轴轮系传动比的一般式 …… 164
12.2.3 惰轮 ……………………………… 165
12.2.4 定轴轮系传动比计算 ………… 165
12.3 周转轮系及其传动比 ………………… 168
※12.4 混合轮系传动比的计算 ………… 170
12.5 轮系的功用 …………………………… 171
12.5.1 获得大传动比 ………………… 171
12.5.2 实现远距离的两轴之间的传动 ……………………………… 172
12.5.3 实现变速传动(多传动比传动)

和换向要求 …………………… 172
12.5.4 实现合成运动和分解运动 …… 172
12.5.5 实现分路传动 ………………… 173
12.5.6 在尺寸及重量较小的情况下，实现大功率传动………………… 174
12.5.7 实现复杂的运动规律和运动轨迹 …………………………… 174
思考与练习……………………………… 174
本章重点口诀 ………………………… 176
本章知识小结 ………………………… 176
第13章 轴…………………………… 177
13.1 概述………………………………… 177
13.1.1 轴的功用和类型………………… 177
13.1.2 设计轴的基本要求 ……………… 178
13.1.3 设计轴的一般步骤 ……………… 178
13.2 轴的材料及选择 …………………… 179
13.3 轴的结构设计 ……………………… 180
13.3.1 轴的各部分名称………………… 180
13.3.2 拟定轴上零件的装配方案 …… 181
13.3.3 零件在轴上的定位和固定 …… 181
13.3.4 确定各轴段的直径和长度 …… 184
13.3.5 轴的加工和装配工艺性 ……… 184
13.3.6 提高轴疲劳强度的措施 ……… 187
13.3.7 轴的切削加工及结构设计工艺性图例 …………………………… 188
13.3.8 轴的结构实例分析 ……………… 192
13.4 轴的强度计算 ……………………… 193
13.4.1 初略计算(按扭转强度估算和按经验公式估算) ……………… 193
13.4.2 概略计算(按弯扭合成进行强度计算) ……………………… 195
13.5 轴的刚度校核 ……………………… 196
13.5.1 轴的弯曲刚度校核 ……………… 196
13.5.2 轴的扭转刚度校核 ……………… 197
13.6 轴的设计示例分析………………… 197
思考与练习……………………………… 202
本章重点口诀 ………………………… 203
本章知识小结 ………………………… 203
第14章 轴承…………………………… 205
14.1 滑动轴承概述 ……………………… 205
14.1.1 滑动轴承的特点、应用及分类 ………………………………… 205
14.1.2 滑动轴承的典型结构 ………… 205
14.1.3 滑动轴承的轴瓦结构和材料 ……………………………… 207
14.1.4 滑动轴承的润滑……………… 209
14.2 滚动轴承的结构与材料 …………… 212
14.2.1 滚动轴承的基本结构 ………… 212
14.2.2 滚动轴承的材料……………… 212
14.3 滚动轴承的主要类型、性能和特点 ……………………………… 213
14.3.1 滚动轴承的主要类型 ………… 213
14.3.2 滚动轴承类型的选择 ………… 214
14.4 滚动轴承的代号 …………………… 216
14.4.1 基本代号 ……………………… 216
14.4.2 前置代号和后置代号 ………… 218
14.5 滚动轴承的失效形式和尺寸选择 ………………………………… 219
14.5.1 滚动轴承的失效形式 ………… 219
14.5.2 基本额定寿命和基本额定动载荷 ……………………………… 220
14.5.3 滚动轴承寿命的计算公式 …… 220
14.5.4 滚动轴承的当量动载荷 ……… 221
14.5.5 角接触轴承的轴向载荷计算 ……………………………… 222
14.5.6 滚动轴承的静载荷的计算 …… 224
14.6 轴承装置的设计 …………………… 226
14.6.1 滚动轴承的配置……………… 226
14.6.2 滚动轴承的轴向紧固 ………… 227
14.6.3 滚动轴承的调整……………… 228
14.6.4 滚动轴承的配合……………… 229
14.6.5 滚动轴承的预紧……………… 229
14.6.6 滚动轴承的装拆……………… 230
14.6.7 滚动轴承的润滑……………… 230
14.6.8 滚动轴承的密封……………… 230
思考与练习……………………………… 231
本章重点口诀 ………………………… 232
本章知识小结 ………………………… 232
第15章 联轴器和离合器………………… 234
15.1 联轴器 ……………………………… 234

15.1.1 联轴器的组成和分类 ………… 234
15.1.2 固定式刚性联轴器 …………… 235
15.1.3 可移式刚性联轴器 …………… 236
15.1.4 弹性联轴器 ………………… 238
15.1.5 联轴器的选择 ……………… 239
15.2 离合器 ……………………………… 241
15.2.1 离合器的组成与分类 ………… 241
15.2.2 嵌入式离合器 ……………… 242
15.2.3 摩擦式离合器 ……………… 242
15.2.4 特殊功能离合器……………… 243
思考与练习 ……………………………… 243
本章重点口诀 …………………………… 244
本章知识小结 …………………………… 244
第 16 章 减速器………………………… 245
16.1 减速器的类型和特点 ……………… 245
16.1.1 圆柱齿轮减速器……………… 247
16.1.2 圆锥齿轮减速器……………… 247
16.1.3 蜗杆减速器 ………………… 248
16.2 减速器的结构 ……………………… 248
16.2.1 箱体 ………………………… 248
16.2.2 附件 ………………………… 249
16.3 减速器的润滑 ……………………… 250
16.3.1 传动零件的润滑……………… 250
16.3.2 轴承的润滑 ………………… 251
思考与练习 ……………………………… 252
本章重点口诀 …………………………… 252
本章知识小结 …………………………… 252
参考文献 ……………………………… 253

第1章 绪论

1.1 机构、机器与机械的概念

1.1.1 机器与机构

人类从使用简单工具到设计、制造和利用现代化机械改造自然、造福社会，经历了漫长的岁月。为了满足生活的需求以及生产的需要，人们创造出各式各样的机器，其目的是为了代替或减轻人的劳动，提高劳动生产率。

生产的机械化和自动化水平是衡量一个国家社会生产力发展水平的重要标志之一。现代机械工业发展迅猛，对机械产品的要求也日益苛刻，高到宇宙探测、深到深海作业、快到数倍于声速、小到在血管爬行、细到纳米级位移，说到重达超万吨的运输机不为奇，谈到长达27km长强子对撞机也不为怪，讲到大至数百吨汽车以及数千吨的起重机更是见怪不怪了。随着科学技术水平的不断发展，新概念、新理论、新方法和新工艺层出不穷，机器的种类也正在不断增多、性能不断改进、职能不断扩大、应用不断增强，不断向着高速、高精度、重载、低噪声方向发展。

机器的种类繁多，其结构、性能和用途也各不相同，但从组成、运动和功能关系上分析，机器均具有一些共同的特征。下面来分析两个实例。

如图1-1所示为颚式破碎机，由电动机1、带轮2、V带3、带轮4、偏心轴5、动颚板6、肘板7、定颚板8以及机架等组成。电动机的转动通过带传动带动偏心轴转动，进而使动颚板产生平面运动，与定颚板一同实现压碎物料的作用。

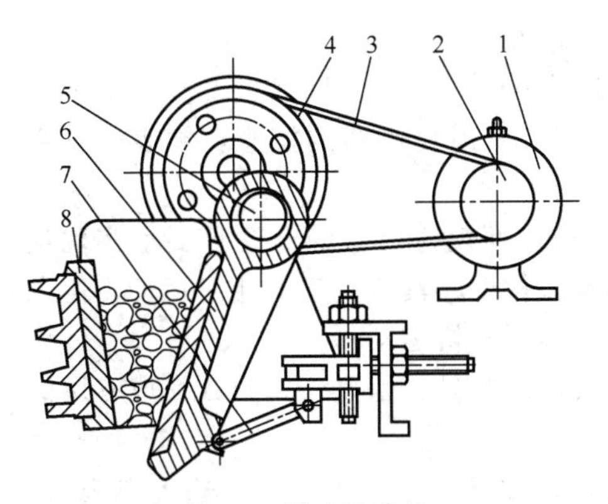

图1-1 颚式破碎机

图1-2 南方125摩托车发动机

颚式破碎机

摩托车发动机

如图1-2所示为南方125摩托车发动机，它是由配气凸轮轴1、配气链轮对2、排气门

3、进气门4、活塞5、左机体6、磁电机7、汽缸体8、连杆9、曲轴10、离合器11、变速齿轮组12、右机体13、输出链轮14等组成。其工作原理是：缸体内气体燃烧膨胀，推动活塞运动，由连杆将动力传递到曲轴，从而带动曲轴转动；曲轴运转时，带动与之相连的输出齿轮、配气链轮对和磁电机；输出齿轮通过离合器将动力传输到变速机构实现换挡变速；配气链轮对带动配气凸轮轴运转实现进、排气；磁电机发电给整车供电。上述各部分必须协调工作，才能保证摩托车正常行驶。

机械侠组

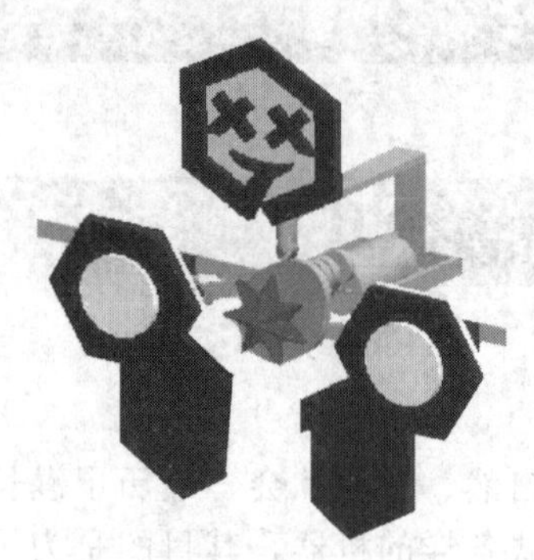

图1-3　机械侠协会会徽动画模型

如图1-3所示为湖南铁路科技职业技术学院机械侠协会的会徽动画作品，其中用到了连杆机构和凸轮机构，由电机驱动让其运动。

(1) 机器的特征

从以上三个实例可以得出机器有三个共同的特征：

① 都是一种人为的实物组合；

② 各部分形成运动单元，各单元之间具有确定的相对运动；

③ 能实现能量转换或完成有用的机械功（注意，该特征后面有补充）。

同时具备这三个特征的称为机器，仅具备前两个特征的称为机构。机构是具有确定相对运动实物（构件）的组合。

由此可见，机器是由机构组成的，但从运动观点分析，两者并无差异，工程上将机器与机构统称为机械。

上面所讲的机构一般都是由刚性构件组成的，称为狭义机构。而现代机构中除了刚性构件外，根据机构需要还可能有弹性构件以及电、磁、液、气、声、光等功能单元，这样的机构称为广义机构。任何机械都经历了简单→复杂的发展过程。以起重机为例：斜面→杠杠→起重轱辘→滑轮组→手动（电动）葫芦→现代起重机（包括龙门吊、汽车吊、鹤式吊、卷扬机、叉车、电梯——电脑控制）。

随着机械的发展，“机械”的含义也在发生着变化，有关机械的知识也在逐步完善。GB/T 10853—2008《机器理论与机构学术语》中规定的定义为：机器是执行机械运动的装置，用来变换或传递能量、物料、信息；机构是用来传递运动和力的，有一个构件为机架的，用构件间能够相对运动的联接方式组成的构件系统。

将机器的概念与先前的定义加以对照，可以看出区别在于：

① 过去把“做机械功或转换能量”作为机器的必要条件，钟表、打字机、发报机都不满足这一条件，因此只能视为机构，不能称为机器；而按照现代机器的概念，钟表、打字机、发报机用于传递信息，都属于机器。

② 过去把“确定的相对运动”作为机器的必要条件，而现代机器的概念只要求实现预期功能，不强调确定的相对运动。虽然绝大多数机器要求构件间具有确定的相对运动，但也有少数机器期望产生随机运动，例如摇奖机的号球就要实现随机运动。

综上所述，机器的第三特征应为：能够用来变换或传递能量、信息与物料或完成有用的机械功。

另外，不是“执行机械运动的装置”不能算作机器。如日常生活中的收音机、电视机，虽然都有一个“机”字，但它们只是一个电器装置而已。

还有，在某些情况下，组成机构的构件已不能再简单地视为刚体。有些时候，气体和液体也参与了实现预期的机械运动；有些机器，还包括了使其内部各机构协调动作的控制系统和信息处理与传递系统等；在某些方面，机器不仅可以代替人的体力劳动，而且还可以代替人的脑力劳动，如智能机器人。

(2) 机器的类型

按照用途的不同，机器分为动力机器、工作机器和信息机器。

内燃机

① 动力机器——实现机械能与其他形式能量间的转换。如电动机、内燃机、发电机等，都属于动力机器。动力机器可分为原动机（将其他能转换为机械能）与转换机（将机械能转换为其他能）。

② 工作机器——利用机械能做机械功或搬运物品。如金属切削机床、汽车、飞机、机车、织布机、收割机、输送机、机械手等均为工作机器。

③ 信息机器——传递、获取或变换信息。如计算机、打印机、绘图机、照相机、放映机、复印机等。

(3) 机器的组成

现代机器一般由动力装置、传动装置、执行装置和操纵控制装置四部分组成，另外，有时还要有必要的辅助装置。

连杆装配

1.1.2　零件和构件

(1) 构件——机械的运动单元

构件可以是单一的整体，例如曲轴，某些齿轮减速器中的齿轮轴等；也可以是若干零件的刚性组合体，例如内燃机的连杆（图 1-4）是一个构件，它由连杆体 1、连杆盖 4、螺栓 2 和螺母 3 组成，还有某些齿轮减速器中的从动件（由阶梯轴、齿轮、键等组成）。

(2) 零件——机械的制造单元

机械零件又分为通用零件和专用零件。通用零件是指各种机械中经常用到的零件，如螺栓、螺母、轴和齿轮等。专用零件是指在某些机械中才用到的零件，如内燃机的曲轴、起重机的吊钩等。

另外，还常把一组协同工作的零件组成的，独立制造或独立装配的组合体称为部件，如联轴器、减速器等。

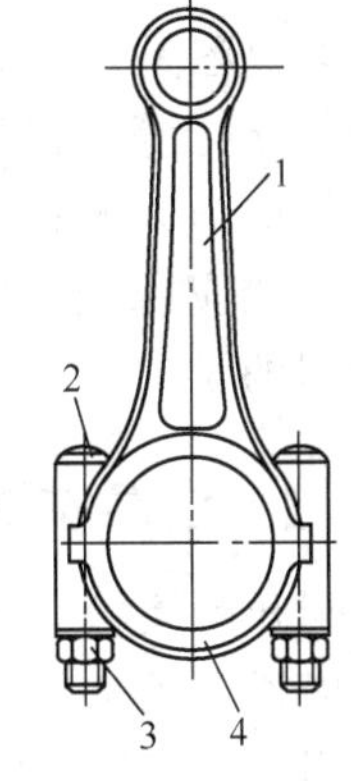

图 1-4　连杆的组成

1.1.3　本章重点概念关系汇总

重点内容关系链：零件—构件—机构—机器—机械。

各个重点概念汇总表见表 1-1。

表 1-1　重点概念汇总

概念		特　征	功　用	分　类
机械	机器	(1)由若干构件组成 (2)各构件之间具有确定的相对运动 (3)能够用来变换或传递能量、信息与物料或完成有用的机械功	用来变换或传递能量、信息与物料或完成有用的机械功	(1)动力机器——实现机械能与其他形式能量间的转换(可分为原动机与转换机) (2)工作机器——做机械功或搬运物品 (3)信息机器——传递、获取或变换信息
	机构	(1)由若干构件组成 (2)各构件之间具有确定的相对运动	用来变换或传递运动	连杆机构、凸轮机构、间歇运动机构、齿轮机构等
构件	运动单元(分为原动件、从动件与机架三类)			
零件	制造单元(分为通用与专用两类)			

1.2 本课程的性质、内容和任务

1.2.1 本课程的性质

本课程是一门理论性和实践性很强的专业技术基础课，是后续专业课程学习或解决工程实践问题的必备基础，是机械类和近机械类专业的主干基础课程。

1.2.2 本课程的内容和任务

① 常用机构——平面连杆机构、凸轮机构及步进运动机构等。

② 机件联接——键、销联接及螺纹联接。

③ 机械传动——螺旋传动、带传动、链传动、齿轮传动、蜗杆传动、轮系及减速器。

④ 轴系零、部件——轴、轴承、联轴器及离合器。

本课程的任务是：培养学生掌握常用机构和通用机械零件的基本知识、基本理论和基本技能，初步具有分析、设计、维护机械零件和简单机械传动装置的能力，为今后解决生产实际问题及学习专业课程和新的科学技术打下基础。

1.3 本课程的学习方法

1.3.1 注重实践性以及综合能力的培养

本课程是一门综合性的课程，不仅要求数学、物理、工程力学、机械制图、金工和公差与配合等先修课程打好基础，更重要的是如何将众多学科的知识综合运用，提高设计工作能力以及机械的使用和维护能力，解决生产实际问题。本课程将多门先修课程的基本理论应用到实际中去，解决有关实际问题，因此，先修课程的掌握程度将直接影响本课程的学习。

1.3.2 注意本课程自身的系统性

刚开始接触本课程时，学习上会有“没有系统性”、“逻辑性差”等错觉，这是由于在之前习惯了文化基础课的系统性所造成的。在本课程中，虽然不同研究对象所涉及的理论基础不相同，且相互之间无多大关系，但最终的研究目的只有一个，即设计出能应用的机构、零件等。本课程的各部分内容都是按照工作原理、结构、强度计算、使用维修的顺序介绍的，有其自身的系统性，学习时应注意这一特点。

1.3.3 学习理论的同时要坚持联系实际

本课程的计算步骤和计算结果不像基础课那样具有唯一性，且本课程常常采用很多经验公式、参数以及简化计算（条件性计算）等，这是由于实践中所发生的问题很复杂，很难用纯理论的方法来解决，这样一来往往会给学生造成“不讲道理”、“没有理论”等错觉，这点必须在学习过程中逐步适应。

1.3.4 重视结构设计

计算对解决设计问题虽然很重要，但并不是唯一要求的能力。学生必须逐步培养把理论计算与设计、工艺等结合起来解决设计问题的能力。

1.3.5　继承传统、与时俱进、努力创新

机械行业历史悠久，本课程的知识内容均是前人发明创造的总结，我们应该继承下来，并发扬光大。

继承下来，就是要学懂弄通，而发扬光大则强调要不断创新。

“创新”是指提出或完成具有独特性、新颖性和实用性的理论或产品的过程。由于机械是机器与机构的总称，而机构又是机器中的机械运动的主体，所以机械创新的实质内容是机构的创新。

湖南铁路科技职业技术学院有一个机械侠协会，是湖南省高校“优秀社团”和“十佳社团”之一。协会本着团结、严谨、睿智、创新精神，立志于创新机械、和谐生活、放飞梦想、成就理想，设计并制作了一批机械创新作品，参加大学生机械创新大赛，成绩颇丰。有关机械侠协会以及机械创新方面的情况可登录世界大学城了解。

1.4　机械设计的基本要求

1.4.1　使用要求

使用要求是对机械产品的首要要求，它是设计的最基本的出发点，是指实现预定的功能，满足运动和动力性能的功能性要求。

1.4.2　经济性要求

这是一个综合性指标，表现在设计制造和使用两个方面。提高设计制造经济性的途径有三条：使产品系列化、标准化、通用化；运用现代化设计制造方法；科学管理。提高使用经济性的途径有四条：提高机械化、自动化水平；提高机械效率；延长使用寿命；防止无意义的损耗。

1.4.3　安全可靠性要求

安全可靠性要求是指机械产品在规定的使用条件下、规定的时间内，应具有完成规定功能的能力，它是机械产品的必备条件。

安全可靠性要求有三个含义：设备本身不因过载、失电以及其他偶然因素而损坏；切实保障操作者的人身安全（劳动保护性）；不会对环境造成破坏。

1.4.4　工艺性要求

工艺性要求包含两个方面：装配工艺性；零件加工工艺性。在不影响工作性能的前提下，应使机构尽可能简化，力求用简单的机构装置取代复杂的装置去实现同样的功能，为便于拆装，应尽量使用标准件。为使零件的结构合理，就要很好地处理设计与制造的矛盾，满足加工制造的需要。

1.4.5　其他特殊性要求

针对某一具体的机器，都有一些特殊的要求。例如：飞机结构重量要轻；起重机、钻探机等流动使用机械要便于装拆和运输；食品、印刷等机械不得对产品造成污染等。

1.5 机械零件设计的标准化、系列化及通用化

标准化、系列化和通用化简称为机械产品的“三化”。“三化”是我国现行的一项很重要的技术政策，是缩短产品设计周期、提高产品质量和生产效率、降低生产成本的重要途径。

机械设计中的标准化是指对零件的特征参数及其结构尺寸、检验方法和制图的规范化要求。机械零件设计的标准分为国家标准（GB)、部颁标准（如 JB、HB 等）和企业标准三级，这些标准（特别是国家和有关部颁标准）是在机械设计中必须严格遵守的。此外，进出口产品一般还应符合国际标准化组织制定的国际标准（ISO)。

有不少通用零件，如螺纹联接件、滚动轴承等，由于应用范围广、用量大，已经高度标准化成为标准件。设计时只需根据设计手册或产品目录选定型号和尺寸，向专业商店或工厂订购。此外，有很多零件虽使用范围极为广泛，但在具体设计时随着工作条件的不同，在材料、尺寸、结构等方面选择也各不相同，这种情况则可对其基本参数规定标准的系列化数列，如齿轮的模数等。

通用化是指在不同规格的同类产品或不同类产品中采用同一结构和尺寸的零件部分，以减少零部件的种类，简化生产管理过程，降低成本和缩短生产周期。

1.6 常用的现代化机械设计方法简介

机械设计的历史可以追溯到人类开始制造和使用工具的初期；在经历了直觉设计、经验设计、半经验半理论设计的漫长演变历程后，到 20 世纪 70 年代随着计算机科学与技术迅猛发展，利用计算机来完成技术设计的有关分析、计算和绘图作业的计算机辅助设计逐渐得到开发应用。

计算机辅助设计与计算机辅助制造 CAD/CAM/Pro E/UG 是利用计算机系统对产品进行描述，并在计算机内建立模型的工作过程。该技术是 20 多年来飞速发展起来的一种综合性高新技术，是最富发展潜力的新兴生产力，其应用对传统的设计方法和组织生产模式都是一场深刻的变革。不仅仅能利用计算机来代替人工分析、计算和绘图，在机械设计的全过程中发挥计算机的效能，还出现了协助技术人员进行工艺设计的 CAPP，以及将人工智能应用于方案设计、技术设计以及工艺设计的专家系统，以实现自动化、智能化；进而又提出将设计、制造及生产管理等应用计算机加以集成化的计算机制造系统（CIMS)，现已获得初步成效。另外，工程设计方法学的研究也得到重视和长足的进展，如系统化设计、优化设计、人机工程以及可靠性设计等；近年来随着对知识经济的认识和对创造性的高度重视，机械创新设计已经成为一个重要研究方向。

所以，在学习本课程的同时，密切关注有关领域的发展动向和最新成果，才可能适应科学技术飞速发展和激烈的国际市场竞争。

思考与练习

1-1 什么是机械、机器、机构、构件、零件？

1-2 下列实物中哪些是机器？哪些是机构？

(1) 车床；(2) 内燃机车；(3) 机械式钟表；(4) 台虎钳；(5) 客车车辆；(6) 游标卡尺

1-3 下列实物中哪些是构件？哪些是零件？

(1) 内燃机的连杆；(2) 齿轮；(3) 火车轮；(4) 自行车轮；(5) 键；(6) 螺钉

1-4　下列实物中哪些是通用零件？哪些是专用零件？

(1) 电风扇的叶片；(2) 螺母；(3) 内燃机的曲轴；(4) 起重吊钩；(5) 齿轮；(6) 垫片

本章重点口诀

机设概念要牢记，机构机器称机械，
机器特征有三点，作用功能与信息，
机构特征前两点，功用着重传运动，
制造单元是零件，运动单元称构件。

本章知识小结

1. 零件——制造单元
   - 通用零件
   - 专用零件

2. 构件
   - 原动构件
   - 从动构件
   - 机架（固定构件）

3. 机械
   - 机器——三个特征
     - 由若干构件组成
     - 各构件之间具有确定的相对运动
     - 功与能的转换、信息的传递
   - 机构——两个特征
     - 由若干构件组成
     - 各构件之间具有确定的相对运动

4. 机器的类型
   - 动力机
     - 原动机
     - 转换机
   - 工作机
   - 信息机

5. 机器的组成
   - 原动部分
   - 传动部分
   - 执行部分
   - 操作部分
   - 辅助部分

6. 机械产品的“三化”
   - 标准化
   - 系列化
   - 通用化

7. 机械设计的基本要求
   - 使用要求
   - 经济性要求
   - 安全性要求
   - 工艺性要求
   - 其他特殊要求

8. 本课程学习方法
   - 注重实践性以及综合能力的培养
   - 注意本课程自身的系统性
   - 学习理论的同时坚持联系实际
   - 重视结构设计
   - 继承传统、与时俱进、努力创新

第2章

平面机构的结构分析

2.1 平面机构的组成

若机构中所有构件都在同一平面或相互平行的平面内运动，称为平面机构；否则称为空间机构。工程中平面机构运用很广泛，所以本章主要研究平面机构具有确定运动的条件以及平面机构运动简图的绘制方法。

任何一个机构都是由若干构件组成，这些构件可以分为三类：原动件、机架（即固定件）、从动件。将机构中有驱动力或力矩作用的构件称为原动件（主动件、起始构件），有时也可以把运动规律已知的构件称为原动件；机构中固结于参考系的构件称为机架，机构中除了原动件和机架以外的构件通称为从动件。在任何一个机构中，必须有一个并且也必须只能有一个构件作机架；在可动构件中必须有一个或几个构件为原动件。

2.1.1 自由度、运动副和约束

（1）自由度——构件独立运动的数目

作平面运动的构件可有三个独立运动，即 x、y 轴方向的移动和绕 z 轴的转动。而作空间运动的构件有六个独立运动，即三个方向的移动和绕三个轴的转动。

高副

由此可以得到结论：平面运动的构件有三个自由度，空间运动的构件有六个自由度。

（2）运动副——使两构件直接接触的可动联接

运动副的三要素：两个构件；直接接触；有相对运动。它们缺一不可。

当一个构件与另一个构件组成运动副以后，由于构件间的直接接触，使构件的某些独立运动受到限制，构件的自由度便随之减少。

（3）约束——运动副限制独立运动的作用

作平面运动的构件其约束不能超过两个，否则构件就不可能产生相对运动。

齿轮副

2.1.2 运动副的分类

滚子偏心移动从动件盘形凸轮

两构件组成的运动副，无外乎是通过点、线或面接触来实现。按两构件的接触情况可将运动副分为两种。

（1）高副——两构件以点或线接触构成的运动副

高副的相对运动是转动和沿切线方向的移动。一个高副限制一个自由度。两构件组成平面高副时，其运动简图中应画出两构件接触处的曲线轮廓，对于凸轮、滚子，习惯画出其全部轮廓；对于齿轮，常用点画线画出其节圆。

(2) 低副——两构件以面接触构成的运动副

一个低副限制两个自由度。低副按相对运动情况又可分为以下两种。

① 转动副——两构件只能作相对转动的运动副，又称铰链。

② 移动副——两构件只能作相对移动的运动副，如各类滑块相对于联接件的移动。

此外，常用的低副还有球面副和螺旋副，它们都属于空间运动机构范畴，本章不作研究。

常用运动副的符号见表 2-1。

移动副

移动副动画

转动副

转动副动画

球面副

表 2-1　常用运动副的符号

名称			符　号			
			两构件的联接		运动构件与固定构件的联接	
			平行运动平面	垂直运动平面	平行运动平面	垂直运动平面
平面运动副	平面低副	转动副				
		移动副				
	平面高副					
空间低副	螺旋副				固定螺母	固定螺杆
	球面副					

2.2 平面机构运动简图

2.2.1 机构运动简图及作用

(1) 机构运动简图定义

机构运动简图是以简单的线条和符号表示构件和运动副，用以说明机构中各构件之间的相对运动关系的简单图形。

绘制机构运动简图时，不考虑那些与运动无关的因素，如构件的外形、断面尺寸、组成构件的零件数目以及运动副的具体结构，仅仅用简单的线条和符号来代表构件和运动副，并按一定比例确定各运动副的相对位置。一般构件表示方法见表 2-2。

表 2-2　一般构件表示方法

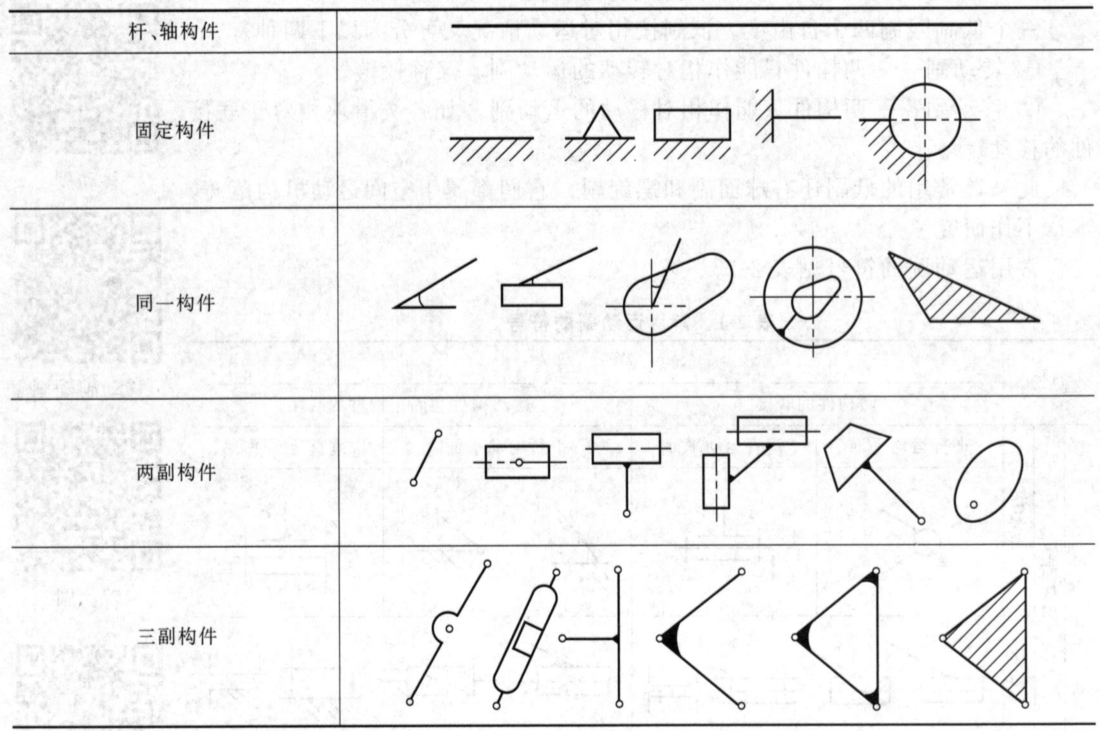

有时只要求定性地表达各构件的相互关系，而不需要借助机构运动简图作机构的运动分析，则在绘制简图时可以不按比例绘制，这种简图称为机构示意图。

常用机构示意图符号见表 2-3（常用机构运动简图表示法可以参考 GB/T 4460—2013）。

表 2-3　常用机构示意图符号（GB/T 4460—2013）

在机架上的电机	带　传　动	链　传　动
外啮合圆柱齿轮传动	内啮合圆柱齿轮传动	齿轮齿条传动
圆锥齿轮传动	圆柱蜗杆传动	凸轮机构

必须强调的是：机构运动简图是一种用简单的线条和符号来表示的工程图形语言。因

此，首先要熟记常用运动副及机构的符号和表示方法，并在此基础上熟练掌握绘制机构运动简图的方法。应注意不要把机械制图中的一些画法照搬到机构运动简图中。在绘制机构运动简图时，符号一定要采用国家标准规定的符号。

(2) 机构运动简图的作用

① 表示机构的结构和运动情况。

② 作为运动分析和受力分析以及判断是否是创新机构的依据。

(3) 机构运动简图应满足的条件

① 构件数目与实际相同。

② 运动副的性质、数目与实际相符。

③ 运动副之间的相对位置以及构件尺寸与实际机构成比例。

2.2.2　绘制机构运动简图的步骤

机构运动简图必须与原机构具有完全相同的运动特性，忽略对运动没有影响的尺寸。只有这样才可以根据运动简图对机构进行运动分析和受力分析。为了达到这一要求，绘制运动简图要遵循以下步骤：

① 根据机构的实际结构和运动情况，找出机构的原动件（即作独立运动的构件）及工作执行构件（即输出运动的构件）；

② 确定机构的传动部分，即确定构件数、运动副、类型和位置；

③ 确定机架，并选定多数机构的运动平面作为绘制简图的投影面；

④ 选择合适的比例尺，用构件和运动副的符号正确绘制出运动简图。

需要说明的是：

① 在机构运动简图中原动件一般用单圆弧箭头（表示转动）、双圆弧箭头（表示摆动）以及直线箭头（表示移动）等符号表示；

② 对于原动件较多的机构可以省略原动件符号，但可以从油缸或者气缸的数目等相关信息中获知原动件的数目。

例如练习题 2-8 中的液压挖掘机机构，其中有三个油缸，即原动件数为 3。自动化程度高的机构或者原动件多的空间机构，省略原动件符号会使运动简图更加清晰。如图 2-1 所示为湖南铁路科技职业技术学院机械侠协会设计并制作的机械创新作品——机器人“乐乐宝贝”的自由度配置图。从图 2-1(a) 可见有 23 个舵机，表明原动件为 23，即给机器人设置了 23 个自由度：每条腿 6 个自由度、手臂 5 个自由度以及躯干一个自由度。图 2-1(b) 示意各舵机运动情况，看上去比较繁琐。

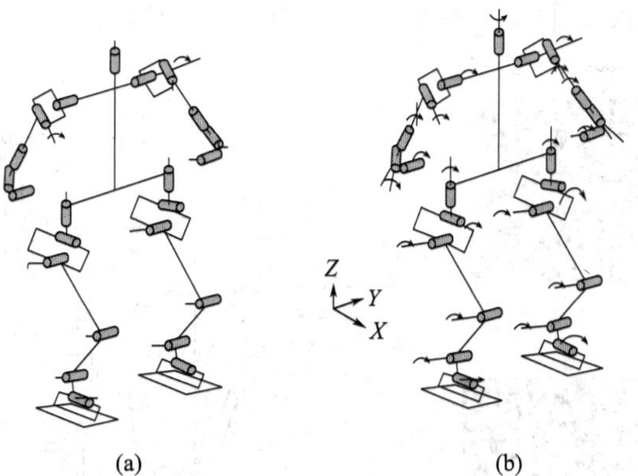

图 2-1　机器人“乐乐宝贝”的自由度配置图

【例 2-1】 如图 2-2(a) 所示为一颚式碎矿机。当偏心轴 1 绕其轴心连续转动时，动颚板 2 作往复摆动，从而将处于动颚板 2 和固定颚板 4 之间的矿石轧碎。试绘制此碎矿机的机构运动简图。

【解】 (1) 此碎矿机由原动件偏心轴 1、动颚板 2、肘板 3 和机架四个构件组成，固定颚板 4 是固定安装在机架上的。

运动简图

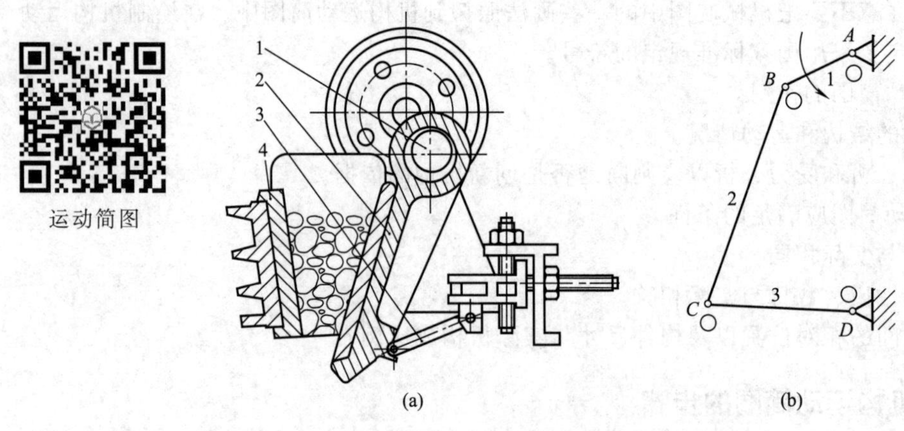

图 2-2　颚式碎矿机及运动简图

（2）偏心轴 1 与机架在 A 点构成转动副（即飞轮的回转中心）；偏心轴 1 与动颚板 2 也构成转动副，其轴心在 B 点（即动颚板绕偏心轴的回转几何中心）；肘板 3 分别与动颚板 2 和机架在 C、D 两点构成转动副。其运动传递为：电动机→皮带→偏心轴→动颚板→肘板

所以，其机构原动件为偏心轴，从动件为动颚板 2、肘板 3，它们与机架共同构成曲柄摇杆机构。

（3）图 2-1(a) 已能清楚表达各构件之间的运动关系，故就选此平面为简图的投影面。

（4）选取合适的比例尺，确定 A、B、C、D 四个转动副的位置，即可绘制出机构运动简图，如图 2-2(b) 所示，最后标出原动件的转动方向（图中“○”表示转动副）。

【例 2-2】 绘制图 2-3(a) 所示的牛头刨床的主体机构简图。其中 1 为床身，2 和 3 为齿轮，4 和 6 为滑块，5 为导杆，7 为滑枕。

牛头刨床 1

牛头刨床 2

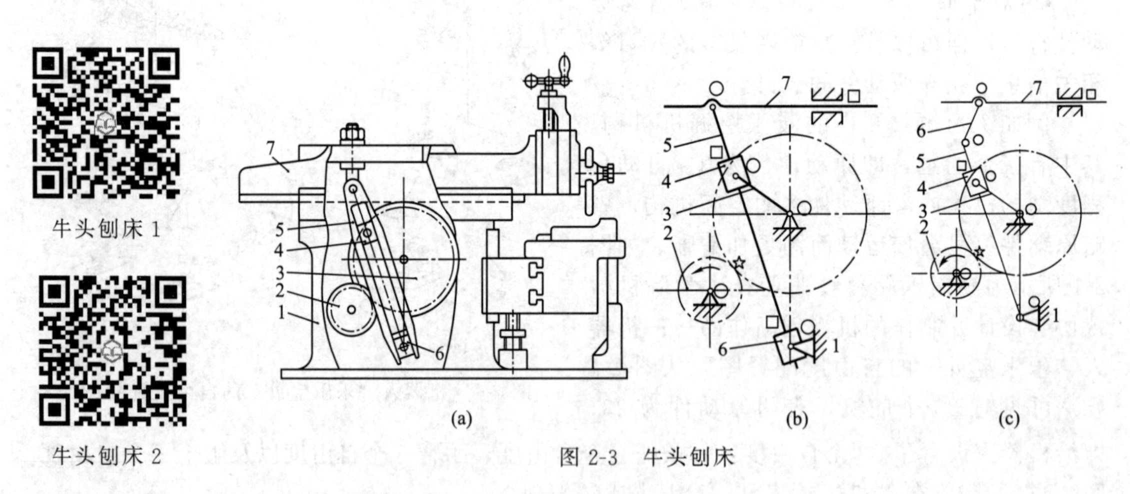

图 2-3　牛头刨床

【解】 （1）牛头刨床主体机构由齿轮机构和平面连杆机构组成。床身为机架，齿轮 2 为原动件，其余构件均为从动件。

（2）构件 2-3 之间组成高副；构件 1-2、1-3、1-6、3-4、5-7 之间组成转动副；构件 4-5、5-6、7-1 之间组成移动副。

（3）图 2-3(a) 已能清楚表达各构件之间的运动关系，故选此平面为简图的投影面。

(4) 选取合适的比例尺，确定出运动副的相对位置，即可绘制出机构运动简图，如图2-3(b) 所示，最后标出原动件的转动方向（图中“○”表示转动副，“□”表示移动副，“☆”表示高副）。

图 2-3(c) 也是牛头刨床的机构运动简图，所不同的是构件 6 由滑块变成了杠杆，因此构件 5 与构件 6 之间的移动副变成了转动副。

2.3 平面机构具有确定运动的条件及自由度

2.3.1 平面机构的自由度

自由运动构件通过运动副组成机构时，由于运动副产生的约束，其自由度将随之减少。至于自由度减少的数目，则因运动副性质的不同而不同。作为平面机构，其运动副只能是低副（转动副和移动副）和高副。在低副中，转动副和移动副分别限制了构件的两个自由度（即两个移动或一个移动和一个转动），也就是说使机构减少了两个自由度；在高副中，只限制了两个构件沿接触点公法线方向的移动，也就是说构件减少了一个自由度。

(1) 单个自由构件的自由度

单个自由构件的自由度为 3，如图 2-4 所示，作平面运动的刚体在空间的位置需要三个独立的参数（x，y，φ）。

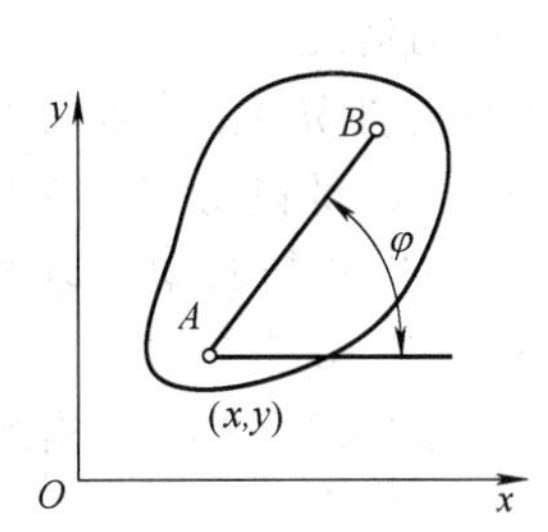

图 2-4　平面构件的自由度

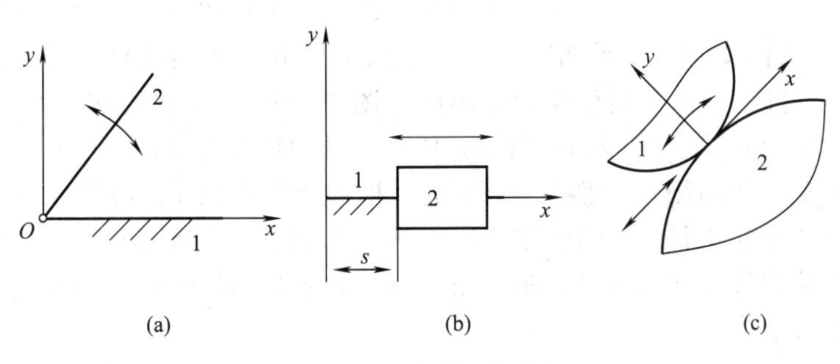

图 2-5　运动副的自由度

(2) 构成运动副构件的自由度

如图 2-5 所示，可将构件 1 与 2 的运动副与自由度的数目列于表 2-4。

结论：构件的自由度＝3－约束数。

表 2-4　运动副与自由度的数目

运动副	自由度数	约束数
转动副	$1(\varphi)$	$2(x,y)$
移动副	$1(x)$	$2(y,\varphi)$
高　副	$2(x,\varphi)$	$1(y)$

表 2-5　构件与自由度的数目

活动构件数	构件总自由度
n	$3n$
低副约束数	高副约束数
$2P_L$	$1P_H$

一个机构有 N 个构件，则活动构件有 $n=N-1$ 个，由 P_L 个低副和 P_H 个高副组成，则可将构件与自由度的数目列于表 2-5。

(3) 机构的自由度

因此，可以得到平面机构自由度 F 的计算公式为：

$$F=3n-2P_{\mathrm{L}}-P_{\mathrm{H}} \tag{2-1}$$

2.3.2 平面机构具有确定运动的条件

在机构分析和设计中，要求机构有确定的运动，即当通过原动件（绝大多数原动件与机架相连）给定独立运动时，其从动件都应有确定运动，就是说机构有一个独立运动（如驱动电机的转动、液压驱动缸的移动等），机构就必须有一个原动件来传递此运动，而机构的这些独立运动数目正是该机构的自由度数。

机构具有确定运动的条件是：机构的自由度数等于机构的原动件数，即机构有多少个自由度，就应该给机构多少个原动件。

（1）$F\leqslant 0$：机构不动。

（2）$F>0$：

① $F>$原动件数——机构乱动（机构无确定的运动）；

② $F<$原动件数——机构不动；

③ $F=$原动件数——机构运动确定。

【例 2-3】 试求如图 2-2(a) 所示颚式碎矿机的自由度，并判断机构运动情况。

【解】 由机构运动简图［图 2-2(b)］可以看出，该机构共有三个活动构件（即构件 1、2、3），4 个低副（是 4 个转动副，图中用“○”表示），即 A（构件 1 与机架）、B（构件 1 与构件 2）、C（构件 2 与构件 3）、D（构件 3 与机架），没有高副。故根据机构自由度计算公式可以求得机构的自由度为：

$$F=3n-2P_{\mathrm{L}}-P_{\mathrm{H}}=3\times3-2\times4-0=1 \quad (\text{运动确定})$$

【例 2-4】 试求如图 2-3(a) 所示牛头刨床的自由度，并判断机构运动情况。

【解】 （1）由机构运动简图［图 2-3(b)］可以看出，该机构活动构件 $n=6$（即构件 2、3、4、5、6、7）；高副数 $P_{\mathrm{H}}=1$（构件 2 与 3，图中用“☆”表示）；低副数 $P_{\mathrm{L}}=8$，即 5 个转动副（构件 2 与机架 1、构件 3 与机架 1、构件 3 与构件 4、构件 6 与机架 1 以及构件 5 与构件 7，图中用“○”表示）和 3 个移动副（构件 4 与构件 5、构件 5 与构件 6 以及构件 7 与机架 1，图中用“□”表示）。故根据机构自由度计算公式可以求得机构的自由度为：

$$F=3n-2P_{\mathrm{L}}-P_{\mathrm{H}}=3\times6-2\times8-1=1 \quad (\text{运动确定})$$

（2）由机构运动简图 2-3(c) 可以看出，该机构共有六个活动构件（即构件 2、3、4、5、6、7）；1 个高副（构件 2 与 3，图中用“☆”表示）；8 个低副，即 6 个转动副（构件 2 与机架 1、构件 3 与机架 1、构件 3 与构件 4、构件 5 与机架 1 以及构件 6 与构件 7、构件 5 与构件 6，图中用“○”表示）和 2 个移动副（构件 4 与构件 5、构件 7 与机架 1，图中用“□”表示）。故根据机构自由度计算公式可以求得机构的自由度为：

$$F=3n-2P_{\mathrm{L}}-P_{\mathrm{H}}=3\times6-2\times8-1=1 \quad (\text{运动确定})$$

2.3.3 计算机构自由度时应注意的事项

如图 2-6 所示为一六杆机构。利用式（2-1）得：

$$F=3n-2P_{\mathrm{L}}-P_{\mathrm{H}}=3\times5-2\times6-0=3$$

从计算结果可知，该机构运动无法确定。但是，实际上，当给构件 1 一个独立运动时，由于构件 1、2、3、6 组成四杆机构，构件 2、3 具有确定的运动；同样，构件 3、4、5、6 也组成四杆机构，当构件 3 运动时，构件 4、5 也具有确定的运动。因此，该机构的自由度实际为 1。

这种计算结果和实际自由度的不一致，说明在利用上面公式的时候，应该注意一些特殊的问题。

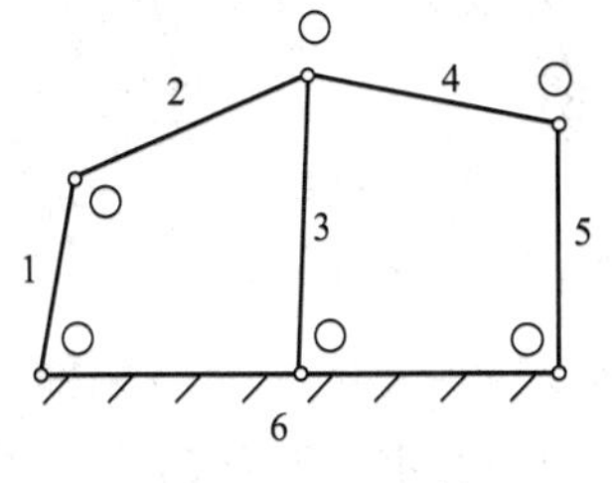

图 2-6　六杆机构

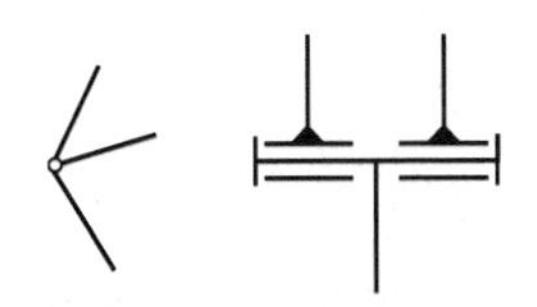
图 2-7　复合铰链

复合铰链

(1) 复合铰链——两个以上的构件在同一处以转动副相联

如图 2-7 所示。计算时：m 个构件，有 $m-1$ 转动副。

惯性筛

【例 2-5】 试求如图 2-8 所示惯性筛机构的自由度，并判断机构运动情况。

【解】 $n=5$，$P_L=7$，$P_H=0$，注意 C 点处有一个复合铰链。

利用式（2-1）得：

$$F=3n-2P_L-P_H=3\times5-2\times7-0=1 \quad （运动确定）$$

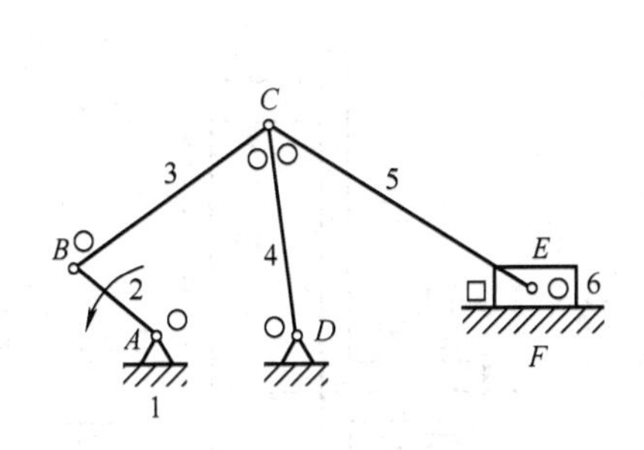

图 2-8　惯性筛机构

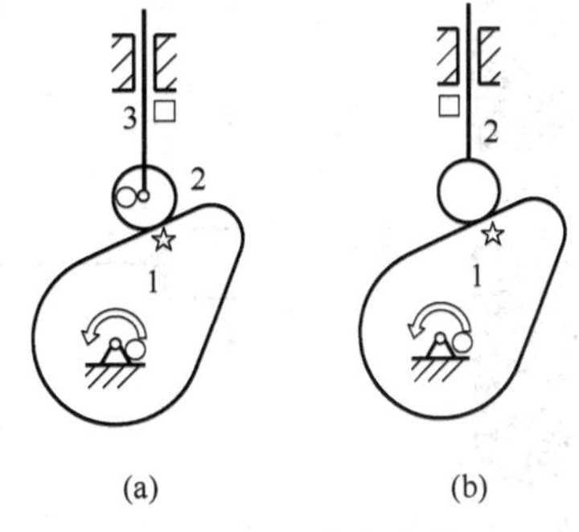

图 2-9　局部自由度

(2) 局部自由度——构件局部运动所产生的自由度

【例 2-6】 计算图 2-9 中两种滚子凸轮机构的自由度，并判断机构运动情况。

【解】 如图 2-9(a) 所示，$n=3$，$P_L=3$，$P_H=1$。

$$F=3n-2P_L-P_H=3\times3-2\times3-1=2 \quad （乱动）$$

对于图 2-9(b) 有 $n=2$，$P_L=2$，$P_H=1$。

$$F=3n-2P_L-P_H=3\times2-2\times2-1=1 \quad （运动确定）$$

事实上，两个机构的运动相同。这是由于构件 2（小滚子）转动不影响构件 1、3 的运动，故这个自由度为局部自由度。

局部自由度不影响机构的运动，因此，计算自由度应将局部自由度除去不计。所以 $F=3n-2P_L-P_H=3\times2-2\times2-1=1$（运动确定）是正确的。

注意，凡出现加装滚子的场合，计算时应去掉（局部自由度），滚子的作用：滑动摩擦变为滚动摩擦。

(3) 虚约束——对机构的运动实际不起作用的约束

【例 2-7】 计算图 2-10(a) 中平行四边形机构的自由度，并判断机构运动情况。

【解】 已知：AB、CD、EF 互相平行，$n=4$，$P_L=6$，$P_H=0$。

机车联动机构 1

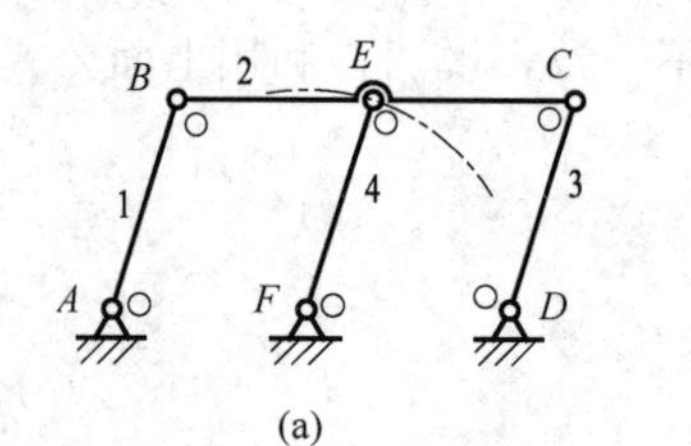

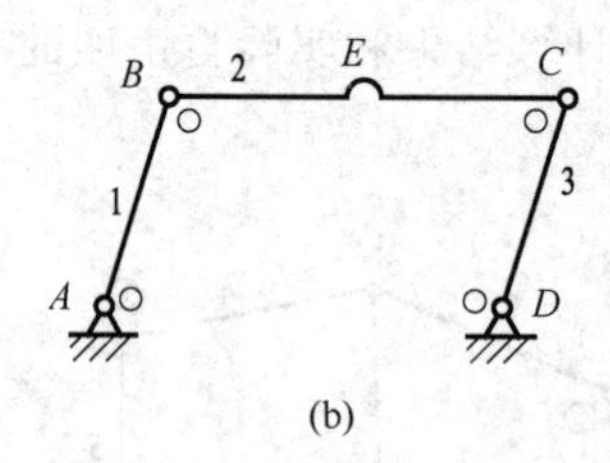

图 2-10 平行四边形机构

机车联动机构 2

$$F=3n-2P_{\mathrm{L}}-P_{\mathrm{H}}=3\times4-2\times6-0=0 \quad (不动)$$

计算结果肯定不正确！计算自由度时应去掉虚约束。因为 $FE=AB=CD$，故增加构件 4 前后 E 点的轨迹都是圆弧。增加的约束不起作用，应去掉构件 4。如图 2-10(b) 所示。

重新计算：$n=3$，$P_{\mathrm{L}}=4$，$P_{\mathrm{H}}=0$。

$$F=3n-2P_{\mathrm{L}}-P_{\mathrm{H}}=3\times3-2\times4-0=1 \quad (运动确定)$$

虚约束 1

出现虚约束的场合有以下几种：

① 两构件联接前后，联接点的轨迹重合，如图 2-10 所示平行四边形机构（此例存在虚约束的几何条件是 AB、CD、EF 平行且相等）；

② 两构件构成多个移动副，且导路平行或重合，如图 2-11 所示；

③ 两构件构成多个转动副，且同轴，如图 2-12 所示。

虚约束 2

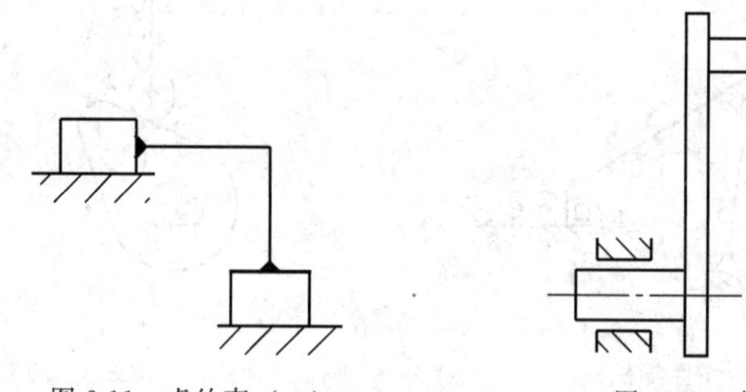

图 2-11 虚约束（一） 图 2-12 虚约束（二）

虚约束 3

④ 运动时，两构件上的两点距离始终不变，如图 2-13 所示。

⑤ 对运动不起作用的对称部分，如图 2-14 所示多个行星轮。

虚约束 4

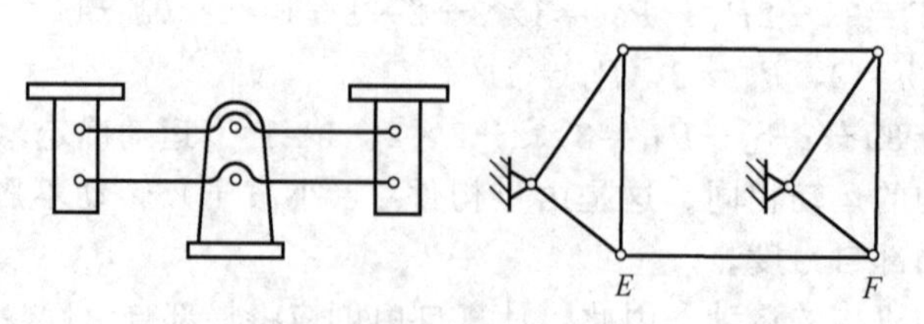

图 2-13 虚约束（三）

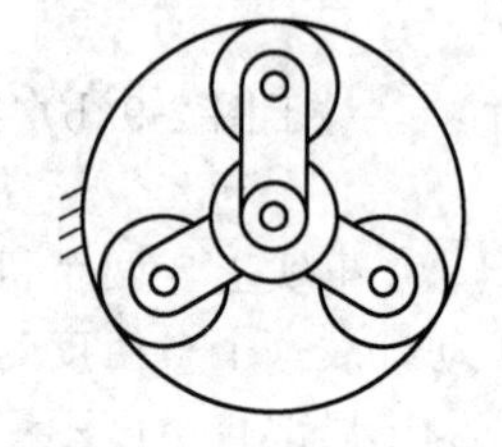

图 2-14 虚约束（四）

虚约束 5

⑥ 两构件构成高副，两处接触，且法线重合，如图 2-15 所示等宽凸轮。

但应注意：法线不重合时，变成实际约束，如图 2-16 所示。

特别注意：机构中虚约束是实际存在的，计算中“除去不计”是从运动观点分析进行的假想处理，并非实际拆除。各种出现虚约束的场合都必须满足一定几何条件。

轮系虚约束

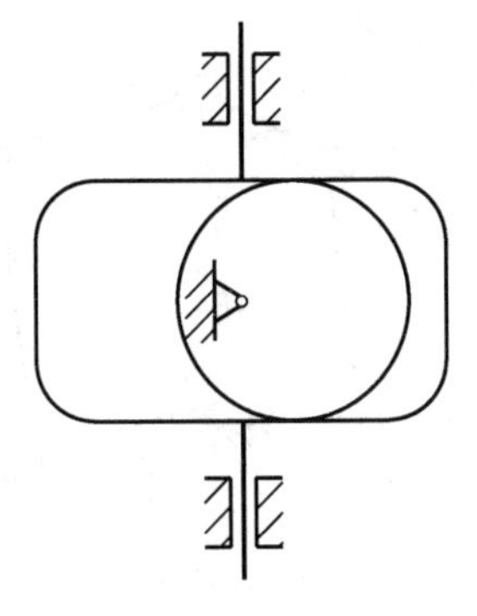

图 2-15　虚约束（五）

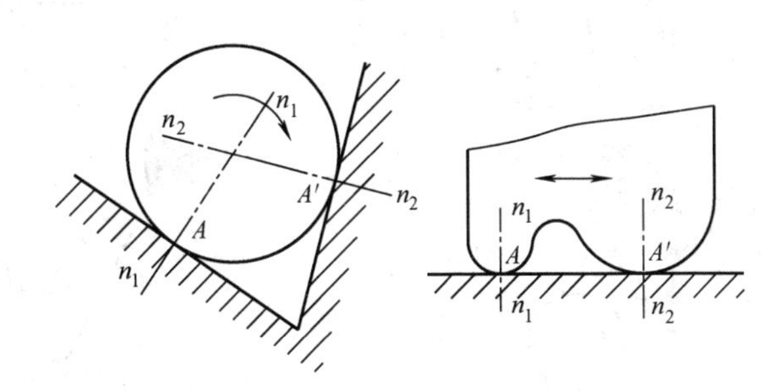

图 2-16　高副约束

虚约束的作用：

① 改善构件的受力情况，如多个行星轮；

② 增加机构的刚度，如轴与轴承、机床导轨；

③ 使机构运动顺利，避免运动不确定，如车轮。

【例 2-8】 试求如图 2-17 长把雨伞与图 2-18 折叠雨伞的自由度，并判断机构运动情况。

【解】（1）由长把雨伞机构运动简图即图 2-17 可以看出，该机构活动构件 $n=3$（即构件 1、2、3）；高副数 $P_H=0$；低副数 $P_L=4$，即 3 个转动副（构件 3 与机架 6、构件 1 与构件 2、构件 2 与构件 3，图中用“○”表示）和 1 个移动副（构件 1 与构件 6，图中用“□”表示）。故根据机构自由度计算公式可以求得机构的自由度为：

$$F=3n-2P_L-P_H=3\times3-2\times4-0=1\text{（运动确定）}$$

（2）由折叠雨伞运动简图 2-18 可以看出，该机构共有 5 个活动构件（即构件 1、2、3、4、5）；高副数 0 个；低副数 7 个，即 6 个转动副（构件 2 与机架 10、构件 2 与构件 3、构件 3 与构件 4、构件 4 与构件 5、构件 5 与构件 2 以及构件 5 与构件 1，图中用“○”表示）和 1 个移动副（构件 1 与机架 10，图中用“□”表示）。故根据机构自由度计算公式可以求得机构的自由度为：

$$F=3n-2P_L-P_H=3\times5-2\times7-0=1\text{（运动确定）}$$

长把伞运动简图

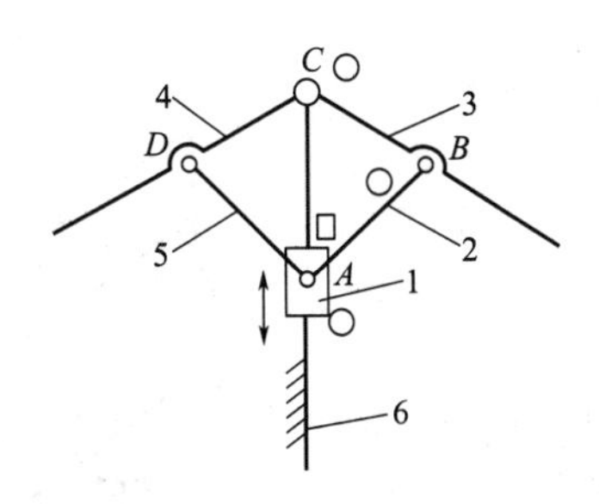

图 2-17　长把雨伞

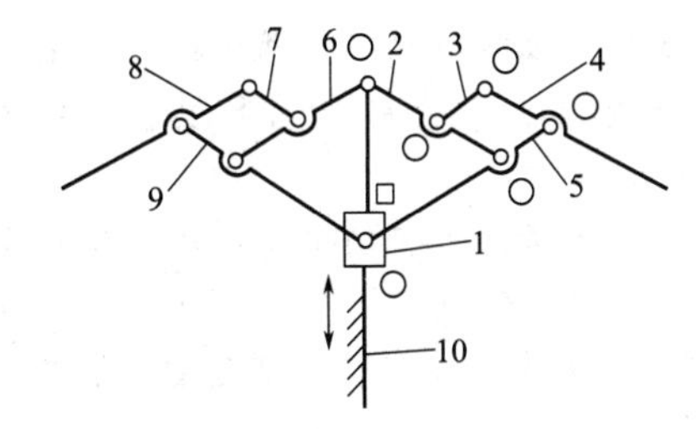

图 2-18　折叠雨伞

折叠伞运动简图

【例 2-9】 计算图 2-19 包装机送纸机构的自由度，并判断机构运动情况。

【解】 分析：复合铰链，位置 D，2 个低副，局部自由度 2 个，虚约束 1 处（构件 8 或构件 9），$n=6$，$P_L=7$，$P_H=3$。

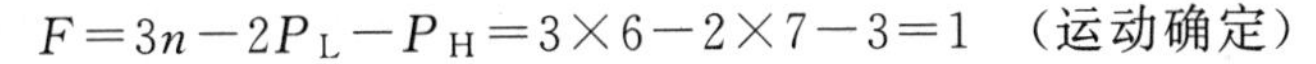

$$F=3n-2P_L-P_H=3\times6-2\times7-3=1\text{（运动确定）}$$

例 2-9 动画

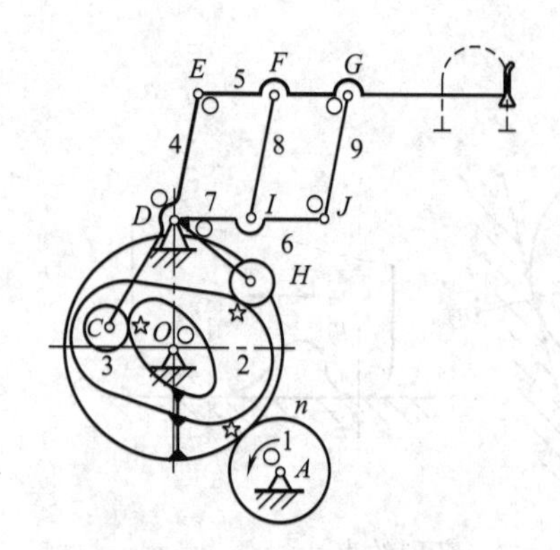

图 2-19 包装机送纸机构

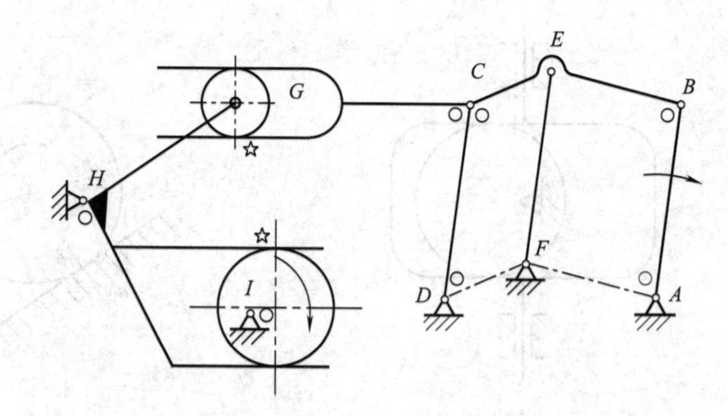

图 2-20 缝纫机送布机构

例 2-10 动画

例 2-11 动画

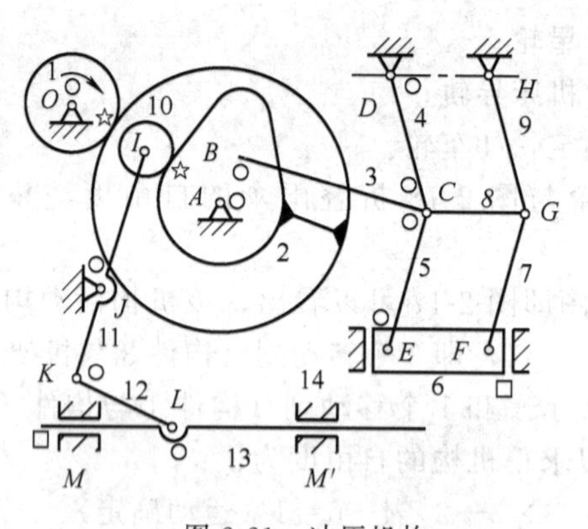

图 2-21 冲压机构

【例 2-10】 试计算如图 2-20 所示缝纫机送布机构的自由度，并判断机构运动情况。

【解】 去掉机构中的局部自由度（G 处滚子）和虚约束（杆 EF），则 $n=6$，$P_{\mathrm{L}}=7$，$P_{\mathrm{H}}=2$。

$$F=3n-2P_{\mathrm{L}}-P_{\mathrm{H}}$$
$$=3\times6-2\times7-2=2\text{（运动确定）}$$

【例 2-11】 如图 2-21 所示冲压机构，试确定其自由度，并判断机构运动情况。

【解】 分析：C、G 为复合铰；I 处为局部自由度；构件 7、8、9 属于结构重复，引入虚约束。因此，实际 $n=9$，$P_{\mathrm{L}}=12$，$P_{\mathrm{H}}=2$。

$$F=3n-2P_{\mathrm{L}}-P_{\mathrm{H}}=3\times9-2\times12-2=1\text{（运动确定）}$$

2-1 什么是运动副？满足什么条件两个构件之间才能构成运动副？

2-2 什么是“高副”和“低副”？在平面机构中高副和低副一般各带入几个约束？

2-3 什么是机构运动简图？它与机构示意图有何区别？

2-4 什么是机构自由度？如何计算？

2-5 举例说明什么是复合铰链、局部自由度和虚约束？计算机构自由度时应如何处理？

2-6 机构具有确定运动的条件是什么？

2-7 一折叠椅的结构如图 2-22 所示。已知：$AB=30\mathrm{mm}$，$BC=65\mathrm{mm}$，$CD=65\mathrm{mm}$，$AD=90\mathrm{mm}$。试绘制该机构的运动简图。

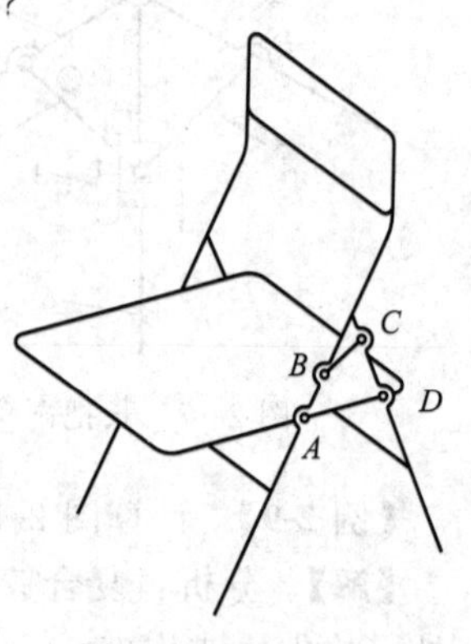

图 2-22 题 2-7 图

2-8 计算图 2-23 中的机构自由度，并判断机构运动情况（图中画有箭头的构件为原动件）。

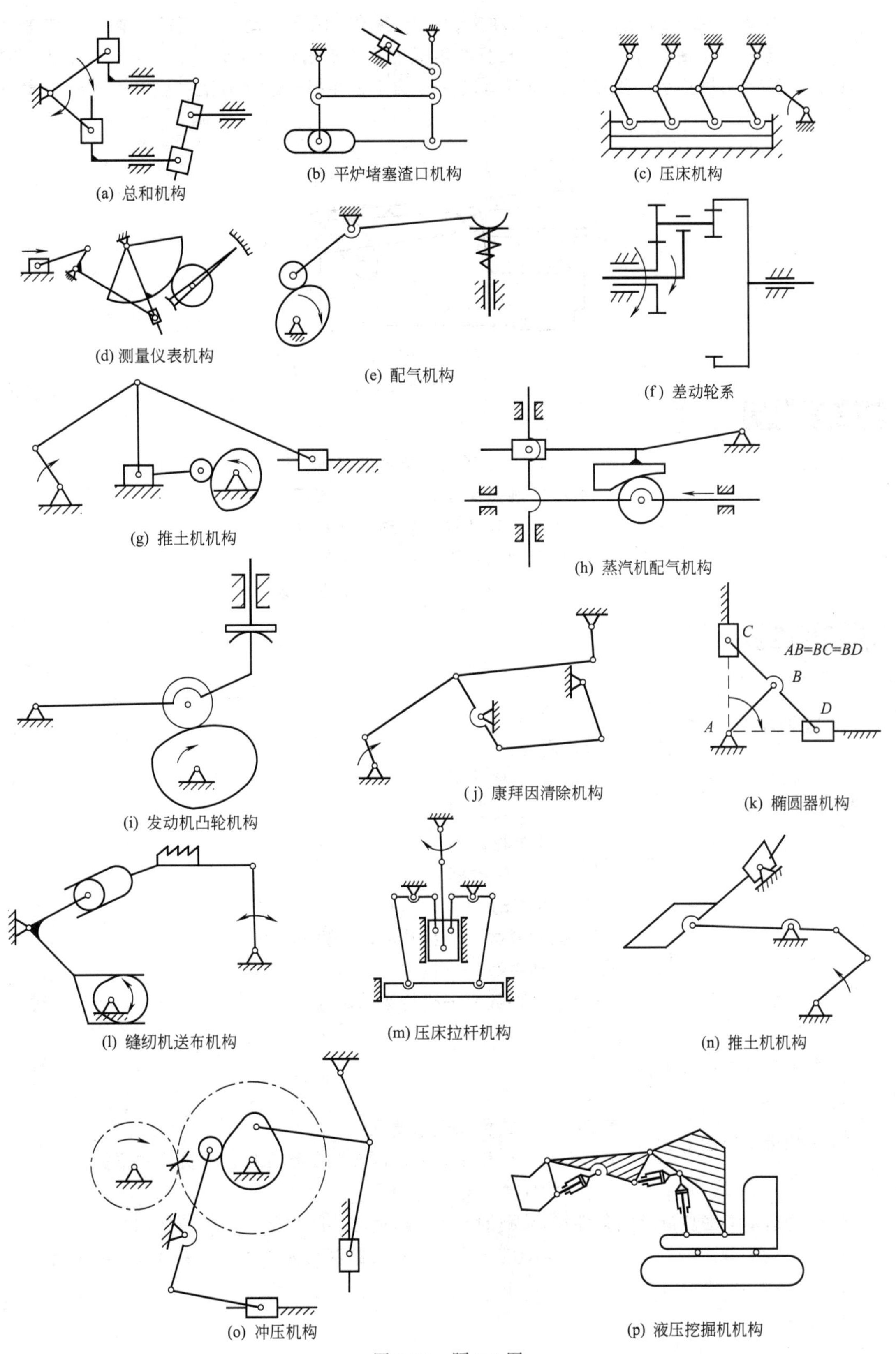

(a) 总和机构
(b) 平炉堵塞渣口机构
(c) 压床机构
(d) 测量仪表机构
(e) 配气机构
(f) 差动轮系
(g) 推土机机构
(h) 蒸汽机配气机构
(i) 发动机凸轮机构
(j) 康拜因清除机构
AB=BC=BD
A
B
C
D
(k) 椭圆器机构
(l) 缝纫机送布机构
(m) 压床拉杆机构
(n) 推土机机构
(o) 冲压机构
(p) 液压挖掘机机构

图 2-23　题 2-8 图

2-9　实践题：图 2-24 所示为一简易冲床，设计者的思路是，动力由齿轮 1 输入，使轴 A 连续回转，而固装在轴 A 上的凸轮 2 与杠杆 3 组成的凸轮机构将使冲头 4 上下运动，以达到冲压的目的。绘出其机构运动简图，分析其运动是否确定，并提出改进方案（注意，改进方案有多种）。

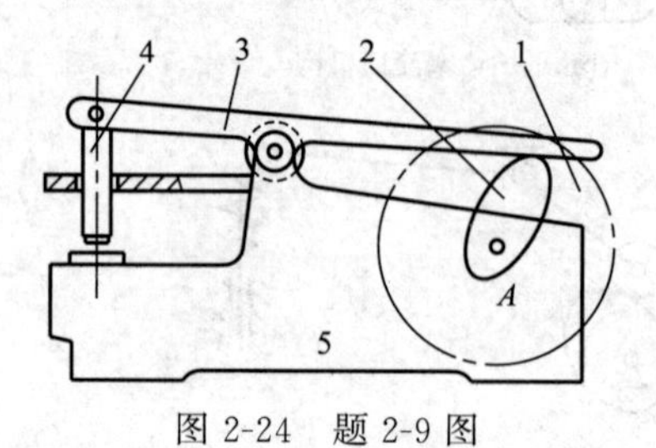

图 2-24　题 2-9 图

本章重点口诀

运动副它分高低，接触形式细分清，
点线接触是高副，面面接触属低副，
平面低副有两种，转动副与移动副，
机构运动确定否，需要计算自由度，
运动简图很实用，运动情况图上现。

本章知识小结

1. 运动副
   - 低副
     - 移动副
     - 转动副
   - 高副（凸轮副、齿轮副等）
2. 自由度
   - 平面机构的每一构件
     - 2 个移动副
     - 1 个转动副
   - 空间机构的每一构件
     - 3 个移动副
     - 3 个转动副
3. 平面机构具有确定运动的条件
   - $F \leqslant 0$——机构不动
   - $F > 0$
     - $F >$ 原动件数——机构乱动（机构无确定的运动）
     - $F <$ 原动件数——机构不动
     - $F =$ 原动件数——机构运动确定
4. 自由度计算应注意
   - 复合铰链
   - 局部自由度
   - 虚约束
5. 机构运动简图的作用
   - 表示机构的结构和运动情况
   - 作为运动分析和动力分析以及判断是否是创新机构的依据
6. 机构运动简图应满足的条件
   - 构件数目与实际相同
   - 运动副的性质、数目与实际相符
   - 运动副之间的相对位置以及构件尺寸与实际机构成比例

第3章

平面连杆机构

3.1 概　　述

连杆机构被广泛地使用在各种机器、仪表、操纵装置之中，例如内燃机、牛头刨、钢窗启闭机构、碎石机、折叠桌椅、缝纫机等。这些机构都有一个共同的特点：其机构都是通过低副联接而成，故又称低副机构。根据连杆机构中各构件的相对运动是平面运动还是空间运动，连杆机构又可以分为平面连杆机构和空间连杆机构。平面连杆机构的类型很多，单从组成机构的杆件数来看就有四杆、五杆和多杆机构。一般的多杆机构可以看成是由几个四杆机构所组成，所以平面四杆机构不但结构最简单，应用也最广泛。

湖南铁路科技职业技术学院机械侠协会设计并制作了一批机械创新作品，作品之中以连杆机构的应用为最多，下面列举几个参加过大学生机械创新设计与制作大赛并获奖的作品。

图 3-1 所示为协会制作的第四代机器人——乐乐宝贝（03 号机），机械侠协会设计制作了五代机器人，还设计制作了一个用于加工制作机器人的设备——折板机（图 3-2），全都应用到了连杆机构。

图 3-1　乐乐宝贝（03 号机）

图 3-3 所示为可固位收放坐便椅，将常见的坐便椅加以改造，固位于没有抽水马桶的卫生间之中，并且可以自由收放，安全、方便、节约空间。

图 3-4 所示为升降梯椅摇篮床组合一体机（获得国家实用新型专利），它集幼儿坐便椅、儿童椅、成人（桌）椅、躺椅、摇篮床和升降梯于一身，一物六用，通过变换构件的位置便能实现各种不同的功能。

本章着重讨论平面连杆机构的基本类型、特性，并介绍常用的设计方法。

平面连杆机构的优点：

① 由于是低副，为面接触，所以承受压强小，便于润滑，磨损较轻，可承受较大载荷；

② 结构简单，加工方便，构件之间的接触是由构件本身的几何约束来保持的，因此构件工作可靠；

③ 可使从动件实现多种形式的运动，满足多种运动规律的要求；

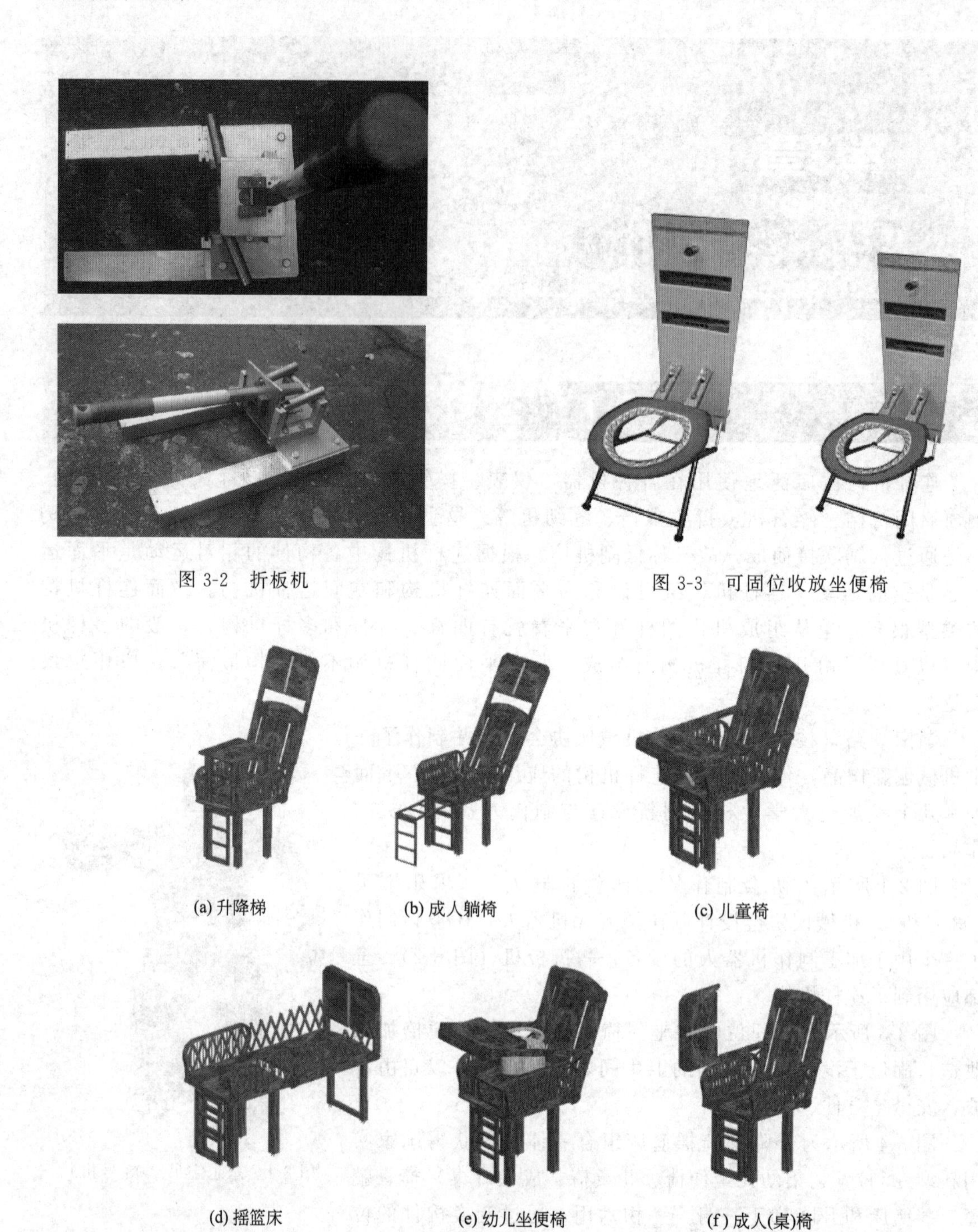

图 3-2 折板机

图 3-3 可固位收放坐便椅

(a) 升降梯

(b) 成人躺椅

(c) 儿童椅

(d) 摇篮床

(e) 幼儿坐便椅

(f) 成人(桌)椅

图 3-4 升降梯椅摇篮床组合一体机

④ 利用平面连杆机构中的连杆可满足多种运动轨迹的要求。

平面连杆机构的缺点：

① 根据从动件所需要的运动规律或轨迹来设计连杆机构比较复杂，精度不高；

② 运动时产生的惯性难以平衡，不适用于高速运动场合。

3.2 铰链四杆机构的基本类型

当平面四杆机构中的运动副都是转动副时，称为铰链四杆机构。如图 3-5 所示的铰链四杆机构中，杆 4 是固定不动的，称为机架。与机架相连的杆 1 和杆 3 称为连架杆，不与机架直接相连的杆 2，称为连杆。如果杆 1（或杆 3）能绕铰链 A（或铰链 D）作整周的连续旋转，则此杆称为曲柄。如果不能作整周的连续旋转，而只能来回摇摆一个角度，则此杆称为摇杆。

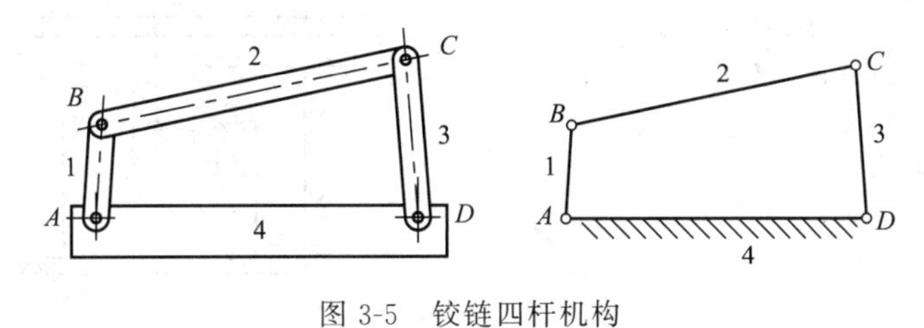

图 3-5　铰链四杆机构

铰链四杆机构中，机架和连杆总是存在的，因此可按曲柄存在情况，分为三种基本形式：曲柄摇杆机构、双曲柄机构、双摇杆机构。

3.2.1　曲柄摇杆机构

如图 3-6 所示，在铰链四杆机构中的两连架杆，如果一个为曲柄，另一个为摇杆，那么该机构就称为曲柄摇杆机构。取曲柄 AB 为主动件，当曲柄 AB 作连续等速整周转动时，从动摇杆 CD 将在一定角度内作往复摆动。由此可见，曲柄摇杆机构能将主动件的整周回转运动转换成从动件的往复摆动。如图 3-7 所示的剪切机通过原动机驱动曲柄转动，再由连杆带动摇杆往复运动，实现剪切工作。

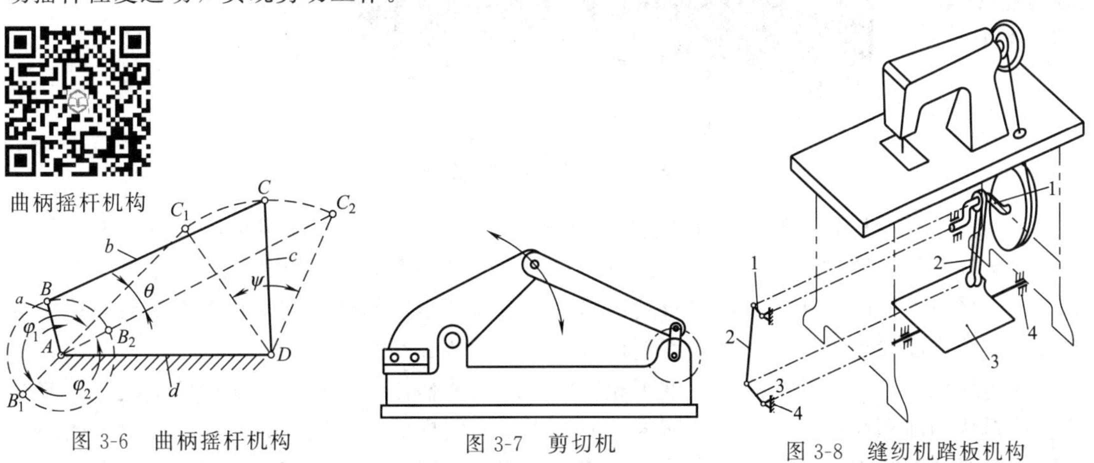

图 3-6　曲柄摇杆机构

图 3-7　剪切机

图 3-8　缝纫机踏板机构

在曲柄摇杆机构中，当摇杆为主动件时，可将摇杆的往复摆动经连杆转换为曲柄的连续旋转运动。在生产中应用很广泛。如图 3-8 所示缝纫机的踏板机构，当脚踏板（相当于摇杆）作往复摆动时，通过连杆带动曲轴（相当于曲柄）作旋转运动，为缝纫机实现缝纫提供原动力，再在缝纫机头内由另一个曲柄摇杆机构将旋转运动转化成缝钢机针的往复运动，实现缝纫工作。

3.2.2　双曲柄机构

如图 3-9 所示的铰链四杆机构中，若两个连架杆均为曲柄，则该机构称为双曲柄机构，两个曲柄可分别为主动件。图 3-10 所示惯性筛中，$ABCD$ 为双曲柄机构，工作时以曲柄 AB 为主动件，并作等速转动，通过连杆 BC 带动从动曲柄 CD，作周期性的变速运动，再通过 E 点的联接，使筛子作变速往复运动。惯性筛利用从动曲柄的变速转动，使筛子具有一定的加速度，筛面上的物料由于惯性来回抖动，达到筛分物料的目的。

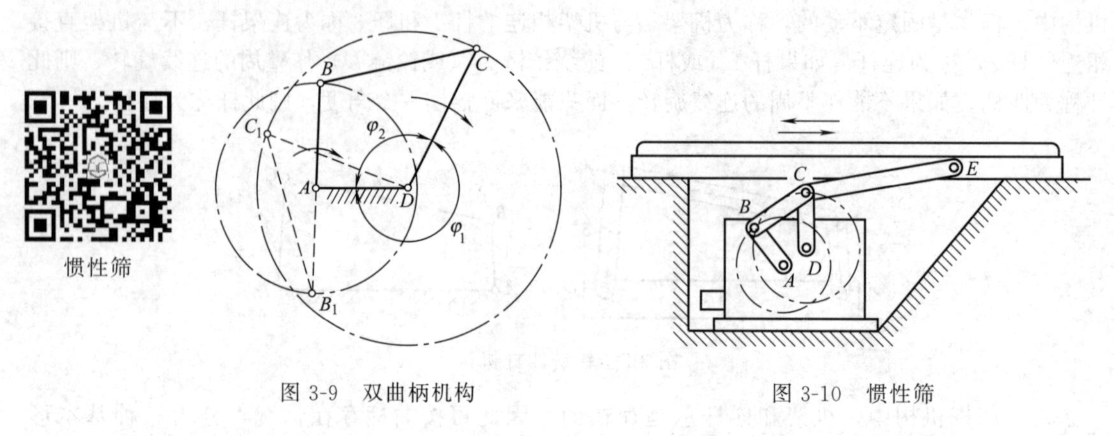

图 3-9　双曲柄机构　　　　图 3-10　惯性筛

一般的惯性筛，常有超大物料不能分离出筛面，原因是惯性筛的惯性力不够，从而卡住惯性筛或被迫停机。

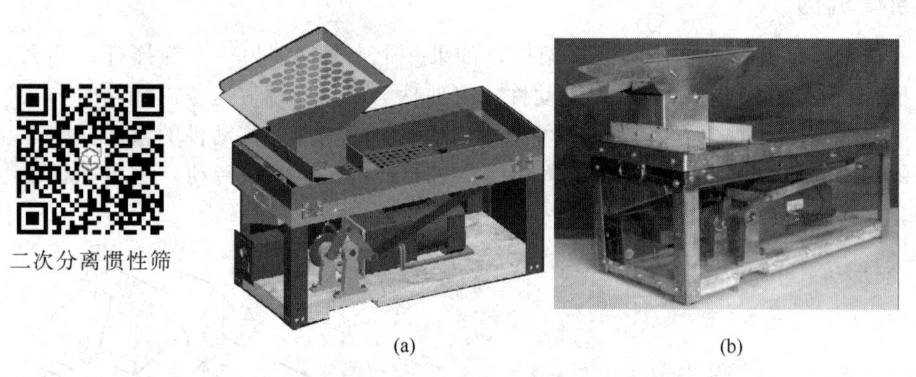

(a)　　(b)

图 3-11　二次分离惯性筛

由湖南铁路科技职业技术学院机械侠协会设计制作的二次分离惯性筛如图 3-11 所示，在第二次分筛机（即常用惯性筛机）的进料口前设立了一个第一次分筛机，其中有一个大小适中的、带斜面的网，让超大物料自动滚出去，解除了由它们带来的卡住惯性筛或被迫停机的隐患。该作品参加过大学生机械创新设计与制作大赛并获奖。

双曲柄机构中，当两个曲柄长度不相等时，主动曲柄作等速转动，从动曲柄随之作变速转动，即从动曲柄在每一周中的角速度有时大于主动曲柄的角速度，有时小于主动曲柄的角速度。双曲柄机构中，常见的还有平行双曲柄机构和反向双曲柄机构，如图 3-12 所示。

当两曲柄的长度相等且平行时，称为平行双曲柄机构。平行双曲柄机构的两曲柄的旋转方向相同，角速度也相等。平行双曲柄机构应用很广，如图 3-13 所示机车联动装置中，车轮相当于曲柄，保证了各车轮同速同向转动。此机车联动装置中还增设一个曲柄 EF 作辅助构件，以防止平行双曲柄机构 $ABCD$ 变成为反向双曲柄机构。

当双曲柄机构对边相等，但互不平行时，则称其为反向双曲柄机构。反向双曲柄的旋转方向相反，且角速度也不相等。如图 3-14 所示，车门启闭机构中，当主动曲柄 AB 转动时，通过连杆 BC 使从动曲柄 CD 朝反向转过，从而保证两扇车门能同时开启和关闭。

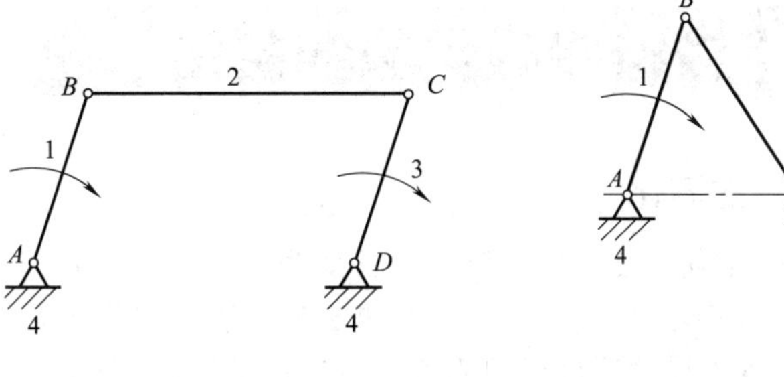

图 3-12 平行双曲柄机构和反向双曲柄机构

机车车轮联动机构

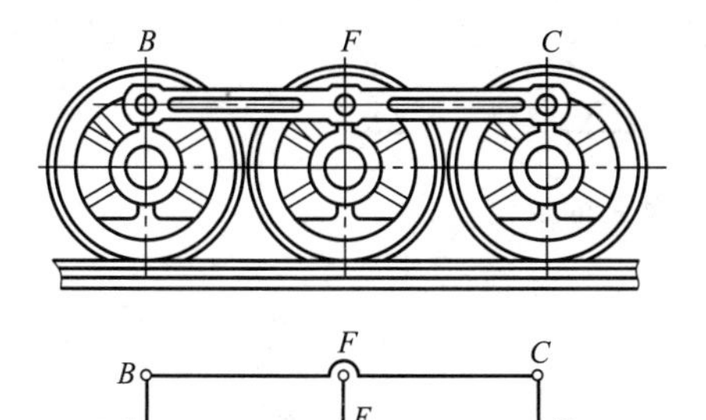

B F C
A E D

图 3-13 机车联动装置

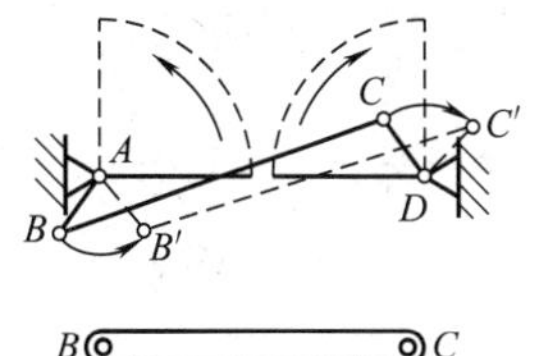

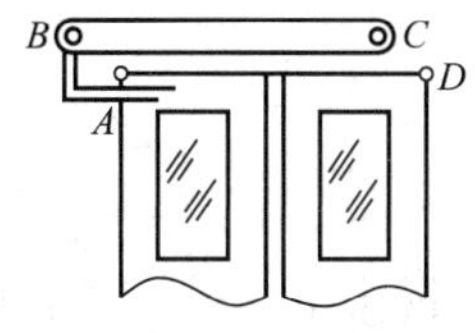

图 3-14 车门启闭机构

3.2.3 双摇杆机构

在铰链四杆机构中，若两个连架杆均为摇杆时，则该机构称为双摇杆机构。在双摇杆机构中，两杆均可作为主动件。主动摇杆往复摆动时，通过连杆带动从动摇杆往复摆动。

双摇杆机构在机械工程上应用也很多，如图 3-15 所示汽车离合器操纵机构中，当驾驶员踩下踏板时，主动摇杆 AB 往右摆动，由连杆 BC 带动从动杆 CD 也向右摆动，从而对离合器产生作用。如图 3-16 所示载重车自卸翻斗机构中，当液压缸活塞杆向右伸出时，可带动双摇杆 AB 和 CD 向右摆动，从而使翻斗车内的货物滑下。如图 3-17 所示门座起重机变幅机构中，在双摇杆 AB 和 CD 的配合下，起重机能将起吊的重物几乎沿水平方向移动，以省时省功。

门座起重机

D A C B

图 3-15 汽车离合器操纵机构

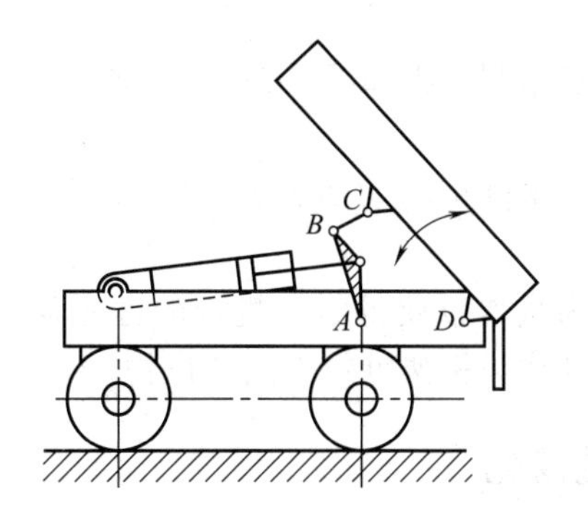

图 3-16 自卸翻斗机构

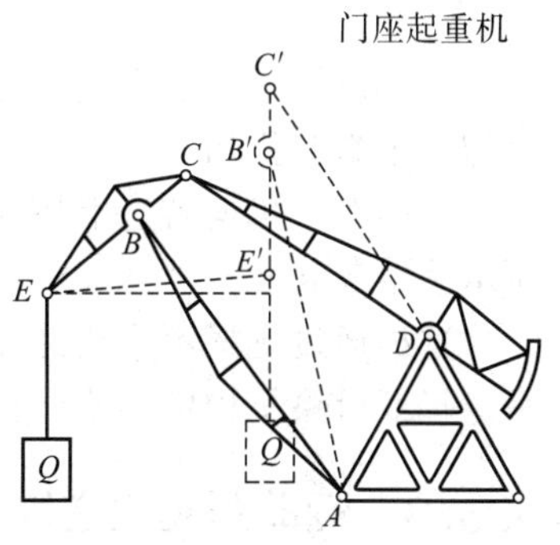

图 3-17 门座起重机变幅机构

3.3 铰链四杆机构的演化

3.3.1 移动副取代转动副的演化

如图 3-18 所示的曲柄摇杆机构，当一个连架杆杆长变为无穷大时，就演化为曲柄滑块机构；若滑块导路通过曲柄回转中心则为对心曲柄滑块机构，若不过则为偏心曲柄滑块机构；进一步改变构件的形状和运动尺寸还可得到双滑块机构正弦机构，如图 3-19 所示。

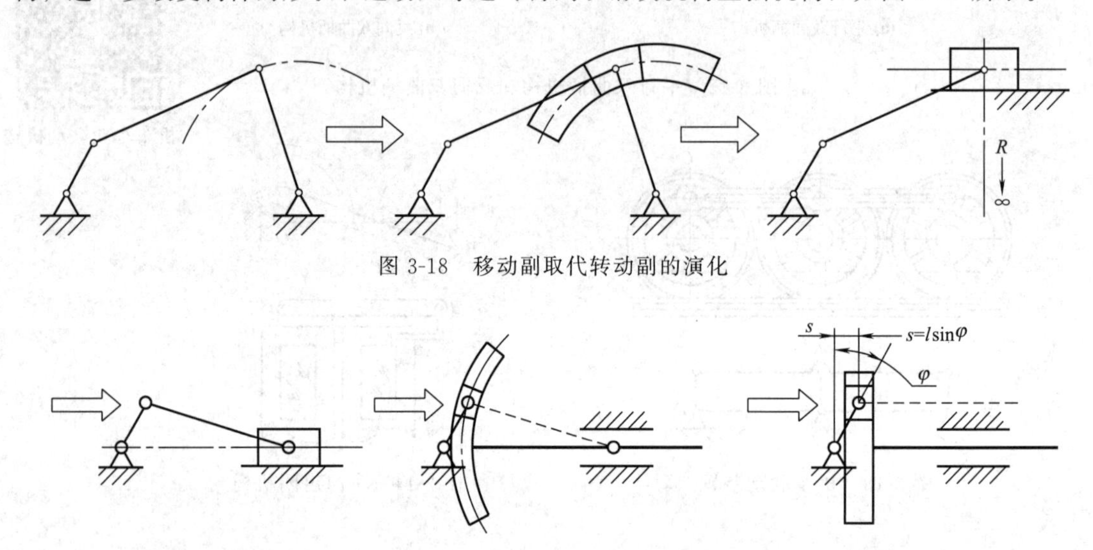

图 3-18 移动副取代转动副的演化

图 3-19 双滑块机构正弦机构的演化

3.3.2 变更机架的演化

曲柄滑块机构当以曲柄为机架时，可得如图 3-20 所示导杆机构（若导杆不能整周转动则为摆动导杆，若能够整周转动则为转动导杆），应用实例如图 3-21 所示小型刨床或图 3-22 所示牛头刨床。

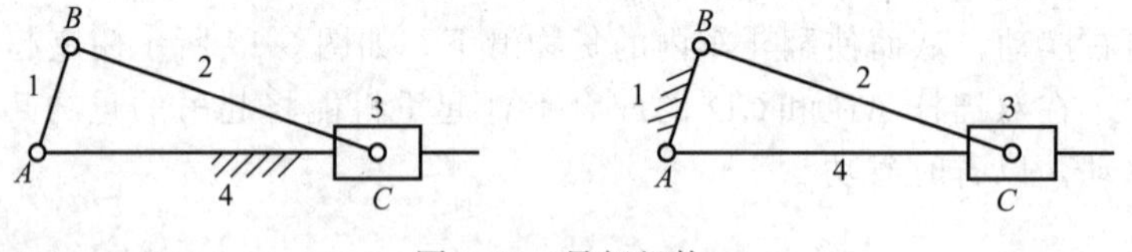

图 3-20 导杆机构

曲柄滑块机构若选连杆为机架则可得如图 3-23 所示摇块机构，应用实例如图 3-24 所示自卸卡车举升机构。

曲柄滑块机构若选滑块为机架则可得如图 3-25 所示移动导杆机构，应用实例如图 3-26 所示手摇唧筒。

这种通过选择不同构件作为机架以获得不同机构的方法称为机构的倒置，如图 3-27 所示选择双滑块机构中的不同构件作为机架可得不同的机构。

3.3.3 运动副元素逆换的演化

将两个低副的运动副元素的包容关系进行逆换，不影响两构件之间的相对运动。如图

3-28 所示导杆机构若将构件 2 和 3 的包容关系进行逆换则可得摇块机构，但各构件间的相对运动关系不变。

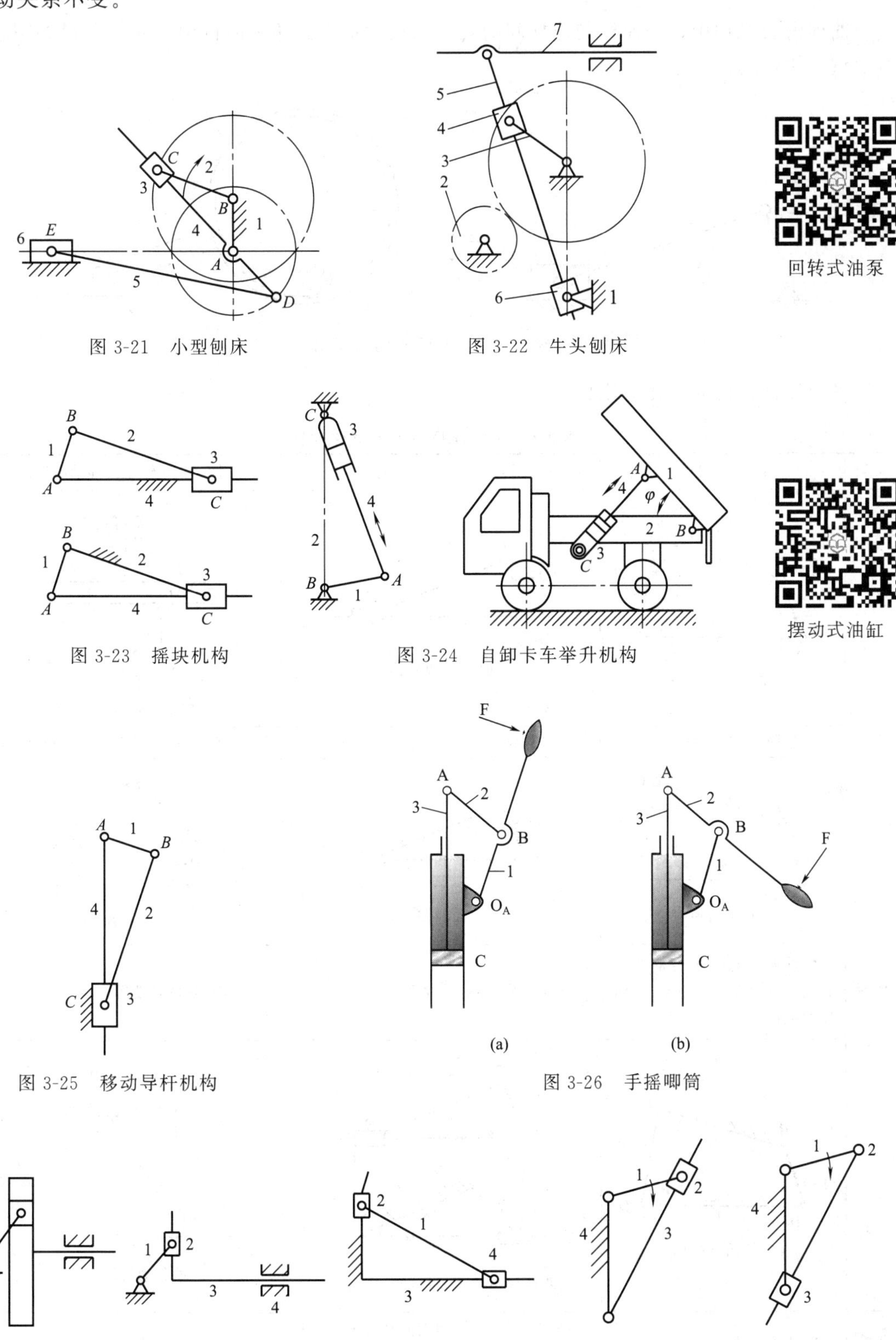

图 3-21　小型刨床

图 3-22　牛头刨床

图 3-23　摇块机构

图 3-24　自卸卡车举升机构

图 3-25　移动导杆机构

图 3-26　手摇唧筒

图 3-27　双滑块机构

图 3-28　导杆机构与摇块机构逆换

3.3.4 扩大回转副的演化

曲柄滑块机构中，当曲柄与连杆间的转动副尺寸扩大到超过曲柄中心时，可得如图3-29所示偏心轮机构。

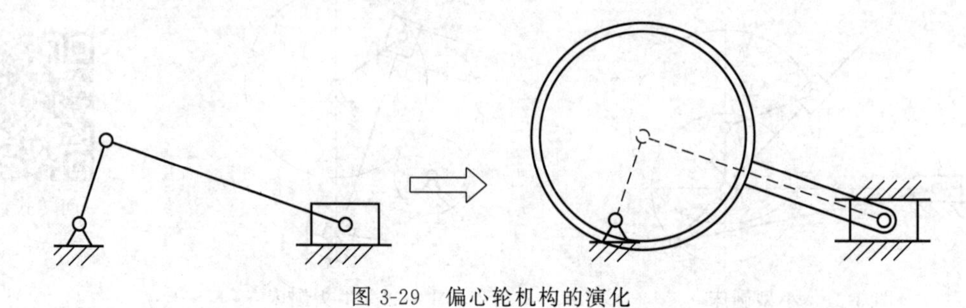

图 3-29 偏心轮机构的演化

平面连杆机构的演化对比见表 3-1。

表 3-1 平面连杆机构的演化对比

机架	铰链四杆机构	转动副 D 转化成移动副后的机构($e=0$)	转动副 C 和 D 转化成移动副后的机构
4	曲柄摇杆机构	曲柄滑块机构	曲柄移动导杆机构
用途	颚式破碎机、搅拌机等	内燃机、冲床、空气压缩机等	仪表、解算装置、织布机构、印刷机械等
1	双曲柄机构	转动导杆机构	双转块机构
用途	惯性筛、插床、平行双曲柄机构用于机车车轮联动，反向双曲柄机构用于车门开关等	小型刨床、回转式油泵、插床等	十字滑块联轴器等
2	曲柄摇杆机构	曲柄摇块机构与摆动导杆机构	单移动滑块机构
用途	颚式破碎机、搅拌机等	插齿机主传动、摆动式原动机、液压驱动装置、气动装置等	仪表、解算装置等

续表

机架	铰链四杆机构	转动副 D 转化成移动副后的机构($e=0$)	转动副 C 和 D 转化成移动副后的机构
3	双摇杆机构	移动导杆(定块)机构	双移动滑块机构
用途	鹤式起重机、飞机起落架及汽车、拖拉机上操纵前轮转向等	手摇唧筒、双作用式水泵等	椭圆仪等

3.4 铰链四杆机构的基本特性

3.4.1 铰链四杆机构曲柄存在条件

铰链四杆机构的三种基本形式的区别在于它的连架杆是否为曲柄。而且，由于在生产实际中，驱动机械的原动机（电动机、内燃机等）一般都是作整周转动的，因此要求机构的主动件也能作整周转动，即原动件为曲柄。而在四杆机构中是否存在曲柄，取决于机构中各构件间的相对尺寸关系。

所以，对平面四杆机构在什么条件下具有曲柄的研究是平面连杆机构的一个主要问题。下面以铰链四杆机构来分析曲柄存在的条件。

在图3-30所示的铰链四杆机构中，设各杆的长度分别为 a、b、c、d。

设 $a<d$，若 AB 杆能绕 A 整周回转，则 AB 杆应能够占据与 AD 共线的两个位置 AB' 和 AB''。由图可见，为使 AB 杆能转至位置 AB'，各杆长度应满足：

$$a+d\leqslant b+c \tag{3-1}$$

而为使 AB 杆能转至 AB''，各杆长度关系应满足：

$$b\leqslant(d-a)+c \tag{3-2}$$

或

$$c\leqslant(d-a)+b \tag{3-3}$$

由上述三式及其两两相加可以得到：

$$\begin{cases}a+d\leqslant b+c\\a+b\leqslant c+d\\a+c\leqslant d+b\\a\leqslant b, a\leqslant c, a\leqslant d\end{cases} \tag{3-4}$$

若 $d<a$，同样可得到：

$$\begin{cases}d+a\leqslant b+c\\d+b\leqslant c+a\\d+c\leqslant a+b\\d\leqslant a, d\leqslant b, d\leqslant c\end{cases} \tag{3-5}$$

由此，可以得出铰链四杆机构曲柄存在条件为：

① 最短杆与最长杆长度之和小于或等于其他两杆长度之和（称为杆长条件）；

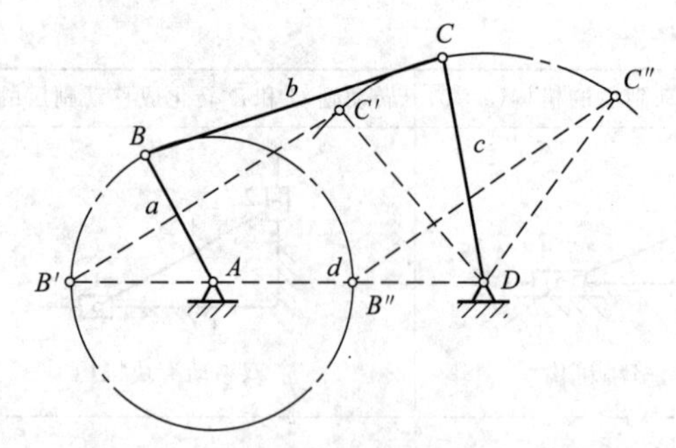

图 3-30　铰链四杆机构曲柄存在条件

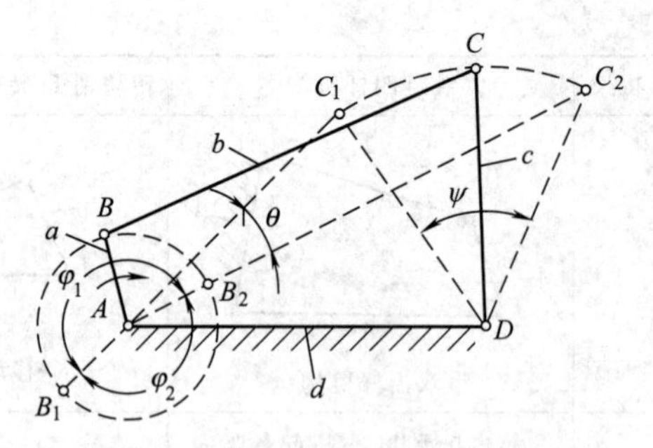

图 3-31　四杆机构的急回特性

② 连架杆和机架中必有一杆是最短杆。

上述两个条件必须同时满足，否则机构不存在曲柄。

由上所述，同时可以得到两个推论：

① 若四杆机构中最短杆与最长杆长度之和大于其余两杆长度之和，则该机构不可能有曲柄存在，机构成为双摇杆机构；

② 若四杆机构中最短杆与最长杆长度之和小于其余两杆长度之和时：

a. 当最短杆是连架杆时，机构为曲柄摇杆机构；

b. 当最短杆是机架时，机构为双曲柄机构；

c. 当最短杆是连杆时，机构为双摇杆机构。

3.4.2　急回运动

如图 3-31 所示的曲柄摇杆机构，设等速转动的曲柄 AB 为主动件，它在回转一周的过程中，与连杆 BC 有两次共线位置 AB_1 和 AB_2，此时从动件摇杆 CD 分别位于左、右两个极限位置 C_1D 和 C_2D，其夹角称为摇杆的摆角。主动曲柄与连杆在两共线位置时所夹的锐角称为极位夹角，用 θ 表示。

当曲柄等速转动时，摇杆来回摆动的速度是不同的，其空回行程的平均速度大于工作行程的平均速度，这种性质称为机构的急回特性。为了表达这个特征的相对程度，设

$$K=\frac{v_2}{v_1}=\frac{\widehat{c_1c_2}/t_2}{\widehat{c_1c_2}/t_1}=\frac{t_1}{t_2}=\frac{180^\circ+\theta}{180^\circ-\theta} \tag{3-6}$$

K 称为从动件的行程速比系数。其大小表示急回的程度。只要 $\theta\neq0$，就有 $K>1$，且 θ 越大，K 越大，急回特性越明显。

由式(3-6) 可得

$$\theta=180^\circ\frac{K-1}{K+1} \tag{3-7}$$

如图 3-32 所示的偏置曲柄滑块机构和图 3-33 所示的导杆机构，由于存在急回特性，故可用在空行程节省运动时间中，如牛头刨、往复式输送机等。

从动件摇杆处于两极限位置时，对应主动件曲柄位置 AB_1、AB_2 共线（图 3-31），即极位夹角 $\theta=0$，$K=1$，机构没有急回特性。

设计机构时通常给定 K 值算出 θ 值作为已知条件，一般 $K\leqslant2$，θ 为锐角。

3.4.3　压力角和传动角

（1）压力角

压力角 α——从动件所受的力 F 与受力点速度 v_c 所夹的锐角。

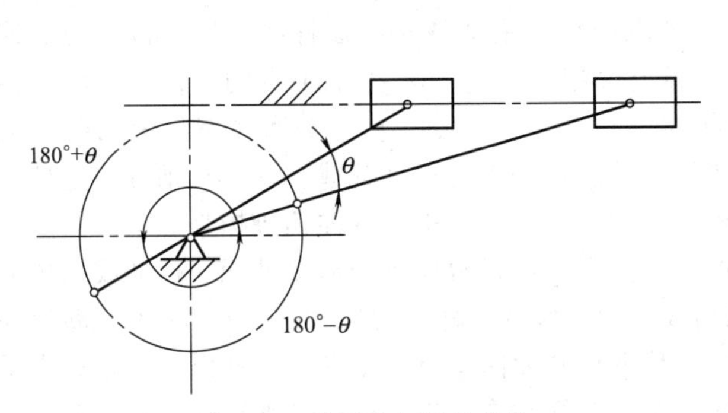

图 3-32　偏置曲柄滑块机构

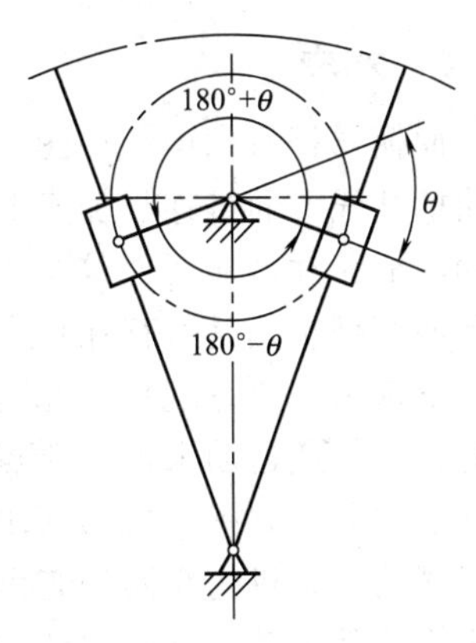

图 3-33　导杆机构

如图 3-34 所示的曲柄摇杆机构中，若不考虑运动副的摩擦力及构件的重力和惯性力的影响，同时连杆上不受其他外力，则原动件 AB 经过连杆 BC 传递到 CD 上 C 点的力 F，将沿 BC 方向。力 F 可以分解为沿点 C 速度方向的分力 F_t 和沿 CD 方向的分力 F_n，而 F_n 不能推动从动件 CD 运动，只能使 C、D 运动副产生径向压力，F_t 才是推动 CD 运动的有效分力。由图可知：有效分力 $F_t=F\cos\alpha$，而有害分力 $F_n=F\sin\alpha$。所以 α 愈小，机构传动性能愈好。

（2）传动角

传动角 γ——连杆与从动件所夹的锐角，亦即压力角的余角（$\gamma=90°-\alpha$）。

显然，$\gamma\uparrow\Rightarrow\alpha\downarrow\Rightarrow$ 有效分力 $F_t\uparrow\Rightarrow$ 机构传动性能 $\uparrow$。

所以，在连杆机构中也常用传动角的大小及变化情况来描述机构传动性能的优劣。

由于在机构运动过程中，传动角 γ 的大小是变化的，为了保证机构在每一瞬时都有良好的传力性能，设计时通常取 $\gamma_{min}\geqslant 40°$；重载情况下，应取 $\gamma_{min}\geqslant 50°$。对于只传递运动，不受或受很小外力的机构，允许传动角小些（如在一些仪表中）。

如图 3-26 所示两种手摇唧筒，图（a）以构件 1 为原动手柄，图（b）以构件 2 为原动手柄。图 3-26(a) 所示机构中，构件 2 为二力杆，所以图示 $\angle BAC$ 即为该位置的压力角 α；图 3-26(b) 所示机构中，构件 2 受三个力，三个力必须汇交于一点，故在 A 点处构件 2 作用于构件 3 的驱动力几乎与 AC 平行，亦即压力角 α 很小，所以传力特性好。

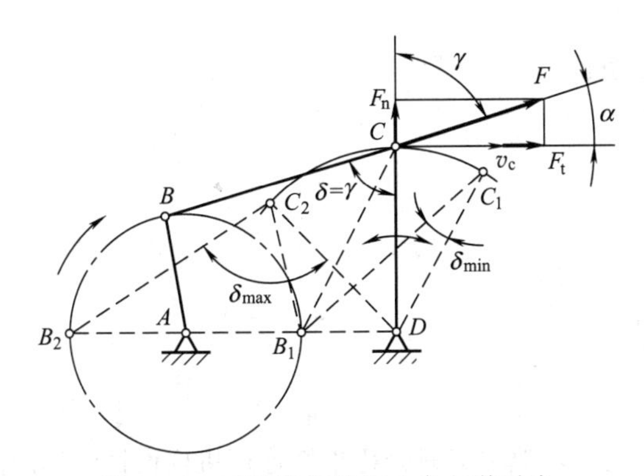

图 3-34　四杆机构的压力角与传动角

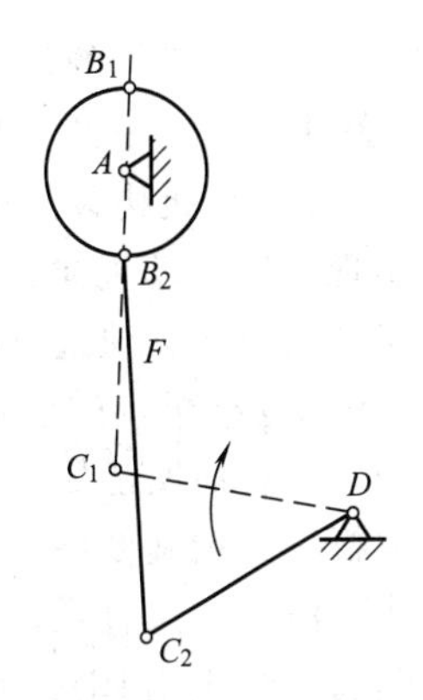

图 3-35　缝纫机踏板机构

（3）最小传动角的位置

铰链四杆机构在曲柄与机架共线的两位置出现最小传动角。

3.4.4 死点

在曲柄摇杆机构中，如图 3-35 所示，若取摇杆为主动件，当摇杆在两极限位置时，连杆与曲柄共线，通过连杆加于曲柄的力 F 经过铰链中心 A，该力对 A 点的力矩为零，故不能推动曲柄转动，从而使整个机构处于静止状态（$\alpha=90°$，$\gamma=0°$）。这种位置称为死点。

平面四杆机构是否存在死点位置，决定于从动件是否与连杆共线。凡是从动件与连杆共线的位置都出现死点现象，此时均是曲柄不为主动件（只有平行双曲柄机构是一个特例）。

对机构传递运动来说，死点是有害的，因为死点位置常使机构从动件无法运动或出现运动不确定现象。如图 3-35 所示的缝纫机踏板机构（曲柄摇杆机构），当踏板 CD 为主动件并作往复摆动时，机构在两处有可能出现死点位置，致使曲柄 AB 不转或出现倒转现象。为了保证机构正常运转，可在曲柄轴上装飞轮，利用其惯性作用使机构顺利地通过死点位置。还可采用两组机构错开排列的办法，使机构的死点位置错开，如火车轮机构如图 3-36 所示。

在工程上，有时也利用死点进行工作，如图 3-37 所示的夹紧机构中，就是应用死点的性质来夹紧工件的一个实例。当夹具通过手柄 1，施加外力 F 使铰链的中心 B、C、D 处于同一条直线上时，工件 2 被夹紧，此时如将外力 F 去掉，也仍能可靠地夹紧工件，当需要松开工件时，则必须向上扳动手柄 1，才能松开夹紧的工件。

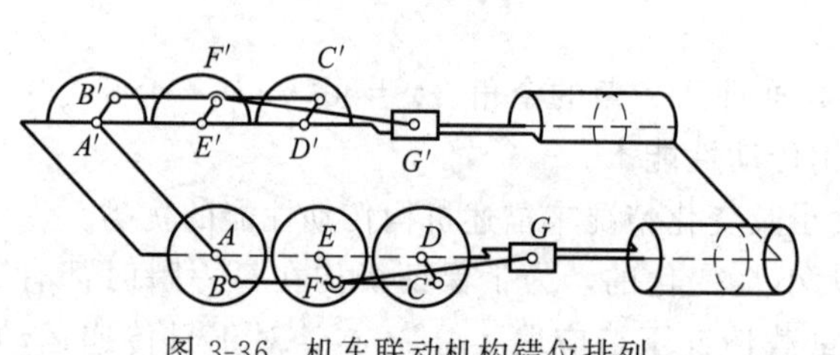

图 3-36 机车联动机构错位排列

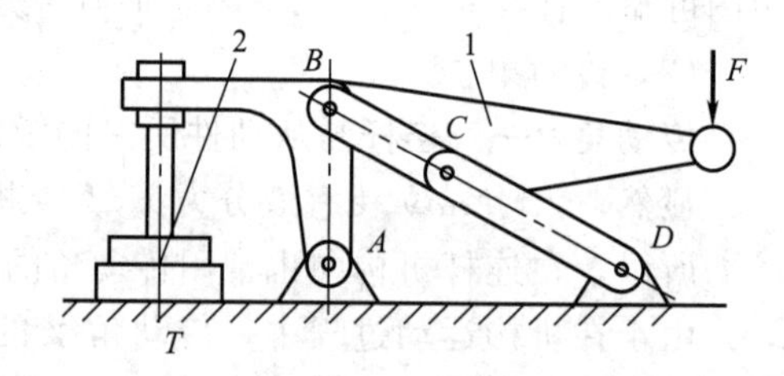

图 3-37 夹紧机构

※3.5 平面四杆机构的设计

3.5.1 平面连杆机构设计的基本问题

（1）平面连杆机构的设计过程

已知条件（运动条件、几何条件、动力条件）⇒构件尺寸。

（2）平面连杆机构设计的两类基本要求

① 实现给定运动规律（位置设计）。

② 实现给定运动轨迹（轨迹设计）。

（3）平面连杆机构的三种设计方法

① 作图法：简明易懂，精确性差。

② 解析法：精确度好，计算繁杂。

③ 实验法：形象直观，过程复杂。

由于在教学中以作图法解决位置设计问题为主，故本节只介绍平面连杆机构设计的作图法。

3.5.2 按照给定的行程速比系数设计四杆机构

对于有急回运动的四杆机构，设计时应满足行程速比系数 K 的要求。在这种情况下，可以利用机构的极限位置的几何关系，再结合其他辅助条件进行设计。

（1）曲柄摇杆机构

如图3-38所示，已知摇杆CD长度及摆角φ，行程速比系数K，设计曲柄摇杆机构。

① 由$\theta=180°\dfrac{K-1}{K+1}$公式，求出极位夹角$\theta$。

② 任选固定铰D的位置，并作出摇杆两极限位置C_1D和C_2D，夹角为φ。

③ 连接C_1C_2，作$\angle C_1C_2O=\angle C_2C_1O=90°-\theta$，得交点$O$，以$O$为圆心，$OC_1$为半径作圆（称为$\theta$圆）。

④ 在θ圆上任取一点A为固定铰，则$\angle C_1AC_2=\dfrac{1}{2}\angle C_1OC_2=\theta$。

⑤ 连接AC_1、AC_2，则AC_1、AC_2分别为曲柄与连杆重叠拉直共线位置，令

$$a+b=AC_2,\ b-a=AC_1$$

⑥ 可以求得

$$a=\frac{AC_2-AC_1}{2},\ b=\frac{AC_2+AC_1}{2}$$

作图法为：以C_2为圆心，以AC_1为半径画弧交AC_2于F，再作AF线段的中分线求得B_2点，以A为圆心，AB_2为半径画圆，交AC_1延长线于B_1，则B_1、B_2即为活动铰接点的位置。但应注意：

① 曲柄固定铰链点A不能选在$C'_1C'_2$弧段上，否则机构不满足运动连续性要求；

② 可以看出，机构有无穷解，具体A的位置可依据工作要求、结构条件进行选择。

（2）曲柄滑块机构

已知行程速比系数K，行程H，偏距e，设计此偏置曲柄机构。

图解法与前述相类似。

先由K求出θ；作一直线$C_1C_2=H$；作$\angle C_1C_2O=\angle C_2C_1O=90°-\theta$，交于$O$点；以$O$为圆心，$OC_1$为半径作出$\theta$圆；作直线$MN /\!/ C_1C_2$，间距为$e$，交$\theta$圆于$A$点。重复前述步骤⑤、⑥即可求得机构，如图3-39所示。

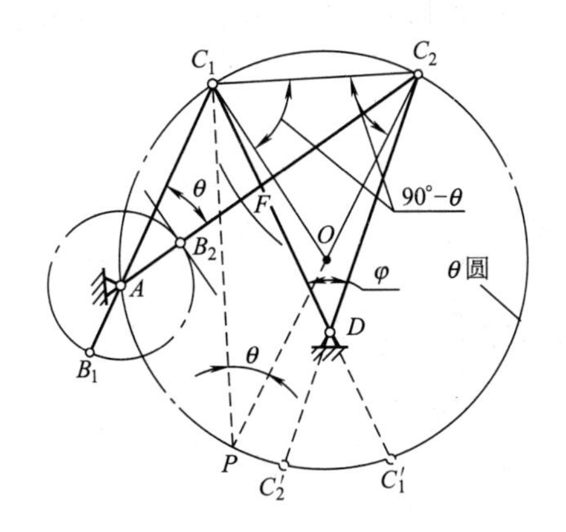

图3-38　曲柄摇杆机构设计

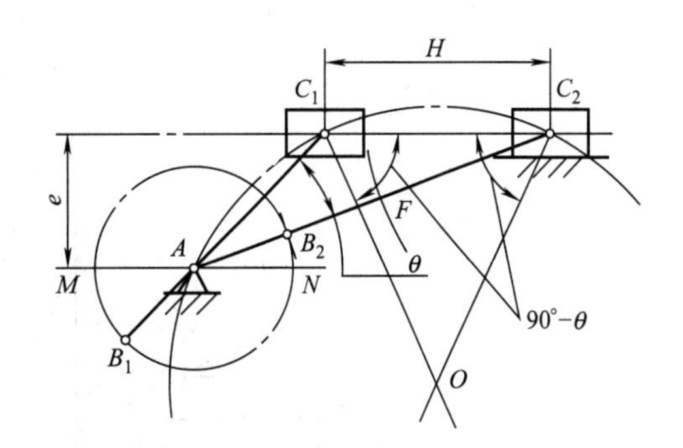

图3-39　曲柄滑块机构设计

（3）导杆机构

已知摆动导杆机构中，机架的长度为d，行程速比系数为K，设计该机构。

如图3-40所示导杆机构，可以看出该机构的极位夹角θ与导杆摆角φ相等。这样，设计就简单了。

首先由 K 求出 θ；然后选择一点 D，作 $\angle mDn=\theta$；再作角平分线，在平分线上取 $DA=d$，可以求得曲柄回转中心 A，过 A 点作导杆任一极限位置垂线 AC_1（或 AC_2），则 AC_1 即为曲柄长度。

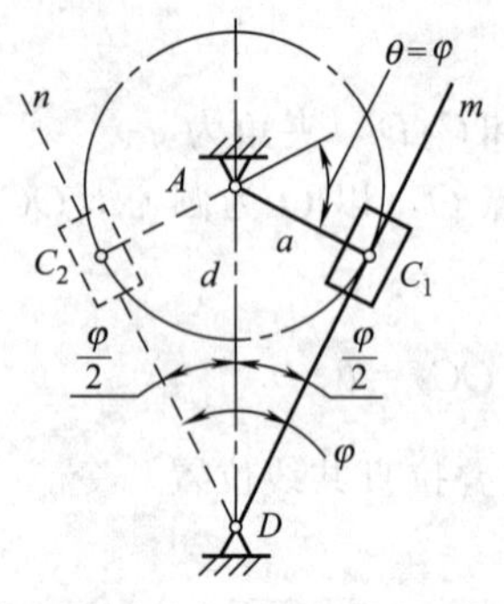

图 3-40　导杆机构设计

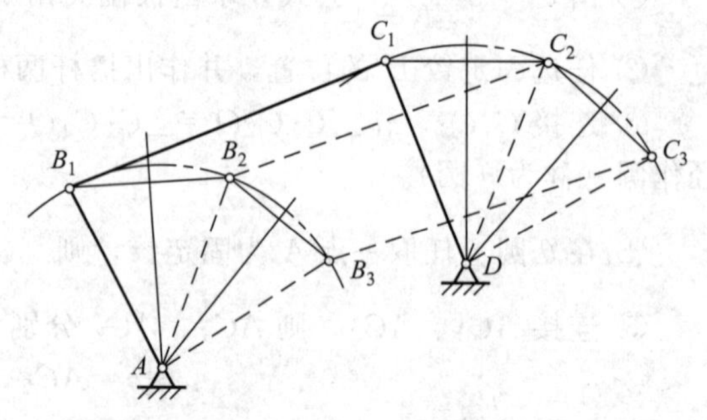

图 3-41　给定连杆三位置设计四杆机构

3.5.3　按给定连杆位置设计四杆机构

条件：给定连杆两位置或三位置及活动铰链 B、C，该机构的设计实质上就是确定两固定铰 A、D 的位置。

如图 3-41 所示，当给定连杆两位置 B_1C_1、B_2C_2 时，由于 B、C 两点的轨迹都是圆弧，故知转动副 A、D 分别在 $\overline{B_1B_2}$ 和 $\overline{C_1C_2}$ 的垂直平分线上，也就是说 A、D 可以在其垂直平分线上任意选取。显然，在这种情况下，该机构的设计有无数个答案，此时可以根据结构条件或其他辅助条件来确定 A、D 的位置。如果给定连杆 BC 的三个位置，其答案就是唯一的。

如图 3-42 所示为铸造车间振实造型机工作台的翻转机构，就是实现连杆两预定位置的应用实例。当翻台（即连杆 BC）在振实台上振实造型时，处于图示实线 B_1C_1 位置。而需要起模时，要求翻台能转过 180°到达图示托台上方虚线 B_2C_2 位置，以便托台上升接触砂箱起模。若已知连杆 BC 的长度，B_1C_1 和 B_2C_2 在坐标系中的坐标，并要求固定铰链中心 A、D 位于 x 轴线上，此时可以选定一比例尺，按上述方法设计出 AB、CD、AD 的长度。

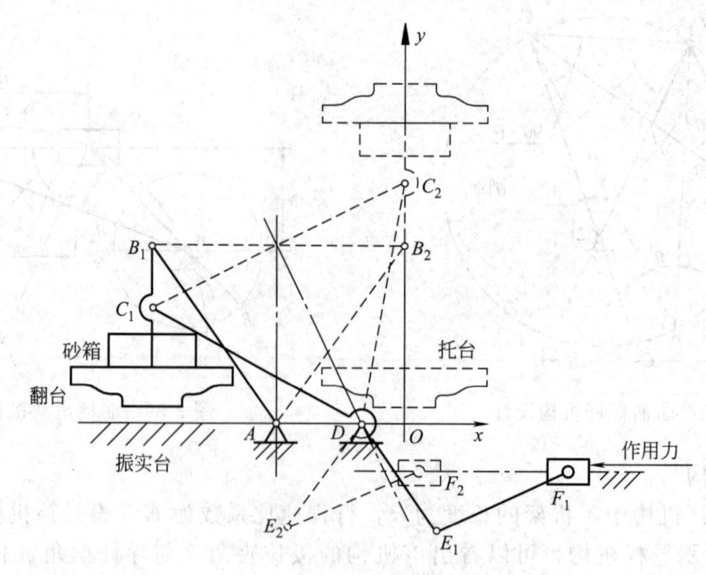

图 3-42　振实造型机构设计

3.5.4　按照给定两连架杆对应位置设计四杆机构

利用机构反转法求解这一类问题，即把两连架杆假想地当作连杆和机架，这样两连架杆间的相对运动就化为连杆相对于机架的运动，其图解法与前述相同。

如图3-43所示，已知连架杆AB和机架AD的长度、位置，AB的三个位置及连架杆CD上一直线的三个位置DE_1、DE_2、DE_3，要求出CD上的活动铰链C的位置。

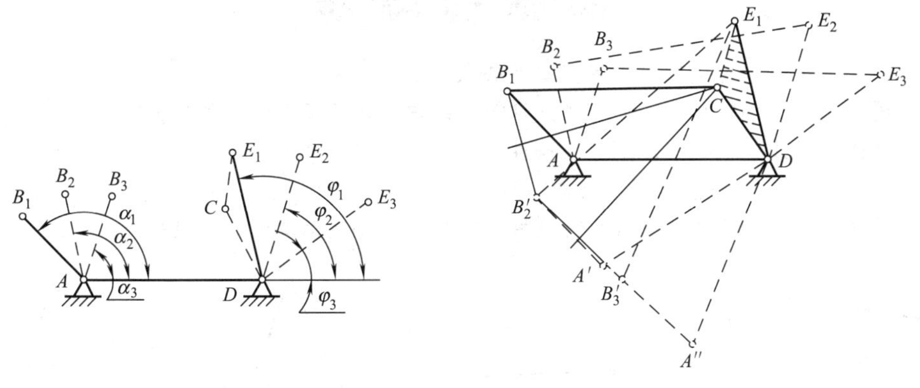

图3-43　给定两连架杆三个位置设计四杆机构

将连架杆CD的第一位置DE_1当作机架，将四边形AB_2E_2D和AB_3E_3D分别刚性地绕D点转到DE_2、DE_3与DE_1重合位置，则点B_2、B_3转到新的位置B_2'、B_3'，点A到达A'、A''位置。分别作B_1B_2'、$B_2'B_3'$的中垂线，两中垂线的交点即为活动铰点C的位置。显然该机构有唯一解。

若给定连架杆的两个位置，则机构有无穷解，如图3-44所示。

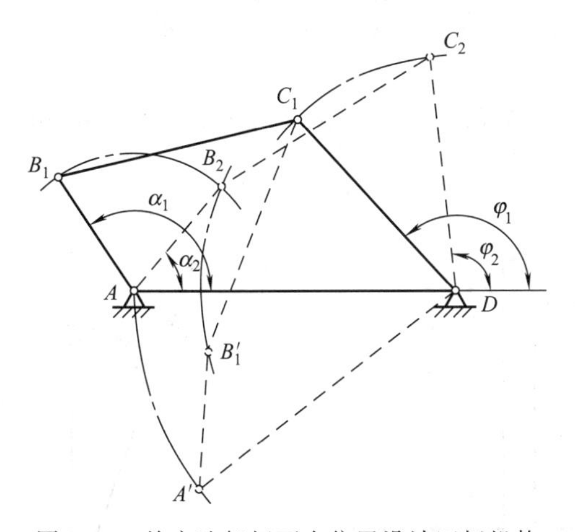

图3-44　给定连架杆两个位置设计四杆机构

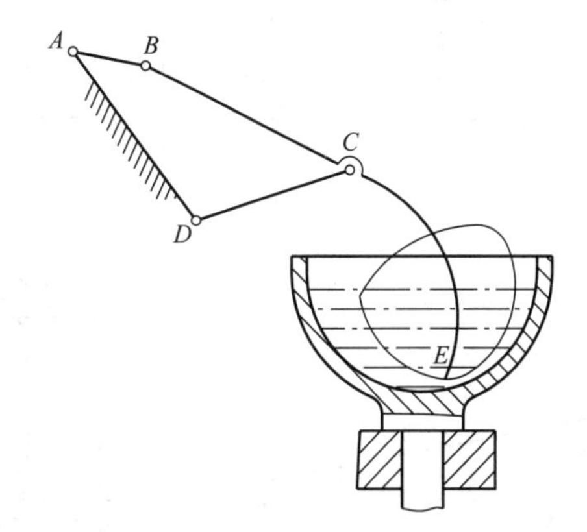

图3-45　搅拌机

3.5.5　按给定点运动轨迹设计四杆机构

四杆机构运转时，其连杆作平面运动，连杆上任一点都描绘出一条封闭曲线，称为连杆曲线。连杆曲线的形状随连杆上点的位置以及各杆相对尺寸不同而变化。由于连杆曲线的多样性，使它被广泛应用于实现某种运动轨迹的机械上。如图3-17所示的门座起重机变副机构，为了避免起吊重物在平移时因不必要的升降而消耗能量，当原动件摇杆AB往复摆动时，连杆 CE 上 E 点悬挂的重物沿 EE' 作近似水平直线运动。图 3-45 所示的搅拌机也是应用连杆曲线的实例。

设计四杆机构使其连杆上某点实现给定的任意轨迹，是十分复杂的。为了便于设计，工程上常常利用已出版的《四连杆机构分析图谱》，从中找出一条相似的连杆曲线，直接查出该机构各杆的尺寸。这种方法称为图谱法。

3-1　什么是平面连杆机构？它有哪些优缺点？

3-2　铰链四杆机构的基本形式有哪几种？各能进行哪些运动形式的转换？

3-3　试述铰链四杆机构的曲柄存在条件。

3-4　指出图 3-46 中各铰链四杆机构的名称。

3-5　平面四杆机构的其他形式有哪几种？各能进行哪些运动形式的转换？

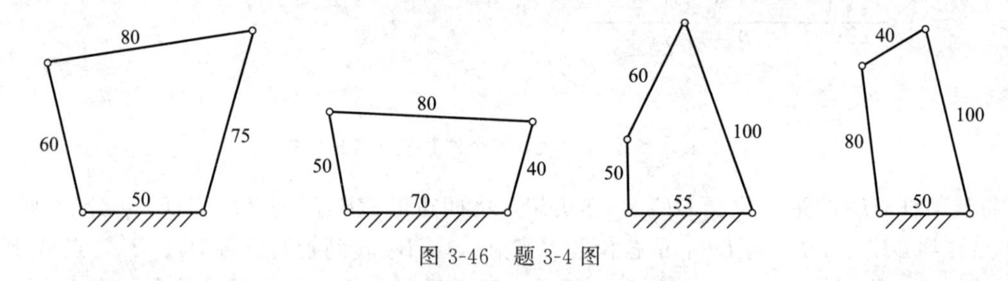

图 3-46　题 3-4 图

3-6　什么是极位夹角？什么是行程速比系数？两者之间有何关系？

3-7　什么是机构的急回特性？在生产上有何实用意义？

3-8　什么是平面连杆机构的压力角和传动角？为何要限制最小传动角？

3-9　什么是机构的死点？如何使机构顺利通过死点？举例说明工程上或生活中利用机构死点进行工作。

3-10　图 3-47 所示的四杆机构中，已知杆 1 长 140mm，杆 2 长 180mm，杆 3 长 80mm，AD 为机架。若此机构为双曲柄机构，求杆 3 的长度。

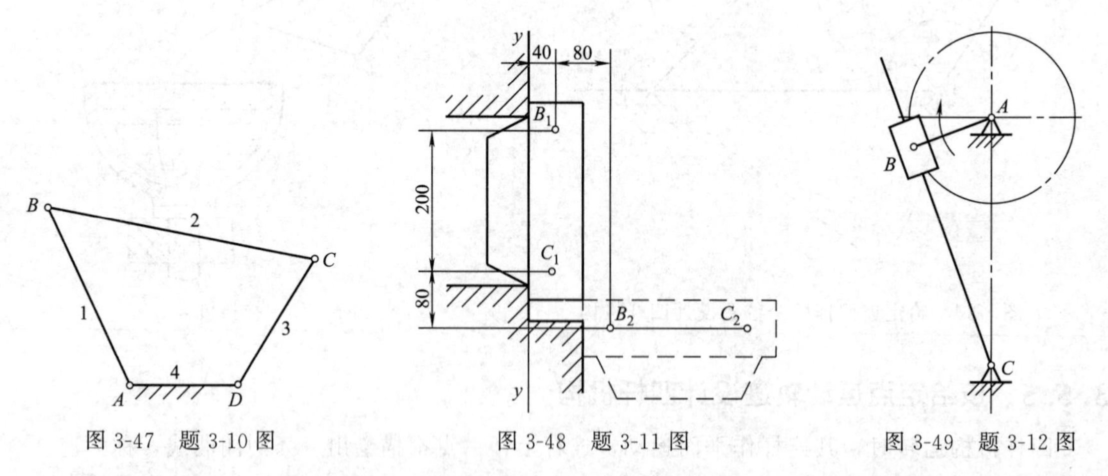

图 3-47　题 3-10 图　　图 3-48　题 3-11 图　　图 3-49　题 3-12 图

3-11　实践题：设计一控制加热炉炉门启闭用的四杆机构。工作要求加热时炉门能关闭严密，取放工件时炉门能打开放平。炉门上两铰链中心距 $BC=200$mm，与炉体（即机架）联接的铰链宜安放在轴线上，其相互位置尺寸如图 3-48 所示。

3-12　实践题：图 3-49 为牛头刨床的曲柄摆杆机构，已知机架 AC 长度 $L_{AC}=400$mm，行程速比系数 $K=1.65$，设计此机构。

社会实践活动——连杆机构的应用课外调查报告

内容要求：

1. 举 2～3 个平面连杆机构应用实例。
2. 写出机构名称。
3. 画出机构运动简图。
4. 进行自由度计算（含公式与计算过程）。
5. 作出机构运动情况判断。
6. 写出调查体会或总结。

本章重点口诀

连杆机构应用广，铰链四杆是基型，
曲柄摇杆最基型，还有双曲与双摇，
曲柄存在有条件，机构条件细分清，
曲柄主动有急回，曲柄从动死点停，
急回特性有 K 值，极位夹角相对应，
曲柄摇杆化滑块，曲柄滑块化导杆。

本章知识小结

1. 铰链四杆机构类型
   - 曲柄摇杆机构
   - 双曲柄机构
   - 双摇杆机构
2. 铰链四杆机构类型判别
   - 满足杆长条件
     - 最短杆为连架杆——曲柄摇杆机构
     - 最短杆为机架——双曲柄机构
     - 最短杆为连杆——双摇杆机构
   - 不满足杆长条件——双摇杆机构
3. 滑块四杆机构
   - 单滑块机构——曲柄滑块机构
     - 对心曲柄滑块机构
     - 偏心曲柄滑块机构
   - 双滑块机构
   - 偏心轮机构
4. 铰链四杆机构的演化形式
   - 移动副取代转动副
   - 更换机架
   - 运动副元素逆换
   - 扩大转动副
5. 曲柄滑块机构的变化
   - 导杆机构
     - 转动
     - 摆动
   - 摇块机构
   - 定块机构
6. 平面四杆机构的基本特性
   - 急回特性
   - 压力角与传动角
   - 死点位置

7. 平面连杆机构的设计
   - 设计过程：已知条件→构件尺寸
   - 基本要求
     - 实现给定运动位置（位置设计）
     - 实现给定运动轨迹（轨迹设计）
   - 设计方法
     - 作图法
     - 解析法
     - 实验法

第4章 凸轮机构

4.1 凸轮机构的应用和分类

在各种机械中，特别是自动机械和自动控制装置中，为了实现复杂的运动要求，经常会用到凸轮机构。凸轮机构是由凸轮、从动件（推杆）、机架（支撑凸轮和从动件的构件）和辅助锁合四个主要构件组成的一种高副机构。辅助锁合可以保证运动副（高副）始终接触，不会影响构件的运动规律。

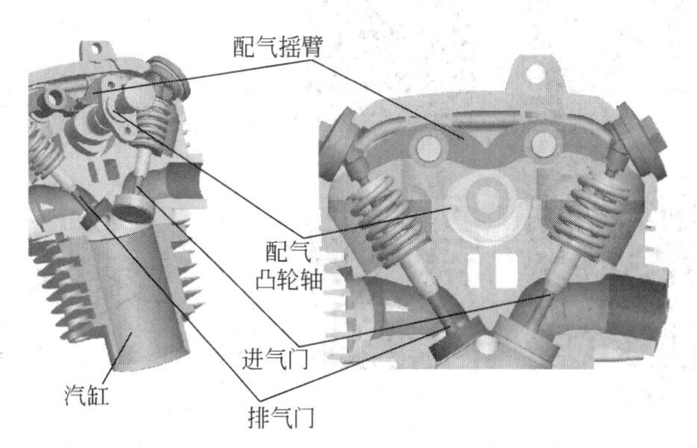

图 4-1 内燃机配气凸轮机构

4.1.1 应用举例

如图 4-1 所示为内燃机配气凸轮机构。内燃机在燃烧过程中，驱动凸轮轴及其上的凸轮转动，通过凸轮的曲线轮廓推动配气摇臂摆动，并由配气摇臂推动进、排气门按特定的规律往复移动，从而达到控制汽缸燃烧室中进、排气的功能。

配气凸轮机构

如图 4-2 所示为摩托车换挡机构。当圆柱凸轮绕其轴线转动时，通过其沟槽与换挡拨叉接触，推动换挡拨叉沿拨叉轴轴向移动，换挡拨叉带动换挡毂实现齿轮 1、3 和齿轮 2、4 的接合和分离，完成摩托车的换挡动作。

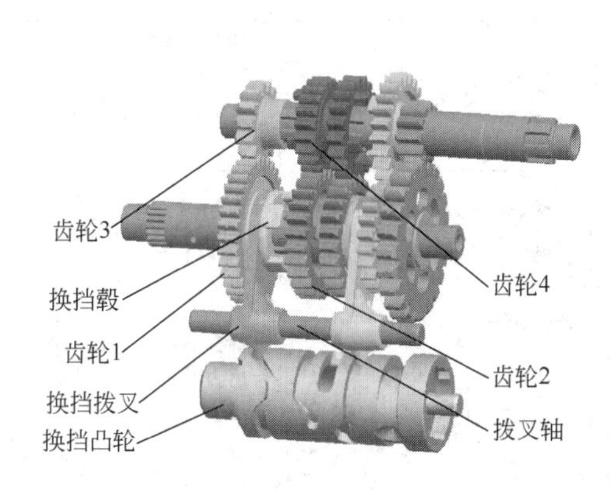

图 4-2 摩托车换挡机构

图 4-3 可动机械侠

如图 4-3 所示可动机械侠，由湖南铁路科技职业技术学院机械侠协会的会徽图案做成，是一种凭借内部机械装置的运转而产生各种动作的简单机械创新作品，参加过大学生机械创新设计与制作大赛并获奖，其中应用了凸轮机构。

从上面介绍的三个实例可知，凸轮是具有特定曲线轮廓或沟槽的构件，通常在机构运动中作主动件；与凸轮接触并被直接推动的构件称为从动件。凸轮通过其曲线轮廓或沟槽与从动件构成高副接触。当凸轮转动时，通过其曲线轮廓或沟槽推动从动件实现预期的运动规律。

4.1.2 凸轮机构分类

凸轮机构的应用广泛，其类型也很多。按凸轮的形状分，有盘形凸轮、移动凸轮、圆柱凸轮；按从动件的形式分，有尖顶从动件、滚子从动件、平底从动件；按锁合方式分，有力锁合、几何锁合（表 4-1）。

滚子对心移动从动件盘形凸轮

滚子偏心移动从动件盘形凸轮

移动凸轮

空间凸轮

尖顶对心移动从动件盘形凸轮

尖顶偏心移动从动件盘形凸轮

平底摆动从动件盘形凸轮

平底对心移动从动件盘形凸轮

平底偏心移动从动件盘形凸轮

表 4-1　凸轮机构的分类和应用

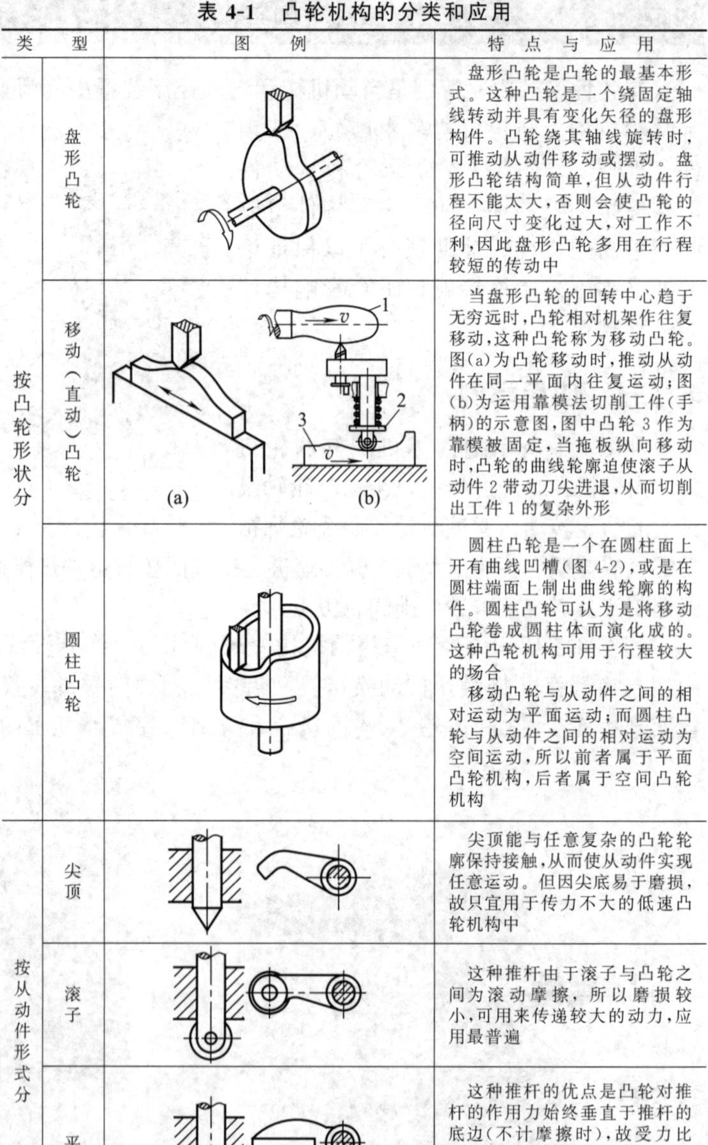

类型		图例	特点与应用
按凸轮形状分	盘形凸轮		盘形凸轮是凸轮的最基本形式。这种凸轮是一个绕固定轴线转动并具有变化矢径的盘形构件。凸轮绕其轴线旋转时，可推动从动件移动或摆动。盘形凸轮结构简单，但从动件行程不能太大，否则会使凸轮的径向尺寸变化过大，对工作不利，因此盘形凸轮多用在行程较短的传动中
	移动（直动）凸轮	(a) (b)	当盘形凸轮的回转中心趋于无穷远时，凸轮相对机架作往复移动，这种凸轮称为移动凸轮。图(a)为凸轮移动时，推动从动件在同一平面内往复运动；图(b)为运用靠模法切削工件(手柄)的示意图，图中凸轮 3 作为靠模被固定，当拖板纵向移动时，凸轮的曲线轮廓迫使滚子从动件 2 带动刀尖进退，从而切削出工件 1 的复杂外形
	圆柱凸轮		圆柱凸轮是一个在圆柱面上开有曲线凹槽(图 4-2)，或是在圆柱端面上制出曲线轮廓的构件。圆柱凸轮可认为是将移动凸轮卷成圆柱体而演化成的。这种凸轮机构可用于行程较大的场合 移动凸轮与从动件之间的相对运动为平面运动；而圆柱凸轮与从动件之间的相对运动为空间运动，所以前者属于平面凸轮机构，后者属于空间凸轮机构
按从动件形式分	尖顶		尖顶能与任意复杂的凸轮轮廓保持接触，从而使从动件实现任意运动。但因尖底易于磨损，故只宜用于传力不大的低速凸轮机构中
	滚子		这种推杆由于滚子与凸轮之间为滚动摩擦，所以磨损较小，可用来传递较大的动力，应用最普遍
	平底		这种推杆的优点是凸轮对推杆的作用力始终垂直于推杆的底边(不计摩擦时)，故受力比较平稳。而且凸轮与平底的接触面间容易形成楔形油膜，润滑较好，所以常用于高速传动中

续表

类　型			图　例	特点与应用
按锁合方式分	力锁合			利用从动件的重力、弹簧力或其他外力使从动件与凸轮保持接触
	形（几何）锁合	凹槽凸轮		其凹槽两侧面间的距离等于滚子的直径，故能保证滚子与凸轮始终接触。显然这种凸轮只能采用滚子从动件
		共轭凸轮		利用固定在同一轴上但不在同一平面内的主、回两个凸轮来控制一个从动件，从而形成几何封闭，使凸轮与推杆始终保持接触
		等径和等宽凸轮	(a)　(b)	图(a)为等径凸轮机构，因过凸轮轴心所作任一径向线上与凸轮廓线相切的两滚子中心的距离处处相等，故可使凸轮与推杆始终保持接触。图(b)为等宽凸轮机构，因与凸轮廓线相切的任意两平行线间的距离始终相等，且等于框形推杆的框形内壁宽度，所以凸轮和推杆可始终保持接触

力锁合凸轮

形锁合凸轮

4.1.3　凸轮机构的特点

由上面举的这些例子可见，凸轮是一个具有某种曲线轮廓或凹槽的构件，当其运动（一般为等速连续运动）时，可迫使与其构成高副接触的另一构件（统称为推杆）完成某种所需要的运动。推杆的运动可以是等速的，也可以是变速的，可以是连续的，也可以是间歇的，这决定于凸轮轮廓曲线的形状。只要恰当地制出凸轮的轮廓，就可以使推杆实现各种预期的运动规律。这是凸轮机构的最主要的优点，也是为什么凸轮机构在各种机械中，特别是自动机械中得到广泛应用的缘故。

但是，由于在凸轮机构中，凸轮和推杆为高副接触，故在相同载荷的条件下，接触处的压强比低副大，磨损比较严重，所以不宜用于传递过大的动力，而多用于机器的控制或辅助部分中。另外，由于凸轮的轮廓形状一般比较复杂，所以不易加工，这也是使其应用受到限制的一个因素。

在凸轮机构中，推杆不仅可以有不同的结构形状，而且也可以有不同的运动形式。根据推杆运动形式的不同，可把作往复直线运动的推杆称为直动推杆，把作往复摆动的推杆称为摆动推杆。在直动推杆中，若其动程线通过凸轮的回转轴则称为对心直动推杆，不通过凸轮的回转轴的，则称为偏置直动推杆。

4.2 从动件的常用运动规律

4.2.1 术语介绍

从动件的运动规律指的是从动件在推程和回程中，其位移 s、速度 v 和加速度 a 随凸轮转角 φ（或时间 t）变化的规律。若以凸轮转角 φ（或时间 t）为横坐标，以位移 s、速度 v 和加速度 a 分别为纵坐标，则可以画出从动件的位移曲线、速度曲线和加速度曲线，它们统称为从动件运动线图，如图 4-4(b) 所示。

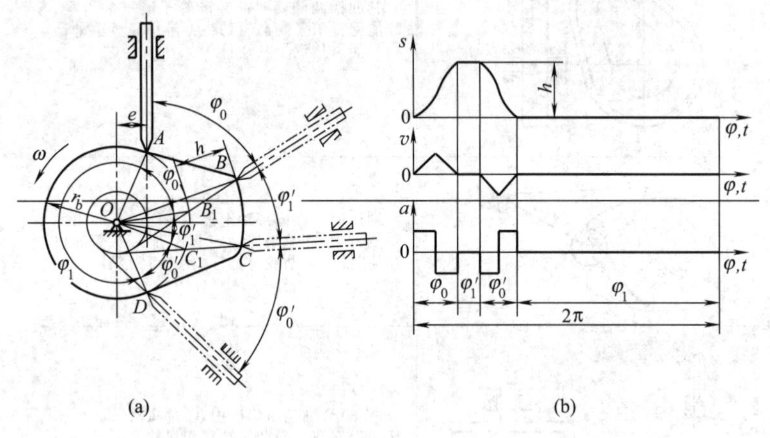

图 4-4 凸轮机构与从动件运动线图

下面以尖底偏置直动从动件盘形凸轮机构为例介绍凸轮机构常用术语，见图 4-4(a)。以凸轮轮廓曲线最小矢径 r_b 为半径所作的圆称为基圆，r_b 称为基圆半径。凸轮回转中心 O 点至过接触点从动件导路之间的偏置距离为 e，以 O 为圆心、以 e 为半径所作的圆称为偏距圆。图示位置为从动件开始上升的位置，这时尖底与凸轮轮廓曲线上点 A（基圆与曲线 AB 的连接点）接触。现凸轮逆时针转动，当矢径渐增的轮廓曲线段 AB 与尖底作用时，从动件以一定运动规律被凸轮推向远方，待从 A 点运转到 B 点时，从动件上升到距凸轮回转中心最远的位置，此过程从动件的位移 h（即为最大位移）称为行程，凸轮转过的角度 φ_0 称为推程运动角；当凸轮继续回转而以 O 为中心的圆弧 BC 与尖底作用时，从动件在最远位置停留，此过程的凸轮转角 φ_1' 称为远休止角；当矢径渐减的轮廓曲线段 CD 与尖底作用时，从动件以一定运动规律返回初始位置，此过程凸轮转过的角度 φ_0' 称为回程运动角；同理，当基圆上 DA 段圆弧与尖底作用时，从动件在距凸轮回转中心最近的位置停留不动，这时对应的凸轮转角 φ_1 称为近休止角。当凸轮继续回转时，从动件又重复进行升-停-降-停的运动循环。

由上所述，从动件运动规律取决于凸轮轮廓形状。设计凸轮时，先根据工作要求和条件选择从动件的运动规律，再绘出凸轮轮廓。

4.2.2 几种常见的从动件运动规律

常用从动件的运动规律有等速运动规律、等加速-等减速运动规律、余弦加速度运动规律（也称简谐运动规律）和正弦加速度运动规律（也称摆线运动规律）等，它们的运动线图如图 4-5(a)～(d) 所示，运动方程和应用特点列于表 4-2 中。

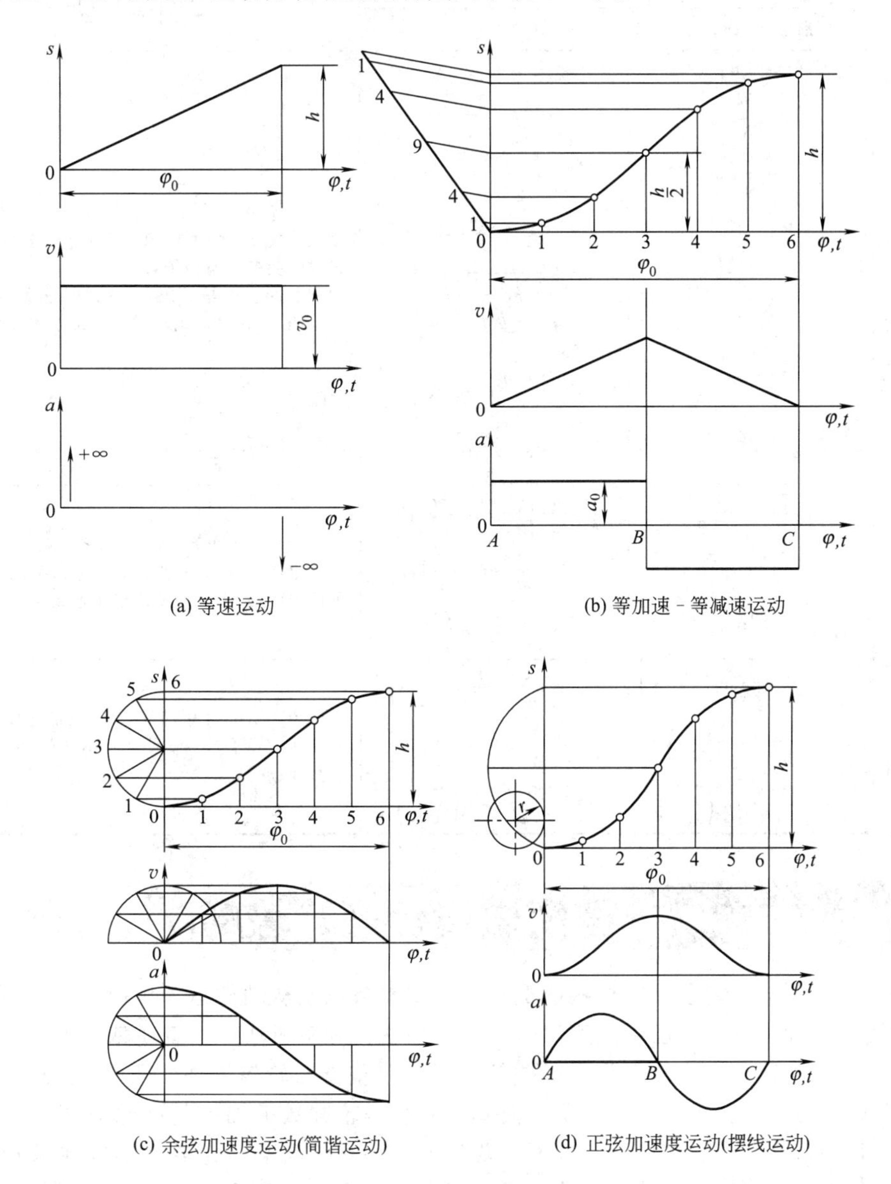

图 4-5　常用从动件运动规律

表 4-2　常用从动件运动规律

运动规律	运动方程		运动特点及应用
	推程 $0\leqslant\varphi\leqslant\varphi_0$	回程 $0\leqslant\varphi\leqslant\varphi_0'$	
等速运动	$s=\frac{h}{\varphi_0}\varphi$ $v=\frac{h}{\varphi_0}\omega$ $a=0$	$s=h-\frac{h}{\varphi_0'}\varphi'$ $v=-\frac{h}{\varphi_0'}\omega$ $a=0$	由图 4-5(a)可知，推杆在运动的开始和终止时，速度有突变。所以这时推杆的加速度在理论上由零突然变为无穷大，致使推杆突然产生非常大的惯性力，因而使凸轮机构受到极大的冲击，这种冲击称为刚性冲击。因此，这种运动形式只用于低速轻载场合

续表

运动规律	运动方程		运动特点及应用
	推程 $0\leqslant\varphi\leqslant\varphi_0$	回程 $0\leqslant\varphi\leqslant\varphi_0'$	
等加速-等减速运动	$0\leqslant\varphi\leqslant\varphi_0/2$ $s=\frac{2h}{\varphi_0^2}\varphi^2$ $v=\frac{4h\omega}{\varphi_0^2}\varphi$ $a=\frac{4h\omega^2}{\varphi_0^2}$	$0\leqslant\varphi'\leqslant\varphi'_0/2$ $s=h-\frac{2h}{\varphi_0'^2}\varphi'^2$ $v=-\frac{4h\omega}{\varphi_0'^2}\varphi'$ $a=-\frac{4h\omega^2}{\varphi_0'^2}$	由图 4-5(b)可知，在 A、B、C 三点推杆的加速度也有突变，因而推杆的惯性力也将有突变，不过这一突变为有限值，所以，在凸轮机构中由此引起的冲击也是有限的，这种冲击称为柔性冲击。因此，这种运动形式适用于中速轻载场合
	$\varphi_0/2\leqslant\varphi\leqslant\varphi_0$ $s=h-\frac{2h}{\varphi_0^2}(\varphi_0-\varphi)^2$ $v=\frac{4h\omega}{\varphi_0^2}(\varphi_0-\varphi)$ $a=-\frac{4h\omega^2}{\varphi_0^2}$	$\varphi_0'/2\leqslant\varphi'\leqslant\varphi_0'$ $s=h-\frac{2h}{\varphi_0'^2}(\varphi_0'-\varphi')^2$ $v=-\frac{4h\omega}{\varphi_0'^2}(\varphi_0'-\varphi')$ $a=\frac{4h\omega^2}{\varphi_0'^2}$	
余弦加速度运动（简谐运动）	$s=\frac{h}{2}\left[1-\cos\left(\frac{\pi\varphi}{\varphi_0}\right)\right]$ $v=\frac{\pi h\omega}{2\varphi_0}\sin\left(\frac{\pi\varphi}{\varphi_0}\right)$ $a=-\frac{\pi^2h\omega^2}{2\varphi_0^2}\cos\left(\frac{\pi\varphi}{\varphi_0}\right)$	$s=\frac{h}{2}\left[1+\cos\left(\frac{\pi\varphi'}{\varphi_0'}\right)\right]$ $v=\frac{\pi h\omega}{2\varphi_0'}\sin\left(\frac{\pi\varphi'}{\varphi_0'}\right)$ $a=-\frac{\pi^2h\omega^2}{2\varphi_0'^2}\cos\left(\frac{\pi\varphi'}{\varphi_0'}\right)$	由图 4-5(c)可知，在起始、终止两点推杆的加速度也将产生有限突变，因此也有柔性冲击。因此，这种运动形式适用于中速场合
正弦加速度运动（摆线运动）	$s=h\left[\frac{\varphi}{\varphi_0}+\frac{1}{2\pi}\sin\left(\frac{2\pi\varphi}{\varphi_0}\right)\right]$ $v=\frac{h\omega}{\varphi_0}\left[1-\cos\left(\frac{2\pi\varphi}{\varphi_0}\right)\right]$ $a=-\frac{2\pi h\omega^2}{\varphi_0^2}\sin\left(\frac{2\pi\varphi}{\varphi_0}\right)$	$s=h\left[1-\frac{\varphi}{\varphi_0}+\frac{1}{2\pi}\sin\left(\frac{2\pi\varphi'}{\varphi_0'}\right)\right]$ $v=\frac{h\omega}{\varphi_0'}\left[\cos\left(\frac{2\pi\varphi'}{\varphi_0'}\right)-1\right]$ $a=-\frac{2\pi h\omega^2}{\varphi_0'^2}\sin\left(\frac{2\pi\varphi'}{\varphi_0'}\right)$	由图 4-5(d)可知，推杆作正弦加速度运动时，其加速度没有突变，因此将不产生冲击。适用于高速场合

4.3 图解法设计凸轮轮廓

当根据使用要求确定了凸轮机构的类型、基本参数以及从动件运动规律后，即可进行凸轮轮廓曲线的设计。设计方法有图解法（又称几何法）和解析法，两者所依据的设计原理基本相同。几何法简便、直观，但作图误差较大，难以获得凸轮轮廓曲线上各点的精确坐标，所以按几何法所得轮廓数据加工的凸轮只能应用于低速或不重要的场合。对于高速凸轮或精确度要求较高的凸轮，必须建立凸轮理论轮廓曲线、实际轮廓曲线以及加工刀具中心轨迹的坐标方程，并精确地计算出凸轮轮廓曲线或刀具运动轨迹上各点的坐标值，以适合在数控机床上加工。圆柱凸轮的廓线虽属空间曲线，但由于圆柱面可展成平面，所以也可以借用平面盘形凸轮轮廓曲线的设计方法设计圆柱凸轮的展开轮廓。这里只介绍图解法设计凸轮轮廓曲线的原理和步骤。

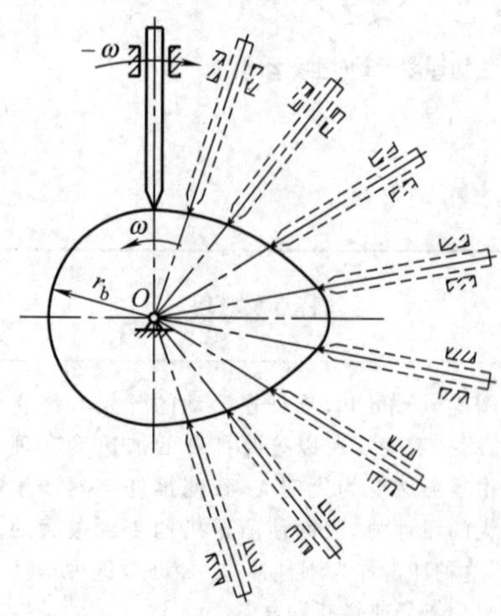

图 4-6　凸轮反转绘制原理

4.3.1　绘制原理

如图 4-6 所示为一对心直动尖顶从动件盘形凸轮机构，凸轮基圆半径为 r_b，当凸轮以等角速度 ω 绕轴心 O

转动时，推动从动件按预期运动规律运动。现假设在整个凸轮机构上（凸轮、从动件、导路）加一个与凸轮角速度 ω 大小相等、方向相反的角速度 $-\omega$，于是凸轮静止不动，而从动件与导路一起以角速度 $-\omega$ 绕凸轮转动，且从动件仍以原来的运动规律相对导路移动。由于从动件尖顶与凸轮轮廓始终接触，所以加上反转角速度后从动件尖顶的运动轨迹就是凸轮轮廓曲线。把原来转动着的凸轮看成是静止不动的，而把原来静止不动的导路及原来往复移动的从动件看成为反转运动的这一原理，称为“反转法”原理。假若从动件是滚子，则滚子中心可看作是从动件的尖顶，其运动轨迹就是凸轮的理论轮廓曲线，凸轮的实际轮廓曲线是与理论轮廓曲线相距滚子半径 r_T 的一条等距曲线。

4.3.2 几种常见的凸轮轮廓的绘制

下面依据“反转法”原理来绘制几种常见的凸轮轮廓。

（1）对心直动尖顶从动件盘形凸轮设计

已知从动件的位移线图如图 4-7(b) 所示，凸轮基圆半径为 r_b，凸轮以等角速度 ω 顺时针方向转动，设计此凸轮轮廓。

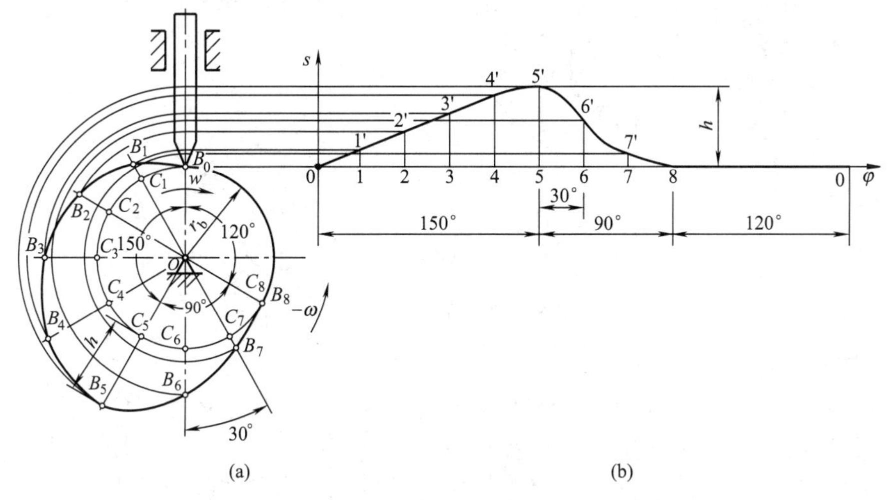

图 4-7 对心直动尖顶从动件盘形凸轮设计

① 以与位移线图相同的比例作出基圆，导路线与基圆相交于 B_0，该点也是从动件尖顶的起始位置。

② 根据位移线图特征，将位移线图按 30°一份分为 12 等份，并与位移线相交成线段 $11'$、$22'$、$33'$、$44'$、$55'$等如图 4-7(b) 所示。

③ 以 B_0 为起点，按 $-\omega$ 方向将基圆分为 12 等份，标出等分点 C_1、C_2、C_3 等如图 4-7(a) 所示。

④ 将基圆中心点 O 和各等分点 C_1、C_2、C_3 等相连，作为从动件反转后的导路线。

⑤ 在以上导路线上，从基圆上的点 C_2、C_3、C_4 等开始向外量取相应的位移量得 B_2、B_3、B_4 等，即 $B_1C_1=11'$、$B_2C_2=22'$、$B_3C_3=33'$等，得出反转后从动件的位置。

⑥ 将 B_0、B_1、B_2 等点连成光滑曲线就是凸轮的轮廓曲线。

（2）偏置直动尖顶推杆盘形凸轮设计

设在此凸轮机构中，已知凸轮的基圆半径为 r_b，凸轮沿逆时针方向等速回转。而推杆的运动规律为：当凸轮转动角 φ_0 时，推杆等速上升一个行程 h，凸轮再转动角 φ_1'时，推杆在最高位置静止不动；当凸轮再转动角 φ_0'时，推杆以正弦加速度运动回到最低位置；凸轮转一周中的其余角度时，推杆在最低位置静止不动。下面来讨论该凸轮的轮廓曲线的画法。

根据已知条件作出从动件的位移线图，因推杆升程为等速运动，故升程曲线为斜直线，推杆在远休止位置运动曲线为一水平直线，推杆回程运动曲线应按表 4-2 中正弦加速度运动回程位移方程计算后绘制。如图 4-8(b) 所示。

完成位移线图后，再以与位移线图相同的比例作出偏距圆及基圆，以过偏距圆与中心线左侧交点 K 的切线为从动件导路，导路线与基圆相交于 B_0，该点也是从动件尖顶的起始位置。确定起始位置后，仍按上例方法作出凸轮轮廓，如图 4-8(a) 所示。

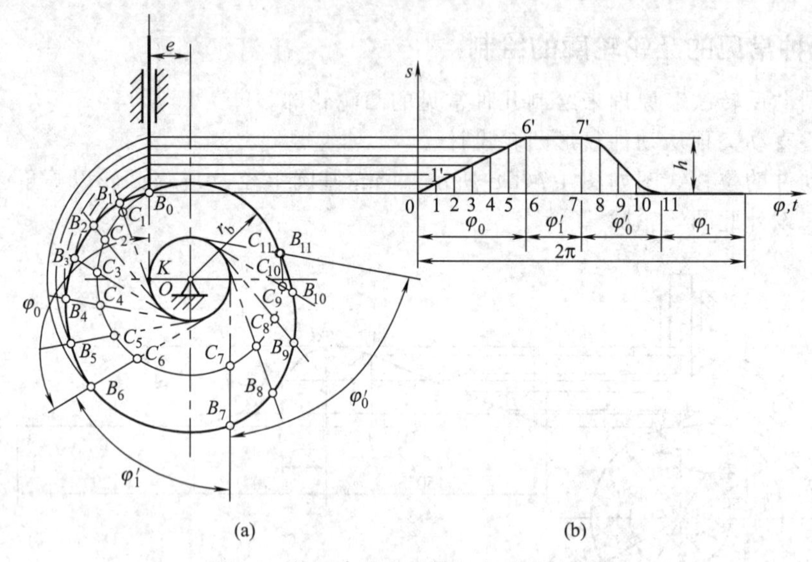

图 4-8　偏置直动尖顶推杆盘形凸轮设计

(3) 滚子从动件盘形凸轮设计

如图 4-9(a) 所示，设计这种凸轮机构的凸轮轮廓时，先按上述方法作出凸轮轮廓曲线 η（称为理论轮廓曲线），然后以以上各点为圆心，以 r_T 为半径作一系列圆（即圆族）；再作此圆族的包络线 η'，包络线 η'就是滚子从动件盘形凸轮的轮廓曲线（即实际轮廓曲线），可知，滚子从动件盘形凸轮的基圆半径是在理论轮廓上度量的。若同时作外包络线，可形成槽凸轮轮廓线，如图 4-9(b) 所示。

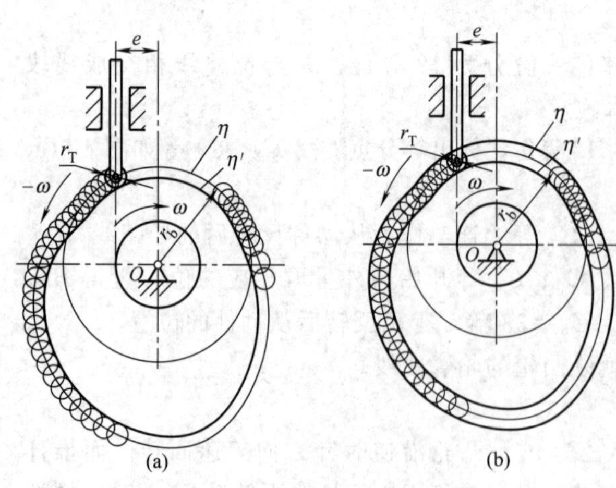

图 4-9　滚子从动件盘形凸轮设计

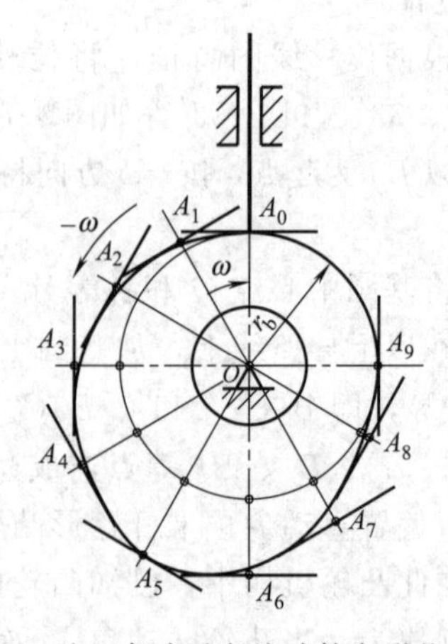

图 4-10　对心直动平底从动件盘形凸轮设计

（4）对心直动平底从动件盘形凸轮设计

平底从动件凸轮轮廓的绘制方法与上述方法相似。如图 4-10 所示，首先将从动件的轴线与平底的交点 A_0 看作尖顶从动件的尖顶，按照尖顶从动件盘形凸轮轮廓线绘制方法，作出理论轮廓上的一系列点 A_1、A_2、A_3 等；过这些点画出各个位置的平底，再作平底的包络线，便得到凸轮的工作轮廓。为了保证平底始终与凸轮轮廓相接触，平底左右两侧要有足够的长度；同时为了保证在所有位置从动件平底都能与凸轮轮廓曲线相切，凸轮廓线必须是外凸的。

4.4 设计凸轮机构应注意的问题

设计凸轮机构时，不仅要保证从动件能实现预期的运动规律，还要求整个机构传力性能良好、动作灵活、结构紧凑。这些要求与凸轮机构的滚子半径、压力角、基圆半径有关。

4.4.1 滚子半径的选择

从受力情况及滚子强度等方面考虑，滚子半径大一些较好，但是增大滚子半径对凸轮轮廓影响很大，因此受到一定限制。设凸轮理论轮廓外凸部分的曲率半径为 ρ，实际轮廓线曲率半径为 ρ'，滚子半径为 r_T，则 $\rho'=\rho-r_T$，当 $\rho>r_T$时，$\rho'>0$，凸轮轮廓为一平滑曲线，如图 4-11(a) 所示；若 $\rho=r_T$，则 $\rho'=0$，实际轮廓出现尖点，极易磨损，如图 4-11(b) 所示；若 $\rho<r_T$，则 $\rho'<0$，实际轮廓线发生交叉，如图 4-11(c) 所示，交叉点以外的部分在制造中将被切除，致使推杆不能按预期的运动规律运动，就会产生运动失真。

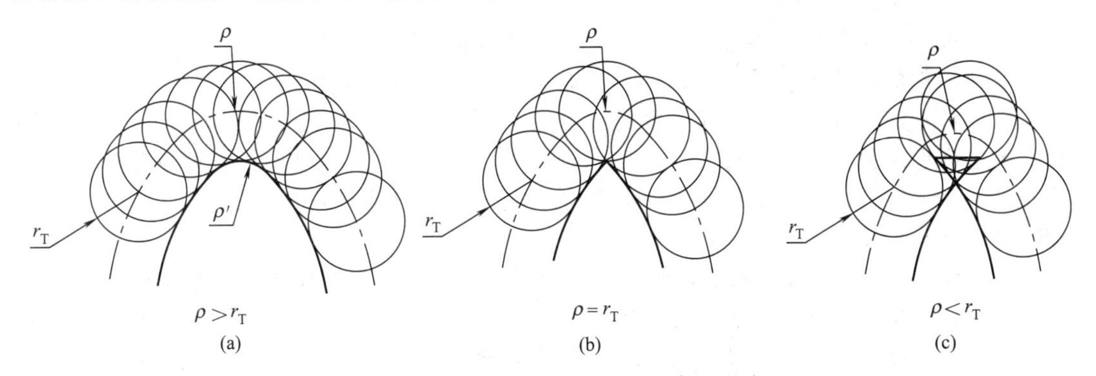

图 4-11　滚子半径对凸轮实际轮廓的影响

通过以上分析，为了使凸轮轮廓线在任何位置既不产生尖点又不相交，避免运动失真和减小磨损，要求滚子半径与理论轮廓线最小曲率半径通常为 $r_T\leqslant0.8\rho_{min}$。

一般情况下，用作图法设计凸轮轮廓时，常常用 CAD 作图，可以很容易从图上发现凸轮轮廓曲线是否产生尖点或失真现象，从而恰当地确定滚子的半径。凸轮实际轮廓线的最小曲率半径 ρ_{min}通常不应小于 1～5mm。如果不能满足此要求时，就应适当减小滚子半径或增大凸轮基圆半径；有时则必须修改推杆的运动规律，以便将凸轮实际轮廓线上出现尖点的地方代以合适的曲线。

另一方面，滚子的尺寸还受其强度、结构等限制，因而也不能做得太小，通常取滚子半径 $r_T=(0.1\sim0.5)r_b$。

4.4.2 压力角的确定

图 4-12(a) 所示为凸轮机构在推程中的一个位置。若不考虑摩擦，凸轮作用于从动件上

的驱动力 F 是沿凸轮法线方向传递的。此力可分解为两个分力 F_1 和 F_2，F_1 是推动从动件的有效分力，F_2 是使从动件压紧导路的有害分力。凸轮对从动件的驱动力 F 与从动件上受力点的速度方向所夹的锐角称为压力角。据图有

$$F_1=F\cos\alpha，F_2=F\sin\alpha$$

则
$$F_2=F_1\tan\alpha$$

上式表明，驱动从动件的有效分力 F_1 一定时，压力角 α 越大，则有害分力 F_2 越大，机构的效率越低。

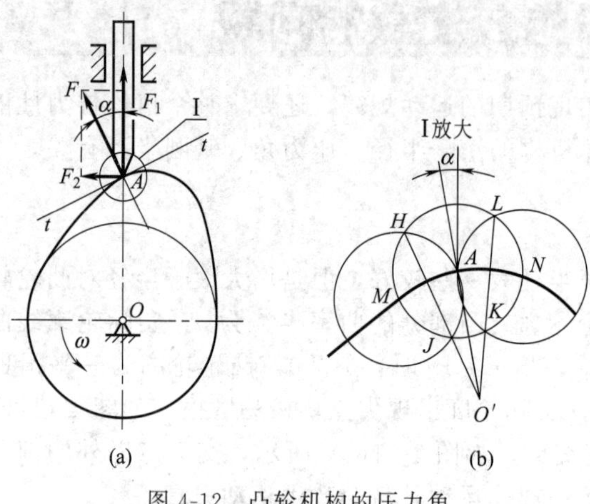

图 4-12 凸轮机构的压力角

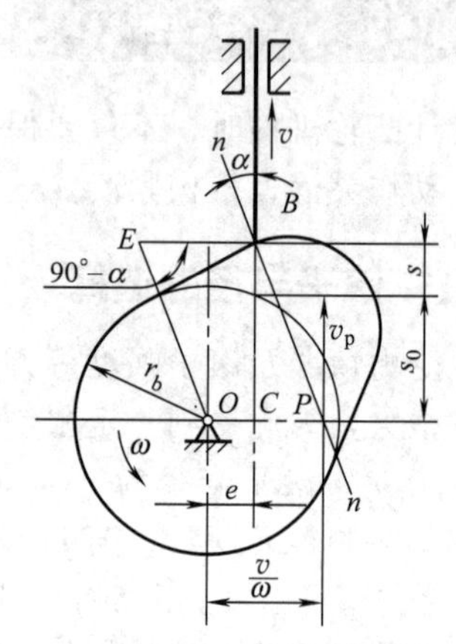

图 4-13 基圆半径与压力角的关系

当 α 增大到一定程度，以致 F_2 在导路中所引起的摩擦阻力大于有效分力 F_1 时，无论凸轮加给从动件的作用力多大，从动件都不能运动，这种现象称为自锁。

轮廓线上不同点处的压力角是不同的。为保证凸轮机构能正常运转，设计时应使最大压力角不超过许用压力角 $[\alpha]$，即 $\alpha_{\max}\leqslant[\alpha]$，对于直动从动件凸轮机构，推程时建议取许用压力角 $[\alpha]=30°$，对于摆动从动件凸轮机构，推程时建议取许用压力角 $[\alpha]=35°\sim45°$；回程时建议取许用压力角 $[\alpha]=70°\sim80°$。

压力角校核如图 4-12(b) 所示，要校核 A 点的压力角，首先用作图法近似找到 A 点的曲率中心，以 A 点为中心作任意半径的小圆，再以该圆与凸轮轮廓的交点 M、N 为中心，以相同半径作两圆，则三圆相交于 H、J、L、K 四点，连接 HJ、LK 得到两直线交点 O'，O'即为 A 点的曲率中心，AO'为该点的法线，也是从动件与凸轮在 A 点接触时凸轮对从动件的正压力方向。AO'（A 点受力方向）与导路方向（即 A 点速度方向）所夹的锐角 α 即为 A 点的压力角。

4.4.3 基圆半径对凸轮机构的影响

对于一定类型的凸轮机构，在推杆运动规律选定之后，该凸轮机构的压力角与凸轮基圆半径的大小直接相关。

图 4-13 所示为一偏置尖顶直动推杆盘形凸轮机构。由“三心定理”可知，如经过凸轮与推杆接触点 B 作凸轮轮廓线在该点的法线 nn，则其与过凸轮轴心 O 与推杆导轨相垂直的 OP 线交点 P 即为推杆与凸轮的相对速度瞬心。根据瞬心的定义有：

$$v_{\mathrm{P}}=v=\omega\overline{OP}$$

所以：

$$\overline{OP}=\frac{v}{\omega}=\frac{\dfrac{\mathrm{d}s}{\mathrm{d}t}}{\dfrac{\mathrm{d}\varphi}{\mathrm{d}t}}=\frac{\mathrm{d}s}{\mathrm{d}\varphi}$$

可得：
$$\tan\alpha=\frac{\overline{OP}\mp e}{\sqrt{r_b^2-e^2}+s}=\frac{\frac{ds}{d\varphi}\mp e}{\sqrt{r_b^2-e^2}+s}$$

式中的“∓”号按以下原则确定：当偏距 e 和瞬心 P 在凸轮轴心同侧时取“－”号，反之取“＋”号。

由上式可知，在偏距 e 一定，推杆的运动规律已知（即 $ds/d\varphi$）的条件下，加大基圆半径 r_b，可以减小压力角 α，从而改善机构的传力特性，但这时机构的总体尺寸将会增大。为了既满足 $\alpha_{max}\leqslant[\alpha]$ 的条件，又使机构的总体尺寸不会过大，就要合理地确定凸轮基圆的半径值。

对于直动推杆盘形凸轮机构，如果限定推程的压力角 $\alpha\leqslant[\alpha]$，则由上式可以导出基圆半径的计算公式：

$$r_b\geqslant\sqrt{\left(\frac{ds/d\varphi\mp e}{\tan[\alpha]}-s\right)^2+e^2}$$

从而可知，当从动件的运动规律确定后，凸轮基圆半径 r_b 越小，则机构的压力角越大。合理地选择偏距 e 的方向，可使压力角减小，改善传力性能。

所以，在设计凸轮机构时，应该根据具体的条件抓住主要矛盾合理解决：如果对机构的尺寸没有严格要求，可将基圆取大些，以便减小压力角；反之，则应尽量减小基圆半径尺寸。但应注意使压力角满足 $\alpha\leqslant[\alpha]$。

在实际设计中，凸轮基圆半径 r_b 的确定不仅受到 $\alpha\leqslant[\alpha]$ 的限制，而且还要考虑到凸轮的结构与强度要求。因此，常利用下面的经验公式选取 r_b：

$$r_b\geqslant1.8r_0+(7\sim10)\text{mm}$$

式中，r_0 为凸轮轴的半径。待凸轮廓线设计完毕后，还要检验 $\alpha\leqslant[\alpha]$。

4-1　凸轮的形式有几种？盘形凸轮如何演变成移动凸轮？

4-2　试比较尖顶、滚子和平底从动件的优缺点，并说明它们适用的场合。

4-3　试从冲击的观点来比较等速、等加速等减速、余弦加速度三种常用运动规律，并说明它们适用的场合。

4-4　什么是凸轮的“理论轮廓”？什么是凸轮的“工作轮廓”？两者之间有什么关系？

4-5　滚子半径的选择与凸轮理论轮廓的曲率半径有何关系？作图时如果出现凸轮工作轮廓变尖或相交，怎样解决？

4-6　什么是凸轮机构的压力角？压力角的大小与凸轮基圆半径有何关系？压力角的大小对机构传动有何影响？

4-7　已知：凸轮的推程运动角为 180°，从动件按等速运动规律上升 30mm，凸轮回程运动角为 180°，从动件按等加速等减速运动规律下降 30mm。试画出位移曲线。

4-8　一对心尖顶直动从动件盘形凸轮，按逆时针回转，其运动规律见表 4-3。

表 4-3　对心尖顶直动从动件盘形凸轮运动规律

凸轮转角 φ	0°～90°	90°～150°	150°～240°	240°～360°
从动件位移 s	等速上升 40mm	停留不动	等加速等减速下降至原处	停留不动

(1) 作出位移曲线。

(2) 基圆半径 $r_b=45$mm，画出凸轮轮廓。

(3) 校核压力角，推程 $[\alpha]=30°$；回程 $[\alpha]=70°$。

作业要求：

(1) 图画在3号图纸上，位移曲线 s 按1∶1画，φ 按每毫米相当于2°（2°/mm）画；

(2) 压力角校核要求推程找2～3点，回程找1～2点。

4-9　实践题：试设计一对心滚子直动从动件盘形凸轮轮廓。已知理论轮廓基圆半径 $r_b=50$mm，滚子半径 $r_T=15$mm。凸轮以顺时针等角速度转动。当凸轮转过120°时，从动件以余弦加速度上升30mm，再转过150°时，从动件以余弦加速度回到原处。凸轮转过其余90°时，从动件停留不动。若 $[\alpha]=45°$，校核压力角。

4-10　实践题：试设计一偏置滚子直动从动件盘形凸轮轮廓。已知凸轮以等角速度顺时针转动，从动件行程 $h=32$mm，凸轮轴心偏置于从动件轴线的右侧，偏距 $e=10$mm，凸轮理论轮廓基圆半径 $r_b=35$mm，滚子半径 $r_T=15$mm。推程运动角 $\varphi_0=150°$，回程运动角 $\varphi_0'=150°$，近休止角 $\varphi_1=60°$，从动件在推程和回程中均按等加速等减速运动。

4-11　实践题：设计一平底直动从动件盘形凸轮轮廓。已知凸轮以等角速度逆时针转动，凸轮理论轮廓基圆半径 $r_b=50$mm，从动件升程 $h=20$mm，推程运动角 $\varphi_0=120°$，远休止角 $\varphi_1'=30°$，回程运动角 $\varphi_0'=120°$，近休止角 $\varphi_1=90°$，从动件在推程和回程中均作简谐运动。

本章重点口诀

凸轮接触是高副，运动复杂且精确，
分类可按主从件，锁合方式亦区分，
按照凸轮形状分，盘形、移动、圆柱形，
从动杆件形式分，尖顶、滚子和平底，
依据锁合方式分，力锁合与形锁合，
运动规律要记住，冲击与其相对应，
要画凸轮轮廓线，从动规律先决定，
转角坐标定位移，等分基圆相对应，
反转方法加行程，便可连成轮廓线。

本章知识小结

1. 按凸轮形状
   - 盘形凸轮
   - 移动凸轮
   - 圆柱凸轮
2. 按从动件形状
   - 尖顶从动件
   - 滚子从动件
   - 平底从动件
3. 按对心方式
   - 对心
     - 尖顶对心从动件凸轮
     - 滚子对心从动件凸轮
     - 平底对心从动件凸轮
   - 偏置
     - 尖顶偏置从动件凸轮
     - 滚子偏置从动件凸轮
     - 平底偏置从动件凸轮
4. 按从动件运动方式
   - 直动（移动）从动件凸轮
   - 摆动从动件凸轮

5. 按封闭方式
   - 力锁合凸轮
   - 形锁合（几何尺寸锁合）凸轮

6. 凸轮轮廓的设计
   - 工作过程（反转法）
   - 从动件常用运动规律
     - 等速运动规律
     - 等加速等减速运动规律
     - 余弦加速度运动规律

第5章

间歇运动机构

当主动件作连续运动时，从动件作周期性的运动和停顿，这类机构称为间歇机构，也称为步进机构。它在各种自动化机械中得到广泛的应用，用来满足送进、制动、转位、分度、超越等工作要求。常用的间歇运动机构可以分为两类：主动件往复摆动，从动件间歇运动，如棘轮机构；主动件连续运动，从动件间歇运动，如槽轮机构、不完全齿轮机构等。

间歇运动机构种类很多，本章主要介绍最常用的棘轮机构和槽轮机构。

5.1 棘轮机构

5.1.1 棘轮机构的基本组成及工作原理

典型的棘轮机构如图 5-1 所示，由棘轮、棘爪、摇杆、曲柄、机架以及止回棘爪等组成。弹簧使止回棘爪和棘轮始终保持接触。当曲柄连续转动时，摇杆作往复摆动。当摇杆逆时针摆动时，棘爪便嵌入棘轮的齿槽中，棘爪被推动向逆时针方向转过一个角度；当摇杆顺时针摆动时，棘爪便在棘轮齿背上滑过，这时止回棘爪阻止棘轮顺时针转动，故棘轮静止不动。这样，当摇杆作连续摆动时，棘轮就作单向的间歇运动。

外齿式棘轮机构

5.1.2 棘轮机构的常见类型及特点

棘轮机构的类型很多，按照工作原理可分为齿啮式和摩擦式，按结构特点可分为外齿式、内齿式(图 5-2) 和端齿式(图 5-3)，按运动形式分为单向间歇转动、单向间歇移动（图 5-4)、双动式、双向式。

内齿式棘轮机构

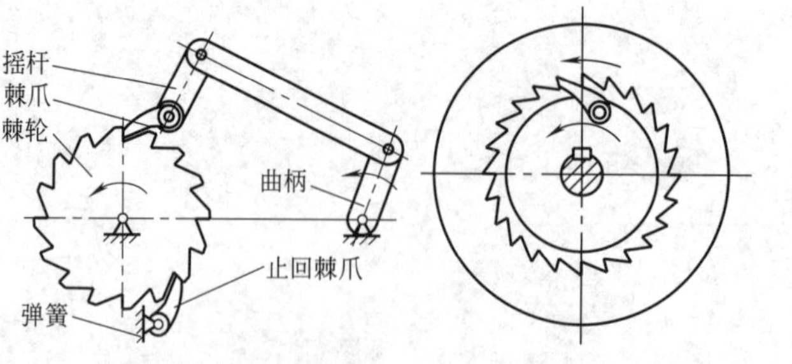

图 5-1　外齿式棘轮机构　　图 5-2　内齿式棘轮机构

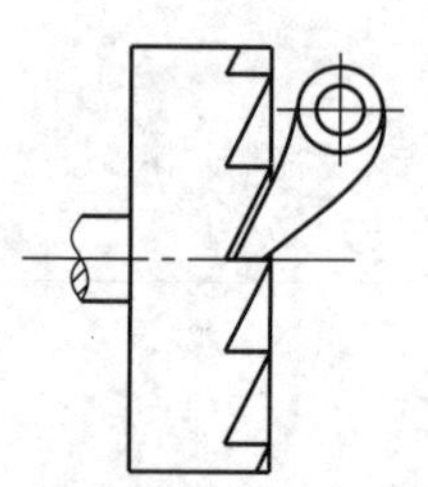

图 5-3　端齿式棘轮机构

端齿式棘轮机构

(1) 几种常用的棘轮机构

① 单动式棘轮机构　当主动棘爪来回摆动一次，棘轮只在来（或回）

的运动时转动，这样的棘轮机构称为单动式棘轮机构。图 5-1～图 5-3 所示的棘轮机构均属单动式棘轮机构。

② 双动式棘轮机构　如果希望摇杆来回摆动时，使棘轮都能够向同一方向转动，则可以采用双动式棘轮机构，如图 5-5 所示。此种机构的棘爪可以制成直的或钩头的。

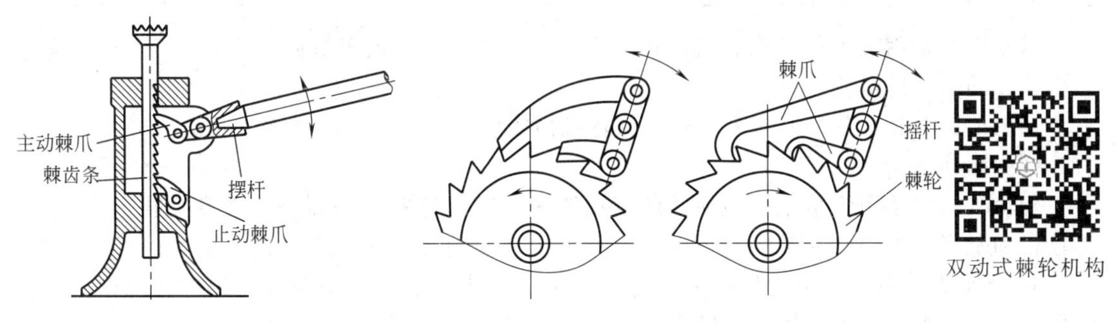

图 5-4　移动式棘轮机构　　图 5-5　双动式棘轮机构

上述的轮齿式棘轮机构，棘轮是靠摇杆上的棘爪推动其棘齿而运动的，所以棘轮每次转动角都是棘轮齿距角的倍数。在摇杆一定的情况下，棘轮每次的转动角是不能改变的。若工作时需要改变棘轮转动角，有两种方法：改变摇杆的摆角，如图 5-1 所示，若将曲柄设计成尺寸可调的结构，通过改变曲柄长度使摇杆摆动的角度改变，从而可达到调节棘轮转角的目的；调节遮板的位置，如图 5-6 所示，在棘轮上加一个遮板，用以遮盖摇杆摆角范围内棘轮上的一部分齿，这样，当摇杆逆时针方向摆动时，棘爪先在遮板上滑动，然后才插入棘轮的齿槽推动棘轮转动，被遮住的齿越多，棘轮每次转动的角度就越小。

③ 双向式棘轮机构　上面介绍的棘轮机构运动形式均为单向转动，一般情况下都带有止回棘爪防止棘轮逆转。而当需要棘轮作双向运动时，则应采用能变向的棘轮机构。如图 5-7 所示的双向式棘轮机构，其棘轮的转向可通过改变棘爪的摆动方向来控制。

④ 摩擦式棘轮机构　前述棘轮机构，棘轮的转角都是以棘轮的轮齿为单位的，即棘轮转角的改变都是有级的，若要无级地改变棘轮的转角，可采用无棘齿的摩擦棘轮机构，如图 5-8 所示机构是摩擦棘轮机构中的一种。该棘轮机构是通过摩擦棘轮与棘爪之间的摩擦而使棘爪实现间歇传动的。摩擦式棘轮机构可无级变更棘轮转角，且噪声小，多用于轻载间歇运动机构，但易产生滑动。为增大摩擦力，可将棘轮做成槽轮形。

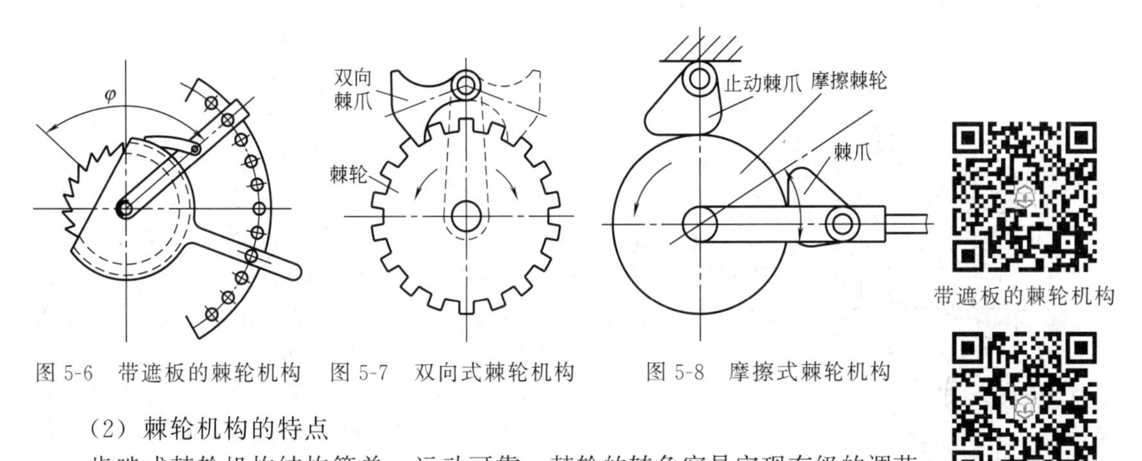

图 5-6　带遮板的棘轮机构　图 5-7　双向式棘轮机构　图 5-8　摩擦式棘轮机构

摩擦式棘轮机构

（2）棘轮机构的特点

齿啮式棘轮机构结构简单，运动可靠，棘轮的转角容易实现有级的调节。但是这种机构在回程时，棘爪在棘轮齿背上滑过产生噪声；在运动开始和终了时，由于速度突变而产生冲击，运动平稳性差，且棘轮轮齿容易磨损，故常用于低速轻载等场合。摩擦式棘轮传递运动较平稳、无噪声，棘轮角可以实现无级调节，但运动准确性差，不宜用于运动精度高的场合。

5.1.3 棘轮机构的主要功能

棘轮机构常用在各种机床、自动机、自行车、螺旋千斤顶等机械中。

（1）间歇送进机构

如图 5-9 所示，在牛头刨床中通过棘轮机构实现工作台横向间歇送进功能。

（2）制动机构

棘轮机构广泛用于防止机械逆转的制动器中，这类棘轮制动器常用在卷扬机、提升机、运输机和牵引设备中。在卷扬机中通过棘轮机构实现制动功能，防止链条断裂时卷筒逆转。图 5-10 所示为一提升机中的棘轮制动器，重物 Q 被提升后，由于棘轮受到止动棘爪的制动作用，卷筒不会在重力作用下反转下降，起到安全保护作用。

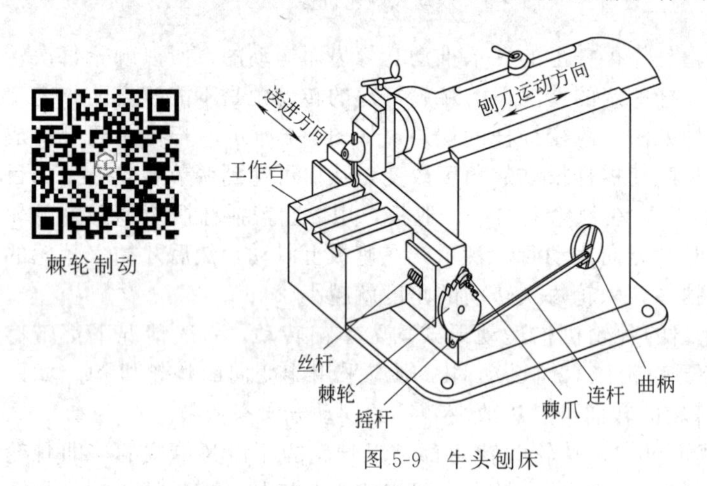

图 5-9　牛头刨床

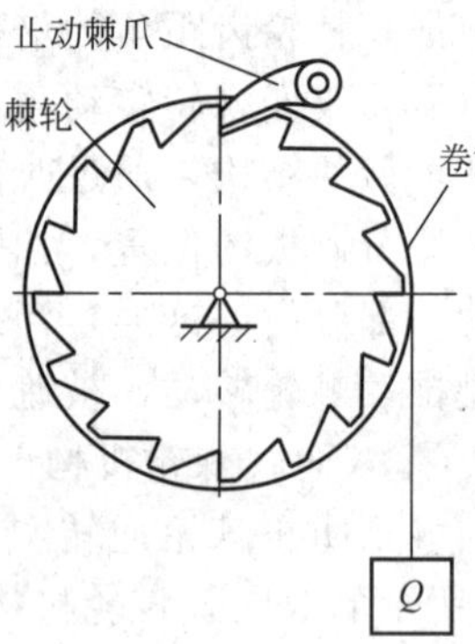

图 5-10　用棘轮机构防止逆转

（3）转位分度机构

棘轮还被广泛用于转位分度的机械装置之中。

（4）超越离合装置

自行车后轴上的“飞轮”，即为典型的内啮合齿式棘轮机构。如图 5-2 所示，外缘的链轮与有内齿的内棘轮是固定在一起的，内棘轮与轮毂之间有滚动轴承，两者可相对转动。棘爪固定在轮毂上，轮毂与自行车后轮固联。棘爪用弹簧丝压在内棘轮内齿上，当内棘轮逆时针转动的转速比轮毂的转速快时，内棘轮推动棘爪转动，棘爪带动轮毂转动，使自行车后轮转动。轮毂与链轮转速相同，即脚蹬得越快，后轮转动越快，自行车速度也越快。但当轮毂转速比链轮转速快时，如当自行车下坡或脚不蹬踏时，链轮不转动，轮毂因惯性仍按原转动方向转动，此时，棘爪便在棘背上滑动，轮毂与内棘轮脱开，各自以不同的转速转动。这种特性称为超越，实现超越运动的组件称为超越

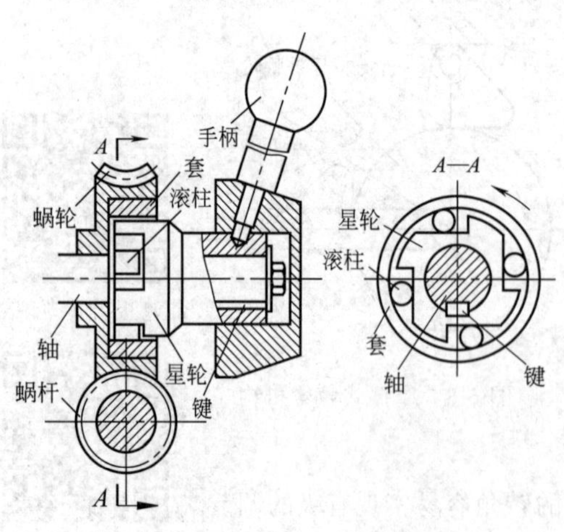

图 5-11　钻床中的超越离合器

离合器，超越离合器在机械上应用广泛。图 5-11 所示为钻床中以棘轮机构作为传动的超越离合器。还有在车床中以棘轮机构作为传动的超越离合器，实现自动进给和快慢速进给功能。

5.2 槽轮机构

槽轮机构又称为马耳他机构。槽轮机构能把主动轴的等速连续运动转变为从动轴周期性的间歇运动，槽轮机构常用于转位或分度机构。

5.2.1 槽轮机构的基本组成及工作原理

图 5-12 所示为一单圆外啮合槽轮机构，它由带圆柱销的主动拨盘、具有径向槽的从动槽轮和机架等组成。槽轮机构工作时，拨盘为主动件并以等角速度连续回转，从动槽轮作时转时停的间歇运动。当圆柱销未进入槽轮的径向槽时，由于槽轮的内凹锁止弧被拨盘的外凸圆弧卡住，故槽轮静止不动。图 5-12(a) 所示为圆柱销刚开始进入槽轮径向槽的位置。这时锁止弧刚好被松开，随后槽轮受圆柱销的驱使而沿反向转动。当圆柱销开始脱出槽轮的径向槽时，如图 5-12(b) 所示，槽轮的另一内凹锁止弧又被曲柄的外凸圆弧卡住，致使槽轮又静止不动，直到曲柄上的圆柱销进入下一径向槽时，才能重复上述运动。

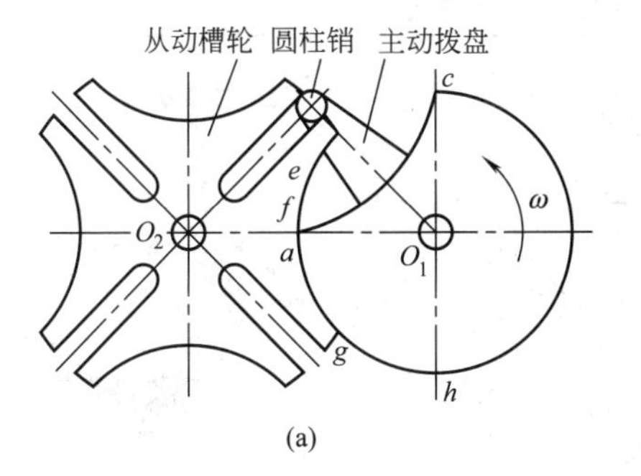

(a)

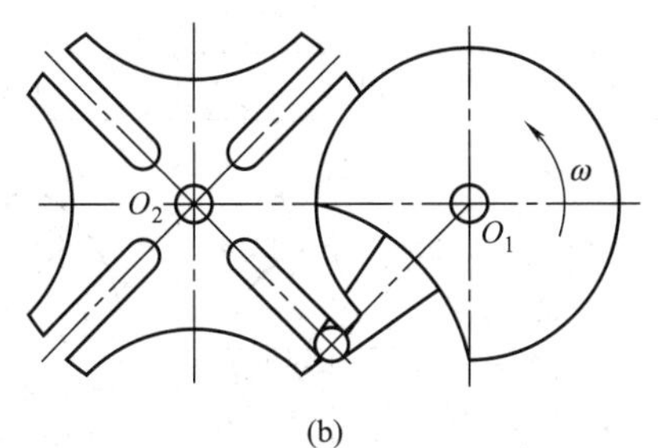

(b)

图 5-12　槽轮机构

槽轮机构

5.2.2 槽轮机构的常见类型、特点及应用

槽轮机构具有结构紧凑简单、传动效率高，并能较平稳地进行间歇转位的优点，故在工程上得到了广泛应用。但槽轮机构中圆柱销突然进入与脱离径向槽，传动存在柔性冲击，不适合高速场合，转角不可调节，只能用在定角场合。例如：在自动机上，用以间歇地转动刀架或工作台；在化工厂管道系统中，用以启闭阀门；在电影放映机中，用作卷片机构（图 5-13），为了适应人们的视觉暂留现象，要求影片作间歇运动，它采用四槽槽轮机构，当传动轴带动圆柱销每转过一周，槽轮相应地转过 90°，因此能使影片的画面作短暂的停留。图 5-14 所示为六角自动车床的刀架转位机构，为了满足零件加工工艺要求自动变换所需刀具，采用六槽的槽轮机构，当拨盘上的圆柱销进、出槽轮一次，则可推动槽轮转过 60°，并且使下一工序的刀具转到工作位置。

槽轮机构可分为平面与空间两大类，平面槽轮机构又有内、外之分。槽轮机构的常见类型及特点见表 5-1。

电影放映机构

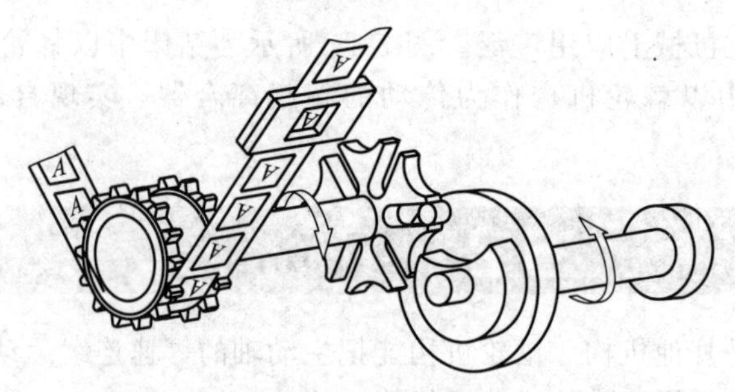

图 5-13　电影放映机的卷片机构

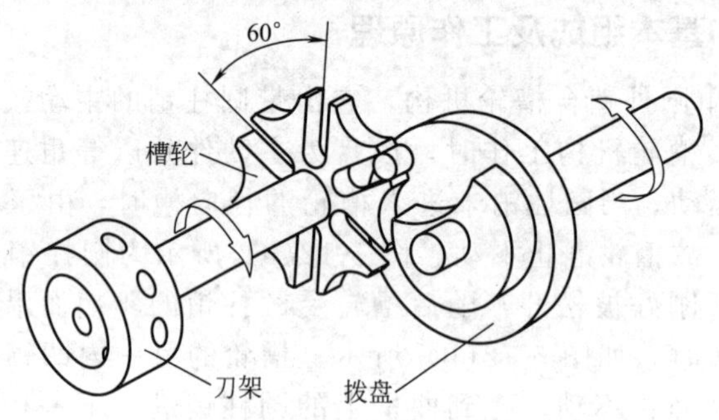

图 5-14　六角自动车床的刀架转位机构

空间槽轮机构

表 5-1　槽轮机构的常见类型及特点

类型	平面槽轮机构		空间槽轮机构
	外槽轮机构	内槽轮机构	
图示			
特点	主、从动轮转向相反	主、从动轮转向相同； 传动较平稳，停歇时间短， 所占空间小	传递相交轴的运动

5.3 不完全齿轮机构简介

不完全齿轮机构是由普通渐开线齿轮机构演变而成的间歇运动机构。它与普通渐开线齿轮机构的主要区别在于该机构中的主动轮仅有一个或几个齿，如图 5-15 所示。

5.3.1　不完全齿轮机构的组成及工作原理

当主动轮的有齿部分与从动轮轮齿结合时，推动从动轮转动；当主动轮的有齿部分与从动轮脱离啮合时，从动轮停歇不动。因此，当主动轮连续转动时，从动轮获得时动时停的间歇运动。

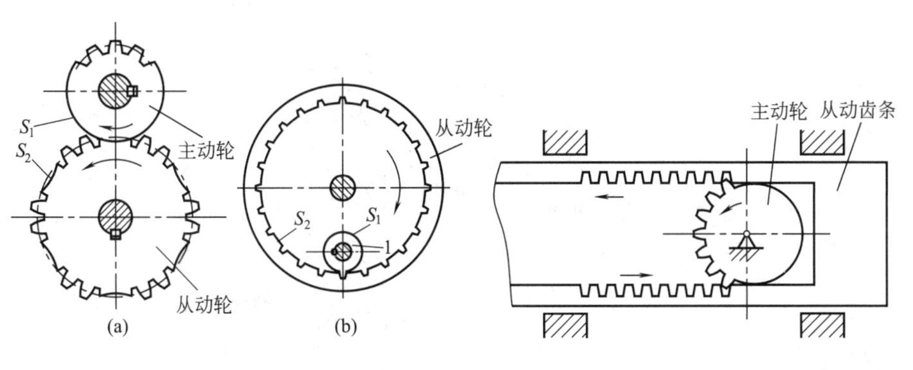

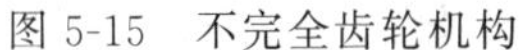

图 5-15　不完全齿轮机构　　图 5-16　不完全齿轮齿条机构

外啮合不完全齿轮机构

内啮合不完全齿轮机构

图 5-15(a) 所示为外啮合不完全齿轮机构，其主动轮转动一周时，从动轮转动六分之一周，从动轮每转一周停歇 6 次。当从动轮停歇时，主动轮上的锁止弧与从动轮上的锁止弧互相配合锁住，以保证从动轮停歇在预定位置。图 5-15(b) 为内啮合不完全齿轮机构。

图 5-16 所示为不完全齿轮齿条机构，当主动轮连续转动时，从动齿条作时动时停的往复移动。

5.3.2　不完全齿轮机构的特点及应用

优点：结构简单、制造方便；设计灵活，从动轮的运动角范围大；从动轮运动时间和静止时间的比例不受机构结构的限制，可在一个周期内实现多次动、停时间不等的间歇运动。

缺点：不完全齿轮机构与普通渐开线齿轮机构一样，当主动轮匀速转动时，其从动轮在运动期间也保持匀速转动，但在从动轮运动开始和结束时，即进入啮合和脱离啮合的瞬时，速度是变化的，故存在冲击。

不完全齿轮机构一般只用于低速、轻载的场合，如用于计数器、电影放映机和某些进给机构中。

思考与练习

5-1　间歇运动机构的运动特点是什么？常见的间歇运动机构有哪两种类型？
5-2　棘轮机构的工作原理是什么？有哪些特点？
5-3　棘轮转角的调节方法有几种？如何调节？
5-4　试举例说明棘轮机构有哪些功能。
5-5　常用的棘轮机构有哪几种？
5-6　槽轮机构的工作原理是什么？有哪些特点？
5-7　槽轮机构有哪些常见类型？
5-8　试举两到三个槽轮机构应用实例。
5-9　不完全齿轮机构有何特点？

本章重点口诀

步进运动动停动，棘轮槽轮常应用，
制动分度与转位，还有送进和超越，
棘轮运动可靠平稳差，槽轮制造不易效率高，
棘轮转角能调节，槽轮转角不能调。

本章知识小结

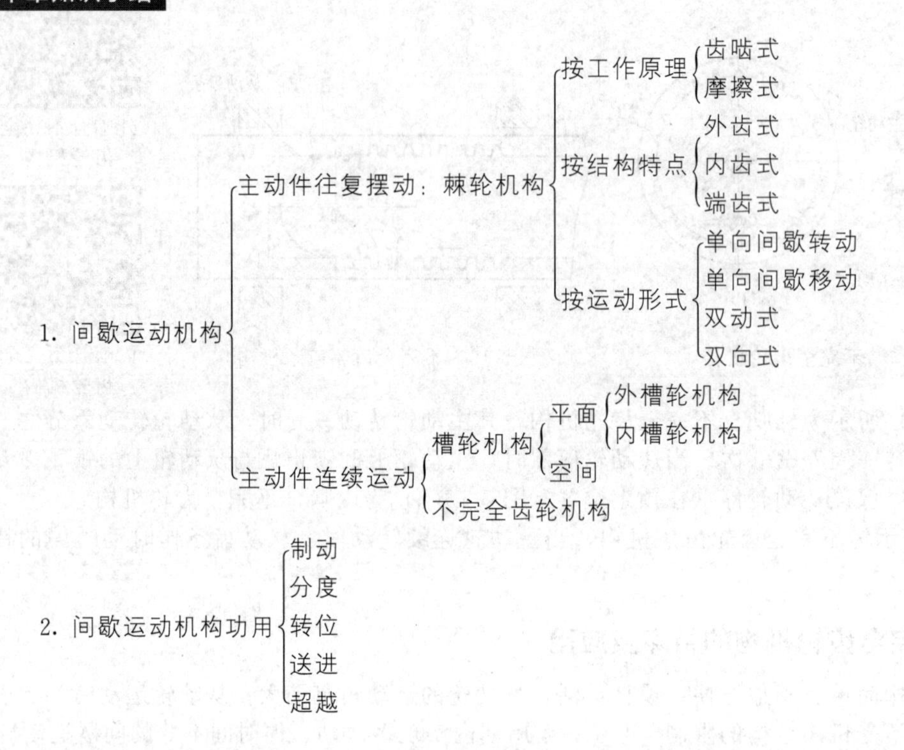
1. 间歇运动机构
主动件往复摆动：棘轮机构
按工作原理
齿啮式
摩擦式
按结构特点
外齿式
内齿式
端齿式
按运动形式
单向间歇转动
单向间歇移动
双动式
双向式
主动件连续运动
槽轮机构
平面
外槽轮机构
内槽轮机构
空间
不完全齿轮机构
2. 间歇运动机构功用
制动
分度
转位
送进
超越

第6章 键联接与销联接

6.1 键联接和花键联接

6.1.1 键联接的类型和结构

键联接主要用于轴和轴上零件的周向固定，以传递转矩；有些键还可以实现轴上零件的轴向固定或轴向滑动。键联接可分为单键联接（简称键联接）与花键联接。

键联接具有结构简单、装拆方便、工作可靠等特点，应用十分普遍。

键是标准件，根据键在联接时的松紧状态不同，可分为松键联接和紧键联接两大类。松键联接主要类型有平键联接和半圆键联接；紧键联接主要类型有楔键联接和切向键联接，见表 6-1。

表 6-1 键联接的类型和应用

类型			图 例	特 点 与 应 用
松键联接(两侧面为工作面)	平键	普通平键	工作面 A型 B型 C型	普通平键主要用于静联接。普通平键按端部形状不同分为 A 型(圆头)、B 型(平头)、C 型(单圆头)三种。采用 A、C 型平键时，轴上的键槽用键槽铣刀铣出，键在槽中固定良好，但当轴工作时，轴上键槽端部的应力集中较大。采用 B 型平键时，轴上的键槽用盘铣刀铣出，键槽两端的应力集中较小。C 型平键常用于轴端的联接。轮毂上的键槽一般用插刀或拉刀加工
		导向平键	A型 B型	导向平键用于动联接。按端部形状分为 A 型和 B 型两种，其特点是键较长，键与轮毂的键槽采用间隙配合，故轮毂可以沿键作轴向滑动(例如变速箱中滑移齿轮与轴的动联接)。为了防止键松动，需要用螺钉将键固定在轴上的键槽中。为了便于拆卸，键上制有起键螺孔
		滑键		当零件需要滑移的距离较大时，因所需的导向平键长度过大，制造困难，一般采用滑键。滑键固定在轮毂上，轮毂带动滑键在轴上的键槽中作轴向滑移。这样，只需要在轴上铣出较长的键槽，而键可以做得很短

平键联接

导向平键 A

导向平键 B

滑键

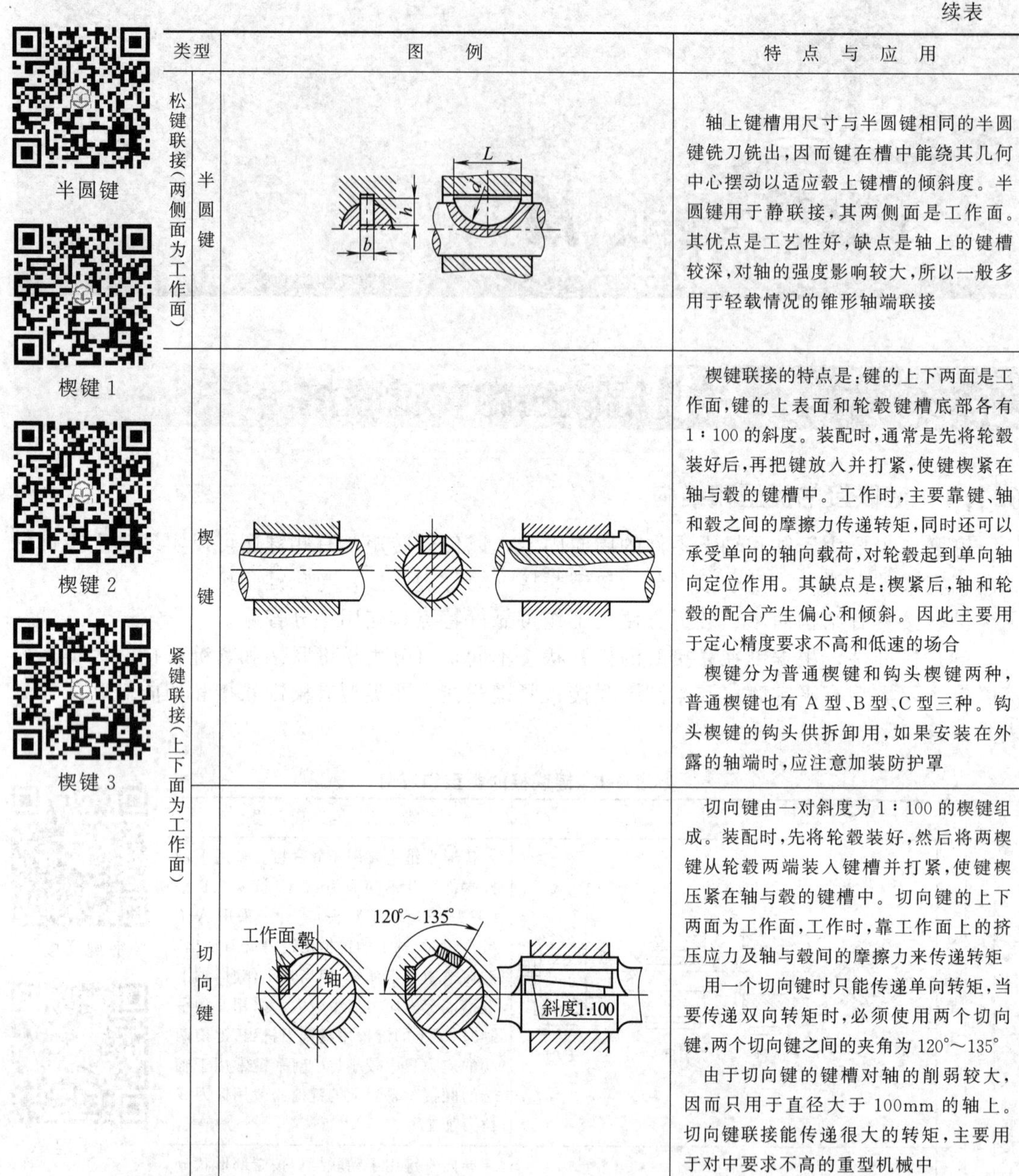

续表

类型		图例	特点与应用
松键联接（两侧面为工作面）	半圆键		轴上键槽用尺寸与半圆键相同的半圆键铣刀铣出，因而键在槽中能绕其几何中心摆动以适应毂上键槽的倾斜度。半圆键用于静联接，其两侧面是工作面。其优点是工艺性好，缺点是轴上的键槽较深，对轴的强度影响较大，所以一般多用于轻载情况的锥形轴端联接
紧键联接（上下面为工作面）	楔键		楔键联接的特点是：键的上下两面是工作面，键的上表面和轮毂键槽底部各有1∶100的斜度。装配时，通常是先将轮毂装好后，再把键放入并打紧，使键楔紧在轴与毂的键槽中。工作时，主要靠键、轴和毂之间的摩擦力传递转矩，同时还可以承受单向的轴向载荷，对轮毂起到单向轴向定位作用。其缺点是：楔紧后，轴和轮毂的配合产生偏心和倾斜。因此主要用于定心精度要求不高和低速的场合 楔键分为普通楔键和钩头楔键两种，普通楔键也有A型、B型、C型三种。钩头楔键的钩头供拆卸用，如果安装在外露的轴端时，应注意加装防护罩
	切向键		切向键由一对斜度为1∶100的楔键组成。装配时，先将轮毂装好，然后将两楔键从轮毂两端装入键槽并打紧，使键楔压紧在轴与毂的键槽中。切向键的上下两面为工作面，工作时，靠工作面上的挤压应力及轴与毂间的摩擦力来传递转矩 用一个切向键时只能传递单向转矩，当要传递双向转矩时，必须使用两个切向键，两个切向键之间的夹角为120°～135° 由于切向键的键槽对轴的削弱较大，因而只用于直径大于100mm的轴上。切向键联接能传递很大的转矩，主要用于对中要求不高的重型机械中

6.1.2　平键联接计算

平键的两侧面是工作面，靠键与键槽的侧面挤压来传递转矩；平键联接不能承受轴向力，因而对轴上的零件不能起到轴向固定作用。

平键联接的设计首先需要根据联接的结构特点、使用要求和工作条件来选择键的类型，再根据轴径大小从标准中选出键的剖面尺寸 $b \times h$（b 为键宽，h 为键高），然后参考轮毂宽度选取键的长度 L，最后进行强度校核计算。

（1）平键的尺寸选择

根据轴颈部位的轴径 d 从表 6-2 中选择键的宽度 b 和高度 h。键的长度 L 根据轮毂的长度而定，一般略小于轮毂的长度，但必须符合标准中的长度系列（见表 6-2 注）。

表 6-2　普通平键联接

平键联接的剖面和键槽（GB/T 1096—2003）

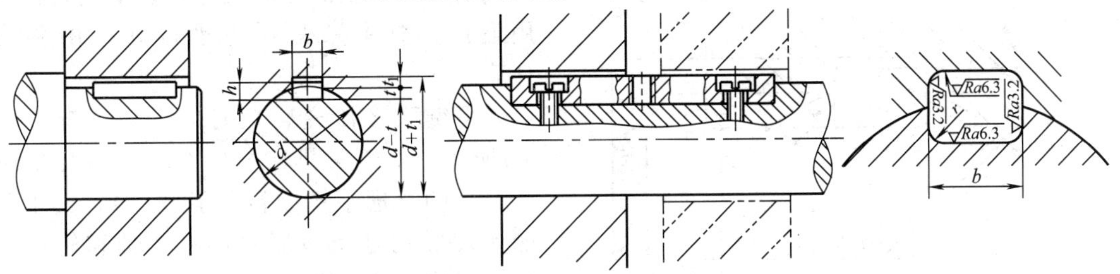

普通平键的形式和尺寸（GB/T 1096—2003）

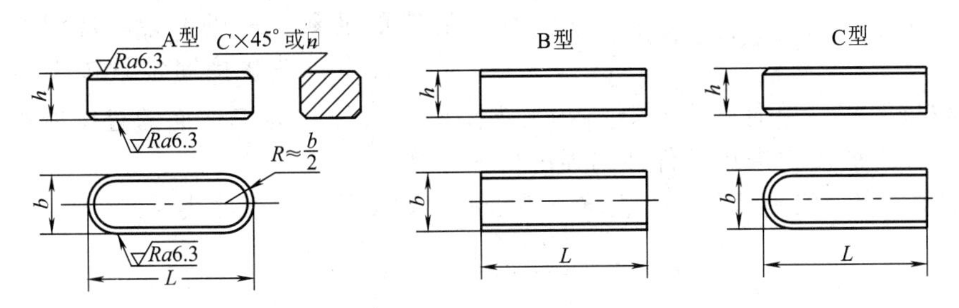

标记示例：

键 16×100 GB/T 1096—2003[圆头普通平键（A 型），$b=16$mm、$h=10$mm、$L=100$mm]

键 B16×100 GB/T 1096—2003[平头普通平键（B 型），$b=16$mm、$h=10$mm、$L=100$mm]

键 C16×100 GB/T 1096—2003[单圆头普通平键（C 型），$b=16$mm、$h=10$mm、$L=100$mm]

平 键 和 键 槽 尺 寸　　mm

轴	键	键槽											
		宽度 b						深度				半径 r	
		公称尺寸 b	极限偏差					轴 t		毂 t_1			
			松联接		正常联接		紧密联接						
公称直径 d	公称尺寸 $b\times h$		轴 H9	毂 D10	轴 N9	毂 JS9	轴和毂 P9	公称尺寸	极限偏差	公称尺寸	极限偏差	最大	最小
自 6～8	2×2	2	+0.025 0	+0.060 +0.020	−0.004 −0.029	±0.0125	−0.006 −0.031	1.2	+0.1 0	1	+0.1 0	0.08	0.16
>8～10	3×3	3						1.8		1.4			
>10～12	4×4	4	+0.030 0	+0.078 +0.030	0 −0.030	±0.015	−0.012 −0.042	2.5		1.8			
>12～17	5×5	5						3.0		2.3		0.16	0.25
>17～22	6×6	6						3.5		2.8			
>22～30	8×7	8	+0.036 0	+0.098 +0.040	0 −0.036	±0.018	−0.015 −0.051	4.0	+0.2 0	3.3	+0.2 0		
>30～38	10×8	10						5.0		3.3		0.25	0.40
>38～44	12×8	12	+0.043 0	+0.120 +0.050	0 −0.043	±0.0215	−0.018 −0.061	5.0		3.3			
>44～50	14×9	14						5.5		3.8			
>50～58	16×10	16						6.0		4.3			
>58～65	18×11	18						7.0		4.4			
>65～75	20×12	20	+0.052 0	+0.149 +0.065	0 −0.052	±0.026	−0.022 −0.074	7.5		4.9		0.40	0.60
>75～85	22×14	22						9.0		5.4			
>85～95	25×14	25						9.0		5.4			
>95～110	28×16	28						10.0		6.4			
>110～130	32×18	32	+0.062 0	+0.180 +0.080	0 −0.052	±0.031	−0.026 −0.088	11.0		7.4			

注：1. $(d-t)$ 和 $(d+t_1)$ 两组组合尺寸的极限偏差按相应的 t 和 t_1 的极限偏差选取，但 $(d-t)$ 极限偏差值应取负号。

2. 键的长度系列：6、8、10、12、14、16、18、20、22、25、28、32、36、40、45、56、63、70、90、100、110、125、140、160、180、200、220、280、320、360、400、450、500 (mm)。

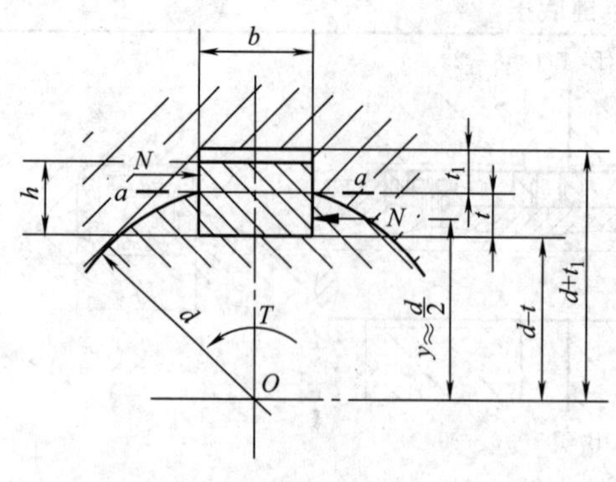

图 6-1 平键联接的受力分析

(2) 强度校核

在各种类型的键联接中，以平键联接应用最广。故本章只讨论平键联接的强度计算。

平键联接传递转矩时的受力情况如图6-1所示，对于常见的材料组合和按标准选取尺寸的普通平键联接（静联接），其主要的失效形式是组成联接的键、轴和轮毂中材料强度较弱零件的工作面被压坏。除非有严重过载，一般不会出现键的剪断。因此，普通平键联接通常只按工作面的挤压强度进行校核计算。导向键为动联接，其主要的失效形式为工作面的过度磨损，因此通常只按工作面上的压力进行条件性的强度校核计算。

假定载荷在键的工作面上均匀分布，普通平键联接的强度条件式为：

$$\sigma_p=\frac{4T\times10^3}{dhl}\leqslant[\sigma]_p \tag{6-1}$$

式中 T——传递的转矩，N·m；

d——轴的直径，mm；

h——键的高度，mm；

l——键与轮毂接触的工作长度，mm；

$[\sigma]_p$——键联接的许用挤压应力，MPa，见表 6-3。

表 6-3 键联接的许用挤压应力 $[\sigma]_p$ MPa

联接方式	轮毂材料	载荷性质		
		静	轻微冲击	冲击
静联接	钢	125～150	100～120	60～90
	铸铁	70～80	50～60	30～45
动联接	钢	50	40	30

键的材料没有统一的规定，但是一般都采用抗拉强度不小于 600MPa 的钢，多为 45 钢。

在平键联接强度计算中，如强度不足时，可以适当增加键和轮毂的长度，但考虑挤压应力沿键的长度分布的不均匀性，键的长度不应超过 $2.5d$。若键的强度不够又不能加长时，可采用双键，相隔 180°布置。但在强度计算中，考虑到键联接载荷分配的不均匀性，在强度校核中只按 1.5 个键计算。

键的标记为：键 $b\times L$ GB/T 1096—2003（对于 A 型键可不标出，但对于 B、C 型，必须标注“键 B”或“键 C”）。

【例 6-1】 已知减速器中直齿圆柱齿轮和轴的材料均为锻钢，齿轮轮毂长度为 100mm，轴的直径 $d=60$mm，所传递的转矩 $T=800$N·m，载荷有轻微冲击，试选择键的尺寸并校核键的强度。

【解】 键的选择及键的强度校核过程列于表 6-4。

表 6-4　键的选择及键的强度校核过程

设计项目	计　算　内　容	计算结果
1. 键的类型选择及尺寸选择	齿轮与轴配合要求对中性好，轴与轮毂孔应构成静联接，为便于装配，选择 A 型圆头普通平键 根据轴径 $d=60\text{mm}$；由表 6-2 查得键的宽度 $b=18\text{mm}$；键的高度 $h=11\text{mm}$；由于轮毂长度为 100mm，故标准键的长取 $L=90\text{mm}$。键的工作长度 $l=L-b=90-18=72\text{mm}$；键槽尺寸由表 6-2 查得轴槽深 $t=7^{+0.2}_{0}\text{mm}$，毂槽深 $t_1=4.4^{+0.2}_{0}\text{mm}$	键 18×90 GB/T 1096—2003 $t=7^{+0.2}_{0}\text{mm}$ $t_1=4.4^{+0.2}_{0}\text{mm}$
2. 键的强度校核	由表 6-3 按静联接，钢齿轮，轻微冲击载荷，查得许用应力 $[\sigma]_p=100\text{MPa}$ $\sigma_p=\dfrac{4T\times10^3}{dhl}=\dfrac{4\times800000}{60\times11\times72}=67.34\text{MPa}$ $\sigma_p<[\sigma]_p$	$[\sigma]_p=100\text{MPa}$ $\sigma_p=67.34\text{MPa}$ $\sigma_p\leqslant[\sigma]_p$ 强度足够
3. 键槽尺寸	轴　　　毂	

6.1.3　花键联接

由轴和轮毂孔周向均布的多个键齿构成的联接称为花键联接，如图 6-2 所示。应用特点是：工作时依靠键齿的侧面来传递转矩，由于联接的键齿较多，因此能传递较大的载荷，且轴上零件与轴的对中性和沿轴向移动的导向性都较好，同时由于键槽较浅，故对轴的削弱较小；但其加工复杂、成本较高。多用于载荷较大和定心精度要求较高的场合或轮毂经常作轴向滑移的场合。

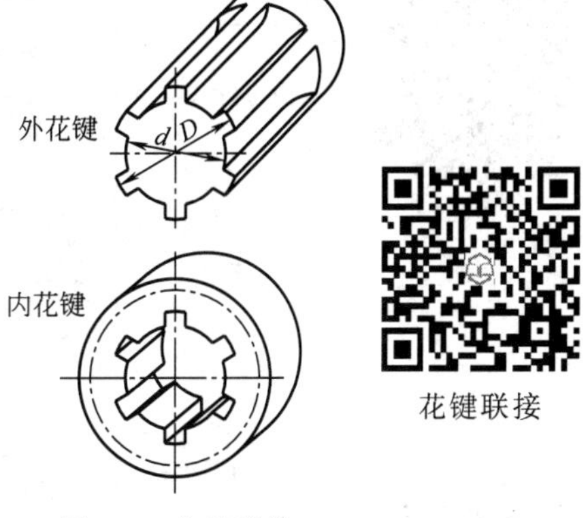

图 6-2　花键联接

花键联接可用于静联接或动联接。花键联接已经标准化，其定心面的粗糙度要求 $Ra1.6\mu m$ 以上，在设计时可以参考相关的标准和规范进行。花键联接按其齿形不同，分为矩形花键、渐开线花键和三角形花键三种（表 6-5），其中以矩形花键应用最广。

表 6-5　常用的花键联接

类型	图　例	特　　点
矩形花键		它的齿侧面为两平行平面，对于大径为 14～125mm 的矩形花键，GB/T 1144—2001 规定用小径定心，可以通过磨削消除热处理变形，获得较高的定心精度
渐开线花键		它的齿形为压力角 $\alpha=30°$（或 45°）的渐开线

续表

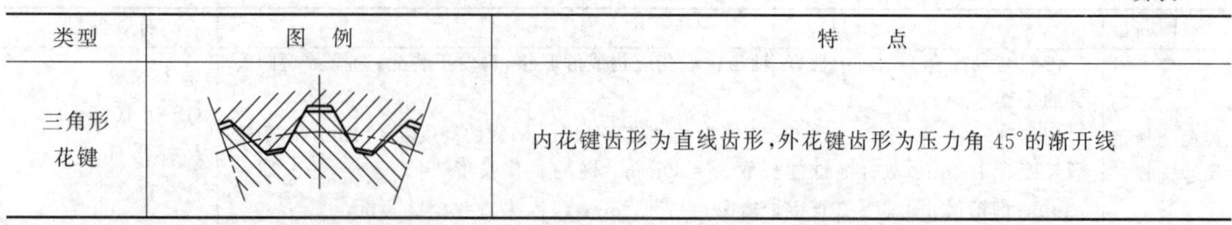

类型	图例	特点
三角形花键		内花键齿形为直线齿形，外花键齿形为压力角 45°的渐开线

6.2 销联接

销的主要形式有圆柱销和圆锥销（1∶50 锥度），其他形式是由此演化而来的。联接销孔一般需要经过铰制。同时还有许多特殊的形式，如开口销、槽销等。

普通圆柱销分 A、B、C、D 四种，适用于不常拆卸的零件定位；普通圆锥销分 A、B 两种，A 型精度高，圆锥销适用于经常拆卸的零件定位。在生产中常用销的类型、特点和应用见表 6-6。

表 6-6　常用销的类型、特点和应用

类型		图形	标准	特点和应用
圆柱销	普通圆柱销		GB/T 119.1—2000	销孔需铰制，多次装拆后会降低定位精度和联接的紧固性。只能传递不大的载荷。内螺纹圆柱销多用于盲孔，弹性圆柱销用于冲击、振动的场合
	内螺纹圆柱销		GB/T 120—2000	
	弹性圆柱销		GB/T 879—2000	
圆锥销	普通圆锥销	1:50	GB/T 117—2000	便于安装。定位精度比圆柱销高。在联接件受横向力时能自锁。销孔需铰制。螺纹供拆卸用
	内螺纹圆锥销	1:50	GB/T 118—2000	
	螺尾圆锥销	1:50	GB/T 881—2000	
开口销			GB/T 91—2000	工作可靠，拆卸方便，用于锁定其他紧固件

圆柱销

圆锥销

销联接的主要功用是：定位、传递运动和动力，以及作为安全装置中的过载剪断零件。各类销联接的工作特点和选用见表 6-7。

定位销

表 6-7　销联接的工作特点和选用

类型	工　作　特　点	选　　用
定位销	用于确定零件之间相互位置，构成可拆联接。一个定位联接中的定位销数量不能少于 2 个。在联接中不承受或只承受很小的载荷	经常拆卸的联接选用圆锥销，不拆卸和很少拆卸的可选用圆柱销，盲孔联接可选用带内螺纹的销 销的直径根据被联接零件结构确定，在每个联接零件内的长度为(1～2)d
联接销	用于传递动力和转矩。工作时销受剪切和挤压，故销的直径应根据结构特点和工作情况，按经验和标准确定，必要时应进行强度校核	可选用圆柱销或圆锥销
安全销	用于联接的过载保护，一般过载 20%～30%时，销应被切断。可在孔内加销套，以防止断销时损坏孔壁	多用圆柱销，必要时在销上可切出槽口

定位销通常不承受载荷，其结构尺寸可以按结构确定，数目不得少于两个。

联接销在工作中通常受到挤压和剪切。设计时，可以根据联接结构的特点和工作要求来选择销的类型、材料和尺寸，必要时进行强度校核计算。销的主要材料为 35、45 钢，许用剪切应力为 80MPa，许用挤压应力可查阅相关资料。

6.3 其他联接简介

在工程上，为了满足某些特殊的需要，还有许多其他类型的联接方式，如型面联接、胀套联接、过盈联接及永久性联接（焊接和胶接）等。表 6-8 中介绍了两种常用的其他类型的联接方式。

表 6-8　两种常用的其他类型的联接方式

类　型	图　　例	特　点　与　应　用
型面联接		型面联接是由光滑非圆剖面的轴与相应的毂孔构成的联接。轴和毂孔可制成柱形或锥形的。主要用于静联接。其优点是装拆方便、能保证良好的对中性；联接面上没有应力集中源造成的影响；比平键联接传递的转矩更大。其缺点是加工复杂
胀套联接		胀套也称胀紧联接套，有五种标准形式，适用于不同的轴毂联接。图示为 Z_1 型胀套联接。根据传递载荷的大小不同，可在轴毂之间加装一个或几个胀套。当采用几个胀套联接时，由于摩擦力的作用，轴向压紧力传到第二个胀套上会有所降低，致使第二个胀套传递的转矩比第一个胀套减小约 50%。因此，联接胀套的数目不宜超过 3～4 个 胀套联接能传递相当大的转矩和轴向力，没有应力集中，定心性能好，拆装方便。但有时使用受到结构上的限制

湖南铁路科技职业技术学院机械侠协会在机械创新作品的制作中，经常遇到轴与轴上零件需要联接，但采用键与销很难或者无法达到要求的情况，此时就需要灵活运用所学知识，甚至创新联接方法。例如，机器人作品中最小的电机输出轴直径只有 2mm，无法装键或销，最终采用将电机输出轴的轴端直径对称锉削的方式（图 6-3），使难题得到解决。

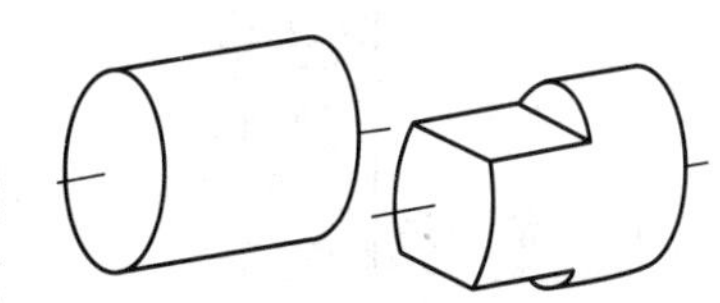
图 6-3　对称锉削轴端直径

思考与练习

6-1　键联接如何分类？它们的特点是什么？

6-2　平键联接有哪几种类型？它们的特点是什么？适应什么场合？

6-3　在验算平键联接时，如果挤压强度不够，应采取什么办法解决？

6-4　花键联接有哪几种？各有什么特点？哪种花键应用最广？为什么？

6-5　圆锥销的结构特点是什么，可用在什么情况下？

6-6　实践题：已知减速器中直齿圆柱齿轮和轴的材料均为锻钢，齿轮轮毂长度为110mm，轴的直径 $d=80$mm，所传递的转矩 $T=1800$N·m，载荷有轻微冲击，试选择键的尺寸并校核键的强度。

本章重点口诀

键的联接分松紧，松键工作在侧面，
紧键工作上下面，平键计算验挤压，
花键联接有三种，三角、矩形、渐开线，
销的形式有三类，圆柱、圆锥与开口，
销的作用有三种，定位、联接和安全。

本章知识小结

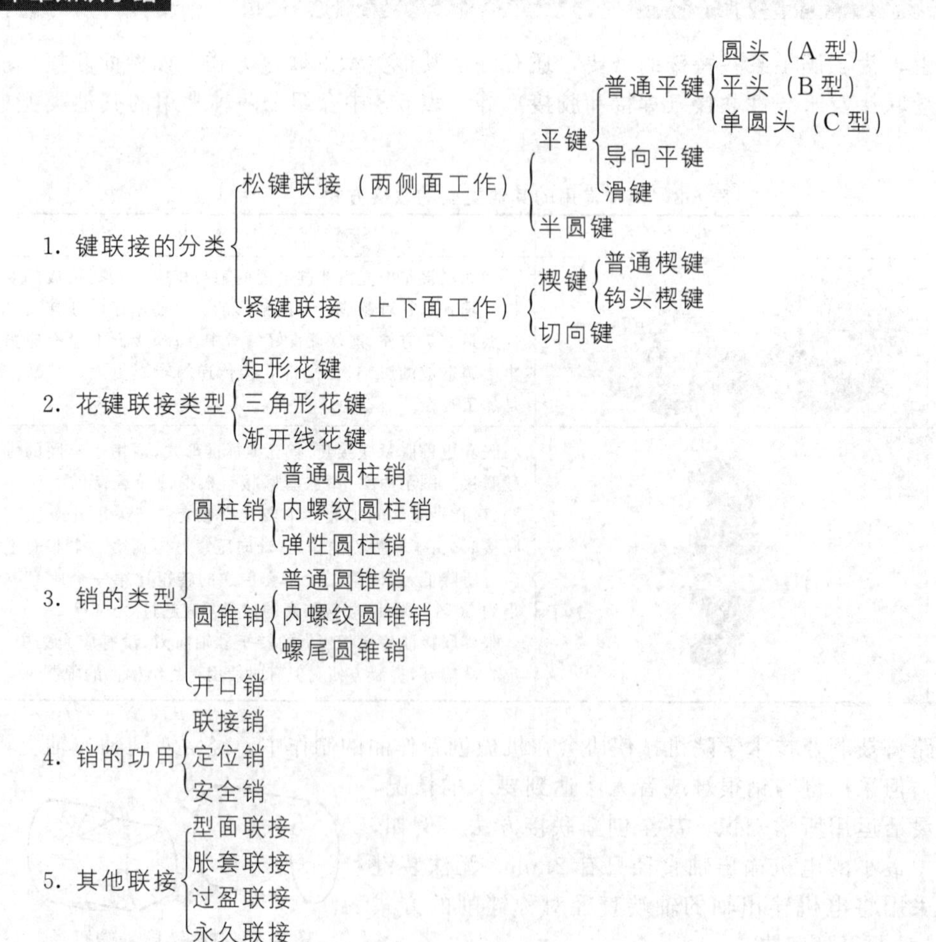

第7章 螺纹联接与螺旋传动

螺纹联接是机械中应用最为广泛的静联接方式之一，它具有结构简单、工作可靠、装拆方便、形式多样、能满足各种要求等优点。同时，螺纹和螺纹紧固件绝大多数已经标准化了，这种联接的设计，其主要任务就是正确选用。螺旋传动由螺杆、螺母和机架组成，可将回转运动变换为直线运动。螺纹联接与螺旋传动都是利用螺纹零件工作的。

7.1 螺纹的形成、分类和参数

7.1.1 螺纹的形成

如图 7-1 所示，将直角三角形 ABC 绕到直径为 d 的圆柱上，并使其底边 AB 与圆柱底面的圆周线重合，则斜边 AC 在圆柱体表面就形成了一条螺旋线。螺纹是在该圆柱面上、沿螺旋线所形成的、具有相同剖面的凸起和沟槽。

7.1.2 螺纹的分类

（1）按螺旋线绕行方向　螺纹可分为右旋螺纹和左旋螺纹，如图 7-2 所示。

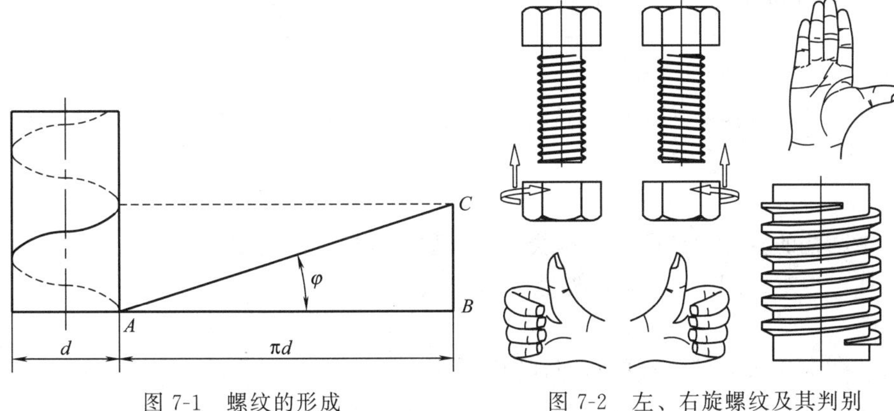

图 7-1　螺纹的形成　　图 7-2　左、右旋螺纹及其判别

左右旋螺纹

顺时针旋入的为右螺纹，逆时针旋入的为左螺纹。也可用手掌判断：手掌平放，手心对着自己，四指指向与轴线相同，螺纹的旋向与右手大拇指一致为右螺纹，螺纹的旋向与左手大拇指一致为左螺纹。判别螺纹旋向最简单的方法是：面对螺纹，并与螺纹的轴线保持一致，螺旋线右边高为右旋，螺旋线左边高为左旋。

单线螺纹与双线螺纹

（2）按螺旋线的数目　螺纹可分为单线螺纹和多线螺纹。

单线螺纹一般用于联接，多线螺纹多用于传动。螺纹的线数只能从端面观察才能判定。

(3) 按螺纹截面形状　螺纹可分为三角形、梯形、锯齿形、矩形以及其他特殊形状的螺纹。

(4) 按用途不同　一般可将螺纹分为联接螺纹和传动螺纹。

7.1.3　螺纹的参数

在机械制图中，已经接触过螺纹和螺纹联接件。现在就以图 7-3 来说明螺纹的主要几何参数，该图是 GB/T 192—2003 标准化的螺纹牙型图。

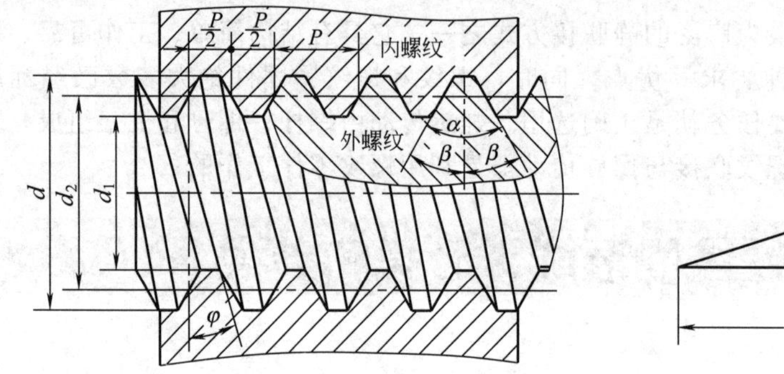

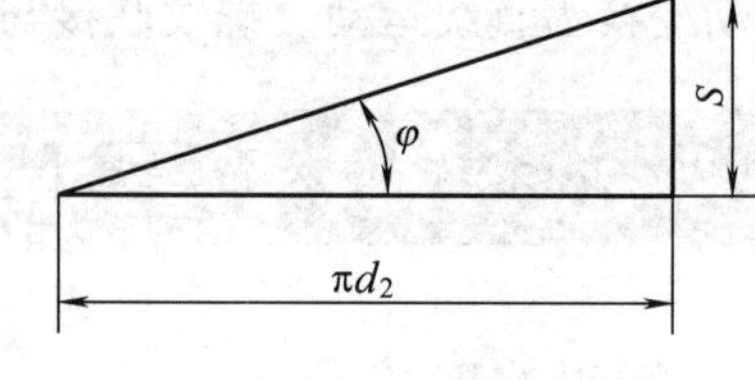

图 7-3　螺纹的主要几何参数

普通螺纹主要参数有大径、小径、中径、螺距、线数、导程、牙型角和螺纹升角。对标准螺纹来说，只要知道大径、线数、螺距和牙型角就可以了，而其他参数，可通过计算或查表得出。

(1) 大径（D，d）

大径是指与外螺纹牙顶（或内螺纹牙底）相重合的假想圆柱面的直径。内螺纹用 D 表示，外螺纹用 d 表示，标准中将螺纹大径的基本尺寸定为公称直径，是代表螺纹尺寸的直径。

(2) 小径（D_1，d_1）

小径是指与外螺纹牙底或内螺纹牙顶相重合的假想圆柱面的直径。内螺纹用 D_1 表示，外螺纹用 d_1 表示。

(3) 中径（D_2，d_2）

中径是一个假想圆柱的直径。该圆柱的母线通过牙型上沟槽和凸起宽度相等的地方，假想圆柱称为中径圆柱。内螺纹用 D_2 表示，外螺纹用 d_2 表示。

(4) 螺距（P）

螺距是相邻两牙在中径线上对应两点间的轴向距离，用 P 表示。

(5) 线数（t）

线数（俗称头数）是指一个螺纹零件的螺旋线数目，用 t 表示。

(6) 导程（S）

导程是指同一条螺旋线上的相邻两牙在中径上对应两点间的轴向距离。对于单线螺纹 $S=P$；对于多线螺纹 $S=tP$。

(7) 牙型角和牙侧角（α，β）

牙型角是指在螺纹牙型上相邻两牙侧间的夹角，用 α 表示，普通螺纹 $\alpha=60°$。

牙侧角是指在螺纹牙型上牙侧与螺纹轴线的垂线间夹角，用 β 表示。

（8）螺纹升角（φ）

螺纹升角是指在中径圆柱面上，螺旋线的切线与垂直于螺纹轴线的平面的夹角，用 φ 表示。

（9）螺纹旋合长度

螺纹旋合长度是指两个相互配合的螺纹，沿螺纹轴线方向相互旋合部分的长度。

对于这些几何参数值的规定，国际上和国内都已经标准化。规定的值不同，就会形成不同的螺纹，需要时可以查阅相关的手册和国家标准。

7.2 机械设备常用螺纹及螺纹的代号与标记

7.2.1 机械设备常用螺纹

常用的螺纹有用于联接的三角螺纹（普通螺纹、管螺纹）和用于传动的矩形螺纹、梯形螺纹和锯齿形螺纹等。除矩形螺纹外，其他螺纹均已标准化。除管螺纹采用英制外，均采用公制。常用螺纹的应用见表 7-1。

表 7-1　常用螺纹的应用

种　类	截　面　牙　型	特　点　与　应　用
联接螺纹（三角螺纹）	60° 普通螺纹	牙型为等边三角形，牙型角为 60°，螺纹牙的根部削弱较小，强度大；螺纹面间的摩擦力大，自锁性能好，适用作联接螺纹。同一公称直径，按螺距大小，可分为粗牙与细牙两类 应用最广。一般联接多用粗牙，细牙用于薄壁零件，也常用于受冲击、振动和微调机构
	55° 圆柱管螺纹	牙型角为 55°，公称直径近似为管子内径。螺纹副本身不具有密封性 多用于水、油、气的管路以及电气管路系统的联接中
	φ 55° 圆锥管螺纹	牙型角为 55°，螺纹分布在 1∶16 的圆锥管上，内、外螺纹牙间没有间隙，依靠螺纹牙的变形就可以保证联接的紧密性 适用于管子、管接头、旋塞、阀门和其他螺纹联接的附件，多用于高温、高压和润滑系统
传动螺纹	30° 梯形螺纹	牙型为等腰梯形，牙型角为 30°，内径与外径处有相等间隙，效率较低，但加工工艺性好，强度高，螺旋副的对中性好 广泛应用于传力或螺旋传动中，如机床丝杠等
	3° 30° 锯齿形螺纹	工作面的牙型侧角为 3°，非工作面的牙型侧角为 30°，外螺纹的牙根处有圆角，减小应力集中，其牙根强度和传动效率都比梯形螺纹高 广泛应用于单向受力的传动机构，如轧钢机、压力机和机车架修理台等

续表

种类	截面牙型	特点与应用
传动螺纹	矩形螺纹	牙型为正方形，牙型角为0°，牙厚为螺距的一半，螺纹牙根部削弱大，强度低；螺旋副磨损后，间隙难以修复和补偿，使传动精度降低，已逐渐被梯形螺纹所代替 多应用于传力或螺旋传动中，传动效率高，对中性精度低

7.2.2 螺纹的代号与标记

（1）普通螺纹

螺纹代号由特征代号和尺寸代号组成。粗牙普通螺纹用字母M与公称直径表示；细牙普通螺纹用字母M与公称直径及螺距表示。当螺纹为左旋时，在代号之后加“左”字。

【例7-1】 M40表示公称直径为40mm的粗牙普通螺纹。

螺纹完整的标记是由螺纹代号、螺纹公差带代号和螺纹旋合长度代号组成。

螺纹公差带代号，包括中径公差带代号与顶径公差带代号。公差带代号是由表示其公差等级数字和表示公差带位置的字母所组成。标准规定内螺纹有G、H两种基本偏差代号，外螺纹规定了g、h、e、f四种。例如，6H、6g等“6”为公差等级数字，“H”或“g”为基本偏差代号。公差带代号标注在螺纹代号之后，中间用“-”分开。如果螺纹的中径公差带代号与顶径公差带代号不同，则分别标注，前者表示中径公差带，后者表示顶径公差带；如果中径与顶径公差带代号相同，则只要标注一个代号即可。

【例7-2】 M20-5g6g中，“5g”为中径公差带代号，“6g”为顶径公差带代号。

对于一般使用的螺纹，不标注螺纹旋合长度及其代号，使用时按中等旋合长度确定，必要时在螺纹公差带代号之后，加注旋合长度代号（S或L），中间用“-”分开。在特殊需要时还可注明旋合长度的数值。

【例7-3】 M30×1-5g6g-S中，“S”表示短旋合长度。

（2）管螺纹

① 螺纹密封的管螺纹的标记由螺纹特征代号和尺寸代号组成。

特征代号：R_C表示圆锥内螺纹；R_P表示圆柱内螺纹；R表示圆锥外螺纹。

尺寸代号的数字单位为英寸。

② 非螺纹密封的管螺纹的标记由螺纹特征代号、尺寸代号和公差等级代号组成。特征代号用字母G。内螺纹的标记为特征代号G与尺寸代号两项；外螺纹的标记为特征代号与尺寸代号和公差等级代号A或B三项。

（3）梯形螺纹

梯形螺纹标记与普通螺纹相似，由规格代号、公差带代号和旋合长度三部分组成。

【例7-4】 Tr40×7LH-7H-L中，“Tr”指梯形螺纹，“40”指公称直径为40mm，“7”指螺距为7mm，“LH”指左旋（右旋不注），“7H”指中径公差带代号（顶径公差带代号不注），“L”指长旋合长度。

7.3 常用螺纹联接件和螺纹联接的基本类型

7.3.1 常用螺纹联接件

螺纹紧固件的品种很多，常用螺纹联接件见表7-2。

表 7-2　常用螺纹联接件

类型	图　　例	特　点　与　应　用
螺栓	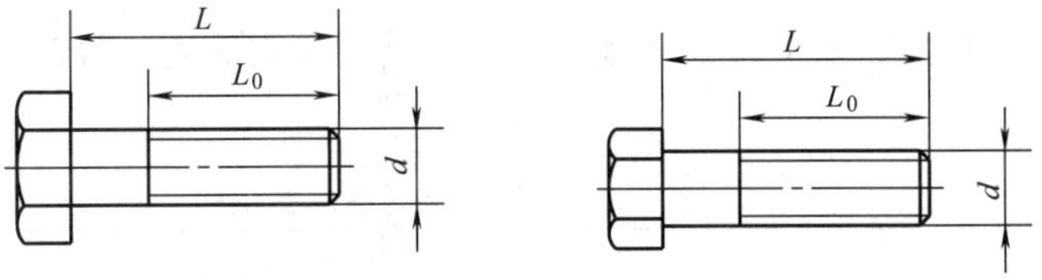 L　L_0　d	螺栓是工程上、日常生活中应用最为普遍、广泛的紧固件之一。螺栓的头部有各种不同形状，但是最常见的是六角头，为了满足工程上的不同需要，六角头又有标准六角头和小六角头。一般情况下使用标准六角头，在空间尺寸受到限制的地方使用小六角头螺栓。但是，小六角头螺栓的支承面积较小，如果用于经常拆卸的场合时，螺栓头的棱角也易于磨圆
双头螺柱	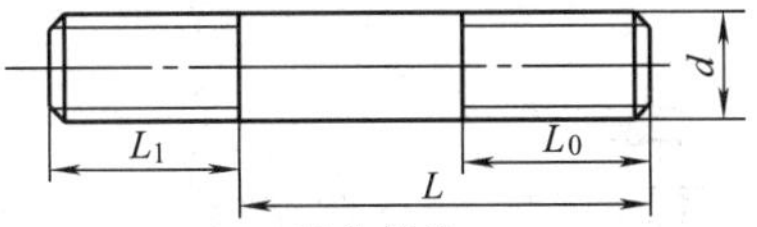 双头螺柱 L_0—座端长度；L_1—螺母端长度	双头螺柱的两端都制有螺纹，两端的螺纹可以相同，也可以不同。其安装方式是一端旋入被联接件的螺纹孔中，另一端用来安装螺母
螺钉	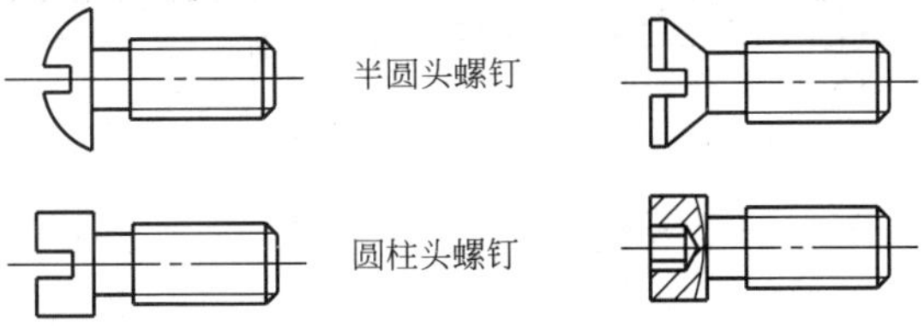 半圆头螺钉　沉头螺钉　圆柱头螺钉　内六角圆柱螺钉	螺钉的头部有各种形状。为了明确表示螺钉的特点，所以通常以其头部的形状来命名，如半圆头螺钉、圆柱头螺钉、沉头螺钉和内六角圆柱螺钉等。螺钉的承载力一般较小。注意，在许多情况下，螺栓也可以用作螺钉
紧定螺钉	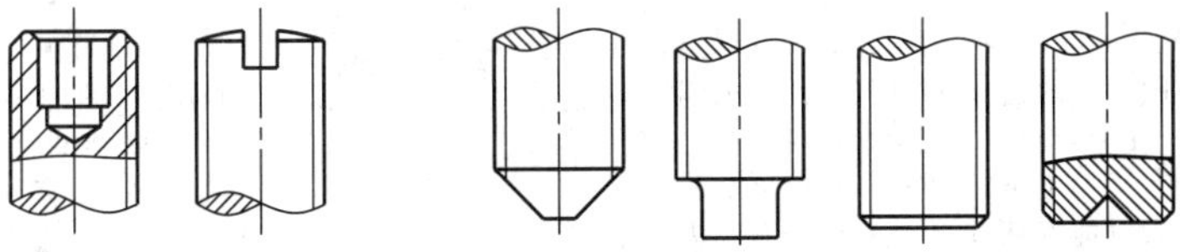 内六角头　开槽头 头部结构 锥端　长圆柱端　平端　凹端 尾部结构	紧定螺钉主要用于小载荷的情况下。例如，以传递圆周力为主的情况下，防止传动零件的轴向窜动等。可以看出，紧定螺钉的工作面是在末端，所以对于重要的紧定螺钉需要淬火硬化后才能满足要求
螺母	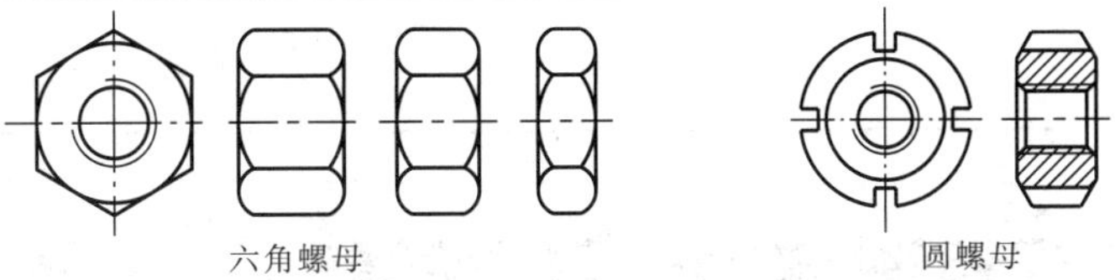 六角螺母　圆螺母	螺母是和螺栓相配套的标准零件，其外形有六角形、圆形、方形及其他特殊的形状。其厚度有厚的、标准的和薄的，其中以标准的应用最广
垫圈	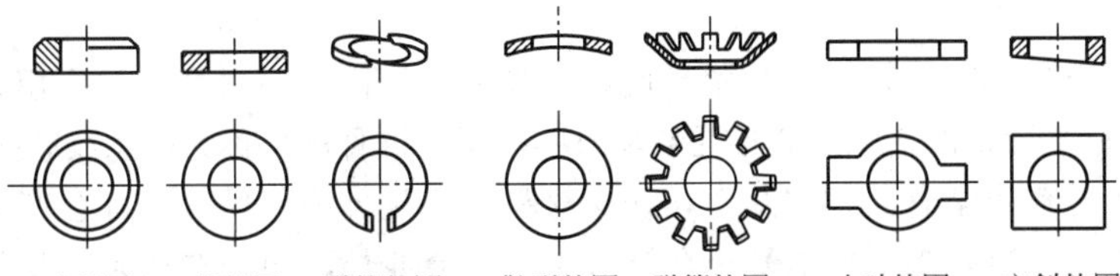 光垫圈　粗垫圈　弹簧垫圈　鞍形垫圈　弹簧垫圈　止动垫圈　方斜垫圈	垫圈也是标准件，品种也最多。应用最多、最常见的有平垫和弹簧垫两种。平垫的目的主要是为了增加支承面积，同时对支承面起保护作用。弹簧垫主要是用于防止螺母和其他紧固件的自动松脱。所以凡是有振动的地方又未采取其他防松措施时，原则上都应该加装弹簧垫 除了以上两类垫圈外，还有一些特殊的垫圈，如方斜垫圈、止动垫圈等。在需要的时候可查阅设计手册

在选用标准件螺纹联接件时，应该视具体情况，对联接结构进行分析比较后合理选择。另外，螺纹紧固件一般分精制和粗制两种，在机械工业中主要选择使用精制螺纹。

7.3.2 螺纹联接的基本类型

螺纹联接是利用螺纹零件构成可拆卸的固定联接。螺纹联接具有结构简单、紧固可靠、装拆迅速方便的特点，因此应用极为广泛。

螺纹联接的基本类型有螺栓联接、双头螺柱联接、螺钉联接和紧定螺钉联接四种，它们的结构、特点及应用见表 7-3。

表 7-3 螺纹联接的基本类型

类型	螺栓联接	双头螺柱联接	螺钉联接	紧定螺钉联接
结构	受拉螺栓 受剪螺栓			
特点及应用	螺栓穿过被联接件的通孔，与螺母组合使用，结构简单、装拆方便，适用于被联接件厚度不大且能够从两面进行装配的场合	将螺柱上螺纹较短的一端旋入并紧定在被联接件之一的螺纹孔中，不再拆下，适用于被联接件之一较厚不宜制作通孔及需经常拆卸及联接紧固或紧密程度要求较高的场合	螺钉穿过较薄被联接件的通孔，直接旋入较厚被联接件的螺纹孔中，不用螺母，结构紧凑，适用于被联接之一较厚，受力不大，且不经常装拆，联接紧固或紧密程度要求不太高的场合	利用螺钉的末端顶在另一被联接件的凹坑中，以固定两零件的相对位置，可传递不大的横向力或转矩

螺栓联接

双头螺柱联接

螺钉联接

紧钉螺钉联接

7.4 螺纹联接的预紧和防松

7.4.1 螺纹联接的预紧

绝大多数螺纹联接，装配时都需要把螺母拧紧，使螺栓和被联接件受到预紧力的作用，这种联接称为紧螺纹联接。也有少数情况，螺纹联接在装配时不拧紧，这种联接称为松螺纹联接。

根据日常的生活经验和材料力学有关知识知道，任何材料在受到外力作用时，都会产生或多或少的形变，螺栓也不例外。当联接螺栓承受外在拉力时，将会伸长。如果在初始时仅将螺母拧上使各个接合面贴合，那么在受到外力作用时，接合面之间将会产生间隙。为了防止这种情况的出现，在零件未受工作载荷前需要将螺母拧紧，使组成联接的所有零件都产生一定的弹性变形（螺栓伸长、被联接件压缩），从而可以有效地保证联接的可靠。这样，各零件在承受工作载荷前就受到了力的作用，这种方式就称为预紧，这个预加的作用力就称为预紧力。

显然，螺纹联接预紧的目的是增强联接的刚性，提高紧密性和防松能力，确保联接安全工作。一般螺母的拧紧靠经验控制。重要的紧螺纹联接，在装配时常用测力矩扳手（图 7-4）和定力矩扳手控制预紧力的大小。

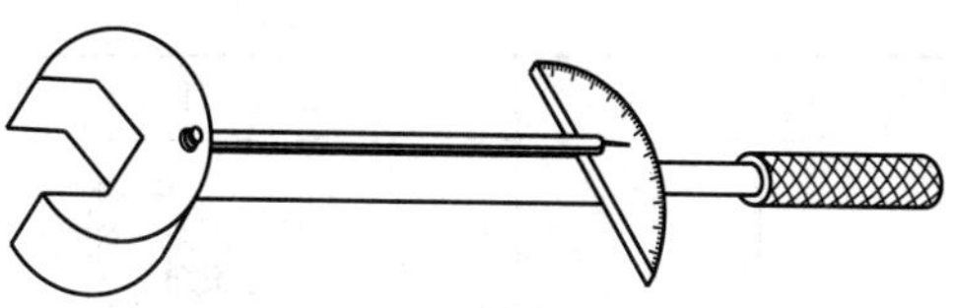

图 7-4　测力矩扳手

7.4.2　螺纹联接的防松

机械中联接的失效（松脱），轻者会造成工作不正常，重者要引起严重事故。因此，螺纹联接的防松是工程工作中必须考虑的问题之一。

一般来说，联接螺纹具有一定的自锁性，在静载荷条件下并不会自动松脱。但是，由于联接的工作条件是千变万化、各不相同的具体实际场合，不可避免地存在冲击、振动、变载荷作用。在这些工况下，螺纹副之间的摩擦力会出现瞬时消失或减小的现象；同时在高温或温度变化较大的场合，材料会发生蠕变和应力松弛，也会使摩擦力减小。在多次作用下，就会造成联接的逐渐松脱。

防松的本质就是防止螺纹副的相对转动，也就是防止螺栓与螺母间的相对转动（内螺纹与外螺纹之间）。常用螺纹联接防松方式见表 7-4。

表 7-4　常用螺纹联接防松方式

方式		图例	特点与应用
摩擦力防松	弹簧垫圈	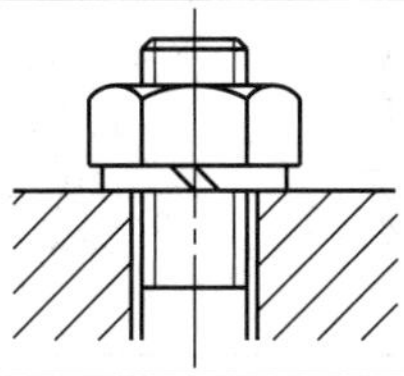	弹簧垫圈材料为弹簧钢，装配后垫圈被压平，其反弹力使螺纹间保持压紧力和摩擦力 结构简单、工作可靠、应用较广泛
摩擦力防松	对顶螺母	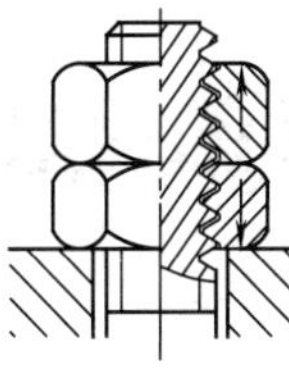 副螺母 主螺母	利用主、副螺母的对顶作用使螺栓始终受到附加的拉力和附加的摩擦力 结构简单，用于低速重载场合，外廓尺寸大，应用不如弹簧垫圈普遍
机械方法防松	槽形螺母和开口销	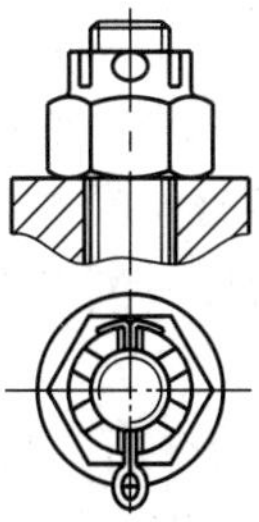	在旋紧槽形螺母后，螺栓被钻孔。销钉在螺母槽内插入孔中，使螺母和螺栓不能产生相对转动 安全可靠，应用较广
	止动垫片	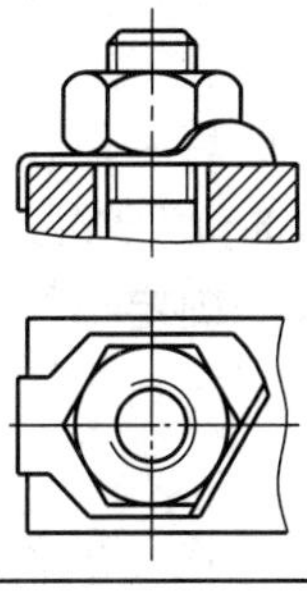	在旋紧螺母后，止动垫圈一侧被折转，垫圈另一侧折于固定处，可固定螺母与被联接件的相对位置 常用于要求有固定垫片的结构

续表

方式		图例	特点与应用
机械方法防松	圆螺母和止动垫圈		将垫圈内翅插入键槽内，而外翅翻入圆螺母的沟槽中，使螺母和螺杆没有相对运动 常用于滚动轴承的固定
	穿金属丝	正确 错误	螺钉紧固后，在螺钉头部小孔中穿入铁丝，但应注意穿孔方向为旋紧方向，简单安全 常用于无螺母的螺钉联接
其他方法防松	冲点防松	1～1.5P	用冲头冲 2～3 点 常用于无需拆卸的联接，必要时可点焊
	粘接法防松	涂粘接剂	用粘接剂涂于螺纹旋合表面，拧紧螺母后粘接剂能自行固化，防松效果良好 常用于无需拆卸的联接，又称永久防松方式

7.5 螺栓联接的设计

7.5.1 螺纹联接的强度计算

对于重要的螺栓连接应该进行强度计算。螺栓与螺母的螺纹牙及其他各部尺寸是根据等强度原则及使用经验规定的，采用标准件时，这些部分都不需要进行强度计算。螺栓联接的计算主要是确定螺纹小径 d_1，然后按照标准选定螺纹公称直径（大径）d 及螺距 P 等。

螺纹连接的主要失效形式有三类：拉断；剪断；对于铰制孔联接出现孔或螺栓挤压变形。一般来说这三类失效形式是不会同时发生的。

进行螺栓联接强度计算的第一步就是进行载荷分析，确定其中受载最大的螺栓及载荷大小，然后根据失效可能的发生形式选择不同的方法进行计算。

在轴向载荷的作用下，螺栓的失效形式为螺栓拉断。根据统计分析，在静载荷条件下，除少数由于严重过载失效外，螺栓联接很少发生破坏，但在变载荷条件下，螺栓则易发生疲劳断裂。如图 7-5 所示显示了疲劳断裂常发生的部位及所占的比例。因此，螺栓联接强度计算的目的，主要是依据载荷的性质、联接的类型来确定螺栓所受的力，然后按相应的强度条件计算螺纹小径或校核其强度。

（1）松螺栓联接的强度计算

松螺栓联接，螺母、螺栓和被联接件不需要拧紧，在承受工作载荷前，联接螺栓是不受力的，典型的结构如图 7-6 所示的起重机吊钩。

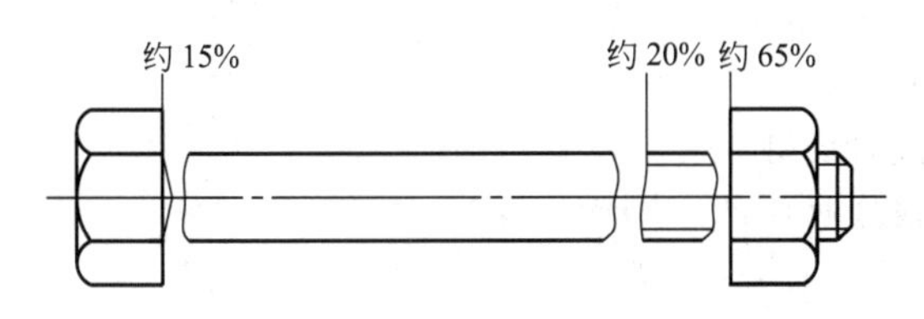

图 7-5　受拉螺栓断裂部位的统计

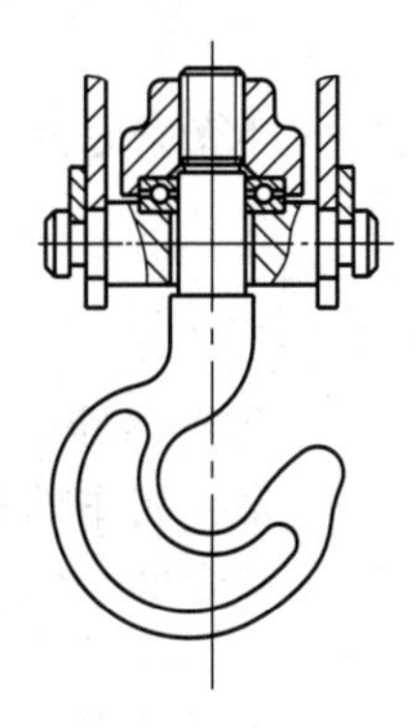

图 7-6　松螺栓联接

该螺栓联接在外载荷 F 作用下其强度条件式为：

$$\sigma=\frac{F}{\frac{1}{4}\pi d_1^2}\leqslant[\sigma] \text{ 或 } d_1\geqslant\sqrt{\frac{4F}{\pi[\sigma]}} \tag{7-1}$$

式中　d_1——螺纹的小径，mm

$[\sigma]$——许用拉应力，MPa，$[\sigma]=\frac{\sigma_s}{S}$；

σ_s——材料的屈服极限；

S——安全系数，需要根据具体情况，参照有关标准和设计规范进行选择。

（2）紧螺栓联接的强度计算

紧螺栓联接时，螺栓将承受预紧力和工作载荷的双重作用。而工作载荷的作用方式有横向载荷和轴向载荷两种。

① 承受横向载荷作用时的强度计算　承受横向载荷，螺栓联接的方式又有两类：普通螺栓联接和铰制螺栓联接。

对于这两类联接方式，其对应的失效方式是不同的。对于普通螺栓联接来说，如果两联接接合面间发生相对滑移即被视为失效；而铰制螺栓联接是依靠螺栓受挤压的强度决定的。

对于普通螺纹联接，如图 7-7（a）所示，强度的计算准则为：预紧力在接合面所产生的摩擦力必须足以阻止被联接件间的相对滑移。

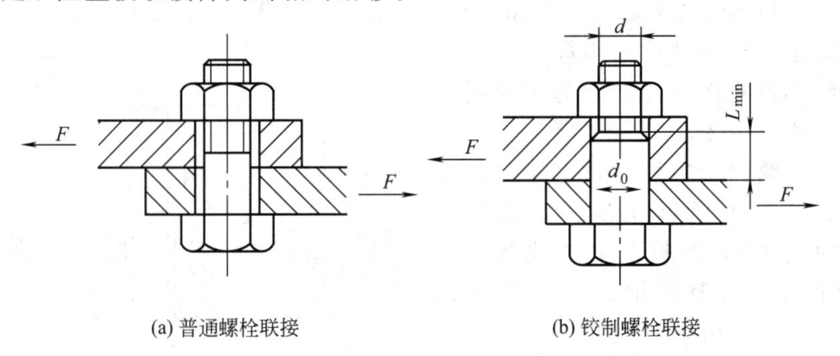

图 7-7　受横向载荷的螺栓联接

设螺栓组中各螺栓所承担的载荷是均等的，则强度关系式可以表示为：

$$fQ_{\mathrm{p}}zi \geqslant K_{\mathrm{s}}F_{\Sigma} \text{ 或 } Q_{\mathrm{p}} \geqslant \frac{K_{\mathrm{s}}F_{\Sigma}}{fzi}$$

螺栓杆的计算应力为：

$$\sigma_{\mathrm{ca}} = \frac{1.3Q_{\mathrm{p}}}{\frac{\pi}{4}d_1^2} \leqslant [\sigma] \tag{7-2}$$

式中　Q_{p}——每个螺栓所受的预紧力；

z，i——螺栓组中的螺栓数目及接合面数；

f——接合面间的摩擦因数（根据材质的不同而变化）；

K_{s}——可靠性系数，一般可取 $K_{\mathrm{s}}=1.1\sim1.3$；

F_{Σ}——外载总和。

f 一般较小，远小于 1，这时的 Q_{p} 需要很大才能满足要求，势必要增加螺栓直径。为避免这种缺陷，可以采用如图 7-8 所示的减载荷装置，利用键、套筒或销来承受横向工作的载荷，使螺栓只用来保证联接，而不再承受工作载荷，因此预紧力不需要很大。这种装置的联接强度按减载零件（键、套筒或销）的剪切、挤压强度条件进行计算。

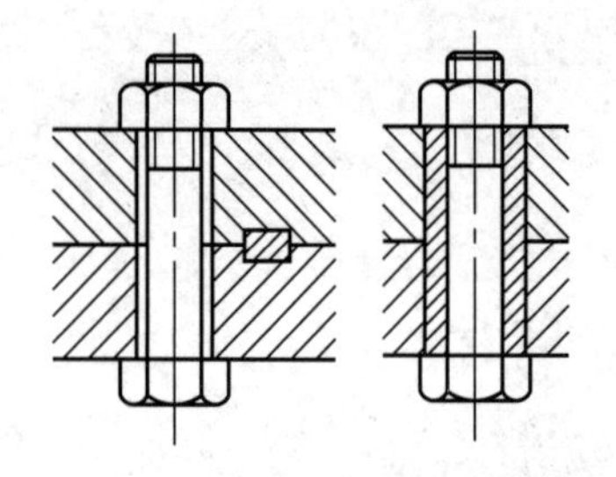
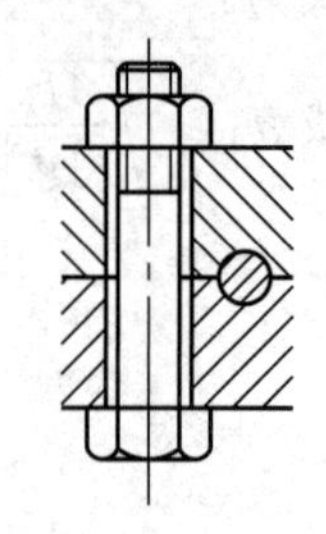

图 7-8　减载荷装置

此外为简化结构，还可以采用铰制螺栓联接，如图 7-7(b) 所示。因为螺栓杆与孔壁之间没有间隙，当承受横向载荷时，接触表面受挤压，在联接接合面处，螺栓杆则承受剪切。因此应该对螺栓杆与孔壁配合面的挤压强度和螺杆横剖面的剪切强度进行验算。强度验算式为：

$$\sigma_{\mathrm{p}} = \frac{F}{d_0 L_{\min}} \leqslant [\sigma]_{\mathrm{p}} \tag{7-3}$$

$$\tau = \frac{F}{\frac{\pi}{4}d_0^2} \leqslant [\tau] \tag{7-4}$$

式中　d_0——螺杆与孔壁配合部分的直径；

$L_{\min}$——螺杆与被联接件孔壁受挤压面的最小高度，按具体要求选取，一般 $L_{\min} \geqslant 1.25d_0$。

② 承受轴向载荷时的强度计算　受轴向载荷的紧螺栓联接是工程上使用最多的一种联接方式。这时，必须同时考虑预紧力和外载荷对联接的综合影响。如图 7-9 所示为螺栓联接预紧和工作的全过程中螺栓与被联接件受力变形过程的结构示意图（注意，为了说明问题，图中的尺寸有些夸张）。

当螺栓未拧紧时，螺栓和被联接件都处于自然状态。当施加预紧力 Q_{p} 后，螺母拧紧，螺栓杆对应于 Q_{p} 伸长 λ_{b}，被联接件在 Q_{p} 的作用下产生压缩变形量为 λ_{m}。当联接上作用有外载荷 F 时，螺栓杆将继续伸长，其增量为 $\Delta\lambda$，被联接件因压力减小而产生部分弹性恢复，其压缩变形的恢复量也应该等于 $\Delta\lambda$，此时被联接件上的残余压力称为残余

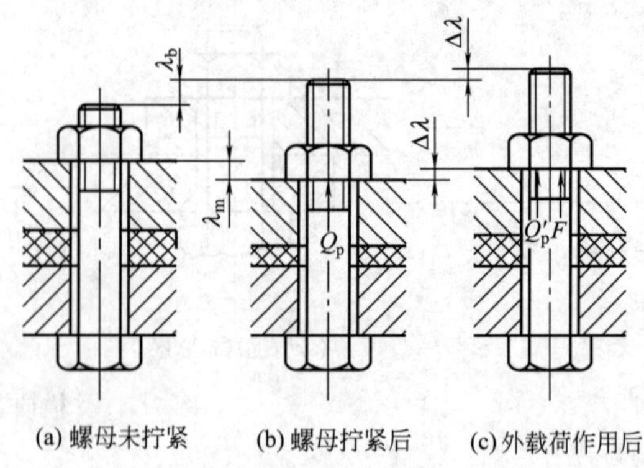

图 7-9　单个紧螺栓联接受力变形图

预紧力，用Q_p'表示。

将上面所述的过程用受力与变形关系线图表示出来，如图 7-10 所示。

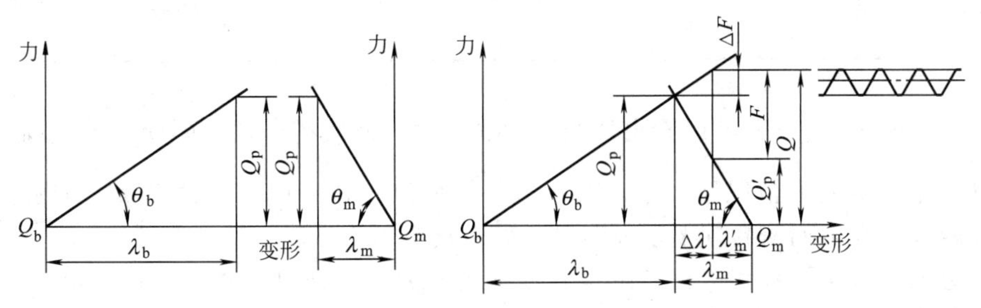

图 7-10　螺栓联接的受力与变形关系线图

螺栓杆上所受的总拉力 Q 可用下面的关系式表示：

$$Q=Q_p+\Delta F$$

或

$$Q=Q_p'+F$$

可以看出，螺栓杆和被联接件的变形是彼此相关的，作用在螺栓上的总拉力 Q 并不等于预紧力和外载荷之和，这一点计算中要特别注意。

外载荷可以通过对螺栓组的受力分析求得。对于残余预紧力 Q_p'，一般按螺栓联接要求或重要程度由经验选取，但必须使 $Q_p'>0$。在没有资料时，可按下面推荐值选用：

$Q_p'=(0.2\sim0.6)F$，一般联接，工作载荷稳定；

$Q_p'=(0.6\sim1.0)F$，一般载荷，工作载荷不稳定；

$Q_p'=(1.5\sim1.8)F$，要求有密封性的联接；

$Q_p'\geqslant F$，地脚螺栓联接。

由图 7-10 的几何关系得到关系式：

$$\frac{Q_p}{\lambda_b}=\tan\theta_b=C_b;\quad \frac{Q_p}{\lambda_m}=\tan\theta_m=C_m$$

C_b、C_m分别为螺栓和被联接件的刚度，即产生单位变形所需力的大小。一旦材料和结构确定后，C_b、C_m可视为常数。

同样，由几何关系可导出下面的关系式：

$$\Delta F=\Delta\lambda\tan\theta_b=\Delta\lambda C_b;\quad F-\Delta F=\Delta\lambda\tan\theta_m=\Delta\lambda C_m$$

所以得到：

$$\frac{\Delta F}{F-\Delta F}=\frac{C_b}{C_m}$$

故：

$$\Delta F=\frac{C_b}{C_b+C_m}F \tag{7-5}$$

从而可以得到：

$$Q=Q_p+\frac{C_b}{C_b+C_m}F$$

为保证有足够的残余预紧力 Q_p'，就要保证：

$$Q_p=Q_p'+(F-\Delta F)=Q_p'+\frac{C_m}{C_b+C_m}F=Q_p'+\left(1-\frac{C_b}{C_b+C_m}\right)F$$

其中，$\frac{C_b}{C_b+C_m}$称为螺栓的相对刚度；$\frac{C_m}{C_b+C_m}$称为被联接件的相对刚度，其值为$1-\frac{C_b}{C_b+C_m}$。

螺栓的相对刚度是常数，$\frac{C_b}{C_b+C_m}$的值是通过试验获得的，参见表 7-5。

表 7-5　螺栓的相对刚度

垫片类型	金属垫片或无垫片	皮革垫片	铜皮石棉垫片	橡胶垫片
$\frac{C_b}{C_b+C_m}$	0.2～0.3	0.7	0.8	0.9

由式 $\Delta F=\frac{C_b}{C_b+C_m}F$ 可以看出，当 $C_b \ll C_m$ 时，外载荷施加在螺栓上的载荷 ΔF 将很小。在其他条件不变的情况下，Q、Q'_p 将减小。所以，在一般联接件中采用较硬的金属垫片以减小螺栓直径。而密封性要求较高时，采用软金属垫片。

要注意的是理论计算和工程实际是有差别的，为了保证可靠预紧，在求得 Q 以后，考虑到其他因素（如扭转剪切应力等）的影响，应将 Q 增加 30%。

所以：

$$\sigma_{ca}=\frac{1.3Q}{\frac{\pi}{4}d_1^2}\leqslant[\sigma] \tag{7-6}$$

7.5.2　螺栓组的结构设计

在工程上，单独利用一个螺栓来实现联接的情况并不多见，基本上都是由几个螺栓按适当的规律排列起来，共同完成和实现一个联接任务的，这些情况称为螺栓组。虽说讲的是螺栓组，但这些方法和原则对其他的螺纹联接同样适用。

螺纹联接合理结构

在长期的工作实践中，如何尽可能地使各个螺栓接近均匀地承担外载荷，是设计、安装螺栓组的主要问题。合理布置同一组内的螺栓的位置起着关键的作用。通过实践发现，在进行螺栓组结构设计时应该考虑以下几个方面的问题。

（1）螺栓（钉）孔的布置

联接接合面的几何形状通常都设计成轴对称的简单几何形状，同一螺栓组的螺栓布置应力求对称、分布均匀，从设计上首先保证被联接件接合面上受力均匀，如图 7-11 所示。

在布置螺栓时应该注意，不要在平行于外力的方向成排地布置 8 个以上的螺栓，以免载荷分布过度不均（当然也不是绝对的）。在装配时要根据螺栓实际分布情况，按一定的顺序分几次（常为 2～3 次）逐步拧紧，而拆卸的顺序与装配时恰好相反。

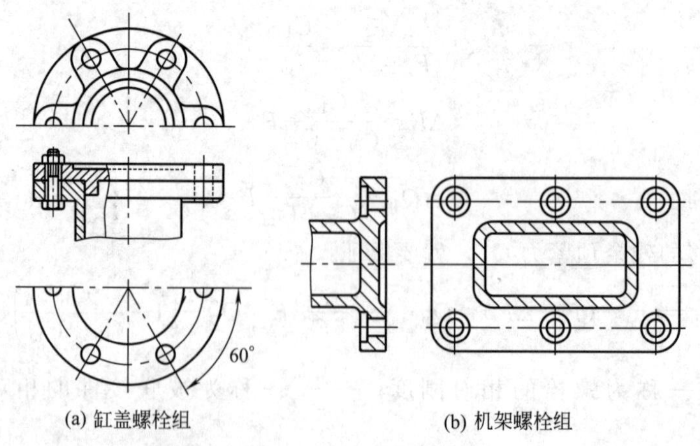

(a) 缸盖螺栓组　　(b) 机架螺栓组

图 7-11　螺栓组联接

（2）螺栓排列应有合理的间距、边距

在布置螺栓时，螺栓中心线与机体壁、螺栓之间的距离，要依据扳手所需的活动空间大小和联接的密封性要求来决定。最小扳手空间尺寸可查阅有关手册，也可以根据经验确定。

一般来讲，螺栓中心线到机体外壁的距离为：

$$B \geqslant \frac{D}{2}+(1\sim3)\mathrm{mm}\ (\text{其中 } D \text{ 为螺栓六角头大径})$$

螺栓之间的距离一般按照经验公式选择：

$t \leqslant (5\sim8)d$　（用于一般联接及压力 $p \leqslant 1.6$MPa 的压力容器）

$t \approx (2.5\sim4.5)d$ [用于密封性要求高及压力 $p \approx 1.0\sim10$MPa 场合]

$t \leqslant 10d$　（用于无密封要求的场合）

（3）螺栓直径的选择

一般是先根据经验或类比的方法或依据相关的规范进行选取，然后再进行强度的计算。

对于一般联接，初选螺栓直径 d 时，约可取为被联接件的厚度。

（4）螺栓数量的选择

分布在同一圆周上的螺栓数应取为 3、4、6、8、12 等易于分度的数目，以利于划线钻孔和加工。当然，如果自动化程度较高，也可以采用其他的分度方法。

（5）螺栓规格的选择

在通用机械中，为简化设计、制造，对同一螺栓组内的螺栓及配套件而言，不管受力的差异大小，应该选择同样材料、规格的同一标准的螺栓，便于采购、管理和装配。

（6）对联接支承面的要求

被联接件上与螺母或螺栓头接触的支承面应该平整，并且要求与螺栓轴线垂直，以免引起偏心载荷而削弱螺栓强度。为便于加工，经常将支承面制成凸台或沉头座（鱼眼坑）。

（7）其他应注意的问题

① 一般情况下，螺栓与螺栓孔之间应留有间隙，由于螺栓是标准件，在螺栓选定之后螺栓的直径就已经确定。所以，必须依照螺栓直径选择螺栓孔直径（可以查阅国家标准 GB 5277）。

② 拧入螺纹深度、螺纹伸出长度、螺孔加工深度、光孔深度等尺寸同样也可以查阅相关的标准或手册，不能凭空想象。

③ 螺栓联接的预紧及防松问题的考虑（前面已有详细的讲述）。

7.5.3　提高螺栓联接强度的措施

螺栓联接的强度主要取决于螺栓强度，而影响螺栓强度的因素有许多。可通过以下方式提高螺栓联接强度。

（1）降低影响螺栓疲劳强度的应力幅

① 改变螺栓的长度或形状，如图 7-12 所示，以降低螺栓的刚度。

② 利用一定的方法提高 C_m，如图 7-13 所示，采用刚度较大的金属垫片或采用密封圈进行密封。

（2）改善螺纹牙间的载荷分布不均现象

在联接承受轴向载荷作用时，在整个螺纹长度上，其承受的载荷是不同的，而是逐圈递减的。试验证明：约有三分之一的载荷集中在第一圈螺纹上，以后各圈递减，在第八圈以后螺纹几乎不承受载荷，如图 7-14 和图 7-15 所示。所以希望利用增加螺母厚度来提高联接强度，其效果不大。

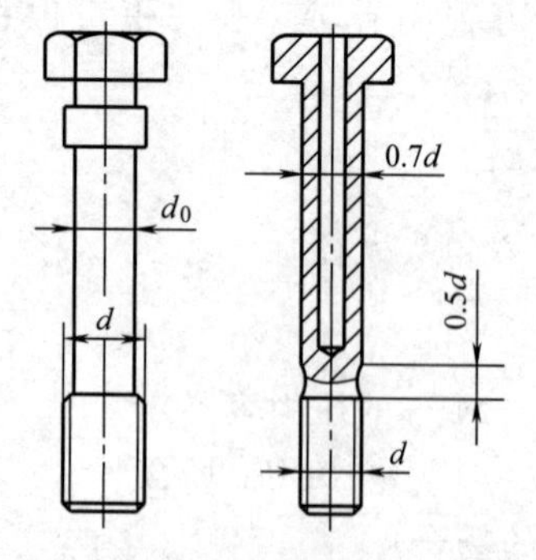

图 7-12　腰状杆螺栓和空心螺栓

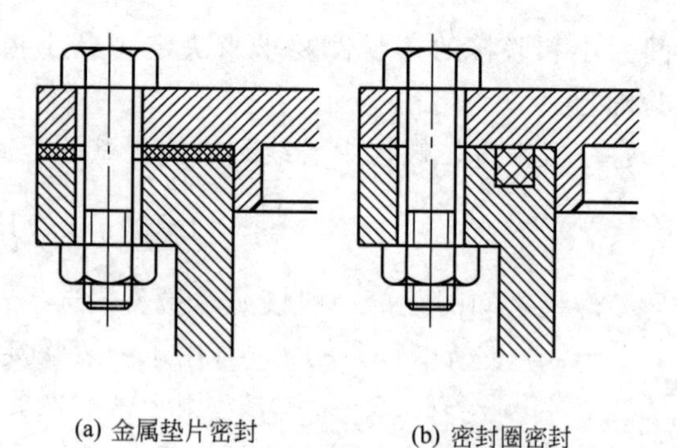

图 7-13　汽缸密封元件

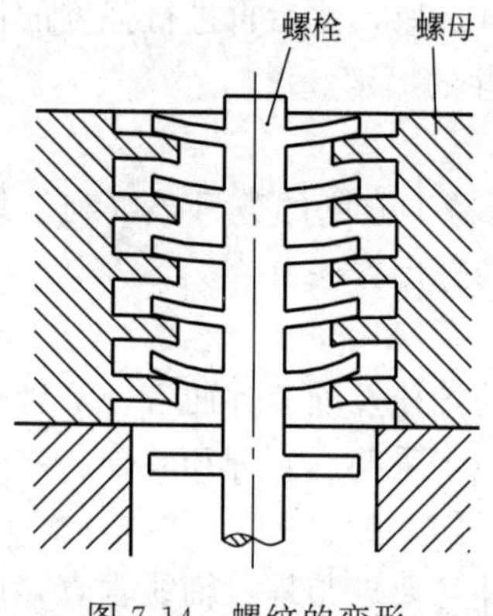

图 7-14　螺纹的变形

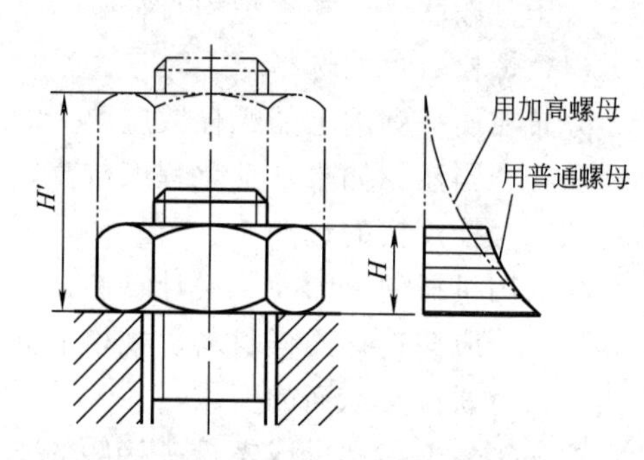

图 7-15　螺纹上的载荷分布

改善载荷不均匀的措施，原则上是减小螺栓与螺母两者承受载荷时螺距的变化差，尽可能使螺纹各圈承受载荷接近均等。常用的方法有：

① 将螺母设计成受拉伸的；

② 在螺母的旋入端最初螺纹上制出倒角，如图 7-16 所示；

③采用均载钢丝套，利用钢丝套的膨胀作用起到均载的作用。

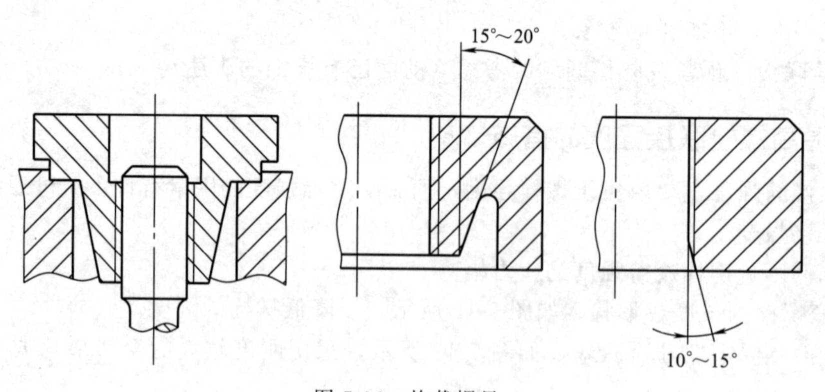

图 7-16　均载螺母

（3）避免或减小附加应力

附加应力是指由于制造、装配或不正确设计而在螺栓中产生的附加弯曲应力。为此，联接的支承面必须进行加工，设计时常将支承面设计成单个凸台锪平或采用沉头座（又称鱼眼坑），保证设计、制造、安装时螺栓轴线与被联接件的接合面垂直，如图 7-17 所示。

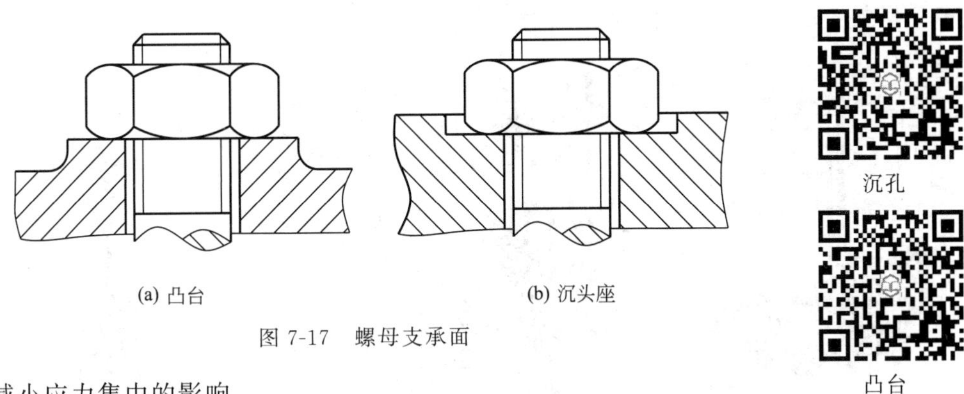

(a) 凸台　　(b) 沉头座

图 7-17　螺母支承面

沉孔

凸台

（4）减小应力集中的影响

应力集中是十分有害的。甚至有直径为 600mm 的轴由于应力集中而发生断裂的情况。螺栓的断裂也最容易在应力集中处产生。为了减少应力集中，可以采用如图 7-18 所示的大圆角和卸载结构。

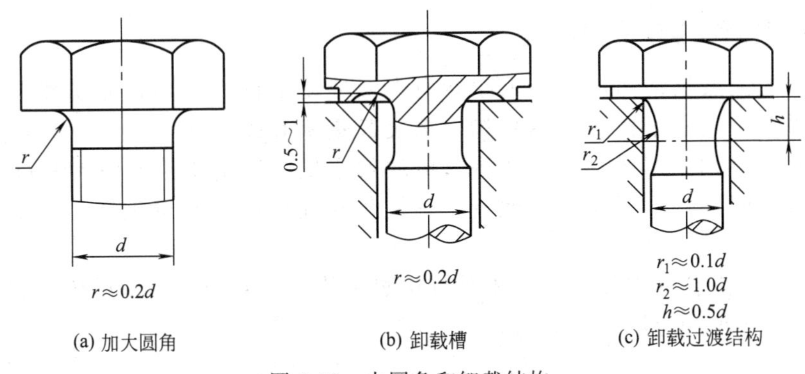

(a) 加大圆角　　(b) 卸载槽　　(c) 卸载过渡结构

图 7-18　大圆角和卸载结构

（5）采用合理的制造工艺

采用合理的制造工艺方法，也可以提高螺栓的疲劳强度。例如，采用冷墩、滚压或利用氮化和氰化的热处理工艺，可以极大地提高螺栓的疲劳强度（滚压可以提高 30%～40%，如果经过热处理再滚压甚至可以提高 70%～100%）。

7.6 螺旋传动

螺旋传动是利用螺杆和螺母组成的螺旋副来实现传动要求的。它主要用于将回转运动转变为直线运动，同时传递动力。图 7-19 所示为机床刀架进给机构，借助开合螺母与长螺杆啮合实现车床纵向进给运动。

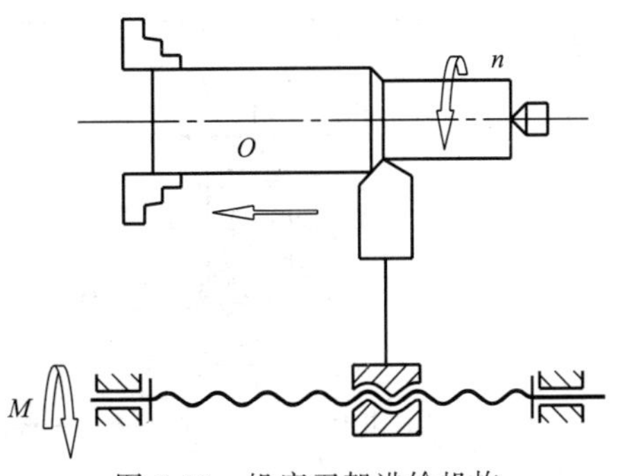

图 7-19　机床刀架进给机构

由湖南铁路科技职业技术学院机械侠协会设计制作的西瓜取内皮加工机如图 7-20 所示，参加过大学生机械创新设计与制作大赛并获奖，该作品有两大功能：其一是切削西瓜的外皮，其二是掏西瓜的内瓤。经过该作品加工后的西瓜内皮与果肉均能保证完整和卫生。作品同时还适用于其他类似瓜果的外皮切削。该作品应用的机构比较多，其中多处应用了螺旋传动。

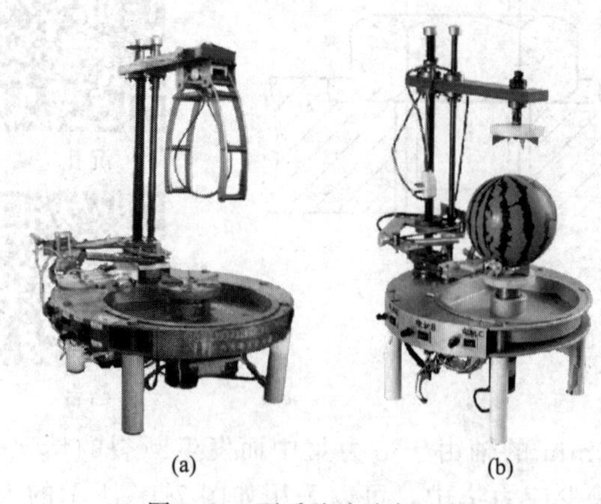

图 7-20　西瓜取内皮加工机

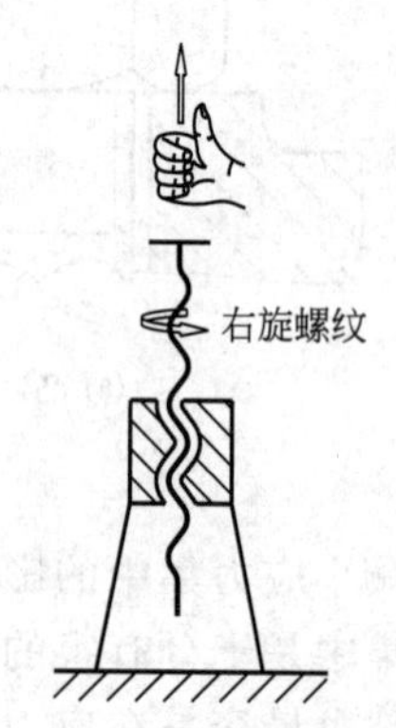

图 7-21　螺杆或螺母移动方向判定

7.6.1　螺旋传动的应用和类型

螺旋传动的优点是结构简单，承载能力大，传动平稳无噪声，能实现自锁要求，传动精度高，被广泛应用于机床进给机构、螺旋起重机和螺旋压力机中，缺点是螺纹之间产生较大的相对滑动，摩擦、磨损严重，传动效率低。但由于滚动螺旋和静压螺旋的应用使磨损和效率问题得到了很大的改善，螺旋传动在机床、起重机械、锻压设备等场合应用广泛。

常用螺旋传动有普通螺旋传动、相对位移螺旋传动、差动位移螺旋传动和滚珠螺旋传动。螺旋传动的类型和应用见表 7-6。

表 7-6　螺旋传动的类型和应用

螺旋传动	图　例	应　用	
普通螺旋传动	1—螺杆；2—移动钳口；3—固定钳口；4—螺母	螺母不动，螺杆回转并作直线运动，如台虎钳	普通螺旋传动是由螺杆和螺母组成的简单螺旋副。其螺杆（或螺母）的移动方向不仅与螺杆（或螺母）的回转方向有关，还和螺旋方向有关。螺杆或螺母的移动方向可用左、右手螺旋法则来判定（图 7-21）：左旋螺杆（或螺母）伸左手，右旋螺杆（或螺母）伸右手，并半握拳，四指顺着螺杆（或螺母）的旋转方向，大拇指的指向即为螺杆（或螺母）的移动方向。若螺杆原地转动，螺母移动时，与大拇指指向相反方向，即为螺母移动方向 在普通螺旋传动中，螺杆（或螺母）的移动距离，由导程决定。即：
	1—托盘；2—螺母；3—手柄；4—螺杆	螺杆不动，螺母回转并作直线运动，如螺旋千斤顶	

续表

<table>
<tr><th>螺旋传动</th><th>图　例</th><th colspan="2">应　用</th></tr>
<tr><td rowspan="2">普通螺旋传动</td><td>1—螺杆；2—螺母；
3—机架；4—溜板</td><td>螺杆原位回转，螺母作直线运动，多用于机床进给机构，如车床大溜板的纵向进给和中溜板的横向进给装置</td><td rowspan="2">$L=nS$
式中　L——移动距离，mm；
n——回转圈数，r；
S——导程，mm</td></tr>
<tr><td>1—机架；2—螺母；
3—螺杆；4—观察镜</td><td>螺母原位回转，螺杆往复运动，如应力试验机上的观察镜螺旋调整装置</td></tr>
<tr><td>相对位移螺旋传动</td><td>1—螺杆；2，4—滑动螺母；3—支架</td><td colspan="2">相对位移螺旋传动，常用于机械加工的自动定心装置和两脚划规中
自动定心夹具上的应用实例：在螺杆 1 上，A 段为左旋螺纹，B 段为右旋螺纹，这两段螺纹的导程相等，当螺杆 1 在支架 3 的支承内转动时，两个滑动螺母 2 和 4 将产生较快的相对运动，以等速趋近或远离，达到使夹具自动定心的要求</td></tr>
<tr><td>差动位移螺旋传动</td><td>1—螺杆；2—活动螺母；3—机架</td><td colspan="2">在有些微调装置如测微器、分度机构、机床刀具微调机构中，常希望在主动件转动较大角度时，从动件只作微量位移，这时可采用差动位移螺旋传动
例如，机床刀具微调机构中螺杆 1 分别与机架 3 及活动螺母 2 组成 a 和 b 两段螺旋副，a 段为固定螺母，b 段为活动螺母，它不能回转而能沿机架导向槽内移动，两段螺纹旋向相同，当螺杆转动，螺母 2 的实际移动距离为：
$L=n(S_a+S_b)$
如两段螺纹旋向相反，则实际移动距离为：
$L=n(S_a-S_b)$
式中　L——活动螺母实际移动距离，mm；
n——螺杆 1 的回转圈数，r；
S_a——固定螺母的导程，mm；
S_b——活动螺母的导程，mm
计算结果 L 为“+”值，说明活动螺母 2 的实际移动方向与螺杆 1 相同，反之，与螺杆 1 移动方向相反</td></tr>
</table>

7.6.2　滚动螺旋简介

普通螺旋传动具有许多优点，但其螺旋副的摩擦是滑动摩擦，磨损严重，影响传动精度，效率低，不能满足高速度、高效率和高精度的传动要求。为改善螺旋传动的功能，可将螺旋副制成滚道，并在滚道间充满滚珠，使螺旋副的摩擦成为滚动摩擦，这种螺旋称为滚珠螺旋或滚珠丝杠，如图 7-22 所示。

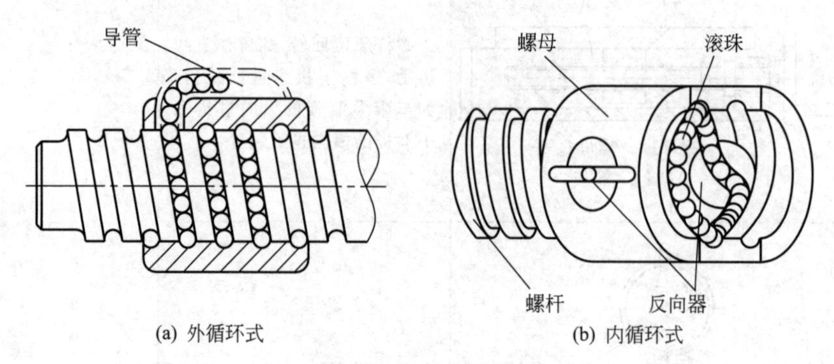

图 7-22　滚珠螺旋

滚珠螺旋按滚珠循环方式可分为外循环式和内循环式两种。

滚珠螺旋传动的特点：

① 摩擦损失小，效率较高（90%以上），摩擦因数约为 0.002～0.005，且与运转速度关系不大，所以启动转矩接近于运转转矩，运转稳定；

② 磨损很小，可调整消除间隙并产生一定的预变形来增加刚度，故传动精度很高；

③ 不具有自锁性，可以变直线运动为旋转运动。

滚珠螺旋传动的结构复杂，制造困难，成本高；有些机构中为防止逆转，还需另加自锁机构。

由于滚珠螺旋传动具有以上一些优点，早已在汽车和拖拉机转向机构中得到应用，目前主要应用在精密传动的数控机床上，以及自动控制装置和精密测量仪器中。

7-1　螺纹按照其用途不同，一般可分为哪两大类?

7-2　按照螺纹牙型不同，常用的螺纹分为哪几种?

7-3　普通螺纹的公称直径是指哪个直径?

7-4　螺纹的主要参数有哪些? 螺距与导程有什么不同?

7-5　什么是螺旋传动? 常用的螺旋传动有哪几种?

7-6　螺纹联接的基本类型有哪些? 并说明其特点和应用场合。

7-7　联接三角螺纹已具备自锁条件，为什么还要防松? 常见的防松措施有哪些?

7-8　在螺纹联接的结构设计中，一般应考虑哪几个方面?

本章重点口诀

螺纹联接与传动，牙型选择有不同，
联接考虑自锁性，应用选择三角形，
传动牙型有三类，梯形、矩形、锯齿形，
螺纹联接主要型，螺栓、螺钉、双头柱，
预紧控制预紧力，防松原理细分清，
摩擦、机械和永久，粘合防松是新潮。

本章知识小结

1. 螺纹基础知识
   - 螺纹的作用
     - 联接
     - 传动
   - 螺纹的旋向
     - 右旋
     - 左旋
   - 螺旋线头数
     - 单线
     - 双线
     - 多线
   - 螺旋线所在面
     - 外螺纹
     - 内螺纹
   - 螺纹的主要参数——大径、小径、中径、螺距、导程、导程角、牙型角
   - 常用螺纹
     - 联接螺纹：三角螺纹
       - 普通螺纹
       - 圆柱管螺纹
       - 圆锥管螺纹
     - 传动螺纹
       - 梯形螺纹
       - 锯齿形螺纹
       - 矩形（方牙）螺纹

2. 螺纹联接类型
   - 螺栓联接
   - 双头螺栓联接
   - 螺钉联接
   - 紧定螺钉联接

3. 常用螺纹联接件——螺栓、双头螺柱、螺钉、紧定螺钉、螺母、垫圈

4. 螺纹联接的防松
   - 摩擦力防松
     - 弹簧垫圈
     - 对顶螺母
   - 机械方法防松
     - 槽形螺母与开口销
     - 止动垫片
     - 圆螺母与止动垫圈
     - 穿金属丝
   - 其他方法防松
     - 冲点防松
     - 粘接法防松

5. 螺旋传动类型
   - 普通螺旋传动
   - 相对位移螺旋传动
   - 差动位移螺旋传动
   - 滚珠螺旋传动

第8章
带传动

8.1 带传动的类型和特点

带传动是应用很广泛的一种机械传动。当主动轴和从动轴相距较远时，常采用这种传动方式。

带传动由主动带轮、从动带轮和挠性（传动）带组成，借助带与带轮之间的摩擦或相互啮合，将主动轮的运动传给从动轮，如图 8-1 所示。

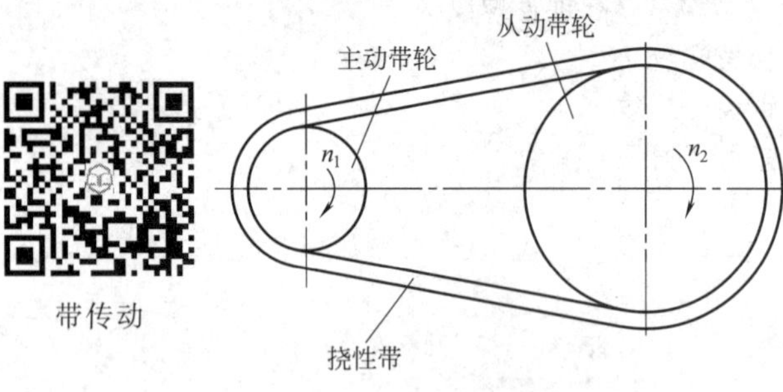

图 8-1　工作原理图

8.1.1　带传动的类型

根据工作原理不同，带传动可分为摩擦带传动和啮合带传动两类。具体应用特点及应用场合见表 8-1。

表 8-1　带传动应用特点及应用场合

传动方式	传动原理	类型	示　意　图	特点及应用
摩擦带传动	摩擦带传动是依靠带与带轮之间的摩擦力传递运动的。按带的横截面形状不同可分为四种类型	平带传动		平带的横截面为扁平矩形，其工作面为内表面。常用的平带为橡胶帆布带 平带传动的形式一般有三种：最常用的是两轴平行，转向相同的开口传动[图 8-2(a)]；还有两轴平行，转向相反的交叉传动[图 8-2(b)]和两轴在空间交错 90°的半交叉传动[图 8-2(c)]
		V 带传动		V 带的横截面为梯形，其工作面为两侧面。V 带传动由一根或数根 V 带和带轮组成 V 带与平带相比，由于正压力作用在楔形截面的两侧面上，在同样的张紧力条件下，V 带传动的摩擦力约为平带传动的三倍，能传递较大的载荷，故 V 带传动应用很广泛
		多楔带传动		多楔带相当于若干根 V 带的组合。传递功率大，传动平稳，结构紧凑，常用于要求结构紧凑的场合，特别是需要 V 带根数多的场合
		圆带传动		圆带的横截面为圆形，一般用皮革或棉绳制成。圆带传动只能传递较小的功率，如缝纫机、真空吸尘器、磁带盘的机械传动等

续表

传动方式	传动原理	类型	示　意　图	特点及应用
啮合带传动	靠带齿的啮合来传递运动和动力	同步带传动		同步带传动工作时，带上的齿与带轮上的齿相互啮合，以传递运动和动力。同步带传动可避免带与轮之间产生滑动，以保证两轮圆周速度同步。常用于数控机床、纺织机械、医用机械等需要速度同步或传动功率较大的场合
		齿孔带传动		齿孔带传动工作时，带上的孔与轮上的齿相互啮合，以传递运动。如放映机、打印机采用的是齿孔带传动，被输送的胶片和纸张就是齿孔带

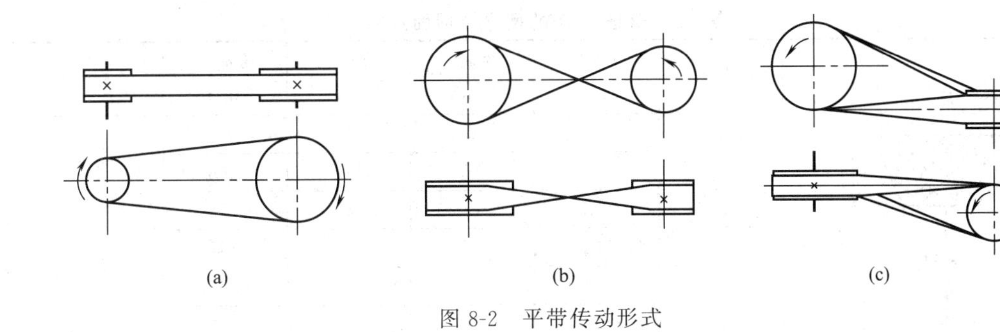

图 8-2　平带传动形式

8.1.2　带传动的特点

与其他机械传动相比，摩擦带传动具有以下特点：

① 结构简单，制造、安装和维护方便，适用于两轴中心距较大的场合；

② 胶带富有弹性，能缓冲吸振，传动平稳、噪声小；

③ 过载时可产生打滑，能防止薄弱零件的损坏，起安全保护作用；

④ 带与带轮之间存在一定的弹性滑动但不能保持准确的传动比，传动精度和传动效率较低；

⑤ 传动带需张紧在带轮上，对轴和轴承的压力较大；

⑥ 外廓尺寸大，结构不够紧凑；

⑦ 带的寿命较短，需经常更换。

根据上述特点，带传动多用于：

① 中、小功率传动（通常不大于 100kW）；

② 原动机输出轴的第一级传动（高速级）；

③ 传动比要求不十分准确的机械。

8.2 普通V带和V带轮

V 带分为普通 V 带、窄 V 带、大楔角 V 带等多种类型，其中普通 V 带应用最广。

8.2.1 普通V带

(1) 普通V带的构造

标准V带都制成无接头的环形，截面形状为等腰梯形，两侧面的夹角 $\theta=40°$。其横截面由伸长层1、强力层2、压缩层3和包布层4构成，如图8-3所示。

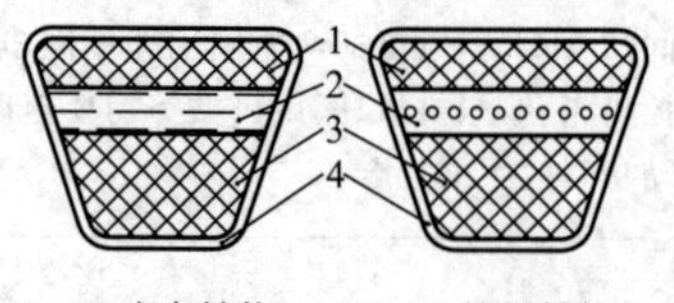

(a) 帘布结构　　(b) 线绳结构

图8-3 V带结构

强力层是承受载荷的主体，分为帘布结构和线绳结构两种。帘布结构抗拉强度高，制造方便。线绳结构比较柔软，弯曲性能较好，但抗拉强度低，常用于载荷不大、直径较小的带轮和转速较高的场合。伸张层和压缩层均由胶料组成，包布层由胶帆布组成，是带的保护层。

(2) 普通V带规格

普通V带的尺寸已标准化，按截面尺寸由小到大分为Y、Z、A、B、C、D、E七种型号。截面积越大，传递的功率越大。各种型号普通V带的尺寸见表8-2。

表8-2 普通V带的型号及剖面尺寸

带型	节宽 b_p /mm	顶宽 b /mm	高度 h /mm	质量 m /(kg/m)	楔角 θ
Y	5.3	6	4	0.03	
Z	8.5	10	6	0.06	
A	11.0	13	8	0.11	
B	14.0	17	11	0.19	40°
C	19.0	22	14	0.33	
D	27.0	32	19	0.66	
E	32.0	38	23	1.02	

V带弯绕在带轮上产生弯曲，外层受拉伸变长，内层受压缩变短，两层之间存在一层长度不变的中性层，中性层面称为节面，如图8-4所示。

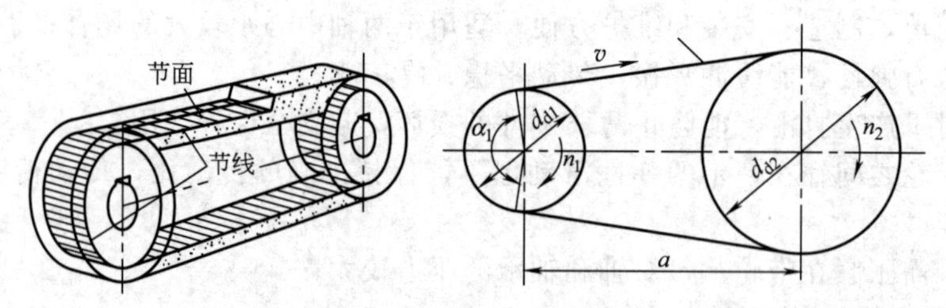

图8-4 V带的节面和节线

节面的周长为带的基准长度 L_d，节面的宽度称为节宽 b_p。普通V带截面高度 h 与节宽 b_p 的比值已标准化（约为0.7）。

带的型号和标准长度都压印在胶带的外表面上，以供识别和选用。例如，B2240 GB/T 11544—1997，表示B型V带，带的基准长度为2240mm。

8.2.2 V带轮

(1) 带轮的材料

带轮常采用HT150、HT200等灰铸铁制造。带速较高、功率较大时宜采用铸钢或钢板冲压后焊接，小功率传动时可采用铸铝或塑料。

（2）带轮的结构

V 带轮按轮辐结构不同分为四种，如图 8-5 所示。设计时，可根据带轮的基准直径来确

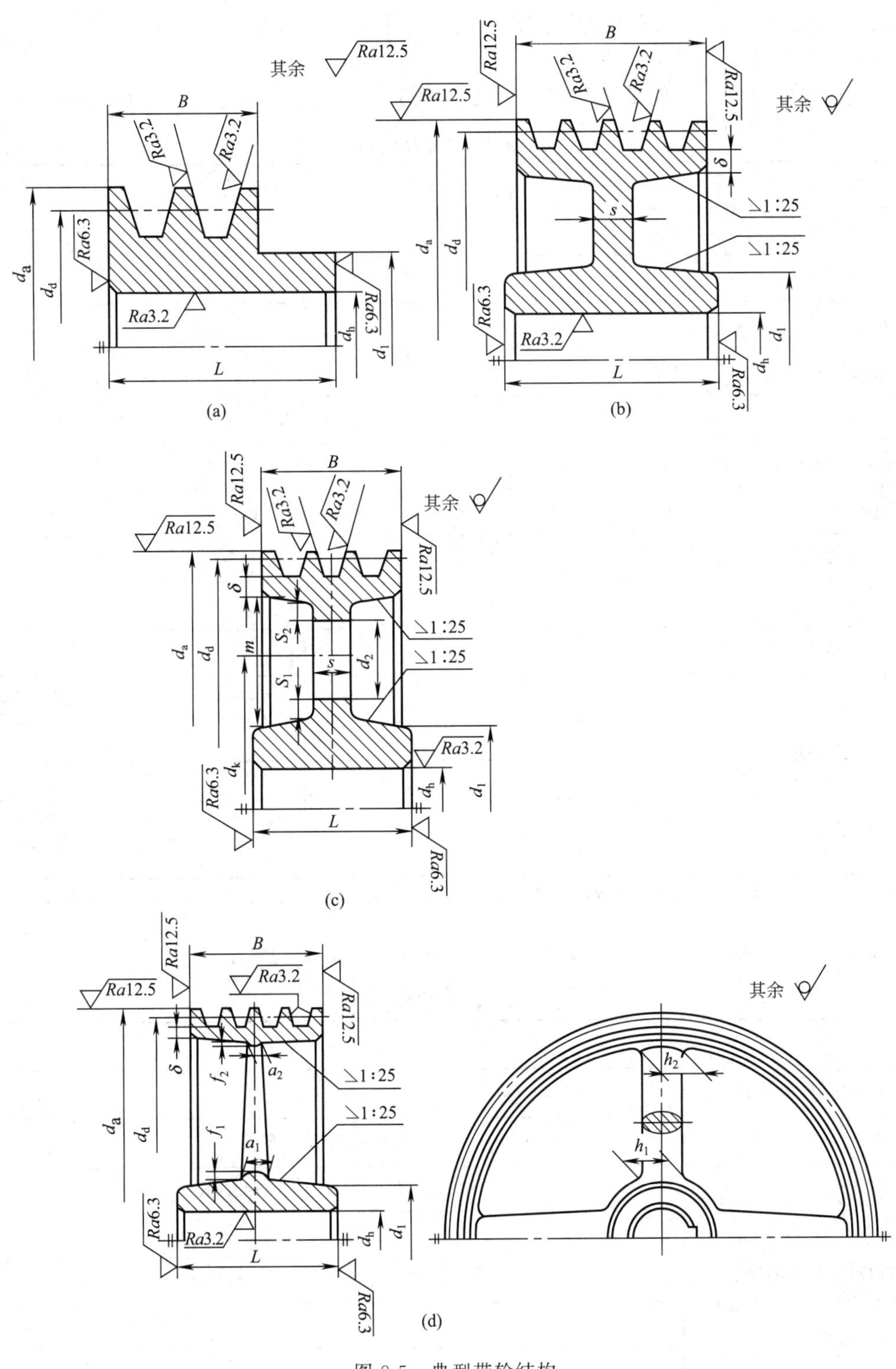

图 8-5　典型带轮结构

定其结构：

当 $d_d \leqslant (1.5\sim3)d_h$（$d_h$为轴的直径）时，可采用实心带轮［图 8-5(a)］；

当 $d_d \leqslant 250$mm 时，可采用辐板带轮［图 8-5(b)］；

当 $d_d \leqslant 400$mm 时，可采用孔板带轮［图 8-5(c)］；

当 $d_d > 400$mm 时，可采用椭圆剖面的轮辐带轮［图 8-5(d)］。

(3) 带轮的基本尺寸

带轮的基本尺寸分为轮槽尺寸和结构尺寸两部分。参见表 8-3、表 8-4 和图 8-5、图 8-6。

表 8-3　V 带轮轮槽尺寸

mm

<table>
<tr><th colspan="3">槽　型</th><th>Y</th><th>Z</th><th>A</th><th>B</th><th>C</th><th>D</th><th>E</th></tr>
<tr><td colspan="3">基准宽度 b_d</td><td>5.3</td><td>8.5</td><td>11.0</td><td>14.0</td><td>19.0</td><td>27.0</td><td>32.0</td></tr>
<tr><td colspan="3">顶宽 b</td><td>6.3</td><td>10.1</td><td>13.2</td><td>17.2</td><td>23</td><td>32.7</td><td>38.7</td></tr>
<tr><td colspan="3">基准线上槽深 h_{amin}</td><td>1.6</td><td>2.0</td><td>2.75</td><td>3.5</td><td>4.8</td><td>8.1</td><td>9.6</td></tr>
<tr><td colspan="3">基准线下槽深 h_{fmin}</td><td>4.7</td><td>7.0</td><td>8.7</td><td>10.8</td><td>14.3</td><td>19.9</td><td>23.4</td></tr>
<tr><td colspan="3">槽间距 e</td><td>8±0.3</td><td>12±0.3</td><td>15±0.3</td><td>19±0.4</td><td>25.5±0.5</td><td>37±0.6</td><td>44.5±0.7</td></tr>
<tr><td colspan="3">槽中心至轮端面间距 f_{min}</td><td>6</td><td>7</td><td>9</td><td>11.5</td><td>16</td><td>23</td><td>28</td></tr>
<tr><td colspan="3">最小轮缘厚度 δ_{min}</td><td>5</td><td>5.5</td><td>6</td><td>7.5</td><td>10</td><td>12</td><td>15</td></tr>
<tr><td colspan="3">轮缘宽度 B</td><td colspan="7">$B=(z-1)e+2f$（z 为轮槽数）</td></tr>
<tr><td colspan="3">外径 d_a</td><td colspan="7">$d_a = d_d + 2h_a$</td></tr>
<tr><td colspan="3">r_1</td><td colspan="7">0.2～0.5</td></tr>
<tr><td colspan="3">r_2</td><td colspan="4">0.5～1.0</td><td>1.0～1.6</td><td colspan="2">1.6～2.0</td></tr>
<tr><td rowspan="4">轮槽角 φ/(°)</td><td>32</td><td rowspan="4">对应基准直径 d_d</td><td>≤60</td><td>—</td><td>—</td><td>—</td><td>—</td><td>—</td><td>—</td></tr>
<tr><td>34</td><td>—</td><td>≤80</td><td>≤118</td><td>≤190</td><td>≤315</td><td>—</td><td>—</td></tr>
<tr><td>36</td><td>>60</td><td>—</td><td>—</td><td>—</td><td>—</td><td>≤475</td><td>≤600</td></tr>
<tr><td>38</td><td>—</td><td>>80</td><td>>118</td><td>>190</td><td>>315</td><td>>475</td><td>>600</td></tr>
</table>

注：1. 轮槽角 $\varphi <$ V 带楔角 θ 是为了保证 V 带绕在带轮上工作时能与轮槽侧面紧密贴合；φ 的极限偏差为 Y、Z、A、B 型±1°，C、D、E 型±30′。

2. 槽间距 e 的极限偏差适用于任何两个轮槽对称中心面的距离，不论相邻与否。

表 8-4　V 带轮结构尺寸

<table>
<tr><td rowspan="3">带轮外形结构尺寸</td><td colspan="2">L</td><td>d_1</td><td>d_a</td></tr>
<tr><td colspan="2">$(1.5\sim2)d_h$</td><td>$(1.8\sim2)\ d_h$</td><td>d_d+2h_a</td></tr>
<tr><td colspan="4">d_h 由轴的设计确定</td></tr>
<tr><td rowspan="5">辐板、孔板结构尺寸</td><td>m</td><td colspan="3">$[d_a-2(H+\delta)-d_1]/2$（其中 $H=h_a+h_f$）</td></tr>
<tr><td>d_k</td><td colspan="3">$m+d_1$</td></tr>
<tr><td>s</td><td colspan="3">$(0.2\sim0.3)B$</td></tr>
<tr><td>S_1</td><td colspan="3">$\geqslant 1.5s$</td></tr>
<tr><td>S_2</td><td colspan="3">$\geqslant 0.5s$</td></tr>
</table>

续表

椭圆轮辐结构尺寸	h_1	$200\sqrt[3]{\frac{P}{nA}}$ （P 为功率，kW；A 为轮辐数；n 为转速，r/min）
	a_1	$0.4h_1$
	f_1	$0.2h_1$
	h_2	$0.8h_1$
	a_2	$0.8a_1$
	f_2	$0.2h_2$

注：B 为轮缘宽度，L 为带轮轮毂宽度，其他参数意义见图 8-5。

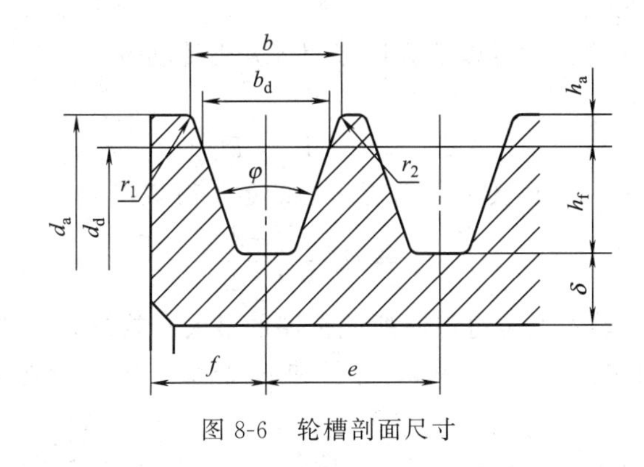

图 8-6　轮槽剖面尺寸

8.3 带传动的工作能力分析

8.3.1　带传动的受力分析

（1）有效拉力 F_e

为保证带传动正常工作，带传动必须以一定的张紧力套在带轮上。带传动静止时，带两边承受的拉力相等，称为初拉力 F_0 ［图 8-7(a)］。当带工作时，由于带与带轮间摩擦力的作用，带两边的拉力不再相等。进入主动轮的一边被拉紧，称为紧边，拉力由 F_0 增大到 F_1；而另一边被放松，称为松边，其拉力由 F_0 减小到 F_2 ［图 8-7(b)］。

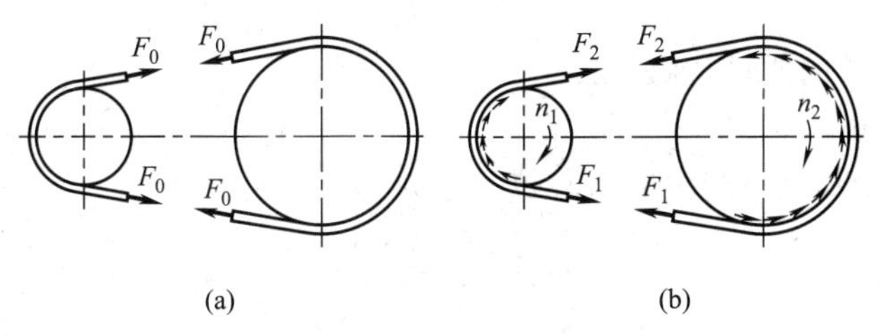

图 8-7　传动带承受的拉力

紧边与松边拉力的差值（F_1-F_2）为带传动中起传递力矩作用的拉力，称为有效拉力 F_e，即：

$$F_e=F_1-F_2 \tag{8-1}$$

有效拉力 F_e 等于带与带轮接触弧上的摩擦力总和。由摩擦的特点可知，在初拉力一定的情况下，带与带轮之间的摩擦力是有限的。当所要传递的圆周力超过摩擦力总和的极限值时，带将沿带轮产生明显的相对滑动，这种现象称为打滑。打滑时从动轮转速急剧下降，以至丧失工作能力，同时也加剧了带的磨损，因此应尽量避免出现打滑现象。

（2）最大有效拉力

在带传动中，当带与带轮表面间即将打滑时，摩擦力达到时极限值，带所能传递的有效拉力也达到最大值。由欧拉公式可得 F_1 与 F_2 之间的关系为：

$$F_1=F_2e^{f\alpha} \tag{8-2}$$

式中　f——带和带轮接触面间的摩擦因数；

α——带在带轮上的包角，rad；

e——自然对数的底。

另外，带在工作前后的长度可以认为近似相等，则传动带工作时紧边拉力的增加量等于松边拉力的减少量，即：

$$F_1-F_0=F_0-F_2 \tag{8-3}$$

由式(8-1)～式(8-3) 可解得传动带所能传递的最大有效拉力：

$$F_e=2F_0\frac{e^{f\alpha}-1}{e^{f\alpha}+1} \tag{8-4}$$

式(8-4) 表明，带传动不发生打滑时所能传递的最大有效拉力（即最大有效圆周力）与摩擦因数 f、包角 α 和初拉力 F_0 有关。f、α 和 F_0 越大，带所能传递的有效圆周力 F_e 也越大。

8.3.2　带的应力分析

（1）带传动时将产生的三种应力

① 由拉力产生的应力 σ_1、σ_2。

紧边拉应力：
$$\sigma_1=\frac{F_1}{A}$$

松边拉应力：
$$\sigma_2=\frac{F_2}{A}$$

式中　A——带的横截面积，mm^2。

② 离心拉应力 σ_c。

带在传动时，绕在带轮上的传动带随带轮作圆周运动，产生的离心拉力 F_c（N）应为：

$$F_c=mv^2$$

式中　m——每米带长的质量，kg/m；

v——带速，m/s。

F_c 作用于带的全长上，产生的离心拉应力为：

$$\sigma_c=\frac{F_c}{A}=\frac{mv^2}{A}$$

③ 弯曲应力 σ_b。

传动带绕过带轮时，将产生弯曲应力。带的最外层弯曲应力（最大弯曲应力）为：

$$\sigma_b=E\ \frac{2h_a}{d}\approx E\ \frac{h}{d}$$

式中　h_a—— 带的节面到最外层的垂直距离，mm，一般可近似取 $h_a=\frac{h}{2}$；

E——带材料的弹性模量，MPa；

d——带轮基准直径，mm；

h——带的高度，mm。

(2) 应力分布情况

三种应力分布如图 8-8 所示。带在工作过程中，其应力是不断变化的，最大应力发生在紧边开始进入小带轮处，其值为：

$$\sigma_{max}=\sigma_1+\sigma_{b1}+\sigma_c \tag{8-5}$$

带在交变应力状态下工作的，经长期运行后会产生疲劳破坏。为保证带具有足够的疲劳强度，应满足：

$$\sigma_{max}=\sigma_1+\sigma_{b1}+\sigma_c\leqslant[\sigma] \tag{8-6}$$

式中　$[\sigma]$——带的许用应力，MPa。

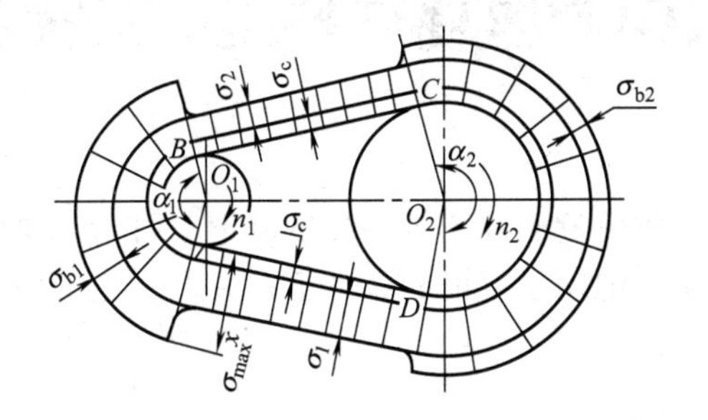

图 8-8　传动带工作时的应力分布

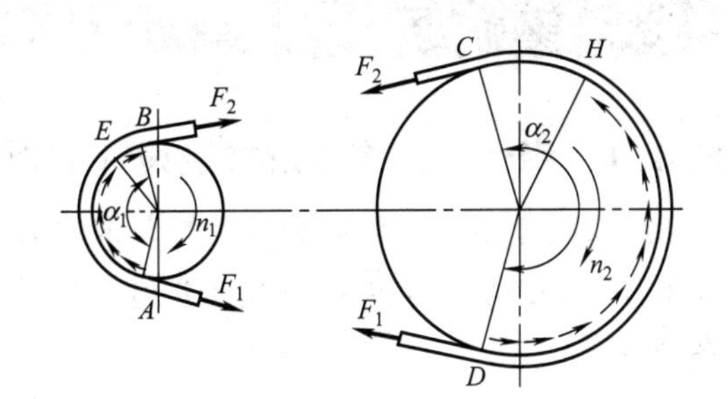

图 8-9　带传动的弹性滑动

8.3.3 弹性滑动和打滑

(1) 带的弹性滑动

带是弹性体，受到拉力作用后将产生弹性变形。由于紧边和松边的拉力不同，弹性变形量也不同。

如图 8-9 所示，在主动轮上，当带从紧边 A 点转到松边 B 点的过程中，拉力由 F_1 逐渐降至 F_2，带因弹性变形渐小而回缩，由 B 点缩回至 E 点，于是带与带轮之间产生了向后的相对滑动，带的圆周速度滞后于带轮的圆周速度。这种现象也同样发生在从动轮上，但情况相反，带将逐渐伸长，这时带的圆周速度超前于带轮的圆周速度。

这种由于带的弹性变形而引起的带与带轮之间的相对滑动，称为弹性滑动。在摩擦带传动中，弹性滑动是不可避免的。

带传动中，由于弹性滑动而引起的从动轮圆周速度 v_2 低于主动轮圆周速度 v_1 的相对比率称为滑动率，用 ε 表示，即：

$$\varepsilon=\frac{v_1-v_2}{v_1}=\frac{\pi d_{d1}n_1-\pi d_{d2}n_2}{\pi d_{d1}n_1} \tag{8-7}$$

引入 $i=\frac{n_1}{n_2}$，由式(8-7) 得：

$$i=\frac{n_1}{n_2}=\frac{d_{d2}}{d_{d1}(1-\varepsilon)} \tag{8-8}$$

式中　n_1，n_2——主、从动轮的转速，r/min；

d_{d1}，d_{d2}——主、从动轮的直径，mm。

在正常传动中，滑动率 $\varepsilon=0.01\sim0.02$，故在一般计算中可忽略不计。此时传动比计算公式可简化为：

$$i=\frac{n_1}{n_2}=\frac{d_{d2}}{d_{d1}} \tag{8-9}$$

（2）打滑

当需要传递的有效拉力（圆周力）大于极限摩擦力时，带与带轮间将发生全面滑动，这种现象称为打滑。打滑将造成带的严重磨损并使从动轮转速急剧降低，致使传动失效。带在大轮上包角一般大于在小轮上的包角，所以打滑总是先在小轮上开始。

带的打滑和弹性滑动是两个完全不同的概念。打滑是因为过载引起的，因此可以避免。而弹性滑动是由于带的弹性和拉力差引起的，是带传动正常工作时不可避免的现象。

8.4 普通V带传动的设计计算

8.4.1 带传动的失效形式及设计准则

由带传动的工作情况分析可知，带传动的主要失效形式为带的过度磨损、打滑和带的疲劳破坏等。因此，带传动的设计准则为：在保证带传动不打滑的条件下，具有一定的疲劳强度的寿命。

8.4.2 单根V带的基本额定功率和许用功率

在包角 $\alpha=180°$、特定带长、工作平稳的条件下，单根普通V带的基本额定功率 P_0 见表8-5。

表8-5 单根V带的基本额定功率 P_0（摘自GB/T 13575.1—2008） kW

带型	小带轮基准直径 d_d/mm	小带轮转速 n_1/(r/min)									
		100	200	300	400	500	600	730	980	1200	1460
Z	50				0.06			0.09	0.12	0.14	0.16
	56				0.06			0.11	0.14	0.17	0.19
	63				0.08			0.13	0.18	0.22	0.25
	71				0.09			0.17	0.23	0.27	0.31
	80				0.14			0.20	0.26	0.30	0.36
	90				0.14			0.22	0.28	0.33	0.37
A	75		0.16		0.27			0.42	0.52	0.60	0.68
	80		0.18		0.31			0.49	0.61	0.71	0.81
	90		0.22		0.39			0.63	0.79	0.93	1.07
	100		0.26		0.47			0.77	0.97	1.14	1.32
	112		0.31		0.56			0.93	1.18	1.39	1.62
	125		0.37		0.67			1.11	1.40	1.66	1.93
	140		0.43		0.78			1.31	1.66	1.96	2.29
B	125		0.48		0.84			1.34	1.67	1.93	2.20
	140		0.59		1.05			1.69	2.19	2.47	2.83
	160		0.74		1.32			2.16	2.72	3.17	3.64
	180		0.88		1.59			2.61	3.30	3.85	4.41
	200		1.02		1.85			3.06	3.86	4.50	5.15

续表

带型	小带轮基准直径 d_d/mm	小带轮转速 n_1/(r/min)									
		100	200	300	400	500	600	730	980	1200	1460
C	200		1.39	1.92	2.41	2.87	3.30	3.80	4.66	5.29	5.86
	244		1.70	2.37	2.99	3.58	4.12	4.78	5.89	6.71	7.47
	250		2.03	2.85	3.62	4.32	5.00	5.82	7.18	8.21	9.06
	280		2.42	3.40	4.32	5.19	6.00	6.99	8.65	9.81	10.74
	315		2.86	4.04	5.14	6.17	7.14	8.34	10.23	11.53	12.48
D	355	3.01	5.31	7.35	9.24	10.90	12.39	14.04	16.30	17.25	16.70
	400	3.66	6.52	9.19	11.45	13.55	15.42	17.58	20.25	21.20	20.03
	450	4.37	7.90	11.02	13.85	16.40	18.67	21.12	24.16	24.84	22.42
	500	5.08	9.21	12.88	16.20	19.17	21.78	24.52	27.60	27.61	23.28
	560	5.91	10.76	15.07	18.95	22.38	25.32	28.28	31.00	29.67	22.08

当实际使用条件与特定条件不同时，应对 P_0 进行修正。修正后即得与实际条件相符的单根 V 带所能传递的功率，称为许用功率，用 $[P_0]$ 表示：

$$[P_0]=(P_0+\Delta P_0)K_\alpha K_L \tag{8-10}$$

式中　ΔP_0——功率增量，考虑传动比 $i\neq1$ 时，带绕大带轮时的弯曲应力较小，可使带的疲劳强度提高，即传递的功率增大，ΔP_0 见表 8-6；

K_α——包角修正系数，见表 8-7；

K_L——带长修正系数，见表 8-8。

表 8-6　考虑 $i\neq1$ 时，单根 V 带的额定功率增量 ΔP_0（摘自 GB/T 13575.1—2008）　kW

型号	传动比 i	小带轮转速 n_1/(r/min)												
		200	400	730	800	980	1200	1460	1600	2000	2400	2800	3200	3600
A	1.00～1.01	0.00												
	1.02～1.04						0.02	0.02	0.02	0.03	0.03	0.04	0.04	0.05
	1.05～1.08		0.01	0.02	0.02	0.03	0.03	0.04	0.04	0.06	0.07	0.08	0.09	0.10
	1.09～1.12		0.02	0.03	0.03	0.04	0.05	0.06	0.06	0.08	0.10	0.11	0.13	0.15
	1.13～1.18		0.02	0.04	0.04	0.05	0.07	0.08	0.09	0.11	0.13	0.15	0.17	0.19
	1.19～1.24		0.03	0.05	0.05	0.06	0.08	0.09	0.11	0.13	0.16	0.19	0.22	0.24
	1.25～1.34	0.02	0.03	0.06	0.06	0.07	0.10	0.11	0.13	0.16	0.19	0.23	0.26	0.29
	1.35～1.51	0.02	0.04	0.07	0.08	0.08	0.11	0.13	0.15	0.19	0.23	0.26	0.30	0.34
	1.52～1.99	0.02	0.04	0.08	0.09	0.10	0.13	0.15	0.17	0.22	0.26	0.30	0.34	0.39
	≥2.0	0.03	0.05	0.09	0.10	0.11	0.15	0.17	0.19	0.24	0.29	0.34	0.39	0.44
B	1.00～1.01	0.00	0.00	0.00	0.00	0.00	0.00	0.00	0.00	0.00	0.00	0.00	0.00	0.00
	1.02～1.04	0.01	0.01	0.02	0.03	0.03	0.04	0.05	0.06	0.07	0.08	0.10	0.11	0.13
	1.05～1.08	0.01	0.03	0.05	0.06	0.07	0.08	0.10	0.11	0.14	0.17	0.20	0.23	0.25
	1.09～1.12	0.02	0.04	0.07	0.08	0.10	0.13	0.15	0.17	0.21	0.25	0.29	0.34	0.38
	1.13～1.18	0.03	0.06	0.10	0.11	0.13	0.17	0.20	0.23	0.28	0.34	0.39	0.45	0.51
	1.19～1.24	0.04	0.07	0.12	0.14	0.17	0.21	0.25	0.28	0.35	0.42	0.49	0.56	0.63
	1.25～1.34	0.04	0.08	0.15	0.17	0.20	0.25	0.31	0.34	0.42	0.51	0.59	0.68	0.76
	1.35～1.51	0.05	0.10	0.17	0.20	0.23	0.30	0.36	0.39	0.49	0.59	0.69	0.79	0.89
	1.52～1.99	0.06	0.11	0.20	0.23	0.26	0.34	0.40	0.45	0.56	0.68	0.79	0.90	1.01
	≥2.0	0.06	0.13	0.22	0.25	0.30	0.38	0.46	0.51	0.63	0.76	0.89	1.01	1.14

续表

型号	传动比 i	小带轮转速 n_1/(r/min)												
		200	400	730	800	980	1200	1460	1600	2000	2400	2800	3200	3600
C	1.00～1.01	—	0.00	0.00	0.00	0.00	0.00	0.00	0.00	0.00	0.00	0.00	0.00	0.00
	1.02～1.04	—	0.02	0.03	0.04	0.05	0.06	0.07	0.09	0.12	0.14	0.16	0.18	0.20
	1.05～1.08	—	0.04	0.06	0.08	0.10	0.12	0.14	0.19	0.24	0.28	0.31	0.35	0.39
	1.09～1.12	—	0.06	0.09	0.12	0.15	0.18	0.21	0.27	0.35	0.42	0.47	0.53	0.59
	1.13～1.18	—	0.08	0.12	0.16	0.20	0.24	0.27	0.37	0.47	0.58	0.63	0.71	0.78
	1.19～1.24	—	0.10	0.15	0.20	0.24	0.29	0.34	0.47	0.59	0.71	0.78	0.88	0.98
	1.25～1.34	—	0.12	0.18	0.23	0.29	0.35	0.41	0.56	0.70	0.85	0.94	1.06	1.17
	1.35～1.51	—	0.14	0.21	0.27	0.34	0.41	0.48	0.65	0.82	0.99	1.10	1.23	1.37
	1.52～1.99	—	0.16	0.24	0.31	0.39	0.47	0.55	0.74	0.94	1.14	1.25	1.41	1.57
	≥2.0	—	0.18	0.26	0.35	0.44	0.53	0.62	0.83	1.06	1.27	1.41	1.59	1.76
D	1.00～1.01	0.00	0.00	0.00	0.00	0.00	0.00	0.00	0.00	0.00	0.00	0.00	0.00	—
	1.02～1.04	0.03	0.07	0.10	0.14	0.17	0.21	0.24	0.33	0.42	0.51	0.56	0.63	—
	1.05～1.08	0.07	0.14	0.21	0.28	0.35	0.42	0.49	0.66	0.84	1.01	1.11	1.24	—
	1.09～1.12	0.10	0.21	0.31	0.42	0.52	0.62	0.73	0.99	1.25	1.51	1.67	1.88	—
	1.13～1.18	0.14	0.28	0.42	0.56	0.70	0.83	0.97	1.32	1.67	2.02	2.23	2.51	—
	1.19～1.24	0.17	0.35	0.52	0.70	0.87	1.04	1.22	1.60	2.09	2.52	2.78	3.13	—
	1.25～1.34	0.21	0.42	0.62	0.83	1.04	1.25	1.46	1.92	2.50	3.02	3.33	3.74	—
	1.35～1.51	0.24	0.49	0.73	0.97	1.22	1.46	1.70	2.31	2.92	3.52	3.89	4.98	—
	1.52～1.99	0.28	0.56	0.83	1.11	1.39	1.67	1.95	2.64	3.34	4.03	4.45	5.01	—
	≥2.0	0.31	0.63	0.94	1.25	1.56	1.88	2.19	2.97	3.75	4.53	5.00	5.62	—

表 8-7　包角修正系数 K_α（摘自 GB/T 13575.1—2008）

小轮包角 α_1/(°)	180	175	170	165	160	155	150	145	140	135	130	125	120	110	100	90
K_α	1	0.99	0.98	0.96	0.95	0.93	0.92	0.91	0.89	0.88	0.86	0.84	0.82	0.78	0.74	0.69

表 8-8　普通 V 带的基准长度 L_d 及带长修正系数 K_L

基准长度 L_d/mm	带长修正系数 K_L							基准长度 L_d/mm	带长修正系数 K_L						
	Y	Z	A	B	C	D	E		Y	Z	A	B	C	D	E
200	0.81							2000			1.03	0.98	0.88		
224	0.82							2240			1.06	1.00	0.91		
250	0.84							2500			1.09	1.03	0.93		
280	0.87							2800			1.11	1.05	0.95	0.83	
315	0.89							3150			1.13	1.07	0.97	0.86	
355	0.92							3550			1.17	1.09	0.99	0.89	
400	0.96	0.87						4000			1.19	1.13	1.02	0.91	
450	1.00	0.89						4500				1.15	1.04	0.93	0.90
500	1.02	0.91						5000				1.18	1.07	0.96	0.92
560		0.94						5600					1.09	0.98	0.95
630		0.96	0.81					6300					1.12	1.00	0.97
710		0.99	0.83					7100					1.15	1.03	1.00
800		1.00	0.85					8000					1.18	1.06	1.02
900		1.03	0.87	0.82				9000					1.21	1.08	1.05
1000		1.06	0.89	0.84				10000					1.23	1.11	1.07
1120		1.08	0.91	0.86				11200						1.14	1.10
1250		1.11	0.93	0.88				12500						1.17	1.12
1400		1.14	0.96	0.90				14000						1.20	1.15
1600		1.16	0.99	0.92	0.83			16000						1.22	1.18
1800		1.18	1.01	0.95	0.86										

8.4.3　普通 V 带传动的设计步骤和参数选择

设计 V 带传动，通常应已知传动用途、工作条件、传递功率、带轮转速（或传动比）及外廓尺寸等。

设计的主要内容有 V 带的型号、长度和根数、中心距、带轮的基准直径、材料、结构以及作用在轴上的压力等。

（1）确定设计功率 P_c

设计功率 P_c按下式计算：

$$P_c=K_A P \tag{8-11}$$

式中　P——所需传递的功率，kW；

K_A——工况系数，按表 8-9 选取。

表 8-9　工况系数 K_A

工况		K_A					
		空、轻载启动			重载启动		
		每天工作小时数 h					
		<10	10～16	>16	<10	10～16	>16
载荷变动微小	液体搅拌机；通风机和鼓风机（≤7.5kW）；离心式水泵和压缩机；轻型运输机	1.0	1.1	1.2	1.1	1.2	1.3
载荷变动小	带式输送机（不均匀载荷）；通风机（>7.5kW）旋转式水泵和压缩机；发电机；金属切削机床；印刷机；旋转筛；锯木机和木工机械	1.1	1.2	1.3	1.2	1.3	1.4
载荷变动较大	制砖机；斗式提升机；往复式水泵和压缩机；起重机；磨粉机；冲剪机床；橡胶机械；振动筛；纺织机械；重载输送机	1.2	1.3	1.4	1.4	1.5	1.6
载荷变动很大	破碎机（旋转式、颚式等）；磨碎机（球磨、棒磨、管磨）	1.3	1.4	1.5	1.5	1.6	1.8

注：空、轻载启动——电动机（交流启动、三角启动、直流并励）、四缸以上的内燃机及装有离心式离合器、液力联轴器的动力机；重载启动——电动机（联机交流启动、直流复励或串励）、四缸以下的内燃机。

（2）选择 V 带的型号

根据设计功率 P_c及主动带轮转速 n_1，由选型图（图 8-10）初选带的型号。

若选点落在两种型号交界附近，则可以对两种型号同时进行计算，最后择优选定。

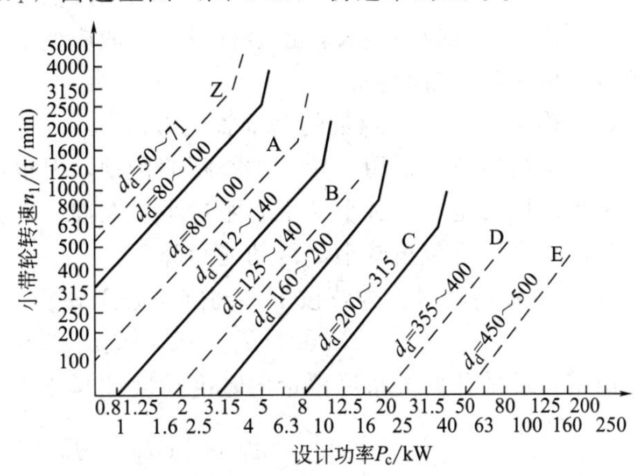

图 8-10　普通 V 带选型图

（3）确定带轮基准直径 d_{d1}、d_{d2}

带轮直径小可使传动结构紧凑，但小带轮直径 d_{d1}越小，带在轮上弯曲加剧，弯曲应力也越大，会使带的寿命降低，因此应对 d_{d1}作必要的限制。

表 8-10 给出各型号普通 V 带许用最小带轮直径 d_{dmin}。一般应使 $d_{d1} \geq d_{dmin}$，并从表 8-11 确定标准直径。

表 8-10　带轮最小基准直径

mm

槽　型	Y	Z	A	B	C	D	E
d_{dmin}	20	50	75	125	200	355	500

忽略弹性滑动的影响，大带轮直径 d_{d2} 为：

$$d_{d2}=\frac{n_1}{n_2}d_{d1}$$

d_{d2}也应符合带轮直径系列尺寸，见表 8-11。

表 8-11　普通 V 带轮基准直径系列

mm

型号	基准直径 d_d													
Y	20 100	22.4 112	25 125	28	31.5	35.5	40	45	50	56	63	71	80	90
Z	50 180	56 200	63 224	71 250	75 280	80 315	90 355	100 400	112 500	125 560	132 630	140	150	160
A	75 180	80 200	(85) 224	90 (250)	(95) 280	100 315	(106) (355)	112 400	(118) (450)	125 500	(132) 560	140 630	150 710	160 800
B	125 450	(132) 500	140 560	150 (600)	160 630	(170) 710	180 (750)	200 800	224 (900)	250 1000	280 1120	315	355	400
C	200 560	212 600	224 630	236 710	250 750	(265) 800	280 900	300 1000	315 1120	(335) 1250	355 1400	400 1600	450 2000	500
D	355	(375) 1000	400 1060	425 1120	450 1250	(475) 1400	500 1500	560 1600	(600) 1800	630 2000	710	750	800	900
E	500	530 1600	560 1800	600 2000	630 2240	670 2500	710	800	900	1000	1120	1250	1400	

注：括号内的数值尽量不选用。

（4）验算带速 v

$$v=\frac{\pi d_{d1}n_1}{60\times 1000} \tag{8-12}$$

带速太高，离心力增大，使带与带轮间的摩擦力减小，容易打滑；带速太低，传递功率一定时所需的有效拉力过大，也会打滑，一般应使 v 在 5～25m/s 范围内。如果带速超过上述范围，应重选小带轮直径。

（5）确定中心距 a 及带的基准长度 L_d

带传动的特点是适用于较大中心距的传动，但也不宜过大，否则将由于载荷变化而引起带的颤动。同时也不宜过小，中心距过小，在同一转速下，单位时间内带的绕转次数增多，降低带的寿命，且包角减小，传动能力降低。

设计 V 带传动时，推荐按下式初定中心距 a_0：

$$0.7(d_{d1}+d_{d2})\leqslant a_0\leqslant 2(d_{d1}+d_{d2}) \tag{8-13}$$

由带传动的几何关系可得带的基准长度计算公式：

$$L_{d0}=2a_0+\frac{\pi}{2}(d_{d1}+d_{d2})+\frac{(d_{d2}+d_{d1})^2}{4a_0} \tag{8-14}$$

根据带基准长度的计算值 L_{d0}，查表 8-8 选取与之相近的基准长度 L_d。

实际中心距可用下式近似计算，即：

$$a \approx a_0 + \frac{L_d - L_{d0}}{2} \tag{8-15}$$

考虑安装及补偿初拉力的要求，中心距的变动范围为：

$$a_{min} = a - 0.015L_d$$
$$a_{max} = a + 0.03L_d$$

（6）验算小带轮包角 α

小带轮上包角 α_1 应满足：

$$\alpha_1 = 180° - \frac{d_{d2} - d_{d1}}{a} \times 57.3° \geqslant 120° \tag{8-16}$$

（7）确定带的根数 z

$$z \geqslant \frac{P_c}{[P_0]} = \frac{P_c}{(P_0 + \Delta P_0)K_\alpha K_L} \tag{8-17}$$

带的根数应取整数。为使各带受力均匀，带的根数 z 不宜过多，一般 $z < 10$。

（8）计算初拉力 F_0

适当的初拉力 F_0 是保证带传动正常工作的重要因素。F_0 过小，摩擦力小，容易打滑。F_0 过大，不仅使轴及轴承受力过大，并使带的寿命降低。

通常单根 V 带的初拉力可按下式计算：

$$F_0 = \frac{500P_c}{zv}\left(\frac{2.5}{K_\alpha} - 1\right) + mv^2 \tag{8-18}$$

（9）计算带对轴的压力 F_Q

为了设计支承带轮的轴和轴承，需先计算带作用于轴上的压力 F_Q。F_Q 可按图 8-11，用下式计算：

$$F_Q = 2zF_0 \sin\frac{\alpha_1}{2} \tag{8-19}$$

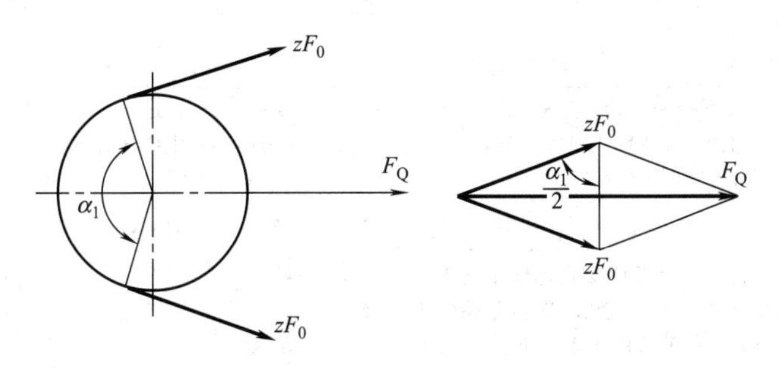

图 8-11　带对轴的压力

（10）带轮的结构设计

带轮的结构设计包括：根据带轮的基准直径选择结构形式；根据带的型号确定轮槽尺寸，根据经验公式确定辐板、轮毂等结构尺寸；绘制带轮工作图，并标注技术要求等。

【例 8-1】 设计某铣床电动机与变速箱的普通 V 带传动。已知所需电动机输出功率为 $P = 3.8$kW（电动机额定功率 $P = 4$kW），主动轮转速 $n_1 = 1440$r/min，从动轮转速 $n_2 = 400$r/min，要求中心距约为 450mm，两班制工作，载荷变动较小。

【解】 设计计算过程列于表 8-12。

表 8-12 设计计算过程

设计项目	计 算 内 容	计算结果
1. 计算功率 P_c	由表 8-9 查得，$K_A=1.2$，由式(8-15)得 $P_c=K_AP=1.2\times3.8=4.56\text{kW}$	$K_A=1.2$ $P_c=4.56\text{kW}$
2. 选择 V 带型号	根据 $P_c=4.56\text{kW}$，$n_1=1440\text{r/min}$，由图 8-10 确定为 A 型 V 带	A 型
3. 确定带轮基准直径	由表 8-10、表 8-11 选带轮基准直径，小带轮 $d_{d1}=100\text{mm}$；大带轮 $d_{d2}=\frac{n_1}{n_2}d_{d1}=\frac{1440}{400}\times100=360\text{mm}$ 按表 8-11 将 d_{d2} 取标准为 355mm，则实际从动轮转速 $n_2=n_1\frac{d_{d1}}{d_{d2}}=1440\times\frac{100}{355}\text{r/min}=405.6\text{r/min}$ 转速误差为[(405.6－400)/400]×100%＝1.4%＜5%，允许	$d_{d1}=100\text{mm}$ $d_{d2}=355\text{mm}$ 转速误差＜5% 允许
4. 验算带速 v	由式(8-12)得 $v=\frac{\pi d_{d1}n_1}{60\times1000}=\frac{\pi\times100\times1440}{60\times1000}=7.54\text{m/s}$	$v=7.54\text{m/s}$ v 在 5～25m/s 之间 合适
5. 初定中心距 a_0	由式(8-13) $0.7(d_{d1}+d_{d2})\leqslant a_0\leqslant2(d_{d1}+d_{d2})$ 得 $318.5\text{mm}\leqslant a_0\leqslant910\text{mm}$ 根据已知条件取中心距 $a_0=450\text{mm}$	$a_0=450\text{mm}$
6. 初算带长 L_{d0}	由式(8-14)得 $L_{d0}=2a_0+\frac{\pi}{2}(d_{d1}+d_{d2})+\frac{(d_{d2}-d_{d1})^2}{4a_0}$ $=2\times450+\frac{\pi}{2}(100+355)+\frac{(355-100)^2}{4\times450}=1650\text{mm}$ 由表 8-8 查得相近的基准长度 $L_d=1600\text{mm}$	$L_d=1600\text{mm}$
7. 计算中心距 a	按式(8-15)计算实际中心距 a $a\approx a_0+\frac{L_d-L_{d0}}{2}=450+\frac{1600-1650}{2}=425\text{mm}$ $a_{\min}=a-0.015L_d=425-0.015\times1600=401\text{mm}$ $a_{\max}=a+0.03L_d=425+0.03\times1600=473\text{mm}$	$a=425\text{mm}$ $a_{\min}=401\text{mm}$ $a_{\max}=473\text{mm}$
8. 验算小带轮的包角 α_1	$\alpha_1=180°-\frac{d_{d2}-d_{d1}}{a}\times57.3°=180°-\frac{355-100}{425}\times57.3°=145.6°$ 包角 $\alpha_1=145.6°>120°$	$\alpha_1=145.6°>120°$ 合适
9. 确定带的根数 z	按 A 型带和 d_{d1} 查表 8-5 得 $n_1=1200\text{r/min}$ 与 $n_1=1460\text{r/min}$ 时，P_0 的值分别为 1.14kW 与 1.32kW，故当 $n_1=1440\text{r/min}$ 时，可用插值法求得单根 V 带的基本额定功率 $P_0=1.14+\left(\frac{1.32-1.14}{1460-1200}\right)\times(1440-1200)=1.31\text{kW}$ 查表 8-6，用插值法求得增量功率 $\Delta P_0=0.168\text{kW}$ 查表 8-7，用插值法求得包角系数 $K_\alpha=0.91$ 查表 8-8 带长修正系数 $K_L=0.99$ 由式(8-17)得 $z\geqslant\frac{P_c}{(P_0+\Delta P_0)K_\alpha K_L}=\frac{4.56}{(1.31+0.168)\times0.91\times0.99}=3.4$ 取 $z=4$	$P_0=1.31\text{ kW}$ $\Delta P_0=0.168\text{ kW}$ $K_\alpha=0.91$ $K_L=0.99$ 取 $z=4$
10. 单根 V 带初拉力 F_0	由式(8-18)得 $F_0=\frac{500P_c}{zv}\left(\frac{2.5}{K_\alpha}-1\right)+mv^2=\frac{500\times4.56}{4\times7.54}\left(\frac{2.5}{0.91}-1\right)+0.1\times7.54^2=138\text{N}$ 式中 m 由表 8-2 查得，$m=0.11\text{kg/m}$	$F_0=138\text{N}$
11. 作用在轴的力 F_Q	由式(8-19)得 $F_Q=2zF_0\sin\frac{\alpha_1}{2}=2\times4\times138\sin\frac{145.6°}{2}=1055\text{N}$	$F_Q=1055\text{N}$
12. 带轮的零件图	根据以上确定的尺寸，绘制出从动带轮的零件图	见图 8-12

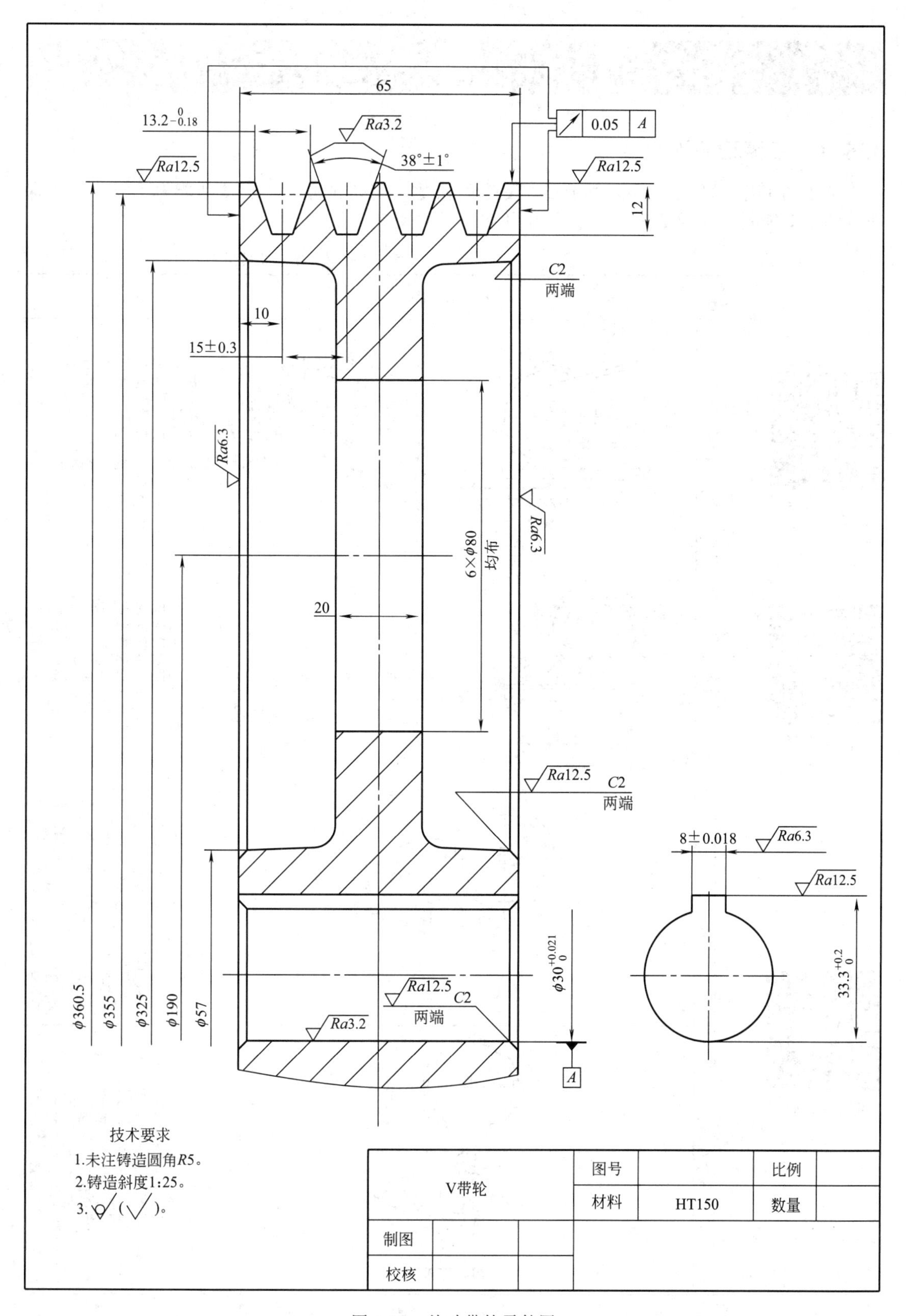

图 8-12　从动带轮零件图

8.5 带传动的张紧、安装与维护

8.5.1 带传动的张紧

带传动工作一段时间后会由于塑性变形而松弛，使初拉力减小、传动能力下降。为了保证带的传动能力，必须重新张紧。常用的张紧装置见表 8-13。

定期张紧

自动张紧

用张紧轮张紧

表 8-13　常用的张紧装置

张紧方式		示意图	说明
调整轴的位置张紧	定期张紧	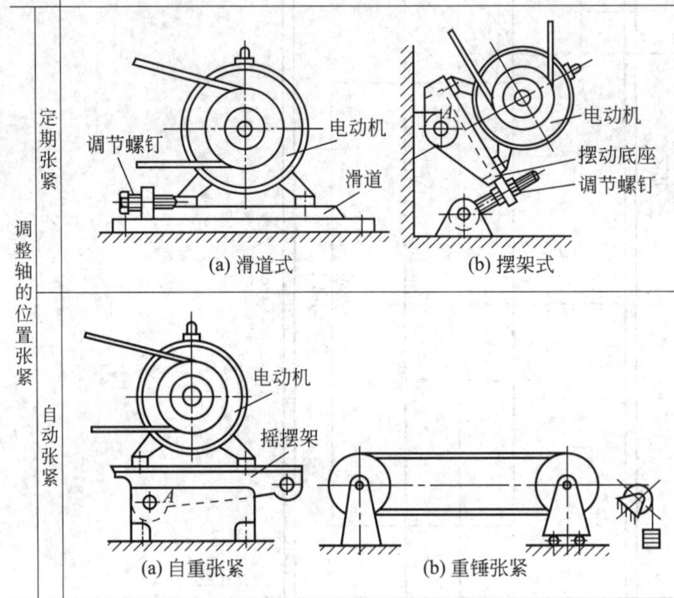 (a) 滑道式　(b) 摆架式	如图(a)所示，将装有带轮的电动机装在滑道上，旋转调节螺钉以增大或减小中心距，从而达到张紧或松开的目的 图(b)所示为把电动机装在一摆动底座上，通过调节螺钉调节中心距达到张紧的目的
	自动张紧	(a) 自重张紧　(b) 重锤张紧	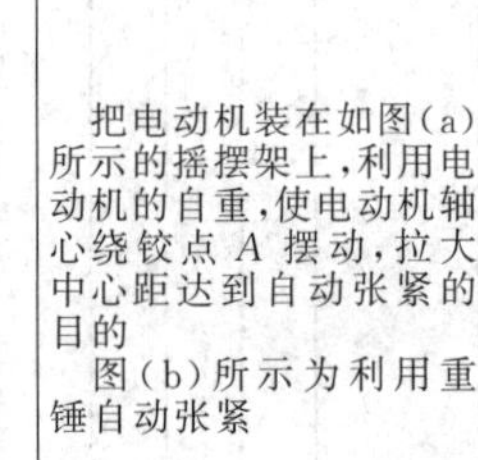把电动机装在如图(a)所示的摇摆架上，利用电动机的自重，使电动机轴心绕铰点 A 摆动，拉大中心距达到自动张紧的目的 图(b)所示为利用重锤自动张紧
用张紧轮张紧	定期张紧	张紧轮	如图所示为定期张紧装置，定期调整张紧轮的位置可达到张紧的目的 V带和同步带张紧时，张紧轮一般放在带的松边内侧并应尽量靠近大带轮一边，这样可使带只受单向弯曲，且小带轮的包角不致过分减小。若张紧轮放在外侧(中心距小或传动比大，需要增加小带轮包角时)，则张紧轮应放在松边靠近小带轮处
	自动张紧	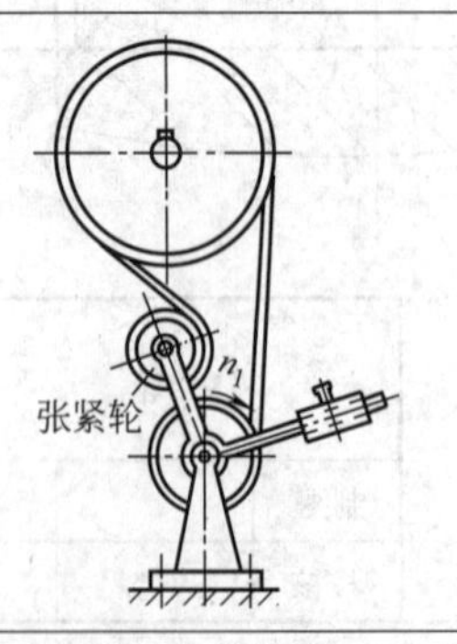	如图所示为摆锤式自动张紧装置，依靠摆捶重力可使张紧轮自动张紧 平带传动时，张紧轮一般应放在松边外侧，并要靠近小带轮处，这样小带轮包角可以增大，提高了平带的传动能力
改变带长		对有接头的平带，常定期截短带长，使带张紧，截去长度 $\Delta L=0.01L_d$	

8.5.2　带传动的安装与维护

正确的安装和维护是保证带传动正常工作、延长胶带使用寿命的有效措施，一般应注意以下几点。

① 选用 V 带时要注意型号和长度，型号要和带轮轮槽尺寸相符合。新旧不同的 V 带不能同时使用。

② 传动带不宜与酸、碱或矿物油等介质接触，工作温度不宜超过 60℃，应避免日光暴晒。

③ 安装 V 带时，两轴线应平行，两轮相对应轮槽的中心线应重合，以防带侧面磨损加剧；应按规定的初拉力张紧。也可凭经验，对于中心距不太大的带传动，带的张紧程度以手按下 15mm 为宜。水平安装应保证带的松边在上，紧边在下，以增大包角。

④ 带传动装置必须安装安全防护罩。这样既可以防止伤人，又可以防止灰尘、油及其他杂物粘到带上影响传动。

⑤ 装拆时不能硬撬，应先缩短中心距后再装拆胶带。装好后再调到合适的张紧程度。

⑥ 带轮在轴端应有固定装置，以防带轮脱轴。

8-1　摩擦带传动的主要特点是什么？

8-2　摩擦带传动按胶带截面形状分有哪几种？各有什么特点？为什么传递动力多采用 V 带传动？按国家标准规定，普通 V 带横截面尺寸有哪几种？

8-3　带传动的主要失效形式有哪些？设计计算准则是什么？

8-4　带传动工作时，带截面上产生哪些应力？应力沿带全长是如何分布的？最大应力在何处？

8-5　带传动的弹性滑动和打滑是怎样产生的？两者有何区别？它们对传动有何影响？是否可以避免？

8-6　设计 V 带传动时，如果根数过多，应如何处理？什么是带轮包角？包角的大小对带传动能力有何影响？若小轮包角过小，可通过什么措施增大？

8-7　带传动张紧的目的是什么？张紧轮应安放在松边还是紧边上？内张紧轮应靠近大带轮还是小带轮？外张紧轮又该怎样？分析说明两种张紧方式的利弊。

8-8　一普通 V 带传动，已知带为 A 型，两个 V 带轮的基准直径分别为 100mm 和 250mm，初定 $a_0=400$mm，试求带的基准长度和实际中心距。

8-9　已知 V 带传动的主动轮直径 $d_{d1}=100$mm，转速 $n_1=1450$r/min，从动轮直径 $d_{d2}=400$mm，采用两根（A1800）V 带传动，三班制工作，载荷较平稳，试求该传动所能传递的功率以及对轴的压力。

8-10　某 V 带传动传递的功率 $P=5.5$kW，带速 $v=10$m/s，紧边拉力 F_1 是松边拉力 F_2 的 2 倍，求该带传动的有效拉力及紧边拉力 F_1。

8-11　已知普通 V 带传动的 $n_1=1450$r/min，$n_2=400$r/min，$d_{d1}=180$mm，中心距 $a=1600$mm，使用两根 B 型普通 V 带，载荷变动小，两班制工作，试求该传动所能传递的功率 P_d。

8-12　实践题：有一带式输送装置，其电动机与齿轮减速器之间用普通 V 带传动。已知电动机型号为 Y160M-6，额定功率 $P=7.5$kW，转速 $n_1=970$r/min，减速器输入轴转速 $n_2=330$r/min，允许误差为±5%，每天工作 16h，试设计此带传动。

8-13　实践题：试设计一液体搅拌机用的 V 带传动。已知所需电动机输出功率 $P=3.2$kW，小带轮转速 $n_1=960$r/min，大带轮转速 $n_2=290$r/min，两班制工作，要求中心距不超过 600mm。

本章重点口诀

皮带传动经常见，多靠摩擦来传动，
角标符号传动比，主动转速比从动，
转速直径成反比，计算应用要牢记，
平带圆带同步带，应用较多是V带，
普通V带有七种，最大E型最小Y，
V带结构有两种，分别帘布与线绳，
选用参数有要求，小轮直径中心距，
带长带速和包角，传动能力为多大，
带的功率表中查，经验数据很有用，
参数选定算根数，选定结构带轮画。

本章知识小结

1. 带传动的分类
   - 摩擦式
     - 平带传动
     - V带传动
     - 多楔带传动
     - 圆带传动
   - 啮合式
     - 同步齿形带传动
     - 齿孔带传动

2. 普通V带结构
   - 包布层
   - 拉伸层
   - 强力层
     - 帘布结构
     - 线绳结构

3. 普通V带型号——Y、Z、A、B、C、D、E

4. V带轮
   - 实心轮
   - 辐板轮
   - 孔板轮
   - 椭圆辐轮

5. 带传动应力
   - 拉应力
     - 紧边拉力
     - 松边拉力
   - 离心应力
   - 弯曲应力

6. 带传动的滑动
   - 弹性滑动（相对滑动）——客观存在
   - 打滑（全面滑动）——失效形式

7. 带传动的设计要求
   - 转速误差 $<5\%$
   - 速度 $v=5\sim25\text{m/s}$
   - 包角 $\alpha>120°$
   - 皮带根数 $z<10$

8. 带传动的张紧
   - 调整轴的位置
     - 定期张紧
     - 自动张紧
   - 用张紧轮
     - 定期张紧
     - 自动张紧

※第9章 链传动

9.1 链传动特点及应用

链传动由装在平行轴上的主、从动链轮和绕在链轮上的环形链条组成（图 9-1），以链作中间挠性件，靠链条的链节与链轮轮齿的啮合来传递运动和动力。

（1）链传动的特点

① 与带传动相比，链传动没有弹性滑动和打滑，能保持准确的平均传动比。

② 需要的张紧力小，作用在轴上的压力也小，可减少轴承的摩擦损失。

③ 结构紧凑；能在温度较高、有油污等恶劣环境条件下工作。

④ 与齿轮传动相比，链传动的制造和安装精度要求较低。

⑤ 中心距较大时其传动结构简单。

⑥ 瞬时链速和瞬时传动比不是常数，因此传动平稳性较差，工作中有一定的冲击和噪声。

（2）应用

广泛应用于矿山机械、农业机械、石油机械、机床及摩托车中。

（3）工作范围

通常，链传动的传动比 $i \leqslant 8$；中心距 $a \leqslant 5 \sim 6\text{m}$；传递功率 $P \leqslant 100\text{kW}$；圆周速度 $v \leqslant 15\text{m/s}$；传动效率为0.95～0.98。

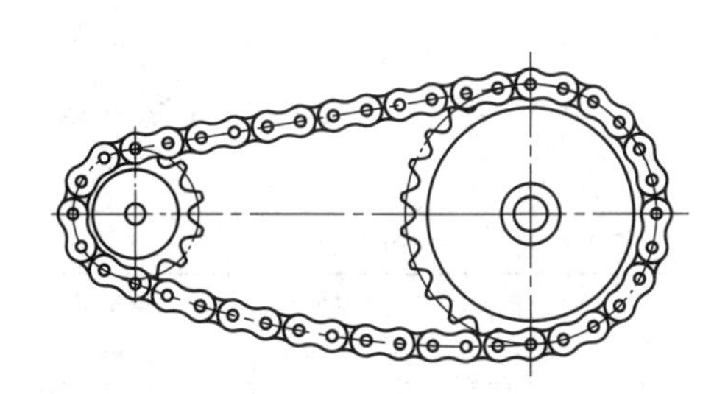

图 9-1　链传动简图

图 9-2　乐乐宝贝（04 号机）

链传动

图 9-2 所示为湖南铁路科技职业技术学院机械侠协会制作的第五代机器人——乐乐宝贝（04 号机），其中应用到了链传动。该作品参加过大学生机械创新设计与制作大赛并获奖。

9.2 链　　条

9.2.1 链条的种类

按用途不同链条可分为传动链、起重链和牵引链。用于传递动力用的链条，按结构的不同主要有滚子链和齿形链两种。齿形链是由许多齿形链板用铰链联接而成，它运转平稳，噪声小，但重量大，成本较高，多用于高速传动，链速可达 40m/s。

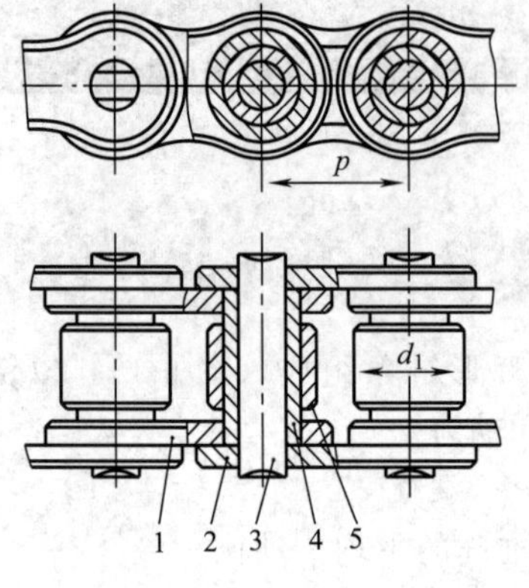

图 9-3　滚子链的结构

滚子链由内链板 1、外链板 2、销轴 3、套筒 4 和滚子 5 所组成，也称套筒滚子链（图 9-3）。其中内链板紧压在套筒两端，销轴与外链板铆牢，分别称为内、外链节。内、外链节构成一个铰链。滚子与套筒、套筒与销轴均为间隙配合。

当链条啮入和啮出时，内、外链节作相对转动；同时，滚子沿链轮轮齿滚动，可减少链条与轮齿的磨损。内、外链板均制成“8”字形，以减轻重量并保持链板各横截面的强度大致相等。

链条的各零件由碳素钢或合金钢制成，并经热处理，以提高其强度和耐磨性。

滚子链上相邻两滚子中心的距离称为链的节距，以 p 表示，它是链条的主要参数。节距越大，链条各零件的尺寸越大，所能传递的功率也越大。

滚子链有单排链、双排链、多排链。多排链的承载能力与排数成正比，但由于精度的影响，各排的载荷不易均匀，故排数不宜过多，一般不超过 4 排。

9.2.2 滚子链基本参数和尺寸

(1) 滚子链的标记

滚子链的标记为：

链号-排数×整链链节数　标准编号

例如：08A-1×88　GB 1243.1—2006

表示：A 系列、节距 12.7mm、单排、88 节的滚子链。

(2) A 系列滚子链的基本参数和尺寸

滚子链已标准化，分为 A、B 两种系列，常用的是 A 系列。表 9-1 列出几种 A 系列滚子链的主要参数和尺寸。

表 9-1　几种 A 系列滚子链的基本参数和尺寸（GB 1243.1—2006）

链号	节距 p/mm	排距 p_t /mm	滚子外径 d_r /mm	内链节内宽 b_1/mm	销轴直径 d_2 /mm	内链板高度 h_2/mm	极限拉伸载荷 F_Q/kN	每米质量 q /(kg/m)
08A	12.70	14.38	7.95	7.85	3.96	12.07	13.8	0.60
10 A	15.875	18.11	10.16	9.40	5.08	15.09	21.8	1.00
12 A	19.05	22.78	11.91	12.57	5.94	18.08	31.1	1.50
16 A	25.40	29.29	15.88	15.57	7.92	24.13	55.6	2.60
20 A	31.75	35.76	19.05	18.90	9.53	30.18	86.7	3.80

续表

链号	节距 p/mm	排距 p_t /mm	滚子外径 d_r /mm	内链节内宽 b_1/mm	销轴直径 d_2 /mm	内链板高度 h_2/mm	极限拉伸载荷 F_Q/kN	每米质量 q /(kg/m)
24 A	38.10	45.44	22.23	25.22	11.10	36.20	124.6	5.60
28 A	44.45	48.87	25.40	25.22	12.70	42.24	169	7.50
32 A	50.80	58.55	28.58	31.55	14.27	48.26	222.4	10.10
40 A	63.50	71.55	39.68	37.85	19.84	60.33	347	16.10
48 A	76.20	87.83	47.63	47.35	23.80	72.39	500.4	22.60

注：1. 表中的极限拉伸载荷 F_Q为单排链的值，多排链时乘以排数。

2. 使用过渡链时，其极限拉伸载荷 F_Q 按表列数值的 80%计算。

3. 套筒与销轴之间的最小间隙应保证为 0.5mm。

9.3 滚子链链轮

相对于标准化的滚子链，其链轮的齿形也是标准化的。对于链轮设计主要是确定结构尺寸、材料等。

（1）齿形

对链轮齿形的要求是应能平稳而自由地进入和退出啮合，受力良好，因磨损而节距增大时不易脱链，并便于加工制造。标准 GB/T 1243—2006 规定的齿形有双圆弧齿形和三圆弧一直线齿形两种，可以使用标准刀具切制。滚子链链轮轴向齿形如图 9-4 所示。

① 节圆（分度圆）直径：包围在链轮上后，滚子中心所在的圆。其直径为：

$$d=\frac{p}{\sin(180°/z)} \tag{9-1}$$

② 齿顶圆直径：

$$d_a=p\left(0.54+\cot\frac{180°}{z}\right) \tag{9-2}$$

③ 齿根圆直径：

$$d_f=d-d_r \tag{9-3}$$

对于标准齿形，图纸上不画齿形，只需要在图纸上注明：节距 p，滚子外径 d_r，齿数 z，节圆直径 d 及顶圆直径 d_a、根圆直径 d_f，注明按 GB/T 1243—2006 制造即可。

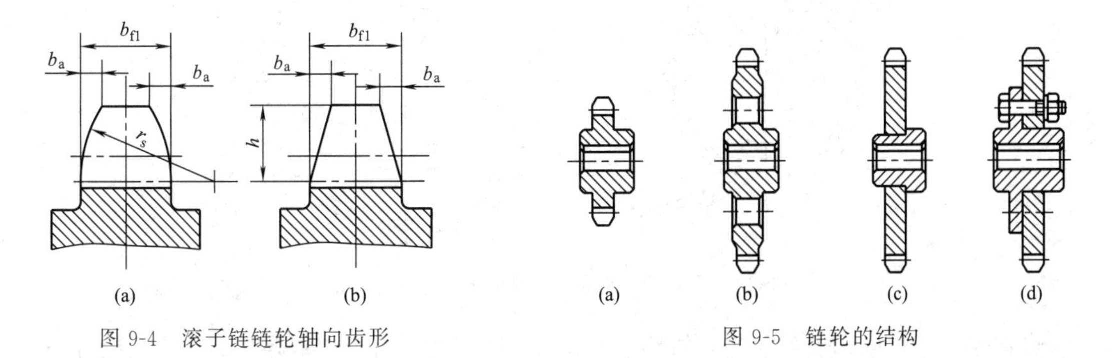

图 9-4　滚子链链轮轴向齿形　　　　图 9-5　链轮的结构

相关尺寸计算公式可参考机械设计手册。链轮的轴向齿廓也是标准化的，在设计时可参考机械设计手册。

（2）链轮的结构

链轮的结构有实心式、孔板式、组合式(图 9-5) 等几种。

(3) 材料

常用碳钢或铸铁，重要的链轮用合金钢。

链轮齿面基本上都要采取热处理，以提高轮齿的接触强度和耐磨性。同时，由于小链轮轮齿的工作次数比大链轮多，所以材料要好。

9.4 链传动的运动分析和受力分析

为了便于对链传动的运动状况进行定性分析，忽略链及其他元件的柔性及制造误差等因素来分析链传动的平均传动比和瞬时传动比。

9.4.1 平均传动比

在工作时，传动链绕在链轮上，由于啮合作用，啮合区段的链条将曲折成正多边形的一部分，多边形的边长等于节距 p，边数等于链轮齿数 z。所以，当链轮转过一周，随之转过的链长为 zp，故链条的平均速度为：

$$v=\frac{z_1 n_1 p}{60\times1000}=\frac{z_2 n_2 p}{60\times1000}(\mathrm{m/s}) \tag{9-4}$$

所以，链传动的平均传动比为：

$$i=\frac{n_1}{n_2}=\frac{z_2}{z_1} \tag{9-5}$$

实际上，由于多边形产生的影响，即使主动轮以等角速度 ω_1 转动，链速和瞬时传动比也是不断地作周期性变化的。

9.4.2 瞬时链速和传动比

设主动链轮的节圆半径为 R_1，并以等角速度 ω_1 转动。此时，链轮节圆的圆周速度为 $R_1\omega_1$，位于主动链轮节圆的链条铰链（紧边）的速度为 $R_1\omega_1$，即图 9-6 中的 A 点，亦即 $v_A=R_1\omega_1$。

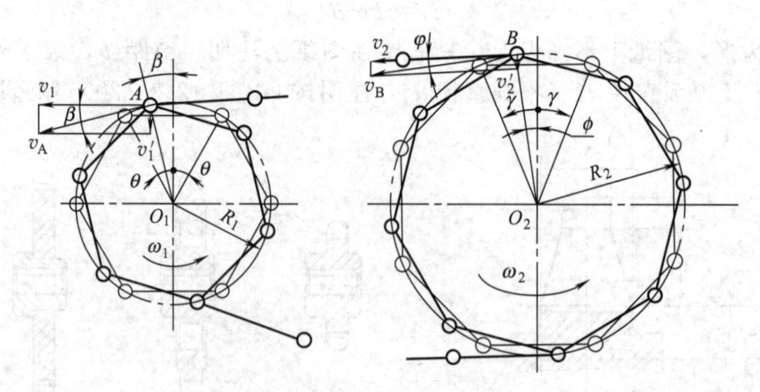

图 9-6 链传动速度分析

设在啮合过程中，链条前进方向并不始终与节圆相切，由于铰链存在，造成在铰链处弯折。将 v_A 沿链条前进方向和垂直方向进行分解：

前进方向 $v_1=v_A\cos\beta=R_1\omega_1\cos\beta$

垂直方向 $v'_1=v_A\sin\beta=R_1\omega_1\sin\beta$

而链条的每一链节所对应的中心角为 $2\theta=360°/z$，因而每一链节从开始啮合到下一链节进入啮合为止，β 角将在 $\pm180°/z$ 的范围内变化。当 $\beta=\pm180°/z_1$ 时，有 $v_{\min}=R_1\omega_1\cos(180°/z_1)$；$\beta=0$ 时，有 $v_{\max}=R_1\omega_1$。

由此可见：链轮每转过一个齿，链节速度都经历了由小变大、再到小的变化过程。显然 z 越小，变化幅度也越大。同时，由于 v'_1 的存在，造成链条的上下抖动。

由图 9-7 可知，从动轮上链条每一链节对应的中心角为 2γ（$360°/z_2$），所以 φ 也在 $\pm\gamma$ 内变动，从而：

$$\omega_2=\frac{v_B}{R_2}=\frac{v_1}{R_2\cos\varphi}=\frac{R_1\omega_1\cos\beta}{R_2\cos\varphi} \tag{9-6}$$

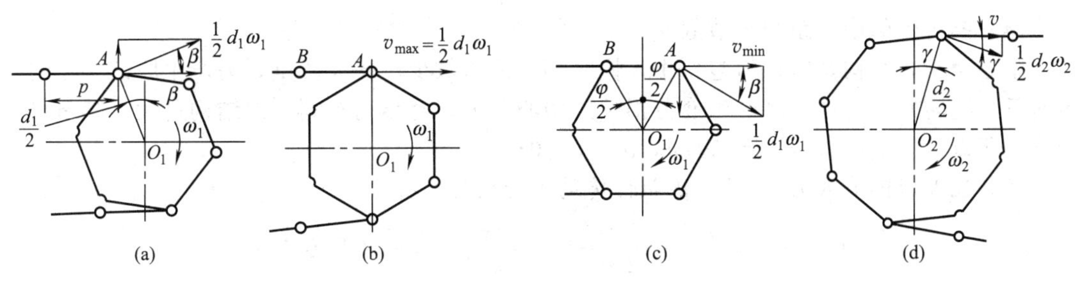

图 9-7　链传动的运动分析

所以

$$i_{12}=\frac{\omega_1}{\omega_2}=\frac{R_2\cos\varphi}{R_1\cos\beta} \tag{9-7}$$

由于 φ 和 β 并不时时相等，所以 i_{12} 也是变化的。链传动的这种不均匀性称为多边形效应。

9.5 链传动的主要参数以及链传动的布置

9.5.1 链传动的主要参数及选择

（1）链轮齿数

由运动分析知道，为了使传动平稳，z_1 应选大些。但 z_1 增加将导致 z_2 增加，会直接导致链传动的总体尺寸和重量增大。

随着运动的进行，链条和链轮都会产生磨损，由于链条的磨损，其节距 p 也将变长，从而导致链轮节圆增大，向齿顶移动。外移量为：

$$\Delta d=\Delta p/\sin\frac{180°}{z}$$

由此可知，当 Δp 一定时，齿数 z 增加，Δd 也将增加，就容易产生跳齿和脱链（图9-8）。

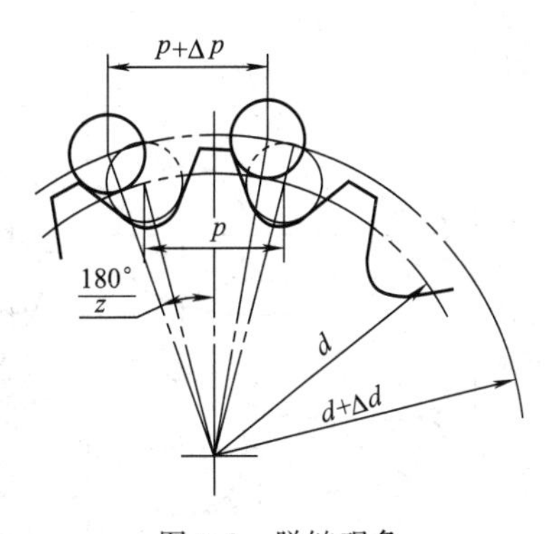

图 9-8　脱链现象

显然，以上两方面是一对矛盾。人们根据实践总结出了两方面相对都满足的齿数选择范围，有关内容可参考机械设计手册。对于大轮，按 $z_2=iz_1$ 选择，一般 $z_2\leqslant120$。

链条长度以链节数来表示。链节数最好取为偶数，以便链条联成环形时正好是外链板与内链板相接，接头处可用弹簧夹或开口销锁紧。若链节数为奇数时，则需采用过渡链节。在链条受拉时，过渡链节还要承受附加的弯曲载荷，通常应避免采用。

同时，由于选择链条时，其链节一般取为偶数，所以 z 最好选择奇数，可以使磨损均匀。

（2）传动比及传动链的极限速度

一般限制传动比 $i\leqslant6$，推荐 $i\leqslant2\sim3.5$。当低速时，i 可大些。一般要求链速 $v\leqslant12\sim15\text{m/s}$，以控制链传动噪声。

（3）链的节距

链条节距越大，链条与链轮尺寸则越大，承载能力越高。但传动速度的不均匀性、动载荷和噪声也随之增大。在满足承载能力条件下，应选择小节距，尤其是高速重载时，宜优选小节距多排链。

（4）链传动的中心距和链节数

中心距小，结构紧凑；但包角小，同时啮合的齿数少，磨损严重，易产生脱链。在同一转速下，绕转次数增加，易产生疲劳损坏。中心距大，对传动有利；但结构过大，链条抖动加剧。所以，一般取 $a=(30\sim50)p$，$a_{\max}=80p$。

链条长度以链节数 L_p 表示，仿照带传动求带长公式有：

$$L_p=\frac{L}{p}\approx\frac{2a}{p}+\frac{z_1+z_2}{2}+\left(\frac{z_2-z_1}{2\pi}\right)^2\times\frac{p}{a}\ \text{（需要圆整）} \tag{9-8}$$

链节数最好取偶数。然后据此可以求得实际中心距：

$$a\approx\frac{p}{4}\left[\left(L_p-\frac{z_1+z_2}{2}\right)+\sqrt{\left(L_p-\frac{z_1+z_2}{2}\right)^2-8\left(\frac{z_2-z_1}{2\pi}\right)^2}\right] \tag{9-9}$$

一般情况下，中心距应设计成可调节的。若不能调节时，应将中心距在计算的基础上减小 2～5mm。

（5）链传动作用在轴上的压力

一般取压轴力为：

$$Q_s\approx1.2F \tag{9-10}$$

式中　F——链条拉力，即圆周力。

9.5.2 链传动的布置

链传动的布置是否合理，对传动的工作能力及使用寿命都有较大的影响。布置时，链传动的两轴线应平行，两链轮应位于同一平面内；一般宜采用水平或接近水平的布置，并使松边在下。具体的安排可以参考表 9-2。

表 9-2　链传动的布置

传动参数	$i>2$　$a=(30\sim50)p$（i 与 a 均较佳）	$i>2$　$a<30p$（i 大、a 小）	$i<1.5$　$a>60p$（i 小、a 大）	i、a 为任意值（垂直传动）
正确布置	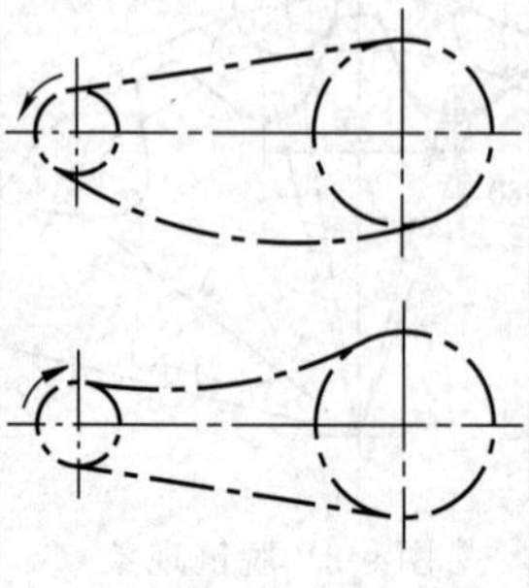	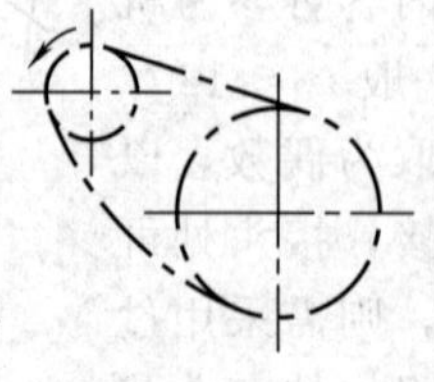	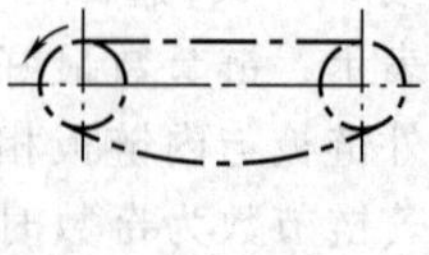	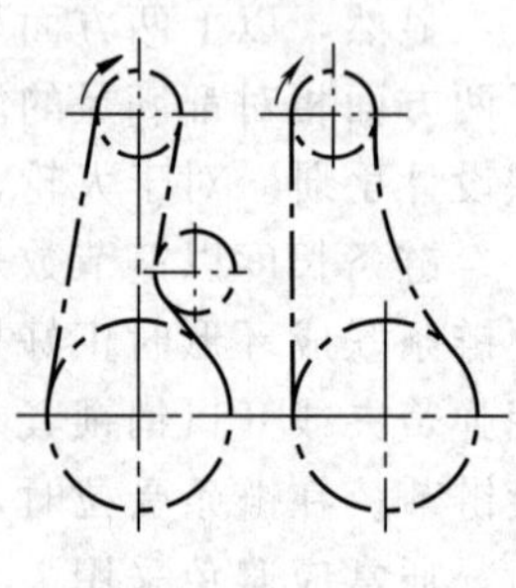

续表

传动参数	$i>2$　$a=(30\sim50)p$ （i 与 a 均较佳）	$i>2$　$a<30p$ （i 大、a 小）	$i<1.5$　$a>60p$ （i 小、a 大）	i、a 为任意值 （垂直传动）
说明	两轮轴线在同一水平面，紧边在上、下均不影响工作	两轮轴线不在同一水平面，松边应在下面，否则松边下垂量增大后，链条易与链轮卡死	两轮轴线在同一水平面，松边应在下面，否则下垂量增大后，松边会与紧边相碰，需经常调整中心距	两轮轴线在同一铅垂面内，下垂量增大会减少下面链轮有效啮合齿数，降低传动能力，为此，应采取以下措施：中心距可调；设张紧装置；上、下两轮错开，使两轮轴线不在同一铅垂面内

9-1　链传动与带传动相比有哪些优缺点？

9-2　链传动的应用一般有哪些范围？

9-3　链条有哪几种类型？

9-4　滚子链由哪些部分组成？说明滚子链的标记方法。

9-5　链轮的结构有几种？

9-6　什么是多边形效应？它是怎么产生的？

9-7　试述链传动的正确布置方法。

本章重点口诀

链条结构有两种，滚子链与齿形链，
链条类型按用途，传动起重与牵引，
链轮结构有三种，整体孔板与组合，
链轮设计有重点，结构尺寸与材料。

本章知识小结

1. 链传动的类型
   - 传动链
   - 起重链
   - 牵引链
2. 滚子链的组成
   - 内链板
   - 外链板
   - 销轴
   - 套筒
   - 滚子
3. 链轮的结构
   - 实心式
   - 孔板式
   - 组合式

第10章 齿轮传动

10.1 齿轮传动的特点及类型

10.1.1 齿轮传动的特点

齿轮传动是指主、从动齿轮轮齿依次相互啮合，传递运动和动力的装置。与其他机械传动相比，其主要特点有：

① 能保证瞬时传动比恒定，平稳性高，传递运动准确可靠；

② 传递的功率和速度范围较大；

③ 传动效率高，使用寿命长；

④ 结构紧凑、工作可靠；

⑤ 可实现平行轴、任意角相交轴或交错轴之间的传动；

⑥ 要求较高的制造和安装精度、成本较高；

⑦ 需要专用的齿轮加工设备；

⑧ 不适宜远距离两轴间的传动。

10.1.2 齿轮传动的分类与应用

按照两齿轮轴线的相对位置和齿向不同分类如下。

（1）平面齿轮传动　包括直齿圆柱齿轮传动、斜齿圆柱齿轮传动和人字齿轮传动，分别如图 10-1(a)、图 10-1(d)、图 10-1(e) 所示。直齿圆柱齿轮传动又可分为外啮合、内啮合、齿轮齿条啮合，分别如图 10-1(a)、图 10-1(b)、图 10-1(c) 所示。

图 10-1　齿轮传动的类型

（2）空间齿轮传动　包括两轴相交的齿轮传动，如直齿圆锥齿轮传动，如图10-1(f) 所示；两轴交错的齿轮传动，如交错轴斜齿轮传动，如图10-1(g) 所示。

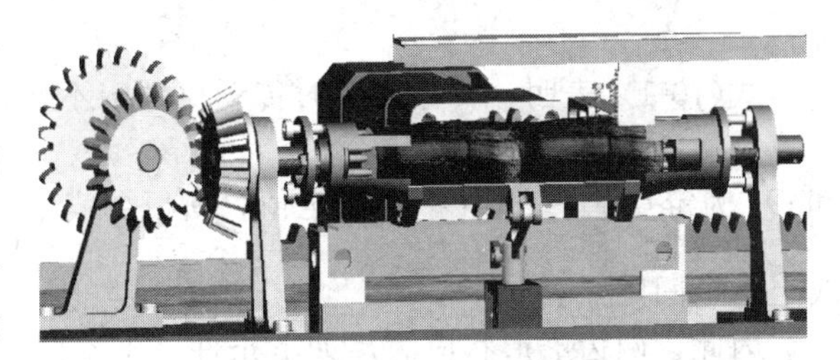

图10-2　甘蔗切断削皮机

按照工作条件的不同，可分为闭式齿轮传动（封闭在箱体内，能保证良好润滑的齿轮传动）和开式齿轮传动（传动外露在空间，不能保证良好润滑的齿轮传动）两种。

按照齿轮的齿廓曲线不同，可分为渐开线齿轮传动、摆线齿轮传动和圆弧齿轮传动等。

齿轮传动是现代机械中应用最广泛的传动形式之一。由湖南铁路科技职业技术学院机械侠协会设计制作的甘蔗切断削皮机如图10-2所示，参加过大学生机械创新设计与制作大赛并获奖。该作品应用的机构比较多，其中应用了圆锥齿轮传动与齿轮齿条传动。

10.1.3　齿轮传动的基本要求

从传递运动和动力两方面来考虑，齿轮传动应满足以下两个基本要求。

（1）传动要平稳　要求齿轮在传动过程中瞬时传动比恒定，这样可以保持传动的平稳性，避免或减少传动中的噪声、冲击和振动。

（2）承载能力强　要求能传递较大的动力，具有足够的承载能力和使用寿命。

10.2 齿廓啮合基本定律

对齿轮传动的基本要求之一，就是保证瞬时传动比 $i(i=\omega_1/\omega_2)$ 等于一个恒定不变的值，即主动轮匀角速度转动时，从动轮必须匀角速度转动。否则，由于从动轮角速度的变化，将产生惯性力。这种惯性力不仅影响齿轮的强度和寿命，而且还会引起机器的振动和噪声，影响其工作精度。

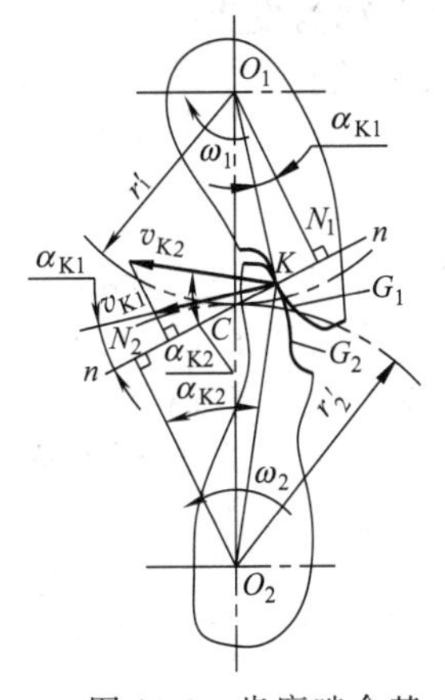

图10-3　齿廓啮合基本定律示意图

要保证瞬时传动比恒定不变，轮齿的齿廓形状就必须符合一定的要求，如图10-3所示为两啮合齿轮的齿廓 G_1 和 G_2 在任意点 K 接触。设主动轮以角速度 ω_1 顺时针转动，推动从动轮以角速度 ω_2 逆时针转动。两齿廓上 K 点的速度分别为：

$$v_{K1}=\overline{O_1K}\omega_1 \tag{a}$$

$$v_{K2}=\overline{O_2K}\omega_2$$

过 K 点作两齿廓的公法线 nn，与两齿轮的中心连线交于 C 点。过 O_1、O_2 分别作 nn 的垂线 O_1N_1 和 O_2N_2。设 $\angle N_1O_1K=\alpha_{K1}$、$\angle N_2O_2K=\alpha_{K2}$。

欲使两齿廓不产生卡死或离开现象，则 v_{K1} 和 v_{K2} 在公法线 nn 上的分速度必须相等，即：

$$v_{K1}\cos\alpha_{K1}=v_{K2}\cos\alpha_{K2} \tag{b}$$

依式(a)、(b) 和图10-3可得：

$$\frac{\omega_1}{\omega_2}=\frac{\overline{O_2K}\cos\alpha_{K2}}{\overline{O_1K}\cos\alpha_{K1}}=\frac{\overline{O_2N_2}}{\overline{O_1N_1}} \tag{c}$$

又因 $\triangle O_1N_1C \backsim \triangle O_2N_2C$，则：

$$i=\frac{\omega_1}{\omega_2}=\frac{\overline{O_2N_2}}{\overline{O_1N_1}}=\frac{\overline{O_2C}}{\overline{O_1C}} \tag{10-1}$$

式(10-1) 表明，要保证瞬时传动比恒定不变，则比值$\frac{\overline{O_2C}}{\overline{O_1C}}$应为常数。由于两轮中心 O_1 和 O_2 为定点，中心距$\overline{O_1O_2}$为定值，所以要满足$\frac{\overline{O_2C}}{\overline{O_1C}}$=常数的要求，就必须使 C 点为连心线上一个固定点。

因此，两齿廓形状应满足如下条件：不论两齿廓在任何位置接触，过接触点所作齿廓的公法线都必须与连心线交于一个定点 C。这就是齿廓啮合基本定律。

上述定点 C 称为节点，以 O_1 和 O_2 为圆心，过节点 C 所作的两个相切圆称为节圆。由式(10-1) 可知，两个节圆的圆周速度相等（$v_C=\overline{O_1C}\omega_1=\overline{O_2C}\omega_2$），说明一对齿轮传动时，两节圆之间作纯滚动。

应当指出，一对齿轮啮合时，才有节点和节圆，单个齿轮不存在节点和节圆。

能满足齿廓啮合基本定律的一对齿廓称为共轭齿廓，理论上共轭齿廓是很多的。共轭齿廓就是指连续接触，实现一定运动规律相配的一对齿廓。但是为了满足强度高、磨损小、寿命长及制造、安装方便等要求，机械传动中通常采用的齿廓曲线为渐开线齿廓、摆线齿廓和圆弧齿廓等，其中最常用的是渐开线齿廓。

10.3 渐开线齿形

10.3.1 渐开线的形成

如图 10-4 所示，当直线Ⅱ-Ⅱ沿半径为 r_b 的圆作纯滚动时，此直线上任意一点 K 的轨迹 AK 称为该圆的渐开线。该圆称为基圆，其半径用 r_b 表示，直线Ⅱ-Ⅱ称为发生线。

以同一基圆上产生的两条相反的渐开线为齿廓的齿轮，即为渐开线齿轮。

10.3.2 渐开线的性质

① 发生线Ⅱ-Ⅱ在基圆上滚过的线段长$\overline{NK}$等于基圆上被滚过的弧长 $\overset{\frown}{NA}$，即$\overline{NK}=\overset{\frown}{NA}$。

② 由于发生线沿基圆作纯滚动，所以 N 点为曲率中心，线段 NK 为渐开线上 K 点的曲率半径，也是渐开线上 K 点的法线。由此可知，渐开线上任意一点的法线必定与基圆相切。

③ 渐开线上各点的曲率半径不相等。如图 10-4 所示，K 点离基圆越远，其曲率半径 NK 越大，渐开线越趋于平直。反之，则曲率半径越小，渐开线越弯曲。

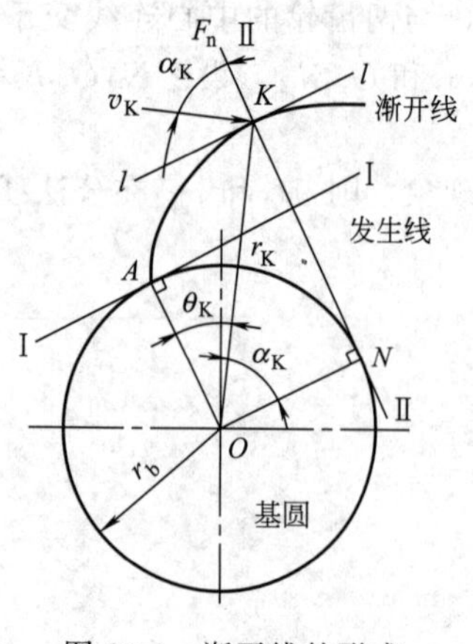

图 10-4　渐开线的形成

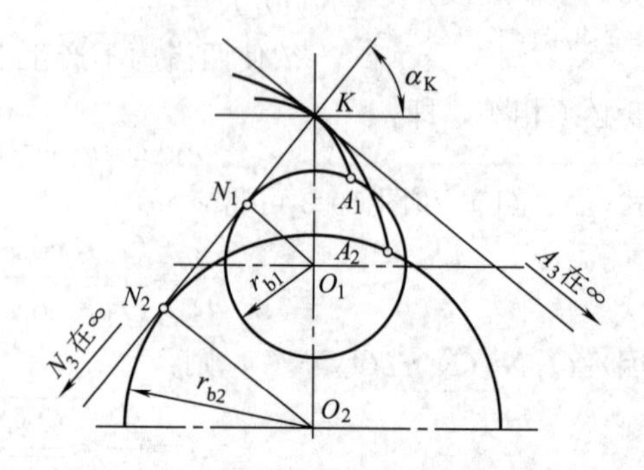

图 10-5　渐开线形状与基圆的关系

④ 渐开线的形状取决于基圆的大小。同一基圆上的渐开线形状完全相同。如图10-5所示，基圆越小，渐开线越弯曲；基圆越大，渐开线越平直，当基圆半径趋于无穷大时，渐开线是一条直线，此时，齿轮就变成了齿条。

⑤ 基圆内无渐开线。

⑥ 渐开线上各点压力角不相等，离基圆越远，压力角越大。

如图10-6所示，当渐开线上任意点K受到法向压力F_n（沿KN方向）作用，使渐开线连同基圆一起绕O点转动时，K点的速度v_K方向垂直于OK。K点受力的方向线与速度方向线间所夹的锐角α_K，称为该点的压力角，r_K为渐开线上K点的向径。

由图10-6可知：

$$\cos\alpha_K=\frac{r_b}{r_K} \tag{10-2}$$

式(10-2) 表示渐开线上各点压力角不等，r_K越大（即K点离轮心越远），其压力角越大。在渐开线的起始点（基圆上）压力角等于零。

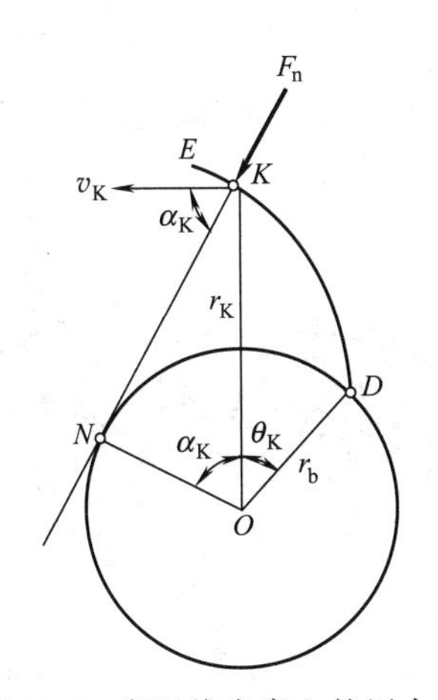

图10-6　渐开线齿廓上的压力角

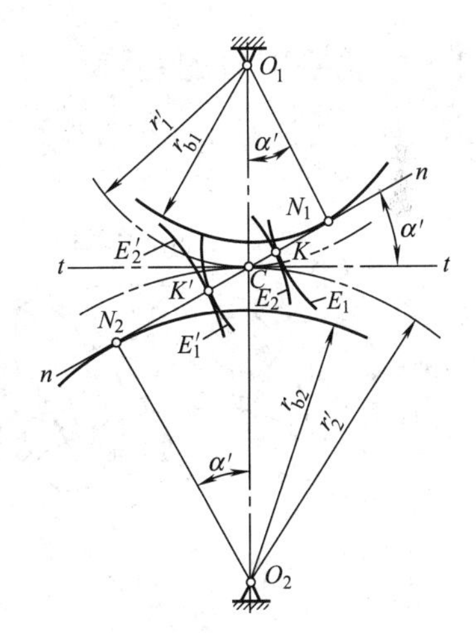

图10-7　渐开线齿廓啮合特点

10.3.3　渐开线齿轮啮合特点

(1) 保持恒定的传动比

图10-7所示为一对齿轮啮合。N_1N_2为两基圆的内公切线，与连心线O_1O_2交于C点。设某瞬时两轮齿在K点接触，K点称为啮合点。经Δt时间后，啮合点K移到K'。根据渐开线的性质，过K和K'点作两齿廓的公法线，必与N_1N_2重合。因此，渐开线齿廓啮合点始终是沿着两个基圆内公切线N_1N_2移动，N_1N_2就是啮合点K的移动轨迹，称为啮合线。啮合线总是通过连心线上的定点C，满足齿廓啮合基本定律。

分别以O_1、O_2为圆心，以$\overline{O_1C}$和$\overline{O_2C}$为半径作两齿轮的节圆，主动轮、从动轮节圆半径用r_1'和r_2'表示。因$\triangle N_1O_1C\backsim\triangle N_2O_2C$，故传动比为：

$$i=\frac{\omega_1}{\omega_2}=\frac{\overline{O_2C}}{\overline{O_1C}}=\frac{r_2'}{r_1'}=\frac{r_{b2}}{r_{b1}} \tag{10-3}$$

式(10-3) 表示渐开线齿轮的传动比为常数，其值等于两齿轮基圆半径的反比。

(2) 传动的可分离性

由于齿轮制造和安装的误差以及轴承磨损等原因，实际工作的齿轮中心距与设计中心距往往是不相等的，但由于渐开线齿轮的传动比等于两轮基圆半径的反比，齿轮制成后，基圆大小是不变的，所以，中心距变化了，传动比不变。这个性质称为渐开线齿轮传动的可分离性。可分离性是渐开线齿轮传动的独特优点，也是其得到广泛应用的原因之一。此外，根据渐开线齿轮的可分离性还可以设计变位齿轮。

(3) 传力方向不变

如图 10-7 所示，两轮基圆的内公切线 N_1N_2 是啮合线，即不同瞬时的所有啮合点都在 N_1N_2 线上，齿廓间作用力的方向线也与公法线 N_1N_2 重合，因此，渐开线齿轮的传力方向始终不变。这一特性有利于保持传动平稳，减小冲击。

如过节点 C 作两节圆的公切线 tt（图 10-7），它与啮合线 N_1N_2 所夹的锐角称为啮合角，用 α'表示。因啮合线为一条固定直线，故啮合角 α'为一常数。

10.4 渐开线直齿圆柱齿轮基本参数和几何尺寸计算

10.4.1 齿轮各部分的名称

图 10-8 所示为渐开线标准直齿圆柱齿轮的一部分，其各部分的名称与符号如下。

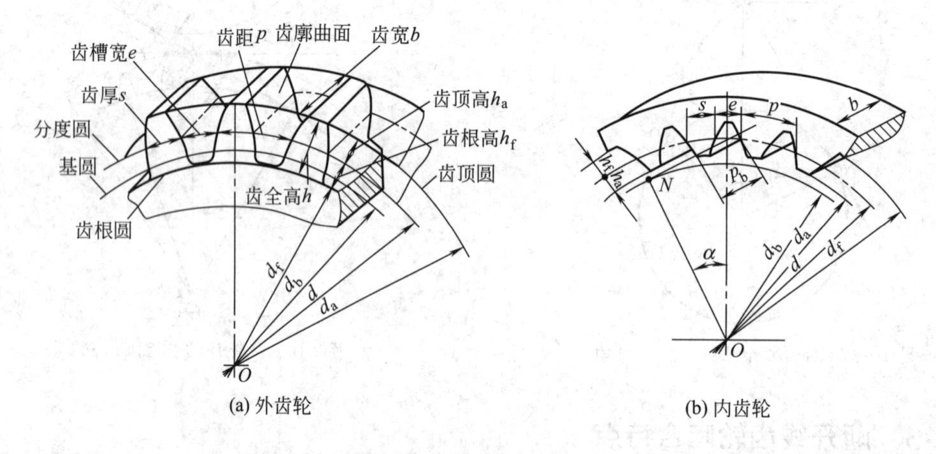

图 10-8　圆柱齿轮各部分的名称

(1) 齿顶圆

过齿轮齿顶所作的圆称为齿顶圆，其直径和半径分别以 d_a 和 r_a表示。

(2) 齿根圆

过齿轮齿根所作的圆称为齿根圆，其直径和半径分别以 d_f 和 r_f 表示。

(3) 齿槽宽、齿厚、齿距

齿轮上相邻轮齿之间的空间，称为齿槽。

在半径为 r_k 的任意圆周上，齿槽的两侧齿廓之间的弧长，称该圆周上的齿槽宽，以 e_k 表示；一个轮齿的两侧齿廓之间的弧长称为该圆周上的齿厚，以 s_k 表示；而相邻两轮齿同侧齿廓之间的弧长，称为该圆周上的齿距，以 p_k表示。显然：

$$s_k+e_k=p_k \tag{10-4}$$

(4) 分度圆

在齿轮上所选择的作为尺寸计算基准的圆称为分度圆，其直径和半径分别以 d 和 r 表示。对标准齿轮，分度圆上的齿厚与齿槽宽相等。该圆上的所有尺寸和参数符号都不带下标。显然：

$$s=e=\frac{p}{2} \tag{10-5}$$

(5) 齿顶高、齿根高、全齿高

齿顶圆与分度圆之间的径向距离称为齿顶高，以 h_a 表示；

齿根圆与分度圆之间的径向距离称为齿根高，以 h_f 表示；

齿顶圆与齿根圆之间的径向距离称为全齿高，以 h 表示。

显然：

$$h_a+h_f=h \tag{10-6}$$

(6) 基圆

形成渐开线齿轮齿廓的圆称为该齿轮的基圆，其直径和半径分别用 d_b 和 r_b 表示；基圆上的齿距称为基圆齿距，以 p_b 表示。

(7) 齿宽

齿轮的有齿部位沿分度圆柱面的直母线方向度量的宽度称为齿宽，以 b 表示。

10.4.2　渐开线直齿圆柱齿轮的基本参数

(1) 齿数 z

齿数的多少影响齿轮的几何尺寸，也影响齿廓曲线的形状。

(2) 模数 m

由齿距定义可知，分度圆的圆周长 $\pi d=zp$，由此可得：

$$d=\frac{pz}{\pi}$$

由于 π 为一无理数，为了便于设计、制造和测量，人为地把 p/π 规定为标准值，使其成为整数，称其为模数，用 m 表示，单位为mm，即：

$$m=\frac{p}{\pi} \tag{10-7}$$

于是得分度圆直径的计算公式为：

$$d=mz \tag{10-8}$$

模数直接影响齿轮的大小、轮齿齿形和齿轮的强度。对于相同齿数的齿轮，模数越大，齿轮的几何尺寸越大，轮齿越大，因此承载能力也越大。

我国规定的标准模数系列见表10-1。

表10-1　渐开线齿轮的模数（GB/T 1357—2008）

第一系列	1　1.25　1.5　2　2.5　3　4　5　6　8　10　12　16　20　25　32　40　50
第二系列	1.75　2.25　2.75　(3.25)　3.5　(3.75)　4.5　5.5　(6.5)　7　9　(11)　14　18　22　28　(30)　36　45

注：1. 选取时优先采用第一系列，括号内的模数尽可能不用。

2. 对斜齿轮，该表所示为法面模数。

(3) 压力角 α

由渐开线的性质可知，渐开线上任意点的压力角不相等，在标准齿轮齿廓上，通常所说的齿轮压力角，是指分度圆上的压力角，以 α 表示，并规定分度圆上的压力角为标准值。我国标准规定，分度圆上的压力角 $\alpha=20°$。

由此可将齿轮分度圆定义为：齿轮上具有标准模数和标准压力角的圆。

(4) 齿顶高系数 h_a^* 和顶隙系数 c^*

为了以模数 m 表示齿轮的几何尺寸，使齿形对称，规定齿顶高和齿根高分别为：

$$h_a = h_a^* m \tag{10-9}$$

$$h_f = (h_a^* + c^*)m \tag{10-10}$$

式中　h_a^*，c^*——齿顶高系数和顶隙系数，这两个参数已经标准化，其值见表 10-2。

表 10-2　齿顶高系数及顶隙系数

项　目	齿顶高系数 h_a^*	顶隙系数 c^*
正常齿	1	0.25
短　齿	0.8	0.3

$c^* m$ 称为顶隙，为一齿轮顶圆与另一齿轮根圆之间的径向距离。顶隙可防止一对齿轮在传动过程中一齿轮的齿顶与另一齿轮的齿根发生顶撞，并储存润滑油，有利于齿轮啮合传动。

若齿轮的模数、压力角、齿顶高系数、顶隙系数均为标准值，且分度圆上的齿厚与齿槽宽相等，称为标准齿轮。

10.4.3　标准直齿圆柱齿轮几何尺寸计算

一对正确啮合的标准齿轮，其模数相等，在分度圆上的齿厚和齿槽宽相等，即 $s_1 = e_1 = \pi m/2 = s_2 = e_2$。正确安装时认为没有齿侧间隙，因而分度圆与节圆重合（即两轮分度圆相切），啮合角与分度圆上的压力角相等，这样安装的一对标准齿轮的中心距称为标准中心距，以 a 表示，即：

$$a = r_1' + r_2' = r_1 + r_2 = \frac{m}{2}(z_1 + z_2) \tag{10-11}$$

应当指出，分度圆和压力角是单个齿轮所固有的，而节圆和啮合角是两个齿轮相互啮合时才出现的。标准齿轮只有在正确安装时，分度圆与节圆才重合，压力角与啮合角才相等；否则，分度圆与节圆不重合，压力角与啮合角不相等。

标准直齿圆柱齿轮的其他几何尺寸计算公式见表 10-3。

表 10-3　标准直齿圆柱齿轮几何尺寸计算公式（$h_a^* = 1$，$c^* = 0.25$）

名　称	外　齿　轮	内　齿　轮
分度圆直径 d	$d = mz$	$d = mz$
齿顶高 h_a	$h_a = h_a^* m$	$h_a = h_a^* m$
齿根高 h_f	$h_f = h_a + c = (h_a^* + c^*)m$	$h_f = h_a + c = (h_a^* + c^*)m$
顶隙 c	$c = c^* m$	$c = c^* m$
全齿高 h	$h = h_a + h_f = (2h_a^* + c^*)m$	$h = h_a + h_f = (2h_a^* + c^*)m$
齿顶圆直径 d_a	$d_a = d + 2h_a = m(z + 2h_a^*)$	$d_a = d - 2h_a = m(z - 2h_a^*)$
齿根圆直径 d_f	$d_f = d - 2h_f = m(z - 2h_a^* - 2c^*)$	$d_f = d + 2h_f = m(z + 2h_a^* + 2c^*)$
基圆直径 d_b	$d_b = mz\cos\alpha$	$d_b = mz\cos\alpha$
齿距 p	$p = \pi m$	$p = \pi m$
齿厚 s	$s = p/2 = \pi m/2$	$s = p/2 = \pi m/2$
齿槽宽 e	$e = p/2 = \pi m/2$	$e = p/2 = \pi m/2$

续表

名　称	外　齿　轮	内　齿　轮
标准中心距 a	外啮合齿轮传动：$a=m(z_1+z_2)/2$ 内啮合齿轮传动：$a=m(z_2-z_1)/2$	
传动比 i	$i=\frac{n_1}{n_2}=\frac{d_2}{d_1}=\frac{z_2}{z_1}$	

10.4.4 标准齿轮的公法线长度

在设计、制造和检验齿轮时，经常需要知道齿轮的齿厚（如控制齿侧间隙、控制进刀量和检验加工精度等），因无法直接测量齿厚，故常需测量齿轮的公法线长度。公法线长度是指齿轮卡尺跨过 k 个齿所量得的齿廓间的法向距离。

如图 10-9 所示，卡尺的卡脚与齿廓相切于 A、B 两点（图中卡脚跨 3 个齿），设跨齿数为 k，卡脚与齿廓切点 A、B 的距离即为所测得的公法线长度，用 W_k 表示。由图可知：

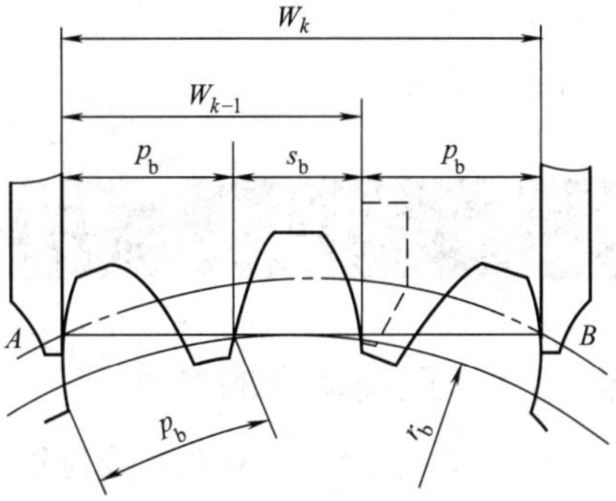

$$W_k=(k-1)p_b+s_b$$

经推导可得标准齿轮的公法线长度计算公式：

$$W_k=m\cos\alpha[(k-0.5)\pi+z(\tan\alpha-\alpha)]$$

图 10-9　齿轮公法线长度的测量

当 $\alpha=20°$时：

$$W_k=m[2.9521(k-0.5)+0.14z] \quad (10\text{-}12)$$

为保证测量准确，应使卡脚与齿廓分度圆附近相切。此时，跨齿数 k 由式(10-13) 确定：

$$k=\frac{z}{9}+0.5 \quad (10\text{-}13)$$

计算得到的跨齿数应圆整为整数。公法线长度 W_k 和跨齿数 k 也可以直接从机械设计手册中查得。

【例 10-1】 已知减速器中一对标准直齿圆柱齿轮，$z_1=20$，$z_2=32$，$m=10\text{mm}$，$\alpha=20°$，$h_a^*=1$，$c*=0.25$，试计算其分度圆、齿顶圆、齿根圆、基圆直径，分度圆齿厚、齿槽宽和中心距。

【解】 计算过程列于表 10-4 中。

表 10-4　计算过程

计算项目	计 算 内 容	计 算 结 果
1. 分度圆直径	$d_1=mz_1=10\times20=200\text{mm}$ $d_2=mz_2=10\times32=320\text{mm}$	$d_1=200\text{mm}$ $d_2=320\text{mm}$
2. 齿顶圆直径	$d_{a1}=d_1+2h_a=d_1+2h_a^*m=200+2\times1\times10=220\text{mm}$ $d_{a2}=d_2+2h_a=d_2+2h_a^*m=320+2\times1\times10=340\text{mm}$	$d_{a1}=220\text{mm}$ $d_{a2}=340\text{mm}$
3. 齿根圆直径	$d_{f1}=d_1-2h_f=m(z_1-2h_a^*-2c^*)=10\times(20-2\times1-2\times0.25)=175\text{mm}$ $d_{f2}=d_2-2h_f=m(z_2-2h_a^*-2c^*)=10\times(32-2\times1-2\times0.25)=295\text{mm}$	$d_{f1}=175\text{mm}$ $d_{f2}=295\text{mm}$
4. 基圆直径	$d_{b1}=d_1\cos\alpha=200\times\cos20°=200\times0.9397=187.94\text{mm}$ $d_{b2}=d_2\cos\alpha=320\times\cos20°=320\times0.9397=300.7\text{mm}$	$d_{b1}=187.94\text{mm}$ $d_{b2}=300.7\text{mm}$
5. 齿厚和齿槽宽	$s=e=\frac{p}{2}=\frac{\pi m}{2}=\frac{3.1416\times10}{2}=15.708\text{mm}$	$s=e=15.708\text{mm}$
6. 中心距	$a=\frac{d_1+d_2}{2}=\frac{200+320}{2}=260\text{mm}$	$a=260\text{mm}$

10.4.5 径节制齿轮简介

在一些使用英制单位的国家中，不用模数而用径节作为计算齿轮几何尺寸的基本参数。由 $\pi d = zp$ 知：

$$d=\frac{z}{\pi/p}=\frac{z}{P} \tag{10-14}$$

式中 $P=\pi/p$（1/in）称为径节，其值等于模数的倒数。

由于 1in=25.4mm，所以径节 P 与模数 m 的换算关系如下：

因
$$p=\pi m=\frac{\pi}{P}\times 25.4\text{mm}$$

故
$$m=\frac{25.4}{P}\text{mm} \tag{10-15}$$

10.5 渐开线标准齿轮的啮合传动

10.5.1 正确啮合的条件

图 10-10 表示了一对渐开线齿轮的啮合情况。各对轮齿的啮合点都落在两基圆的内公切线上，设相邻两对齿分别在 K 和 K' 点接触。若要保持正确的啮合关系，使两对齿传动时既不发生分离又不出现干涉，在啮合线上必须保证同侧齿廓法向齿距相等。根据渐开线形成原理可知，齿轮的法向齿距 p_n 等于基圆齿距 p_b，即：

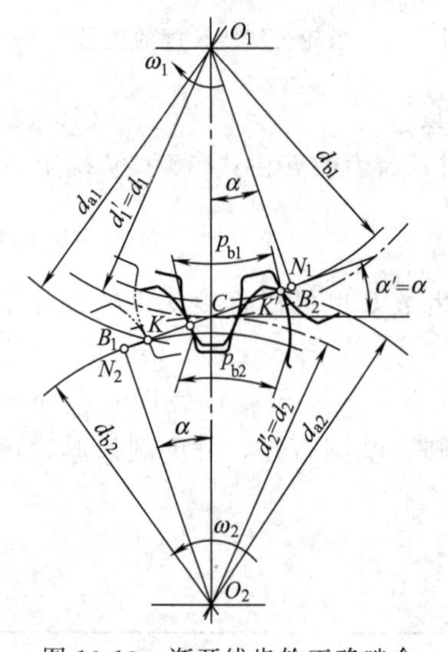

图 10-10 渐开线齿轮正确啮合

$$p_{b1}=p_{b2}$$

因
$$p_b=\frac{\pi d_b}{z}=\frac{\pi d}{z}\cos\alpha=\pi m\cos\alpha$$

故
$$m_1\cos\alpha_1=m_2\cos\alpha_2$$

由于模数和压力角均为标准值，所以要满足上式必有：

$$\begin{cases}m_1=m_2=m\\ \alpha_1=\alpha_2=\alpha\end{cases} \tag{10-16}$$

式(10-16) 表明，一对渐开线直齿圆柱齿轮的正确啮合条件为：两齿轮的模数和压力角必须分别相等。

这样，一对齿轮的传动比公式还可进一步表示为：

$$i_{12}=\frac{\omega_1}{\omega_2}=\frac{r_{b2}}{r_{b1}}=\frac{1/2d_2\cos\alpha}{1/2d_1\cos\alpha}=\frac{d_2}{d_1}=\frac{mz_2}{mz_1}=\frac{z_2}{z_1} \tag{10-17}$$

10.5.2 重合度

一对渐开线齿轮啮合过程中，要保证传动连续，必须在前一对轮齿尚未脱离啮合时，后一对轮齿就进入啮合。

如图 10-10 所示，主动轮的齿根推动从动轮的齿顶，起始点是从动轮齿顶圆与啮合线 N_1N_2的交点 B_2，而这对轮齿退出啮合时的终止点是主动轮齿顶圆与啮合线 N_1N_2交点 B_1，B_1B_2 为啮合点的实际轨迹线，称为实际啮合线。

要保证连续传动，必须在前一对齿转到 B_1 点前的 K 点（至少是 B_1 点）啮合时，后一

对齿已达 B_2 点进入啮合，即$\overline{B_1B_2} \geqslant \overline{B_2K}$。由渐开线的特性知，线段$\overline{B_2K}$等于渐开线基圆齿距 p_b。由此得：

$$\overline{B_1B_2} \geqslant p_b$$

将$\overline{B_1B_2}$与基圆齿距 p_b的比值定义为重合度，用 ε 表示。即：

$$\varepsilon = \frac{\overline{B_1B_2}}{p_b} > 1 \tag{10-18}$$

重合度 ε 越大，说明同时参加啮合的轮齿越多，传动越平稳。对于标准齿轮传动，其重合度 ε>1，故可保证连续传动。

10.6 渐开线齿轮的加工方法及根切现象

齿轮的加工方法很多，如切削加工、铸造、热轧及电加工等，切削加工方法应用最广。切削法按其原理又可分为仿形法和范成法两种。

10.6.1 仿形法

仿形法的原理是刀具的轴剖面刀刃形状和被切齿槽的形状完全相同。其刀具有盘状铣刀和指状铣刀等，如图 10-11 所示。

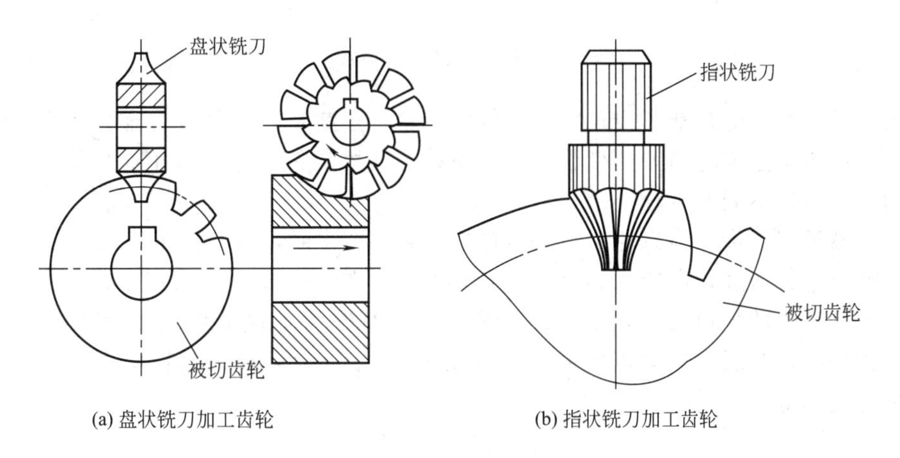

(a) 盘状铣刀加工齿轮　　(b) 指状铣刀加工齿轮

图 10-11　仿形法切齿

由于轮齿渐开线的形状是随基圆的大小不同而不同的，而基圆的半径 $r_b = r\cos\alpha = (mz/2)\cos\alpha$，所以当 m 及 α 一定时，渐开线齿廓的形状将随齿轮齿数变化而变化。那么，如果想要切出完全准确的齿廓，则在加工 m 与 α 相同、而 z 不同的齿轮时，每一种齿数的齿轮就需要一把铣刀。显然，这在实际中是做不到的。所以，在工程上加工同样 m 与 α 的齿轮时，根据齿数不同，一般备有 8 把或 15 把一套的铣刀，来满足加工不同齿数齿轮的需要。表10-5列出各号铣刀切削齿轮齿数的范围。

表 10-5　刀号及加工的齿数范围

刀号	1	2	3	4	5	6	7	8
轮齿数	12～13	14～16	17～20	21～25	26～34	35～54	55～134	≥135

每一号铣刀的齿形与其对应齿数范围中最少齿数的轮齿齿形相同。因此，用该号铣刀切

削同组其他齿数的齿轮时，其齿形均有误差。一般只能加工 9 级精度以下的齿轮。

10.6.2 范成法

范成法是利用一对齿轮传动时，其轮齿齿廓互为包络的原理来切削轮齿齿廓的。加工时刀具与齿坯的运动就像一对互相啮合的齿轮，最后刀具将齿坯切出渐开线齿廓。这种方法加工的齿轮不仅精度高，而且生产率也高。这种方法采用的刀具主要有以下三种。

(1) 齿轮插刀插齿　齿轮插刀的形状如图 10-12 所示，刀具顶部比正常轮齿高出 $c^* m$，以便切出齿轮的顶隙。插齿时，插刀沿轮坯轴线方向作往复切削运动，同时强迫插刀与轮坯以一定的角速比转动，直至切出全部齿廓。

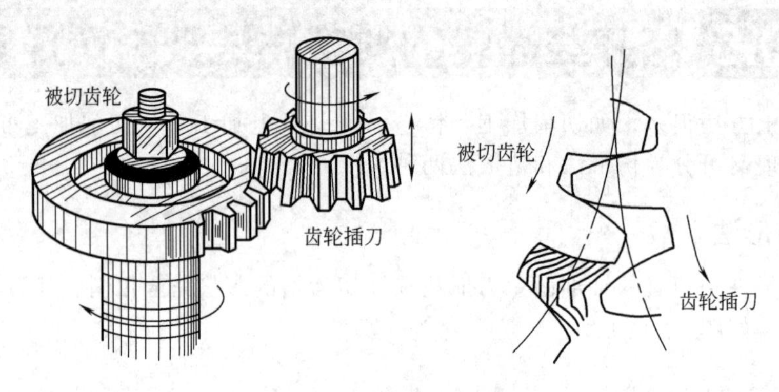

图 10-12　齿轮插刀插齿

因齿轮插刀的齿廓是渐开线，所以插制的齿轮也是渐开线。根据正确啮合条件，被切齿轮的模数和压力角必定与插刀的模数和压力角相等。故用同一把刀具可加工出具有相同模数和压力角、而齿数不同的齿轮。

(2) 齿条插刀插齿　当齿轮插刀的齿数增加到无穷多时，其基圆半径也增至无穷大，渐开线齿廓变成直线齿廓，齿轮插刀就变为齿条插刀。图 10-13 所示为齿条插刀的刀刃形状，其齿顶比传动齿条的齿顶高出 $c=c^* m$ 的距离，同样是为了保证切制出齿轮的顶隙。齿条插刀插制齿轮时，其展成运动相当于齿条与齿轮的啮合传动，插刀的移动速度与轮坯分度圆上的圆周速度相等。

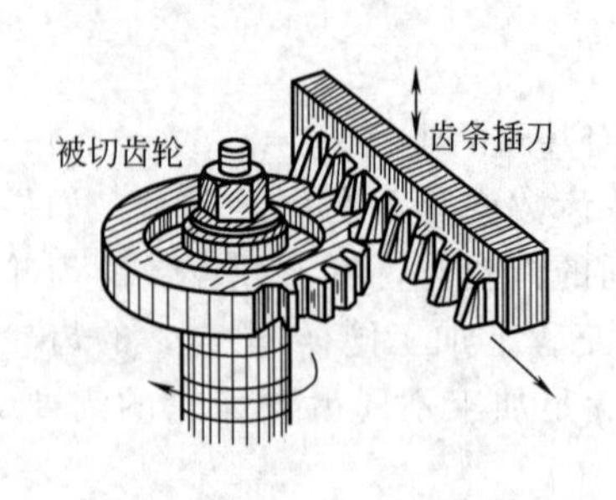

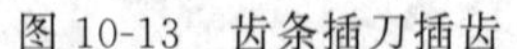

图 10-13　齿条插刀插齿

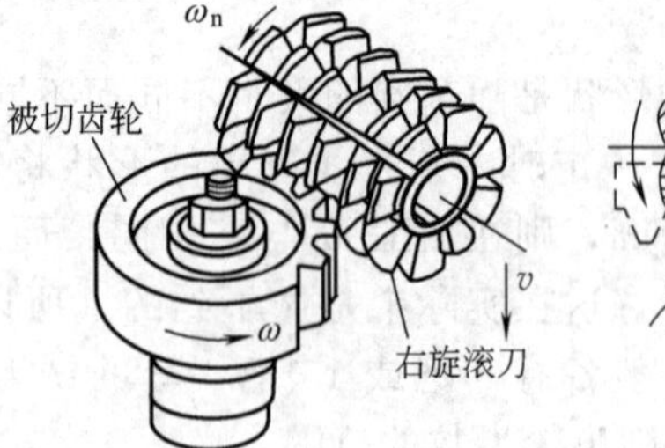

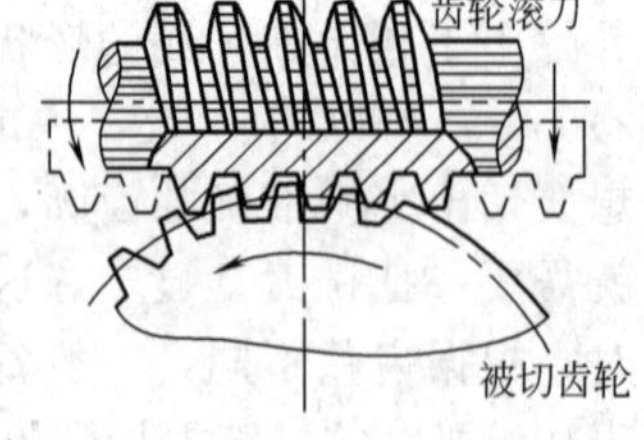

图 10-14　用滚刀加工轮齿

(3) 齿轮滚刀滚齿　上述两种刀具切削齿轮都属间断切削，生产率不是很高。图10-14 所示为齿轮滚刀切削齿轮轮坯的情形。滚刀形状很像螺旋，它的轴向截面为一齿条。当滚刀绕其轴线回转时，就相当于齿条在连续不断地移动。当滚刀和轮坯分别绕各自轴线转动时，便按展成原理切制出轮坯的渐开线齿廓。由于滚刀是连续切削，因此生产率高，是目前广泛采用的一种轮齿切削方法。

10.6.3　范成法加工时的根切现象

(1) 渐开线齿廓的根切

用范成法加工齿轮时，若被加工齿轮的齿数过少，刀具将与渐开线齿廓发生干涉，齿轮坯的渐开线齿廓根部将被刀具的齿顶切去一部分，如图10-15(a) 所示，这种现象称为根切。根切不仅使轮齿根部削弱，弯曲强度降低，而且使重合度减小，降低传动的平稳性，因此应设法避免。

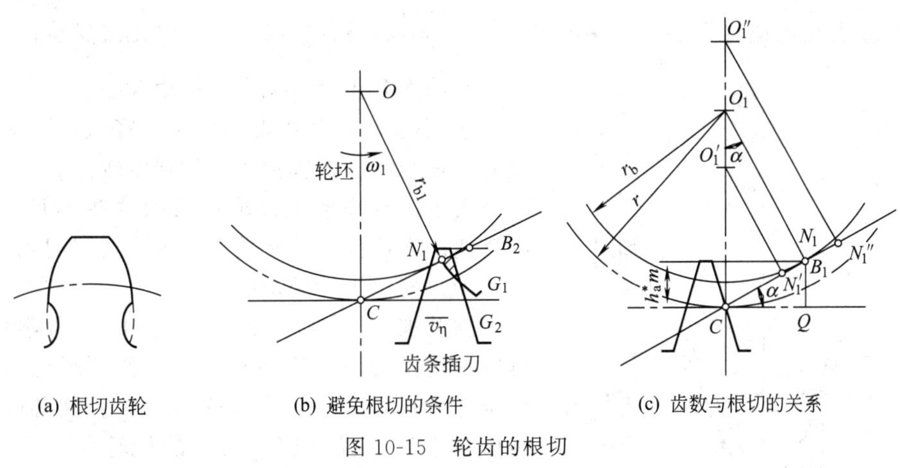

(a) 根切齿轮　(b) 避免根切的条件　(c) 齿数与根切的关系

图10-15　轮齿的根切

(2) 渐开线标准齿轮不发生根切的最少齿数 z_{min}

由图10-15(b) 可知，为避免根切现象，刀具的齿顶线与啮合线的交点 B_2 不得超过啮合极限点 N_1，即$\overline{CB_2}\leqslant\overline{CN_1}$。

图10-15(c) 所示为齿条刀具加工标准齿轮，由图可以分析齿轮齿数与根切的关系。当刀具模数一定时，刀具齿顶线的位置即固定。N_1 点的位置是由被切齿轮的基圆半径决定的。基圆半径越大，$\overline{CN_1}$越长，就越不容易发生根切。反之，基圆半径越小，$\overline{CN_1}$越短，就越容易发生根切。当模数 m 和压力角 α 一定时，基圆半径 r_b 与齿数 z 成正比，故齿数越少越易发生根切。由图10-15(c) 可导出不根切的最少齿数：

$$\overline{CB_2}=\frac{h_a^*m}{\sin\alpha}$$

$$\overline{CN_1}=r\sin\alpha=\frac{mz}{2}\sin\alpha$$

由不发生根切的条件$\overline{CB_2}\leqslant\overline{CN_1}$得：

$$\frac{h_a^*m}{\sin\alpha}\leqslant\frac{mz}{2}\sin\alpha$$

所以：

$$z\geqslant\frac{2h_a^*}{\sin^2\alpha}$$

上式表明，加工标准齿轮不发生根切的最少齿数 z_{min} 应为：

$$z_{min}=\frac{2h_a^*}{\sin^2\alpha} \tag{10-19}$$

对于正常齿制，$\alpha=20°$，$h_a^*=1$，$z_{min}=17$；对于短齿制，$\alpha=20°$，$h_a^*=0.8$，$z_{min}=14$。

10.7 变位齿轮传动的基本知识

10.7.1 变位齿轮的概念

(1) 标准齿轮的局限性

① 用范成法加工，当 $z<z_{min}$ 时，标准齿轮将发生根切。

② 标准齿轮不适合中心距 $a'\neq a=\dfrac{m(z_1+z_2)}{2}$ 的场合，当 $a'<a$ 时无法安装；当 $a'>a$ 时，侧隙大，重合度减小，平稳性差。

③ 小齿轮渐开线齿廓曲率半径较小，齿根厚度较薄，参与啮合的次数多，故强度较低。

为了改善和解决标准齿轮的这些不足，工程上广泛使用变位齿轮，有效地解决了这些问题。

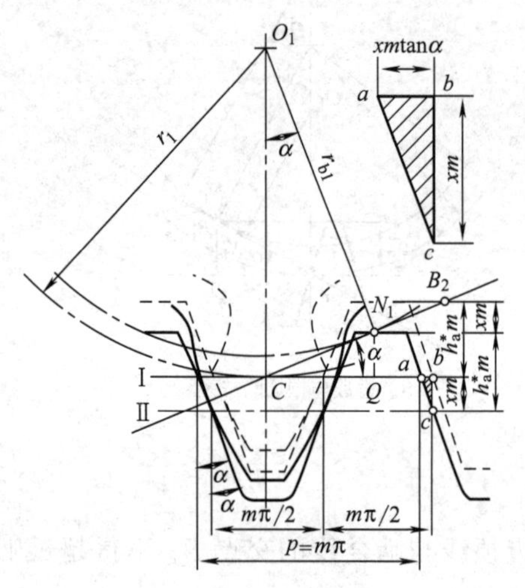

图 10-16 最小径向变位系数

(2) 变位齿轮的切制

当被加工齿轮齿数小于 z_{min} 时，为避免根切，可以采用将刀具移离齿坯，使刀具顶线低于极限啮合点 N_1 的办法来切齿（图 10-16）。这种改变刀具与齿坯相对位置后切制出来的齿轮称为变位齿轮。刀具移动的距离 xm 称为变位量，x 称为变位系数。刀具远离轮心的变位称为正变位，$x>0$；刀具移近轮心的变位称为负变位，$x<0$。

由于齿条在不同高度上的齿距 p 和压力角 α 都是相同的，所以无论齿条刀具外移还是内移，切制出来的变位齿轮的模数 m、压力角 α 都与齿条刀具中线上的相同，均为标准值。变位齿轮的分度圆直径（$d=mz$）、基圆直径（$d_b=mz\cos\alpha$）和标准齿轮也相同，也就是说变位齿轮和标准齿轮的齿廓为同一基圆上展出的渐开线，只是所截取的部位不同而已，如图 10-17 所示，所以变位齿轮仍然具有渐开线齿轮传动的优点。

10.7.2 最小变位系数

为使结构紧凑，有时需要小于 17 个齿而又不出现根切的齿轮。此时，可采用正变位齿轮，使刀具齿顶线刚好通过啮合极限点 N_1，这一段移动距离是刚好不发生根切的最小变位量 $x_{min}m$，x_{min} 称为最小变位系数。

由图 10-16 可知，不发生根切必须满足：

$$\overline{N_1Q}\geqslant h_a^*m-x_{min}m$$

即：

$$x_{min}m\geqslant h_a^*m-\overline{N_1Q}$$

因为：

$$\overline{N_1Q}=\overline{CN_1}\sin\alpha=\overline{O_1C}\sin^2\alpha=\frac{mz}{2}\sin^2\alpha$$

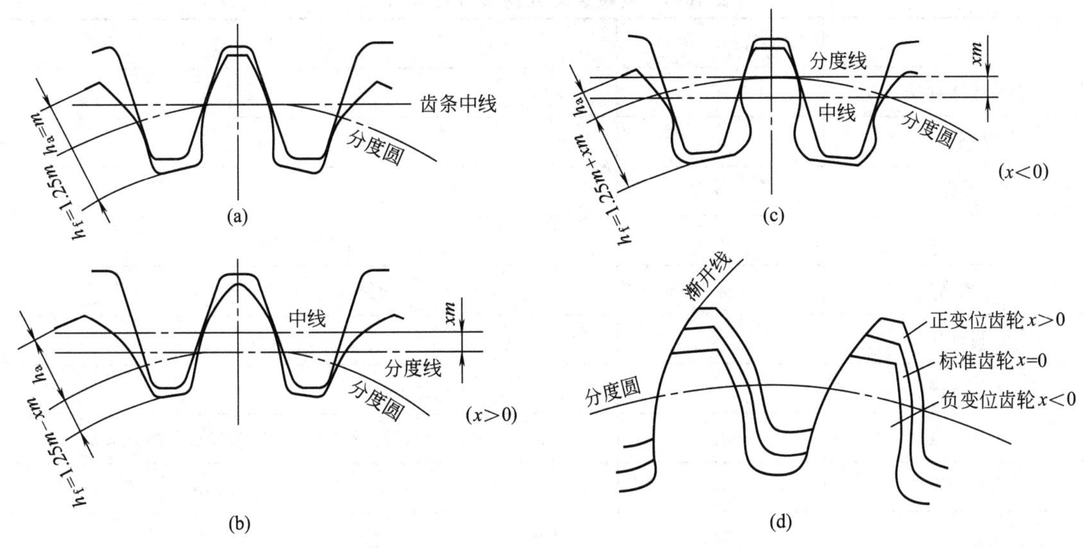

图 10-17　标准齿轮与变位齿轮的关系

又从式(10-19) 可知：

$$\frac{\sin^2\alpha}{2}=\frac{h_a^*}{z_{min}}$$

所以：

$$x_{min}\geqslant\frac{h_a^*(z_{min}-z)}{z_{min}} \tag{10-20}$$

$\alpha=20°$、$h_a^*=1$、$z_{min}=17$ 时：

$$x_{min}=\frac{17-z}{17}$$

当 $z<17$ 时，$x_{min}>0$，这说明为了避免根切，刀具应向远离轮心方向移动，移动最小距离为 $x_{min}m$，这时刀具的中线与被加工齿轮的分度圆相离 xm；当 $z>17$ 时，$x_{min}<0$，这说明加工时刀具向轮心方向移动一段距离也不会出现根切，移动最大距离为 $x_{min}m$，这时刀具的中线与被加工齿轮的分度圆相交 xm。

10.7.3　变位齿轮几何尺寸和传动类型

(1) 变位齿轮的几何尺寸

变位齿轮的齿数、模数、压力角都与标准齿轮相同，所以分度圆直径、基圆直径、齿距和齿高也都相同，但齿顶圆、齿根圆、齿顶高、齿根高、分度圆齿厚和齿槽宽均发生了变化。

如图 10-17 所示，对于正变位齿轮来说，齿顶圆、齿根圆和齿顶高加大，齿根高减小，分度圆齿厚增大，齿槽宽变小。具体计算公式见表 10-6。

(2) 变位齿轮传动的传动类型

齿轮传动的类型是按照相互啮合的两齿轮的变位系数和（x_1+x_2）的不同来划分的。当 $x_1+x_2=0$，且 $x_1=x_2=0$ 时为标准齿轮传动；否则为变位齿轮传动。

变位齿轮传动有等移距变位和不等距变位两大类。不等距变位又有正变位和负变位两种。变位齿轮的共同缺点是互换性差。

表 10-6　变位齿轮几何尺寸计算公式

名　称	符　号	计算公式
分度圆直径	d	$d=mz$
基圆直径	d_b	$d_b=mz\cos\alpha$
齿距	p	$p=\pi m$
基圆齿距	p_b	$p_b=\pi m\cos\alpha$
齿高	h	$h_a=(h_a^*+c^*)m$
齿顶高	h_a	$h_a=(h_a^*+x)m$
齿根高	h_f	$h_f=(h_a^*+c^*-x)m$
齿顶圆直径	d_a	$d_a=(z+2h_a^*+2x-2\sigma)m$　（σ 为齿顶高削减系数）
齿根圆直径	d_f	$d_f=(z-2h_a^*-2c^*+2x)m$
分度圆齿厚	s	$s=\frac{\pi m}{2}+2xm\tan\alpha$
分度圆齿槽宽	e	$e=\frac{\pi m}{2}-2xm\tan\alpha$

① 等移距变位　指 $x_1+x_2=0$，且 $x_1=-x_2$。两齿轮啮合时，中心距与未变位时相同。在一对大小齿轮传动中，通常小齿轮采用正变位，齿根变厚，强度和寿命提高，齿数虽少也可避免根切；大齿轮采用负变位，齿根强度有所减弱，但由于大齿轮强度较高，选择适当的径向变位系数后，可以使两个齿轮的强度和使用寿命接近。

② 不等距变位　指 $x_1+x_2\neq 0$ 的情况，具体又可分为以下两种。

a. 正传动　当 $x_1+x_2>0$ 称为正传动，可凑配任意中心距，结构紧凑，但必须成对设计，没有互换性。

b. 负传动　当 $x_1+x_2<0$ 称为负传动，可以配凑齿轮传动的中心距，缩小齿轮传动尺寸，但对齿轮强度和防止切齿干涉都不利。

10.8 齿轮传动的失效形式

常见的齿轮失效形式有轮齿折断和齿面损伤，齿面损伤可分为齿面点蚀、胶合、塑性变形和磨损等。

（1）轮齿折断

齿轮工作时，若危险截面的弯曲应力超过极限值，轮齿将发生折断。轮齿折断一般发生在根部。

使轮齿发生折断的原因有两种：一种是由于轮齿短时过载或冲击载荷而产生的过载折断；另一种是齿根处的交变弯曲应力超过了材料的极限应力时，齿根圆角处会产生疲劳裂纹（图 10-18），随着载荷的继续作用，裂纹不断扩展，最终导致弯曲疲劳断裂。

为防止轮齿折断，应尽量避免过载和冲击，并对齿轮进行弯曲疲劳强度计算。

（2）齿面点蚀

轮齿工作时，齿面接触应力是脉动循环变化的。当接触应力超过材料的疲劳极限时，轮齿表层出现裂纹，由于润滑油渗入裂纹并参与挤压，加速了裂纹的扩展，从而导致了轮齿表面的金属脱落而使齿面形成麻点状凹坑。这种现象称为点蚀，如图10-19(a)所示。点蚀绝大多数先发生在靠近节线处的齿根面上。

图10-18　齿根疲劳断裂

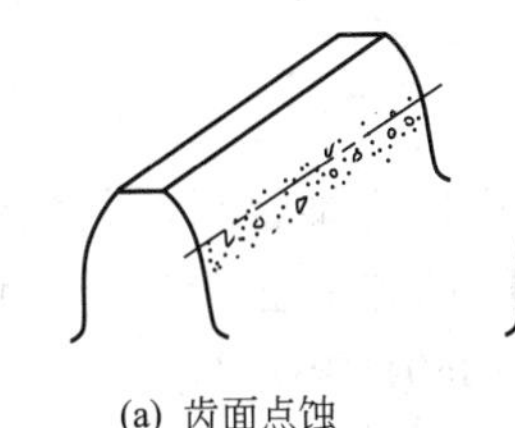

(a) 齿面点蚀

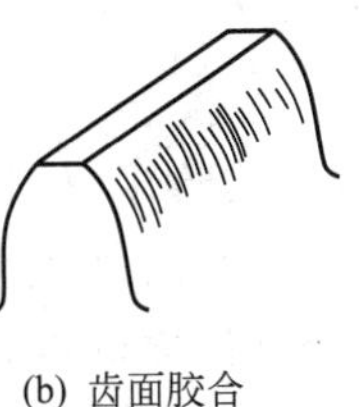

(b) 齿面胶合

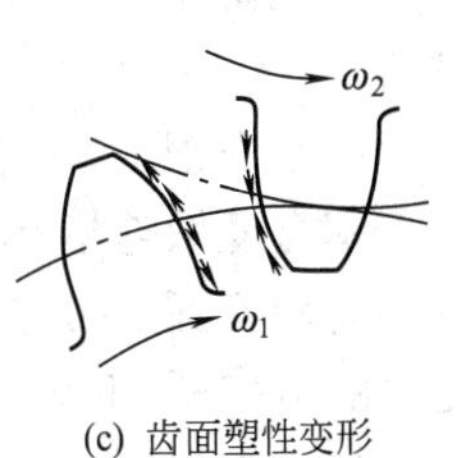

(c) 齿面塑性变形

图10-19　齿面失效形式

对于软齿面（齿面硬度≤350HBS）的闭式齿轮传动，齿轮的主要失效形式是齿面疲劳点蚀。而开式齿轮传动，由于磨损严重，点蚀还来不及出现或扩张，即被磨掉。所以一般看不到点蚀。

防止点蚀的措施可通过计算，使齿面产生的接触应力小于或等于许用应力。

(3) 齿面胶合

对于高速重载的齿轮传动，由于啮合区受到高压、高速滑动摩擦作用，瞬时产生很大的摩擦热，导致局部高温，油膜破裂，造成齿面金属直接接触并相互粘着。随着齿面的相对运动，金属被从齿面上撕落而引起粘着磨损，这种现象称为齿面胶合，如图10-19(b)所示。

为防止或减缓齿面胶合，可提高齿面硬度，降低齿面粗糙度，采用抗胶合能力强的润滑油等。

(4) 齿面塑性变形

在过大的载荷和摩擦力作用下，软齿面齿轮材料因屈服而产生塑性变形，如图10-19(c)所示，使齿面失去正常齿形而失效，这种现象称为齿面塑性变形。齿面塑性变形会导致啮合不平稳，产生振动和噪声，致使齿轮传动失效。

为防止齿面塑性变形失效，可提高齿面硬度，采用高黏度润滑油等。

(5) 齿面磨损

齿轮的失效形式与齿轮的工作条件、齿轮材料的性质及表面的硬度、表面粗糙度密切相关。实践证明，在闭式传动中可能发生齿面疲劳点蚀、轮齿折断；在开式传动中可能发生齿面磨损和轮齿折断。齿面磨损如图10-20所示。为防止齿面磨损，可提高齿面硬度，改善密封和润滑条件等。

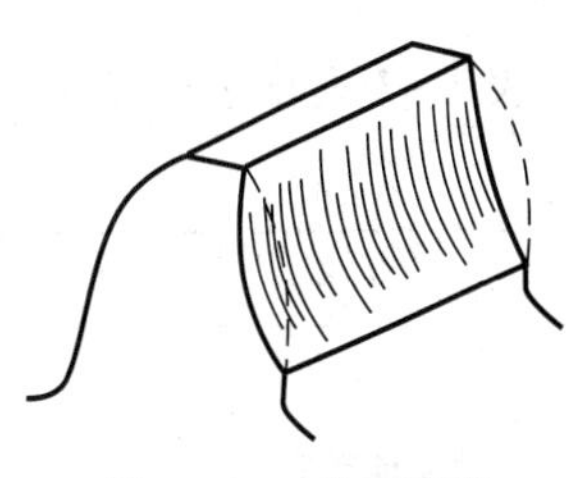

图10-20　齿面磨损

10.9 齿轮材料及热处理

10.9.1　对齿轮材料的要求

① 齿面具有足够的硬度，以获得较高的抗点蚀、抗磨损、抗胶合的能力。

② 齿心部有足够的韧性，以获得较高的抗弯曲和抗冲击载荷的能力。

③ 具有良好的加工工艺性和热处理工艺性能。

10.9.2 齿轮的常用材料

制造齿轮常用材料主要是锻钢和铸钢，其次是铸铁，特殊情况可采用有色金属和非金属材料。

（1）锻钢

钢材经锻造镦粗后，改善了材料内部纤维组织，其强度较直接用轧制钢材为好。所以，重要齿轮都采用锻钢。从齿面硬度和制造工艺来分，可把钢制齿轮分为软齿面（齿面硬度≤350HBS）和硬齿面（齿面硬度>350HBS）两类。

软齿面轮齿是热处理（调质或正火）以后进行精加工（切削加工），因此其齿面硬度就受到限制，通常硬度在180～280HBS之间。一对齿轮中，小齿轮的齿面硬度最好比大齿轮的高25～50HBS。软齿面齿轮由于硬度较低，所以承载能力也不高，但易于跑合，这类齿轮制造工艺较简单，适用于一般机械中。

硬齿面轮齿是在精加工后进行最终热处理的，其热处理方法常为淬火、表面淬火等。通常硬度为40～60HRC。最终热处理后，轮齿不可避免地会产生变形，可用磨削或研磨的方法加以消除。硬齿面齿轮承载能力大、精度高，但制造工艺复杂，一般用于高速重载及结构要求紧凑的机械中。机床、运输机械、煤矿机械中的齿轮多为硬齿面齿轮。

（2）铸钢

当齿轮直径大于500mm，轮坯不宜锻造，可采用铸钢。铸钢轮坯在切削加工以前，一般要进行正火处理，消除铸件残余应力和硬度的不均匀，以便切削。

（3）铸铁

铸铁齿轮的抗弯强度和耐冲击性均较差，常用于低速和受力不大的地方。在润滑不足的情况下，灰铸铁本身所含石墨能起润滑作用，所以开式传动中常采用铸铁齿轮。在闭式传动中可用球墨铸铁代替铸钢。

（4）非金属材料

尼龙或塑料齿轮能降低高速齿轮传动的噪声，适用于高速小功率及精度要求不高的齿轮传动。

表10-7列出了齿轮常用材料及热处理后的硬度，供参考。

表10-7 齿轮常用材料及热处理后的硬度

种类	材料	热处理方法	硬度/HBS
优质碳素钢	45	正火	169～217
		调质	217～255
		表面淬火	48～55HRC
合金钢	40Cr	调质	240～285
		表面淬火	48～55HRC
	40MnB	调质	240～280
	42SiMn	调质	217～286
		表面淬火	45～55HRC
	20Cr	渗碳、淬火、回火	56～62HRC
	20CrMnTi	渗碳、淬火、回火	56～62HRC

续表

种　类	材　料	热处理方法	硬度/HBS
铸钢	ZG310-570	正火	160～200
	ZG340-640	正火	179～207
灰铸铁	HT200		163～255
	HT300		169～255
球墨铸铁	QT500-5		147～241
	QT600-2		229～302

10.10 齿轮传动的精度

制造和安装齿轮传动装置时，不可避免地会产生误差（如齿轮加工中的齿形误差、齿向误差、齿轮安装中的轴线不平行等）。这些误差对齿轮传动的影响主要表现在以下三个方面。

（1）传递运动的准确性　由于相啮合齿轮传动时，实际转角与理论转角不一致，就会造成从动轮的转速变化，即瞬时传动比的变化。

（2）传动的平稳性　由于瞬时传动比不能保持恒定不变，齿轮在一转范围内会出现多次重复的转速波动，特别在高速传动中会引起振动、冲击和噪声，影响传动的平稳性。

（3）载荷分布的均匀性　由于齿形、齿向误差，能使齿轮上的载荷分布不均匀，当传递较大转矩时，易引起轮齿的折断，降低齿轮的使用寿命。

GB/T 10095—2008 对圆柱齿轮及齿轮副规定了12个精度等级，其中1级精度最高，12级精度最低。常用的齿轮是6～9级精度。按照误差的特性及它们对传动性能的影响，将齿轮各项误差分为三个组，分别反映传递运动的准确性、传动的平稳性和载荷分布的均匀性。

此外，考虑到齿轮制造误差、轮齿受力变形和受热变形、润滑等因素，齿轮副间应有一定的齿侧间隙，为此标准中还规定了14种齿厚偏差。

表10-8列出了精度等级的使用范围，供设计时参考。

表10-8　齿轮传动精度等级的选择及应用

精度等级	圆周速度/(m/s)			应　用
	直齿圆柱齿轮	斜齿圆柱齿轮	直齿圆锥齿轮	
6级	≤15	≤25	≤9	高速重载的齿轮传动，如飞机、汽车和机床中的重要齿轮传动；分度机构中的齿轮传动
7级	≤10	≤17	≤6	高速中载或中速重载的齿轮传动，如标准系列减速器中的齿轮，汽车和机床中的齿轮
8级	≤5	≤10	≤3	机械制造中对精度无特殊要求的齿轮
9级	≤3	≤3.5	≤2.5	低速及对精度要求低的传动

10.11 标准直齿圆柱齿轮传动的强度计算

10.11.1 齿轮传动设计准则

齿轮的失效形式很多，但对于某个具体情况而言，它们不可能同时发生。因此，可以针对其主要失效形式确定相应的设计准则。

(1) 闭式齿轮传动

① 软齿面（硬度≤350HBS） 齿轮的主要失效形式是齿面点蚀，故应先按齿面接触疲劳强度进行齿轮几何参数设计，然后按齿根弯曲疲劳强度进行校核。

② 硬齿面（硬度>350HBS） 齿轮的主要失效形式是齿根的弯曲疲劳折断，故应先按齿根弯曲疲劳强度进行齿轮几何参数设计，然后按齿面接触疲劳强度进行校核。

(2) 开式齿轮传动

齿轮的主要失效形式是齿面磨粒磨损和齿根的弯曲疲劳折断。对齿面磨损目前尚无成熟的计算方法，故通常按齿根弯曲疲劳强度进行齿轮几何参数设计，并将计算结果增大10%～20%，以补偿磨损量。

10.11.2 受力分析

为计算齿轮强度，首先确定作用在轮齿上的力。如图 10-21(a) 所示，一对标准安装的标准齿轮传动中，轮齿在节点 C 处接触。如果略去齿面摩擦力，则在啮合平面内的正压力 F_n 将垂直作用于齿面，且与啮合线重合。

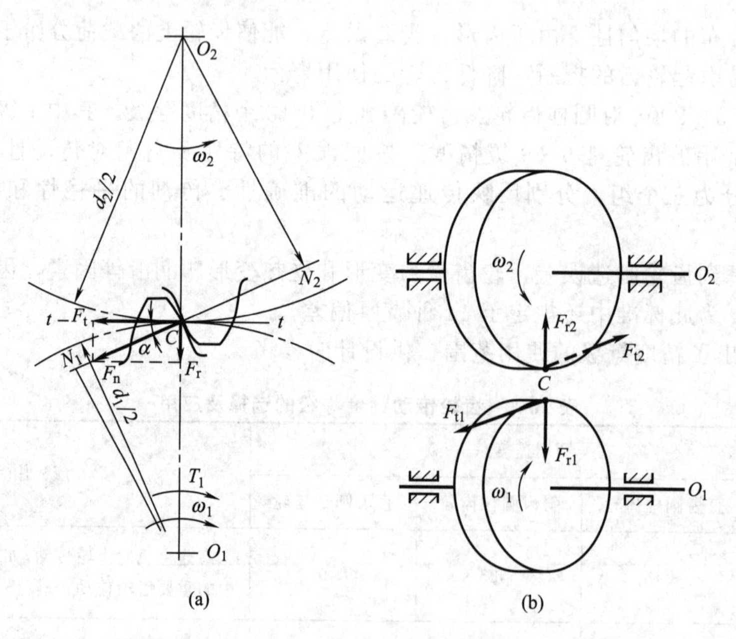

图 10-21 圆柱齿轮传动时的受力

正压力 F_n 可分解为圆周力 F_t 和径向力 F_r 两个分力，各力大小为：

圆周力

$$F_t=\frac{2T_1}{d_1}(\mathrm{N})$$

径向力
$$F_r=F_t\tan\alpha\,(\text{N}) \tag{10-21}$$

式中　T_1——小齿轮上的转矩，$T_1=9.55\times10^6\dfrac{P}{n_1}$，N·mm；

d_1——小齿轮分度圆直径，mm；

α——压力角，(°)；

P——传递的功率，kW；

n_1——小齿轮的转速，r/min。

如图 10-21(b) 所示，圆周力 F_t 的方向在主动轮上与运动方向相反，在从动轮上与运动方向相同。径向力 F_r 的方向对于两轮都是指向轮心。

10.11.3　计算载荷

上述的正压力 F_n 为名义载荷。实际上由于轴和轴承的变形、齿轮的制造和安装等误差，载荷沿齿宽并不是均匀分布的，因而出现了载荷集中现象。另外，由于原动机、工作机的特性不同，还会引起附加动载荷。考虑到上述因素的影响，计算轮齿强度时，采用计算载荷 F_{ca}，即把名义载荷乘以载荷系数 K，作为齿轮受力的依据。

$$F_{ca}=KF_n \tag{10-22}$$

载荷系数 K 值可由表 10-9 查取。

表 10-9　载荷系数 K 值

原动机	工作机械载荷系数		
	均　匀	中等冲击	大的冲击
电动机	1～1.2	1.2～1.6	1.6～1.8
多缸内燃机	1.2～1.6	1.6～1.8	1.9～2.1
单缸内燃机	1.6～1.8	1.8～2.0	2.2～2.4

注：1. 直齿、圆周速度高、精度低、齿宽系数大时取大值。

2. 斜齿、圆周速度低、精度高、齿宽系数小时取小值。

3. 齿轮在两轴承间对称布置时取小值，不对称布置时取大值，悬臂布置时取大值。

10.11.4　齿面接触疲劳强度计算

计算齿面接触疲劳强度是为了防止发生齿面疲劳点蚀失效，由于点蚀绝大多数先发生在靠近节线处的齿根面上，所以设计时通常以节点处的接触应力作为依据，限制节点处接触应力，应满足 $\sigma_H\leqslant[\sigma_H]$。

标准直齿圆柱齿轮齿面接触强度校核公式为：

$$\sigma_H=Z_HZ_E\sqrt{\frac{2KT_1(u\pm1)}{\phi_d d_1 u}}\leqslant[\sigma_H]\ (\text{MPa}) \tag{10-23a}$$

式中　Z_H——节点区域系数，$Z_H=\sqrt{4/\sin2\alpha}$，反映了节点处齿廓曲率半径对接触应力的影响，对于标准齿轮，Z_H 约为 2.5；

Z_E——配对齿轮材料的弹性系数，$Z_E=\sqrt{1\Big/\left[\pi\left(\dfrac{1-\mu_1^2}{E_1}+\dfrac{1-\mu_2^2}{E_2}\right)\right]}$，它反映了一对齿轮材料的弹性模量 E 和泊松比 μ 对接触应力的影响，其值可查表 10-10。

表 10-10　配对齿轮材料的弹性系数 Z_E

小齿轮材料	大齿轮材料			
	钢	铸钢	球墨铸铁	灰铸铁
钢	189.8	188.9	181.4	162.0
铸钢		188.0	180.5	161.4
球墨铸铁			173.9	156.6
灰铸铁				143.7

注：通常，应使大、小齿轮强度趋于相等，故表中只取小齿轮材料优于大齿轮材料的组。

根据弹性力学接触应力计算公式，经整理后，得一对钢制标准直齿圆柱齿轮齿面接触疲劳强度校核的简化公式为：

$$\sigma_H = 2.5Z_E\sqrt{\frac{2KT_1(u\pm1)}{bd_1^2u}} \leqslant [\sigma_H]\ (\text{MPa}) \qquad (10\text{-}23b)$$

令齿宽系数 $\phi_d = b/d_1$，代入式(10-23) 得设计公式为：

$$d_1 \geqslant 2.32\sqrt[3]{\frac{KT_1}{\phi_d}\left(\frac{Z_E}{[\sigma_H]}\right)^2\frac{u\pm1}{u}}\ (\text{mm}) \qquad (10\text{-}24)$$

式中　σ_H——齿面接触应力，MPa；

K——载荷系数，由表 10-9 选取；

T_1——主动轮转矩，N·mm；

ϕ_d——齿宽系数，按表 10-11 选取；

b——齿宽，mm，考虑到齿轮制造和安装误差，为便于安装，通常取小齿轮齿宽 b_1 比大齿轮齿宽 b_2 宽 5～10mm，在设计计算时，齿宽取小值；

d_1——小齿轮分度圆直径，mm；

u——齿数比，$u = z_2/z_1$，“+”用于外啮合传动，“－”用于内啮合传动；

$[\sigma_H]$——许用接触应力，MPa。

许用接触应力按下式计算：

$$[\sigma_H] = \frac{\sigma_{Hlim}}{S_{Hmin}} \qquad (10\text{-}25)$$

式中　σ_{Hlim}——试验齿轮的接触疲劳极限，MPa，与材料及硬度有关，其值按图 10-22 查取；

S_{Hmin}——齿面接触强度的最小安全系数，其值可按表 10-12 查取。

表 10-11　齿宽系数 ϕ_d

小齿轮相对于轴承的位置	齿面硬度	
	软齿面(硬度≤350HBS)	硬齿面(硬度＞350HBS)
对称分布	0.8～1.4	0.4～0.9
非对称分布	0.6～1.2	0.3～0.6
悬臂布置	0.3～0.4	0.2～0.25

表 10-12　最小安全系数

齿轮传动的重要性	S_{Hmin}	S_{Fmin}
一般	1	1
齿轮失效会产生严重后果	1.25	1.5

应用式(10-23) 和式(10-24) 进行弯曲疲劳强度计算时应注意以下几点。

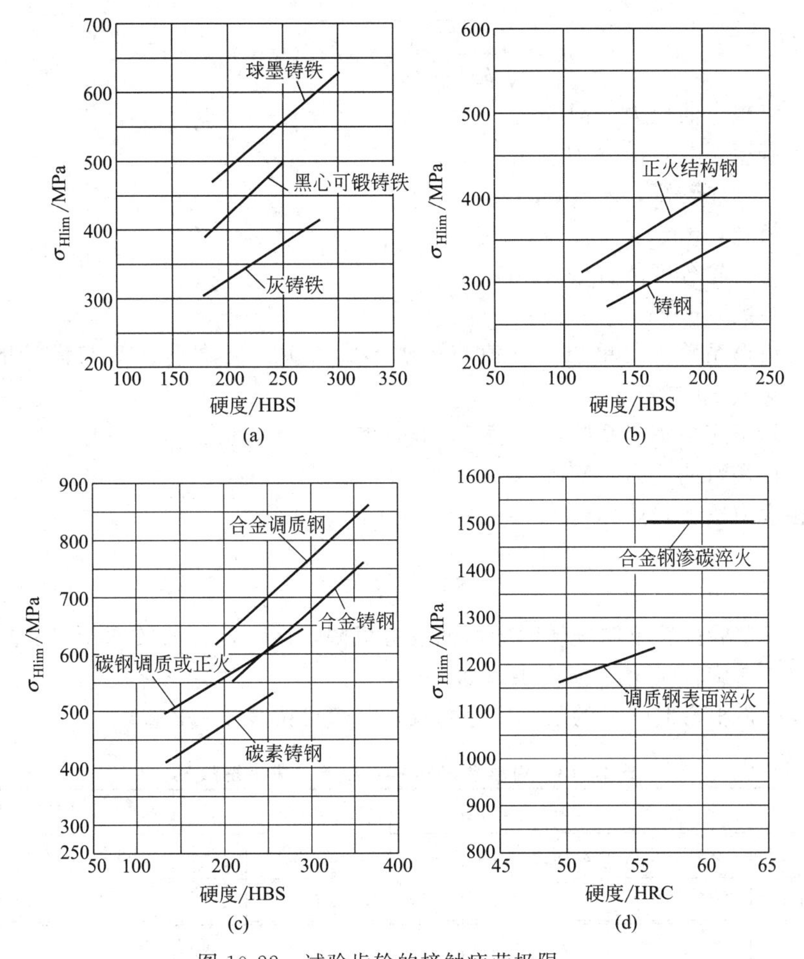

图 10-22 试验齿轮的接触疲劳极限 σ_{Hlim}

① 一对齿轮啮合时，两齿面接触处的接触应力相等，即 $\sigma_{H1}=\sigma_{H2}$。但由于两齿轮的材料及齿面硬度可能不同，两齿轮的许用应力 $[\sigma_{H1}]$ 和 $[\sigma_{H2}]$ 也可能不同。故在接触强度计算时，应取较小的许用应力值代入计算公式。

② 按齿面接触疲劳强度设计齿轮时，先按式(10-24) 算出小齿轮的分度圆直径 d_1，然后选取齿轮的齿数 z_1（一般取 $z_1=25\sim40$），再按式 $m=d_1/z_1$ 求出模数 m，将模数按表10-1 标准化，最后计算齿轮其他尺寸。

10.11.5 齿根弯曲疲劳强度计算

齿根弯曲疲劳强度计算是为了防止轮齿产生疲劳折断的一种计算方法，因为轮齿折断一般发生在根部，所以计算准则为：保证轮齿根部产生的弯曲应力小于或等于许用弯曲应力。

一对轮齿啮合时，力作用于齿顶时的力学模型犹如悬臂梁，由材料力学可知，受力后齿根处弯曲应力最大，而圆角部分又有应力集中，齿根受拉应力边裂纹易扩展，是弯曲疲劳的危险区，故应限制齿根危险截面拉应力边的弯曲应力，满足强度条件 $\sigma_F\leqslant[\sigma_F]$。

标准直齿圆柱齿轮齿根弯曲强度校核公式为：

$$\sigma_F=\frac{2KT_1}{bd_1m}Y_FY_S\leqslant[\sigma_F]\ (\text{MPa}) \tag{10-26}$$

令齿宽系数 $\phi_d=b/d_1$，将 ϕ_d 代入式(10-26)，整理得齿根弯曲强度的设计公式为：

$$m \geqslant \sqrt[3]{\frac{2KT_1}{\phi_d z_1^2 [\sigma_F]} Y_F Y_S} \ (\mathrm{mm}) \tag{10-27}$$

式中 σ_F——齿根弯曲应力，MPa；

K——载荷系数，由表 10-9 选取；

T_1——主动轮转矩，N·mm；

b——齿宽，mm；

d_1——小齿轮分度圆直径，mm；

m——模数，mm；

Y_F——齿形系数，无单位，其值与齿廓形状有关，齿廓形状又与齿轮的齿数有关，见表 10-13；

Y_S——齿根应力集中系数，由表 10-13 查取；

$[\sigma_F]$——许用弯曲应力，MPa。

许用接触应力按下式计算：

$$[\sigma_F] = \frac{\sigma_{Flim}}{S_{Fmin}} \tag{10-28}$$

式中 σ_{Flim}——试验齿轮单向旋转时的弯曲疲劳极限，MPa，其值按图 10-23 查取，齿轮双向旋转时 σ_{Flim} 值应乘以 0.7；

S_{Fmin}——齿根弯曲强度的最小安全系数，其值可按表 10-12 查取。

表 10-13 齿形系数 Y_F 和齿根应力集中系数 Y_S

$z(z_v)$	17	18	19	20	21	22	23	24	25	26	27	28	29
Y_F	2.97	2.91	2.85	2.80	2.76	2.72	2.69	2.65	2.62	2.60	2.57	2.55	2.53
Y_S	1.52	1.53	1.54	1.55	1.56	1.57	1.575	1.58	1.59	1.595	1.60	1.61	1.62
$z(z_v)$	30	35	40	45	50	60	70	80	90	100	150	200	∞
Y_F	2.52	2.45	2.40	2.35	2.32	2.28	2.24	2.22	2.20	2.18	2.14	2.12	2.06
Y_S	1.625	1.65	1.67	1.68	1.70	1.73	1.75	1.77	1.78	1.79	1.83	1.865	1.97

注：标准齿形参数为 $\alpha=20°$，$h_c^*=1$，$c^*=0.25$。

应用式(10-26) 和式(10-27) 进行弯曲疲劳强度计算时应注意以下几点。

① 由于一对啮合齿轮的齿面硬度和齿数不同，因此两齿轮的 $[\sigma_F]$ 和 Y_F、Y_S 也不相等，所以应使用式(10-26) 分别验算大、小齿轮的弯曲强度。

② 为了使计算得到的模数 m 能同时满足一对啮合传动两齿轮的弯曲强度条件，应将 $Y_{F1}Y_{S1}/[\sigma_{F1}]$ 和 $Y_{F2}Y_{S2}/[\sigma_{F2}]$ 中的较大值代入式(10-27)。

③ 应将由式(10-27) 计算得到的模数 m 圆整成标准值，然后计算齿轮的各部尺寸。传递动力的齿轮模数 m 一般应不小于 2mm。

10.11.6 参数选择

(1) 齿数 z 和模数 m

齿轮不根切的最小齿数为 17，如果允许少量根切，齿数可以减少到 14。但是，如果提高齿轮传动的重合度，使传动平稳，应适当增加齿轮齿数。因此，一般在满足弯曲强度条件的前提下，齿数适当多些，模数取小些。对于闭式硬齿面齿轮传动或开式齿轮传动，齿数通常取 $z_1=17\sim30$；对于闭式软齿面齿轮传动，通常取 $z_1=24\sim40$。齿轮齿数的选取应满足

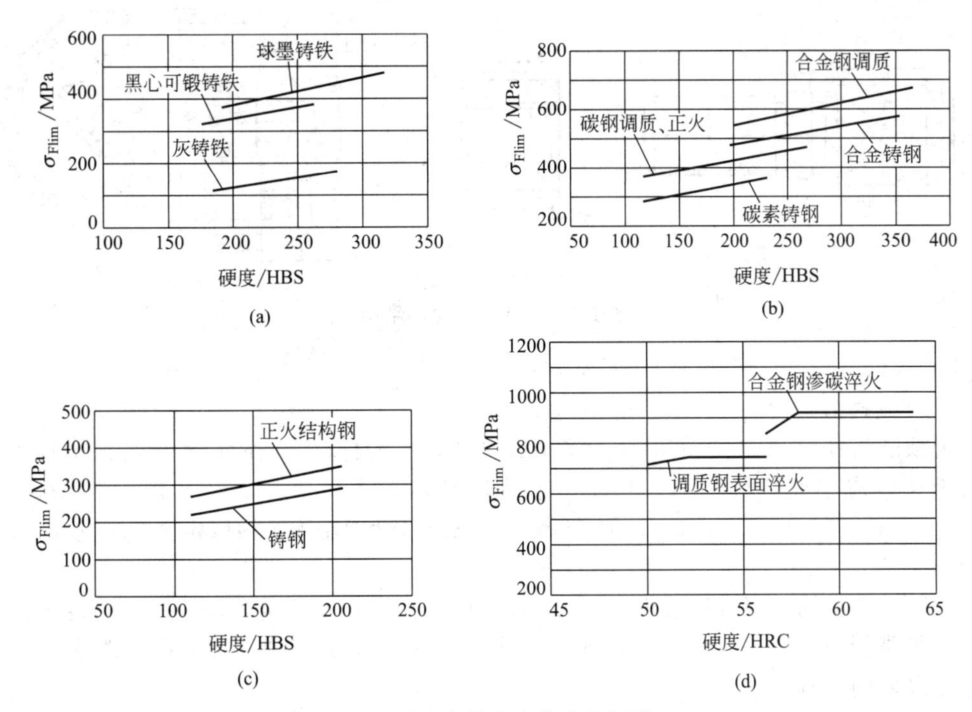

图 10-23　试验齿轮的弯曲疲劳极限 σ_{Flim}

强度计算要求。一对啮合传动齿轮的齿数 z_1 和 z_2 最好互为质数，以防止轮齿的磨损集中在几个轮齿上。

齿轮模数的确定应满足齿轮的强度条件要求。并按表 10-1 选取标准值。

（2）传动比 i

对于一般齿轮传动，常取 $i \leqslant 5 \sim 7$；若 $i \geqslant 7$，应采用多级传动，以减少传动装置的尺寸。对于开式齿轮传动，传动比可以取得更大一些，$i_{max} = 8 \sim 12$。一般情况下，齿轮的实际传动比与名义传动比的相对误差允许值为±3%。

（3）齿宽系数 ϕ_d

齿宽系数取大值时，齿宽 b 增加，减小两轮分度圆直径和中心距，进而减小传动装置的径向尺寸，而且齿轮越宽承载能力越高，所以齿轮不宜过窄；但是增大齿宽会使载荷沿齿宽方向分布不均匀更加严重，导致偏载发生。所以，齿宽系数应取得适当。支承刚性较好时，齿宽系数可以取大些；支承刚性较差时，齿宽系数可以取小些。一般直齿圆柱齿轮的齿宽系数可参考表 10-11 选取。

10.11.7　圆柱齿轮的结构设计

对于齿轮齿顶圆直径小于 500mm 的齿轮，一般采用锻造毛坯，并根据齿轮直径的大小常采用以下几种结构形式。

（1）齿轮轴

当齿轮的齿根直径与轴径很接近时，如图 10-24(a) 所示，可以将齿轮与轴制成一体，称为齿轮轴。齿轮与轴的材料相同，可能会造成材料的浪费和增加加工工艺的难度。

（2）实体式齿轮

齿顶圆直径 $d_a \leqslant 200$mm 时，齿轮与轴分别制造，可以采用锻造实体式结构，如图

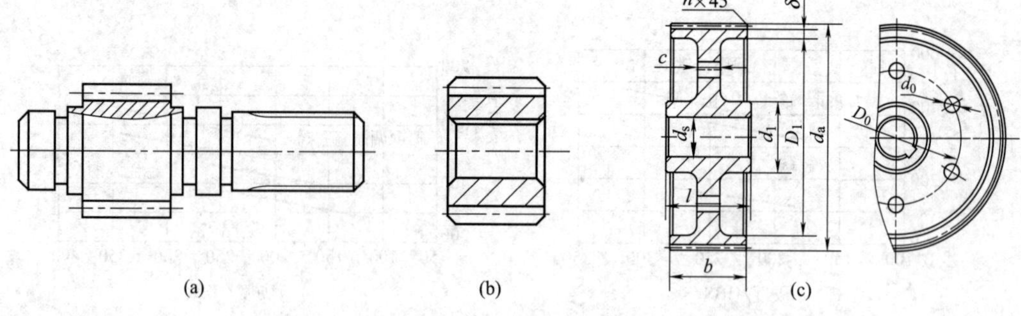

图 10-24　圆柱齿轮的结构

10-24(b) 所示。

(3) 腹板式结构

当齿顶圆直径 $d_a \leqslant 500$mm 时，为了减轻重量，节约材料，同时由于不易锻出辐条，常采用腹板式结构，如图 10-24(c) 所示。d_s为轴径，$d_1 = 1.6d_s$，$l = (1.2 \sim 1.5)d_s$，并使 $l \geqslant b$，$c = 0.3b$；$\delta = (2.5 \sim 4)m_n$，但不小于 8mm，d_0和 D_0按结构取定，当 d 较小时可不开孔。

对于腹板式结构，当直径接近 500mm 时，可以在腹板上开出减轻孔，一般也不设加强筋，而是将腹板做得厚一些。此时，轮毂长度一般不应小于齿轮宽度，可以略大，可以对称，也可以偏向一侧。

(4) 轮辐结构

当直径大于 500mm 时，可采用铸造轮辐结构齿轮，具体结构尺寸可查机械设计手册。

10.11.8　设计步骤

齿轮传动设计的主要内容是：通过分析明确设计任务要求，合理选择材料和热处理方法，确定齿轮主要参数、几何尺寸、结构形式、精度等级等，最后绘制齿轮零件图。虽然齿轮传动的设计准则不同，但其设计步骤基本相同。现将一般设计步骤简述如下：

① 根据设计任务要求，选择合适的齿轮材料、热处理方法；

② 根据设计准则，计算齿轮的模数 m 或分度圆直径 d_1；

③ 确定齿轮传动的主要参数和计算几何尺寸；

④ 根据设计准则校核接触疲劳强度和弯曲疲劳强度；

⑤ 计算齿轮的圆周速度，确定齿轮精度；

⑥ 绘制齿轮零件图。

【例 10-2】 试设计一级减速器中的直齿圆柱齿轮传动，该减速器由电动机驱动，载荷平稳，单向运转。传递功率 $P = 11$kW，主动齿轮转速 $n_1 = 980$r/min，传动比 $i = 3$。

【解】 设计计算过程列于表 10-14 中。

表 10-14　设计计算过程

设计项目	计 算 内 容	结　果
1. 选择齿轮材料，确定热处理方法	减速器是闭式传动，可以采用齿面硬度≤350HBS 的软齿面钢制齿轮。该齿轮传动无特殊要求，故可采用普通齿轮材料，根据表 10-7，并考虑小齿轮的齿面硬度大于大齿轮的齿面硬度 30～50HBS 的要求，选小齿轮的材料 42SiMn，调质处理，齿面硬度 217～286HBS，大齿轮的材料 45 钢，正火处理，齿面硬度 169～217HBS；选用 8 级精度	小齿轮的材料 42SiMn，齿面硬度217～286HBS 大齿轮的材料 45 钢，齿面硬度 169～217HBS 选用 8 级精度

续表

设计项目	计算内容	结果
2. 按齿面接触疲劳强度条件计算小齿轮直径 d_1	首先确定式(10-24)中各参数： 查表10-9取 $K=1.2$ 查表10-11取 $\phi_d=1$ $u=i=3$ $T_1=9.55\times10^6P/n_1=9.55\times10^6\times11/980=107194\text{N}\cdot\text{mm}$ 查表10-10取 $Z_E=189.8$ 查图10-22得 $\sigma_{\text{Hlim1}}=700\text{MPa}$，$\sigma_{\text{Hlim2}}=540\text{MPa}$ 查表10-12取 $S_{\text{Hmin}}=1$ 由式(10-25)计算得 $[\sigma_{\text{H1}}]=700\text{MPa}$，$[\sigma_{\text{H2}}]=540\text{MPa}$ $[\sigma_{\text{H}}]$使用较小的 $[\sigma_{\text{H2}}]=540\text{MPa}$ 按式(10-24)计算小齿轮直径： $d_1\geqslant2.32\sqrt[3]{\frac{KT_1}{\phi_d}\left(\frac{Z_E}{[\sigma_H]}\right)^2\frac{u+1}{u}}$ $=2.32\sqrt[3]{\frac{1.2\times107194}{1}\left(\frac{189.8}{540}\right)^2\frac{3+1}{3}}=64.2\text{mm}$	$K=1.2$ $\phi_d=1$ $T_1=107194\text{N}\cdot\text{mm}$ $Z_E=189.8$ $[\sigma_{\text{H1}}]=700\text{MPa}$ $[\sigma_{\text{H2}}]=540\text{MPa}$ $d_1=64.2\text{mm}$
3. 齿轮的主要参数和计算几何尺寸	(1)确定齿轮齿数：取小齿轮 $z_1=30$，则大齿轮 $z_2=z_1i=30\times3=90$ (2)确定齿轮模数：$m=d_1/z_1=64.2/30=2.14\text{mm}$，查表10-1取 $m=2.5\text{mm}$ (3)计算齿轮传动中心距：$a=m(z_1+z_2)/2=2.5(30+90)/2=150\text{mm}$ (4)计算齿轮的几何参数：分度圆直径 $d_1=mz_1=2.5\times30=75\text{mm}$，$d_2=mz_2=2.5\times90=225\text{mm}$；齿宽 $b=\phi_dd_1=1\times75=75\text{mm}$，取 $b_2=75\text{mm}$，$b_1=80\text{mm}$(齿宽尺寸的尾数应为0或5；为便于安装，$b_1=b_2+5\text{mm}$)	$z_1=30$ $z_2=90$ $m=2.5\text{mm}$ $a=150\text{mm}$ $d_1=75\text{mm}$ $d_2=225\text{mm}$ $b_2=75\text{mm}$ $b_1=80\text{mm}$
4. 校核轮齿弯曲疲劳强度	查表10-13，查取 $Y_{\text{F1}}=2.52$，$Y_{\text{S1}}=1.625$；$Y_{\text{F2}}=2.20$，$Y_{\text{S2}}=1.78$ 查图10-23得 $\sigma_{\text{Flim1}}=550\text{MPa}$，$\sigma_{\text{Flim2}}=410\text{MPa}$ 查表10-12取 $S_{\text{Fmin}}=1$ 由式(10-28)计算得 $[\sigma_{\text{F1}}]=550\text{MPa}$，$[\sigma_{\text{F2}}]=410\text{MPa}$ 按式(10-26)验算齿根弯曲疲劳强度： $\sigma_{\text{F1}}=\frac{2KT_1}{bd_1m}Y_{\text{F1}}Y_{\text{S1}}=\frac{2\times1.2\times107194}{75\times75\times2.5}\times2.52\times1.625$ $=74.92\text{MPa}<[\sigma_{\text{F1}}]$ $\sigma_{\text{F2}}=\frac{2KT_1}{bd_1m}Y_{\text{F2}}Y_{\text{S2}}=\frac{2\times1.2\times107194}{75\times75\times2.5}\times2.20\times1.78$ $=71.64\text{MPa}<[\sigma_{\text{F2}}]$ 经验算，齿根弯曲疲劳强度满足要求，故合格	$\sigma_{\text{F1}}=74.92\text{MPa}<[\sigma_{\text{F1}}]$； $\sigma_{\text{F2}}=71.64\text{MPa}<[\sigma_{\text{F2}}]$； 齿根弯曲疲劳强度合格
5. 验算齿轮的圆周速度	$v=\frac{\pi d_1n_1}{60\times1000}=\frac{\pi\times75\times980}{60000}=3.85\text{m/s}$ 根据圆周速度 $v=3.85\text{m/s}$，查表10-8，可取齿轮传动为8级精度	$v=3.85\text{m/s}$， 齿轮传动为8级精度合适
6. 绘制齿轮零件图	根据以上确定的尺寸，绘制出该减速器的从动齿轮零件图	见图10-25

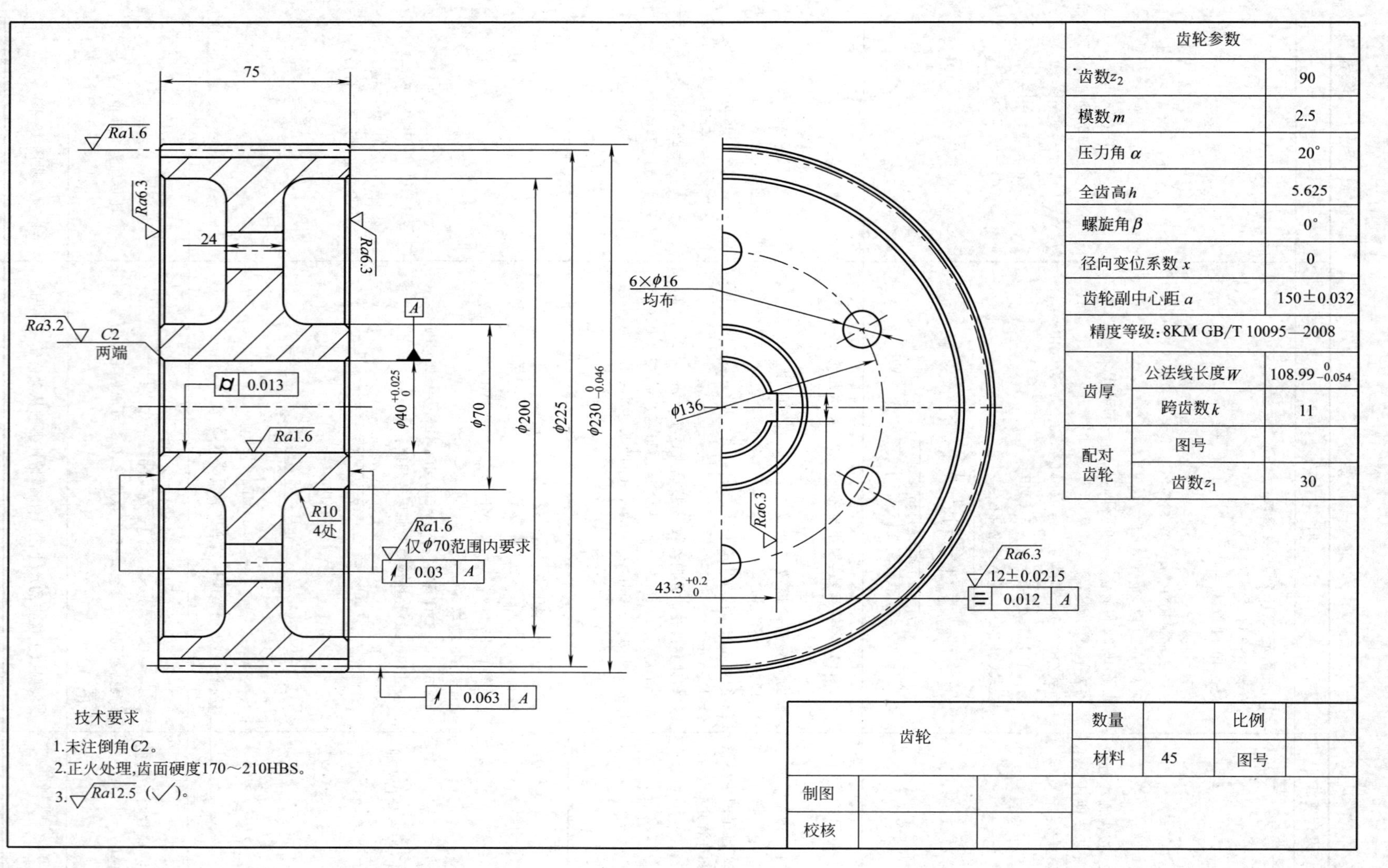

图 10-25　从动齿轮零件图

10.12 斜齿圆柱齿轮传动

10.12.1 斜齿圆柱齿轮齿廓的形成及传动特点

（1）斜齿圆柱齿轮齿廓的形成

斜齿圆柱齿轮齿廓曲面的形成与渐开线直齿圆柱齿轮相似。当一发生面 S 在基圆柱上作纯滚动时，发生面上一条与基圆柱母线平行的直线 KK 在空间所形成的渐开面是直齿圆柱齿轮的齿廓曲面，如图 10-26(a) 所示。而斜齿圆柱齿轮的齿廓曲面是发生面上一条与基圆柱母线成 β_b 角度的直线 KK 在空间形成的曲面，如图 10-26(b) 所示。这样的曲面又称为渐开线螺旋面，渐开线螺旋面在齿顶圆内的部分就是斜齿圆柱齿轮的齿廓曲面。该齿廓曲面在其垂直于轴线的平面（端面）内为渐开线，这些渐开线的初始点均在基圆柱的螺旋线 AA 上。该齿廓曲面与大于基圆柱直径的任意圆柱面上的交线都是螺旋线。各螺旋线上任一点的切线与过该点的圆柱母线的夹角称为该圆柱上的螺旋角。各圆柱上的螺旋角是不相等的，因此定义其分度圆柱上的螺旋角为斜齿轮的螺旋角，用 β 表示。斜齿圆柱齿轮的旋向如图10-27所示。

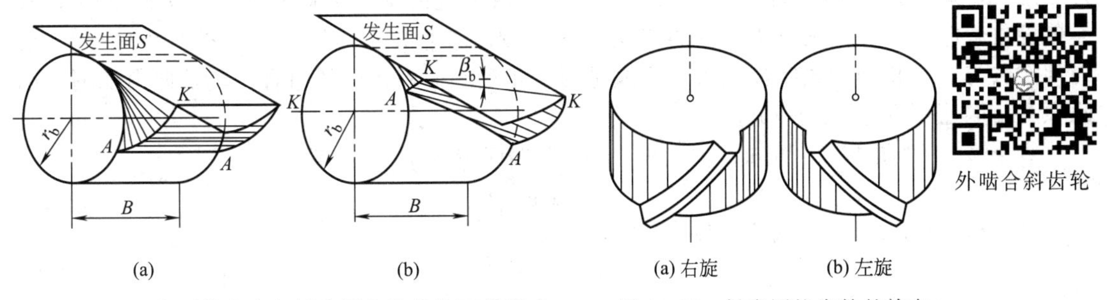

图 10-26　渐开线直齿与斜齿圆柱齿轮齿面的形成　　图 10-27　斜齿圆柱齿轮的旋向

（2）斜齿圆柱齿轮的传动特点

由于直齿圆柱齿轮传动过程中，齿面总是沿平行于齿轮轴线的直线接触，如图 10-28(a) 所示，这样，齿轮的啮合就是沿整个齿宽同时接触，同时分离，所以容易引起冲击、振动和噪声，从而影响传动的平稳性，不适于高速传动。斜齿圆柱齿轮齿面接触线是由齿轮一端齿顶开始，逐渐由短而长，再由长而短，至另一端齿根为止，同时啮合的齿数多，如图 10-28 (b) 所示，载荷的分配也是由小而大，由大而小。

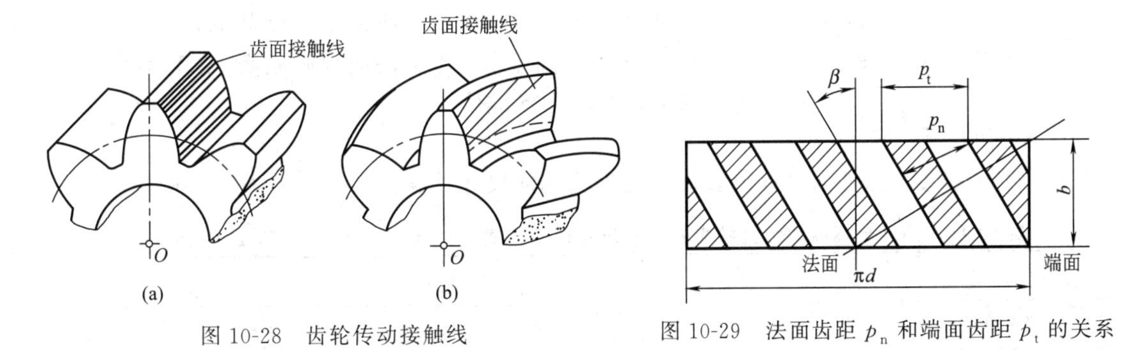

图 10-28　齿轮传动接触线　　图 10-29　法面齿距 p_n 和端面齿距 p_t 的关系

与直齿圆柱齿轮传动相比，斜齿圆柱齿轮传动有如下特点：

① 传动平稳，冲击、噪声和振动小，适合于高速传动；

② 承载能力强，适于重载情况下工作；

③ 使用寿命长；

④ 不发生根切的最少齿数小于直齿轮，可获得更为紧凑的齿轮机构；

⑤ 不能作变速滑移齿轮使用；

⑥ 传动时产生轴向力。

斜齿圆柱齿轮传动广泛应用于各种机械中。

10.12.2 斜齿圆柱齿轮的基本参数和几何尺寸计算

(1) 基本参数

斜齿轮有端面（垂直于轴线的平面，并用下标 t 表示）和法面（垂直于轮齿的平面，并用下标 n 表示）之分。在进行几何尺寸计算时，必须掌握两平面内各参数的换算关系。

斜齿轮沿分度圆柱上的展开图如图 10-29 所示，图中阴影部分表示齿厚，空白部分表示齿槽。

① 螺旋角度　轮齿与轴线的夹角称为分度圆螺旋角，简称螺旋角，用 β 表示。螺旋角 β 是表示斜齿轮轮齿倾斜程度的重要参数，β 愈大，斜齿轮传动的优点愈显著，但产生的轴向力也愈大；β 很小，其传动优点不明显，β 为零，成为直齿轮。螺旋角 β 一般取 8°～20°，根据螺旋角旋向的不同，又分为右旋斜齿轮［图 10-27(a)］和左旋斜齿轮［图 10-27(b)］。旋向判定法与螺纹相同。人字齿轮可以看成是两个相反旋向斜齿轮的组合，其轴向力抵消，因此螺旋角取值范围达 25°～45°。

② 模数　由图 10-29 可知，法向齿距 p_n 和端面齿距 p_t 的关系为

$$p_n = p_t \cos\beta \tag{10-29}$$

又因 $p_n = \pi m_n$，$p_t = \pi m_t$，故：

$$m_n = m_t \cos\beta \tag{10-30}$$

式中　m_n——法向模数；

m_t——端面模数。

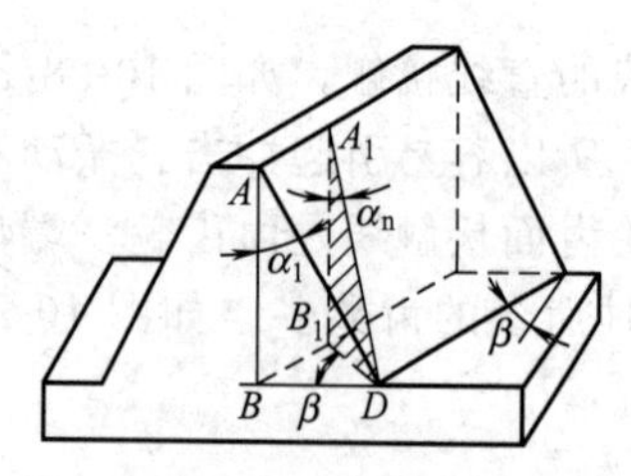

图 10-30　法向压力角和端面压力角的关系

③ 压力角　图 10-30 所示为斜齿条的一个齿，其法面内（DB_1A_1 平面）的压力角 α_n 称法向压力角，端面内（DBA 平面）的压力角 α_t 称端面压力角，由图可知它们的关系为：

$$\tan\alpha_n = \tan\alpha_t \cos\beta \tag{10-31}$$

一般情况下，斜齿轮采用铣齿和滚齿加工方法，由于进刀方向垂直于斜齿轮的法面，所以法向模数 m_n、法向压力角 α_n、法向齿顶高系数 h_{an}^* 和法向顶隙系数 c_n^* 为斜齿轮的基本参数，均取为标准值。

(2) 几何尺寸计算

为了计算方便，将外啮合标准斜齿圆柱齿轮几何尺寸计算公式列于表 10-15 中。

表 10-15　外啮合标准斜齿圆柱齿轮几何尺寸计算公式（$h_{an}^* = 1$，$c_n^* = 0.25$，$\alpha_n = 20°$）

名　称	符　号	计 算 公 式
分度圆直径	d	$d = m_t z = (m_n/\cos\beta) z$
齿顶圆直径	d_a	$d_a = d + 2h_a = d + 2m_n$

续表

名　称	符　号	计 算 公 式
齿根圆直径	d_f	$d_f=d-2h_f=d-2.5m_n$
齿顶高	h_a	$h_a=m_n$
齿根高	h_f	$h_f=1.25m_n$
全齿高	h	$h=h_a+h_f=2.25m_n$
标准中心距	a	$a=\frac{1}{2}(d_1+d_2)=\frac{1}{2}m_t(z_1+z_2)=\frac{m_n}{2\cos\beta}(z_1+z_2)$

10.12.3　平行轴渐开线斜齿轮正确啮合的条件和重合度

(1) 正确啮合条件

一对外啮合斜齿圆柱齿轮传动的正确啮合条件为：

$$\begin{cases} m_{n1}=m_{n2}=m_n \\ \alpha_{n1}=\alpha_{n2}=\alpha_n \\ \beta_1=-\beta_2 \end{cases} \tag{10-32}$$

$\beta_1=-\beta_2$ 表示两斜齿轮螺旋角大小相等，旋向相反，即一为左旋，另一为右旋。

(2) 重合度

图 10-31 示出了端面尺寸相同的直齿圆柱齿轮和斜齿圆柱齿轮在分度圆柱上啮合面的展开图。斜齿轮轮齿的方向与齿轮的轴线成一螺旋角 β，因此斜齿轮传动的啮合线段增长 $\Delta L=b\tan\beta$。若相应的直齿圆柱齿轮传动的重合度为 ε_α，则斜齿轮传动的重合度 ε_λ 为：

$$\varepsilon_\lambda=\varepsilon_\alpha+\varepsilon_\beta=\varepsilon_\alpha+\frac{b\tan\beta}{p_t}=\varepsilon_\alpha+\frac{b\sin\beta}{p_n} \tag{10-33}$$

式中　ε_α——端面重合度，其值等于与斜齿轮端面齿廓相同的直齿圆柱齿轮传动的重合度；

ε_β——纵向重合度，由轮齿倾斜而产生的附加重合度，其值随齿宽 b 和螺旋角 β 的增大而增大。

因此，斜齿圆柱齿轮比直齿圆柱齿轮更适合于高速大功率传动。

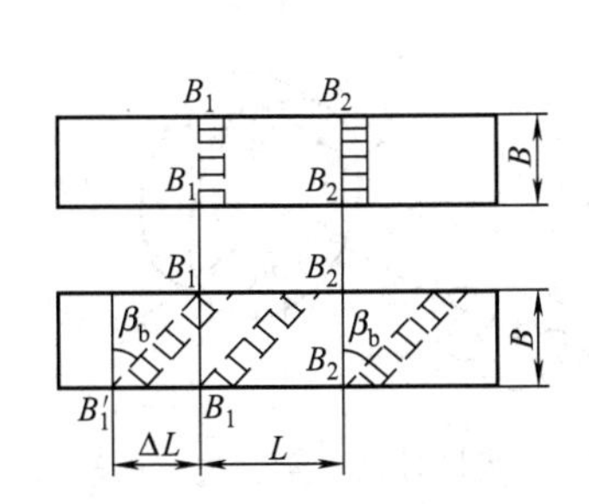

图 10-31　斜齿轮重合度

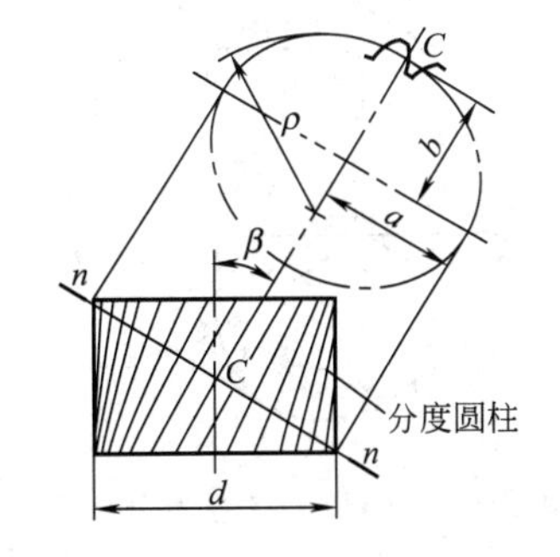

图 10-32　斜齿轮的当量圆柱齿轮

10.12.4　斜齿轮的当量齿数

用仿形法加工斜齿轮及进行强度计算时，必须知道斜齿轮法面上的齿形。与斜齿轮法面内的齿形相同的直齿轮称为当量齿轮，其齿数称为斜齿轮的当量齿数，用 z_v 表示。如图 10-32所示，过斜齿轮分度圆柱面上的 C 点作轮齿的法面，则分度圆柱上截出一个椭圆，椭

圆 C 点处的曲率半径为 ρ，以 ρ 为分度圆半径，m_n 为模数的齿轮，就是该斜齿轮的当量齿轮。当量齿轮的齿数 z_v 与斜齿轮的齿数 z 的关系为：

$$z_v = \frac{z}{\cos^3\beta} \tag{10-34}$$

根据当量齿数 z_v 和模数 m_n 就可以选出合适的刀具。

10.12.5 斜齿圆柱齿轮传动的强度计算

（1）受力分析

图 10-33 所示为斜齿圆柱齿轮传动中主动轮上的受力分析图，图中 F_{n1} 作用在齿面的法面内，忽略摩擦力的影响，F_{n1} 可分解为三个互相垂直的分力，即圆周力 F_{t1}、径向力 F_{r1} 和轴向力 F_{a1}，其值分别为：

圆周力 $$F_{t1} = \frac{2T_1}{d_1}$$

径向力 $$F_{r1} = F_{t1}\tan\alpha_t = F_{t1}\frac{\tan\alpha_n}{\cos\beta}$$

轴向力 $$F_{a1} = F_{t1}\tan\beta \tag{10-35}$$

式中 T_1——小齿轮上的名义转矩，N·mm；

β——斜齿轮分度圆上的螺旋角，(°)；

α_n——分度圆上的法向压力角，$\alpha_n = 20°$；

α_t——分度圆上的端面压力角，(°)；

d_1——小齿轮直径，mm。

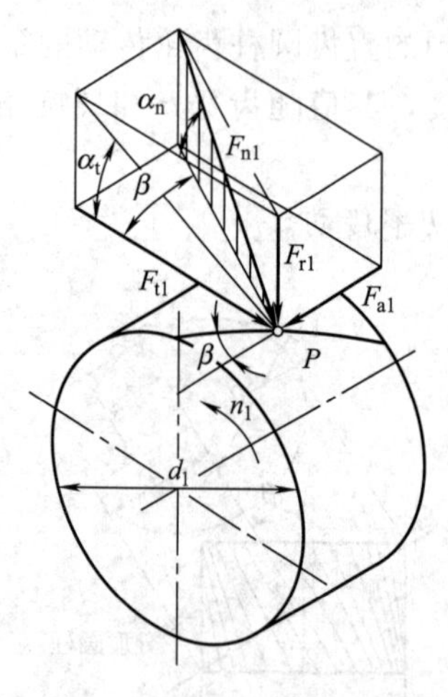

图 10-33 斜齿轮的受力分析图

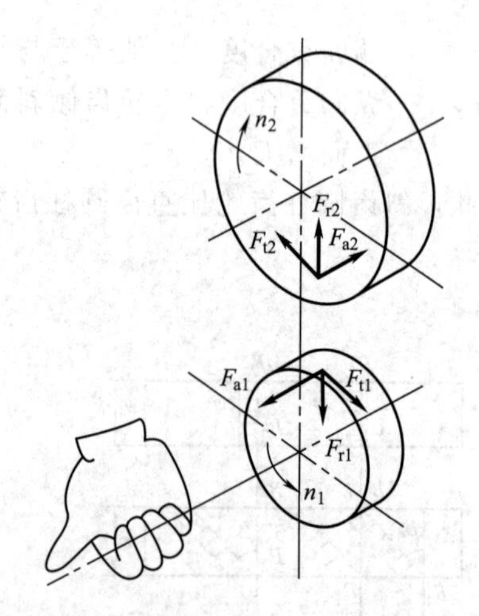

图 10-34 斜齿圆柱齿轮轴向力方向的判断

圆周力和径向力方向的判断方法同直齿圆柱齿轮。轴向力的方向受齿轮旋向、齿轮转向和是否主动轮的影响而变化。具体判断方法如图 10-34 所示，右旋齿轮用右手（左旋齿轮用左手），四指半曲指向齿轮的旋转方向，拇指伸直，与四指垂直，若是主动轮，拇指指向即为轴向力的方向；若是从动轮，拇指指向的相反方向为轴向力的方向。

（2）强度计算

斜齿圆柱齿轮的强度计算与直齿圆柱齿轮的强度计算方法基本相同，只是在计算时要考虑斜齿轮的螺旋角对轮齿强度带来的影响，即强度计算是以其当量直齿圆柱齿轮传动为基础并引入螺旋角系数和重合度系数加以修正。

① 齿面接触疲劳强度计算

校核公式为：

$$\sigma_H = Z_H Z_E Z_\beta Z_\varepsilon \sqrt{\frac{2KT_1(u \pm 1)}{bd_1^2 u}} \leqslant [\sigma_H] (\text{MPa}) \tag{10-36a}$$

式中　Z_H——节点区域系数，其数值查图10-35；

Z_E——弹性系数；

Z_β——螺旋角系数，$Z_\beta = \sqrt{\cos\beta}$；

Z_ε——重合度系数，$Z_\varepsilon = \sqrt{(4-\varepsilon_\alpha)/3}(1-\beta_b) + \varepsilon_\beta/\varepsilon_\alpha$；

ε_α——端面重和度，$\varepsilon_\alpha = \left[1.88 - 3.2\left(\frac{1}{z_1} + \frac{1}{z_2}\right)\right]\cos\beta$；

ε_β——纵向重和度，$\varepsilon_\beta = b\sin\beta/(\pi m_n) = 0.318\phi_d z_1 \tan\beta$；当$\varepsilon_\beta \geqslant 1$时，按$\varepsilon_\beta = 1$代入计算。

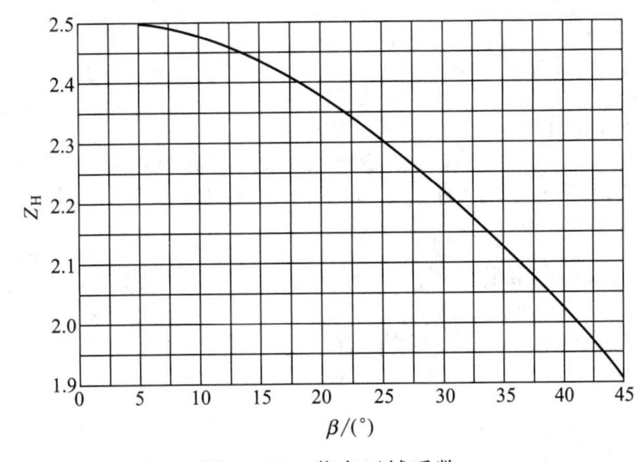

图10-35　节点区域系数

根据式(10-23)并考虑到齿轮螺旋角的影响，得一对钢制斜齿圆柱齿轮简化接触疲劳强度校核的简化公式为：

$$\sigma_H = Z_H Z_E \sqrt{\frac{1.8KT_1}{bd_1^2} \times \frac{\mu \pm 1}{\mu}} \leqslant [\sigma_H] (\text{MPa}) \tag{10-36b}$$

接触疲劳强度设计的简化公式为：

$$d_1 \geqslant \sqrt[3]{\frac{1.8KT_1}{\phi_d} \times \left(\frac{Z_H Z_E}{[\sigma_H]}\right)^2 \times \frac{u \pm 1}{u}} \ (\text{mm}) \tag{10-37}$$

其参数的意义、单位及确定方法与直齿圆柱齿轮相同。

② 齿根弯曲疲劳强度计算

校核公式为：

$$\sigma_F = \frac{1.6KT_1}{bd_1 m_n} Y_F Y_S \leqslant [\sigma_F] \ (\text{MPa}) \tag{10-38}$$

设计公式为：

$$m_n \geqslant \sqrt[3]{\frac{1.6KT_1\cos^2\beta}{\phi_d z_1{}^2[\sigma_F]}Y_F Y_S} \text{ (mm)} \tag{10-39}$$

式中　Y_F——齿形系数，可按当量齿数 $z_v=z/\cos\beta$，由表 10-13 查取；

Y_S——齿根应力集中系数，可按当量齿数 $z_v=z/\cos\beta$，由表 10-13 查取。

其他参数的意义、单位及确定方法与直齿圆柱齿轮相同。

【例 10-3】 试设计一级减速器中的斜齿圆柱齿轮传动，载荷平稳，单向运转。传递功率 $P=19$kW，主动齿轮转速 $n_1=270$r/min，传动比 $i=4.2$。

【解】 设计计算过程列于表 10-16 中。

表 10-16　设计计算过程

设计项目	计　算　内　容	结　果
1. 选择齿轮材料，确定热处理方法	减速器是闭式传动，采用齿面硬度＞350HBS 的硬齿面钢制齿轮。该齿轮传动无特殊要求，故可采用普通齿轮材料，根据表 10-7，选小齿轮的材料 20CrMnTi，渗碳处理，齿面硬度 56～62HRC，大齿轮的材料 45 钢，表面淬火处理，齿面硬度 48～55HRC；选用 8 级精度	小齿轮的材料 20CrMnTi，齿面硬度 56～62HRC 大齿轮的材料 45 钢，齿面硬度 48～55HRC 选用 8 级精度
2. 按齿根弯曲疲劳强度条件计算模数 m_n	首先确定式(10-39)中各参数： 查表 10-9 取 $K=1.2$ 查表 10-11 取 $\phi_d=0.7$ 初选螺旋角 $\beta_0=10°$ $T_1=9.55\times10^6P/n_1=9.55\times10^6\times19/270=672037\text{N}\cdot\text{mm}$ 取小齿轮 $z_1=25$，大齿轮 $z_2=z_1 i=25\times4.2=105$ 当量齿数 $z_{v1}=\frac{z_1}{\cos^3\beta}=\frac{25}{\cos^3 10°}=26.17$　$z_{v2}=\frac{z_{21}}{\cos^3\beta}=\frac{105}{\cos^3 10°}=109.93$ 查表 10-13，由插入法得 $Y_{F1}=2.59, Y_{S1}=1.596, Y_{F2}=2.17, Y_{S2}=1.80$ 查图 10-23 得 $\sigma_{Flim1}=820\text{MPa}, \sigma_{Flim2}=720\text{MPa}$ 查表 10-12 取 $S_{Fmin}=1$ 由式(10-28)计算得$[\sigma_{F1}]=820\text{MPa}, [\sigma_{F2}]=720\text{MPa}$ 使用较大的 $Y_{FS}/[\sigma_F]$带入公式计算($Y_{F2}Y_{S2}/[\sigma_{F2}]$) 按式(10-39)计算模数 $m_n\geqslant\sqrt[3]{\frac{1.6KT_1\cos^2\beta}{\phi_d z_1^2[\sigma_F]}Y_F Y_S}$ $=\sqrt[3]{\frac{1.6\times1.2\times672037\times0.9848^2}{0.7\times25^2\times720}\times2.17\times1.80}$ $=2.49$mm 查表 10-1 取 $m=3$mm	$K=1.2$ $\phi_d=0.7$ $T_1=672037\text{N}\cdot\text{mm}$ $z_1=25$ $z_2=105$ $[\sigma_{F1}]=820$MPa $[\sigma_{F2}]=720$MPa $m_n=3$mm
3. 齿轮的主要参数和计算几何尺寸	(1)计算齿轮传动中心距 $a=m_n(z_1+z_2)/(2\cos\beta)=3(25+105)/(2\cos10°)=198$mm； 修正螺旋角 β $\beta=\arccos\frac{m_n(z_1+z_2)}{2a}=\arccos\frac{3\times(25+105)}{2\times198}\approx10°$ (2)计算齿轮的几何参数 分度圆直径 $d_1=m_n z_1/\cos\beta=3\times25/\cos10°=76.16$mm $d_2=m_n z_2/\cos\beta=3\times105/\cos10°=319.86$mm 齿宽 $b=\phi_d d_1=0.7\times76.16=53.31$mm，取 $b_2=55$mm，$b_1=60$mm(齿宽尺寸的尾数应为 0 或 5；为便于安装，$b_1=b_2+5$mm) 其他几何参数计算从略	$a=198$mm $\beta=10°$ $d_1=76.16$mm $d_2=319.86$mm $b_2=55$mm $b_1=60$mm

续表

设计项目	计　算　内　容	结　　果
4. 校核齿轮传动的齿面接触疲劳强度	按式(10-36b)验算齿面接触疲劳强度，首先确定各参数： 由图 10-35，查取 $Z_H=2.47$ 由表 10-10，选 $Z_E=189.8$ 查图 10-22 得 $\sigma_{Hlim1}=1500\text{MPa}$，$\sigma_{Hlim2}=1200\text{MPa}$ 查表 10-12 取 $S_{Hmin}=1$ 由式(10-25)计算得$[\sigma_{H1}]=1500\text{MPa}$，$[\sigma_{H2}]=1200\text{MPa}$ $\sigma_H=Z_HZ_E\sqrt{\frac{1.8KT_1}{bd_1^2}\times\frac{\mu\pm1}{\mu}}=2.47\times189.8$ $\sqrt{\frac{1.8\times1.2\times672037}{55\times76.16^2}\times\frac{4.2+1}{4.2}}=1112.7\text{MPa}<[\sigma_{H2}]$ 经验算，齿根弯曲疲劳强度满足要求，故合格	$[\sigma_{H1}]=1500\text{MPa}$ $[\sigma_{H2}]=1200\text{MPa}$ $\sigma_H=1112.7\text{MPa}$ $<[\sigma_{H2}]=1200\text{MPa}$ 齿根弯曲疲劳强度合格
5. 验算齿轮的圆周速度	$v=\frac{\pi d_1n_1}{60\times1000}=\frac{\pi\times76.16\times270}{60000}=1.08\text{m/s}$ 根据圆周速度 $v=1.08\text{m/s}$，查表 10-8，可取齿轮传动为 8 级精度	$v=1.08\text{m/s}$ 齿轮传动为 8 级精度合适
6. 绘制齿轮零件图	根据以上确定的尺寸，绘制出该减速器的从动齿轮零件图	图略

10.13 圆锥齿轮传动

10.13.1 圆锥齿轮概述

圆锥齿轮机构主要用来传递两相交轴之间的运动和动力，如图 10-36 所示。一对圆锥齿轮两轴之间的夹角 Σ 可根据传动的需要来决定。但通常情况下，工程上多采用的是 Σ=90°的传动。工作时相当于用两齿轮的节圆锥制成的摩擦轮进行滚动。两节圆锥锥顶必须重合，锥距应相等，才能保证两节圆锥传动比一致。这样就增加了制造、安装的困难，并降低了圆锥齿轮传动的精度和承载能力，因此圆锥齿轮传动一般用于轻载、低速的场合。

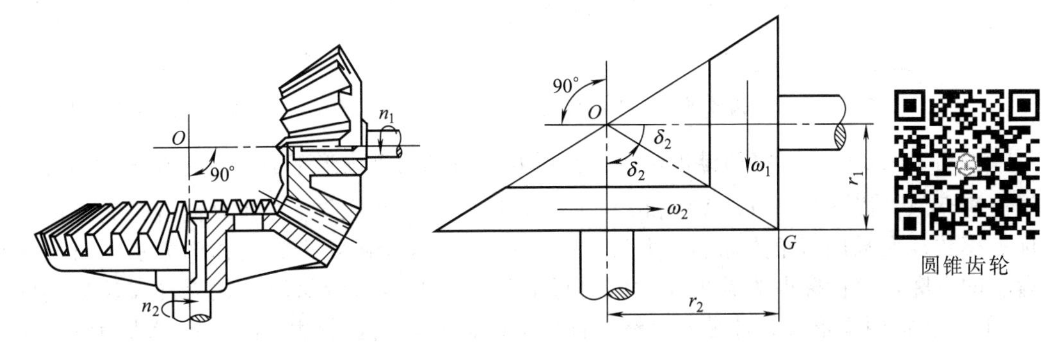

图 10-36　直齿圆锥齿轮

圆锥齿轮的轮齿有直齿、斜齿及曲齿（圆弧齿）等多种形式。由于直齿圆锥齿轮的设计、制造和安装均较简便，故应用最为广泛。

一对直齿圆锥齿轮的正确啮合条件为两齿轮的大端模数及压力角分别相等，即：

$$\begin{cases}m_1=m_2=m\\ \alpha_1=\alpha_2=\alpha\end{cases}\tag{10-40}$$

式中　m，α——标准模数和标准压力角。

如图 10-36 所示，直齿圆锥齿轮的传动比为：

$$i=\frac{\omega_1}{\omega_2}=\frac{z_2}{z_1}=\frac{r_2}{r_1}=\frac{\sin\delta_2}{\sin\delta_1} \tag{10-41}$$

因轴交错角 $\Sigma=\delta_1+\delta_2=90°$时，所以：

$$i=\frac{\omega_1}{\omega_2}=\frac{z_2}{z_1}=\cot\delta_1=\tan\delta_2 \tag{10-42}$$

直齿圆锥齿轮连续传动的条件为重合度大于 1。重合度按其当量直齿圆柱齿轮传动的重合度计算。

10.13.2 背锥和当量齿数

图 10-37 所示为一标准直齿圆锥齿轮的轴向半剖视图。OAB 为分度圆锥，$\overline{eA}$和$\overline{fA}$为轮齿在球面上的齿顶高和齿根高。过 A 点作直线 $AO_1\perp AO$，以 AO_1 为母线，OO_1 为轴线作一圆锥 O_1AB，该圆锥称为直齿圆锥齿轮的背锥。背锥与球面相切于锥齿轮大端分度圆上，可以用背锥上的齿形近似代替锥齿轮的大端齿形。背锥可展开成平面，使设计、制造更为简便。

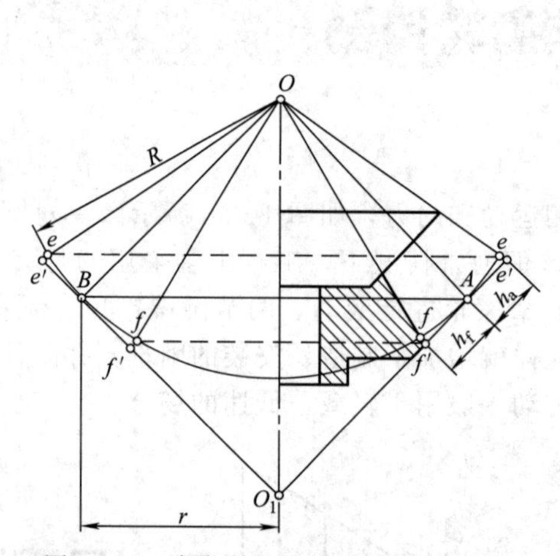

图 10-37　直齿圆锥齿轮的轴向半剖视图

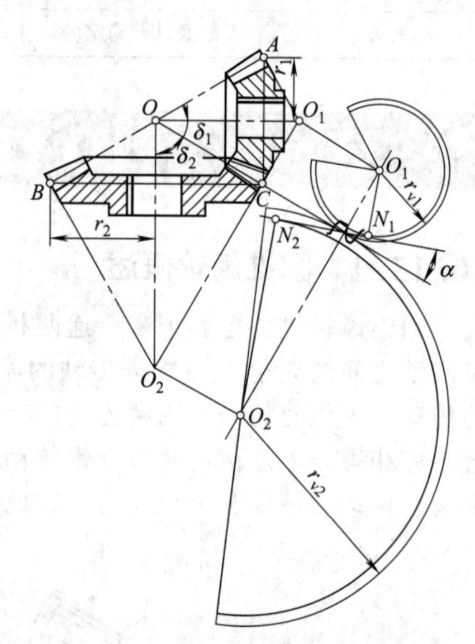

图 10-38　锥齿轮的背锥与当量齿数

如图 10-38 所示，将两锥齿轮的背锥展开，得到两个扇形平面齿轮，其齿廓与锥齿轮大端齿廓近似。以 r_{v1}（$=\overline{O_1A}$）和 r_{v2}（$=\overline{O_2B}$）为分度圆半径，并取锥齿轮大端的模数为标准模数、大端压力角为标准压力角（$\alpha=20°$），按直齿圆柱齿轮的作图方法，可画出扇形齿轮的齿廓，该齿廓即为锥齿轮大端的近似齿廓。两扇形齿轮的齿数为锥齿轮的实际齿数 z_1 和 z_2。将两扇形齿轮补足成完整的直齿圆柱齿轮，则齿数由 z_1 和 z_2 增加为 z_{v1} 和 z_{v2}。把这两个虚拟的直齿圆柱齿轮称为这对锥齿轮的当量齿轮，其齿数 z_{v1} 和 z_{v2} 称为锥齿轮的当量齿数。由图 10-38 可知：

$$z_{v1}=z_1/\cos\delta_1 \tag{10-43}$$

$$z_{v2}=z_2/\cos\delta_2 \tag{10-44}$$

式中　δ_1，δ_2——两锥齿轮分度圆锥角，通常轴交角 $\Sigma=\delta_1+\delta_2=90°$；

z_{v1}，z_{v2}——两锥齿轮的当量齿数，其值不需要圆整。

不产生根切时，$z_v>17$，所以直齿圆锥齿轮不产生根切的最小齿数为 $z_{min}=z_{vmin}\cos\delta=$

$17\cos\delta$。

10.13.3 直齿圆锥齿轮几何尺寸计算

直齿圆锥齿轮的轮齿是均匀分布在锥面上的，它的齿形一端大，另一端小，如图10-39所示。为了测量和计算方便，锥齿轮的参数和尺寸均以大端为标准，即规定锥齿轮的大端模数 m 为标准值、压力角 $\alpha=20°$、齿顶高系数 $h_a^*=1$、顶隙系数 $c^*=0.2$。标准模数系列见表10-17。各部分主要尺寸计算如表10-18所示。

表10-17 锥齿轮的标准模数系列常用值（摘自GB/T 12368—1990） mm

1，1.125，1.25，1.375，1.5，1.75，2，2.25，2.5，2.75，3，3.25，3.5，3.75，4，4.5，5，5.5，6，6.5，7，8，9，10，11，12，14，16，18，20，22，25，28，30，32，36，40，45，50

表10-18 标准直齿圆锥齿轮常用计算公式（$\Sigma=90°$，$\alpha=20°$）

名　称	代　号	公　式
分度圆锥角	δ	$\delta_1=\arctan\dfrac{z_1}{z_2}$；$\delta_2=90°-\delta_1$
齿顶高	h_a	$h_a=h_a^* m$
顶　隙	c	$c=c^* m$
齿根高	h_f	$h_f=(h_a^*+c^*)m$
分度圆直径	d	$d=zm$
分度圆齿厚	s	$s=\dfrac{\pi m}{2}$
顶圆直径	d_a	$d_a=d+2h_a\cos\delta$
根圆直径	d_f	$d_f=d-2h_f\cos\delta$
齿顶角	θ_a	$\theta_a=\arctan\dfrac{h_a}{R}$
齿根角	θ_f	$\theta_f=\arctan\dfrac{h_f}{R}$
顶锥角	δ_a	不等顶隙收缩齿 $\delta_a=\delta+\theta_a$；等顶隙收缩齿 $\delta_a=\delta+\theta_f$
根锥角	δ_f	$\delta_f=\delta-\theta_f$
锥　距	R	$R=\dfrac{1}{2}\sqrt{d_1^2+d_2^2}=\dfrac{m}{2}\sqrt{z_1^2+z_2^2}$
齿　宽	b	$b=\phi_R R$，$\phi_R\approx0.25\sim0.3$（齿宽系数）

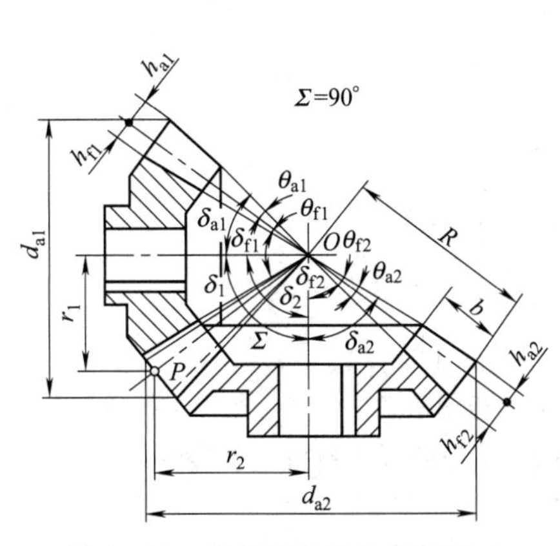

图10-39 直齿圆锥齿轮各部尺寸

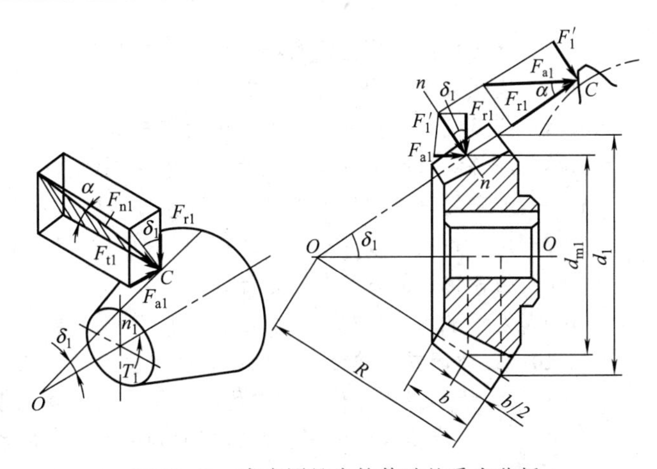

图10-40 直齿圆锥齿轮传动的受力分析

10.13.4 直齿圆锥齿轮传动的强度计算

(1) 受力分析

图 10-40 所示为直齿圆锥齿轮轮齿的受力情况。法向力 F_n可分解为三个分力，即：

圆周力
$$F_t=\frac{2T_1}{d_{m1}}$$

径向力
$$F_r=F_t\tan\alpha\cos\delta$$

轴向力
$$F_a=F_t\tan\alpha\sin\delta \tag{10-45}$$

式中，d_{m1}为小齿轮齿宽中点的分度圆直径，可根据分度圆直径 d_1、锥距 R 和齿宽 b 确定，即：

$$d_{m1}=\frac{R-0.5b}{R}d_1=(1-0.5\phi_R)d_1 \tag{10-46}$$

圆周力 F_t的方向在主动轮上与运动方向相反，在从动轮上与运动方向相同。径向力 F_r的方向对于两轮来说都是垂直指向齿轮轴线。轴向力 F_a的方向都是通过啮合点指向各自的大端。

因 $\Sigma=\delta_1+\delta_2=90°$，所以两齿轮所受的各力的相互关系为 $F_{r1}=-F_{a2}$，$F_{a1}=-F_{r2}$，$F_{t1}=-F_{t2}$。

(2) 强度计算

直齿圆锥齿轮的失效形式及强度计算与直齿圆柱齿轮基本相同，可以近似按位于齿宽中点的一对当量圆柱齿轮传动的强度计算。轴交角为 90°的一对钢制直齿圆锥齿轮传动的齿面接触疲劳强度和齿根弯曲疲劳强度的计算公式分别为：

$$d_1\geqslant 96.6\sqrt[3]{\frac{KT_1}{\phi_R(1-0.5\phi_R)^2u[\sigma_H]^2}} \tag{10-47}$$

$$m\geqslant 1.59\sqrt[3]{\frac{KT_1Y_FY_S}{\phi_R(1-0.5\phi_R)z_1^2\sqrt{u^2+1}[\sigma_F]}} \tag{10-48}$$

式中 Y_F，Y_S——按圆锥齿轮的当量齿数 z_v，在表 10-13 中查取。

10-1 渐开线有哪些性质?

10-2 标准直齿圆柱齿轮有哪几个基本参数?

10-3 模数大小说明了什么问题?

10-4 分度圆与节圆有何区别? 压力角与啮合角有何区别?

10-5 渐开线直齿圆柱齿轮正确啮合条件是什么?

10-6 渐开线直齿圆柱齿轮连续传动条件是什么?

10-7 齿轮轮齿失效形式常见的有哪几种? 如何避免和减轻?

10-8 齿轮传动的设计准则是什么?

10-9 为保证轮齿不折断，有足够弯曲疲劳强度时，为什么要计算模数 m?

10-10 试述闭式齿轮传动 (轮齿齿面硬度≤350HBS) 时的设计步骤。

10-11 斜齿圆柱齿轮传动主要优缺点是什么? 法向模数与端面模数各有什么用途?

10-12 什么是斜齿轮的螺旋角? 如何判断左、右旋齿轮?

10-13 斜齿圆柱齿轮传动的正确啮合条件是什么?

10-14　斜齿圆柱齿轮的当量齿数如何计算？其用途是什么？

10-15　直齿圆锥齿轮的参数和尺寸以何处为标准？

10-16　直齿圆锥齿轮的正确啮合条件是什么？

10-17　已知一对标准外啮合直齿圆柱齿轮 $z_1=30$，$z_2=120$，$m=4$mm，压力角 $\alpha=20°$，齿顶高系数 $h_a^*=1$，顶隙系数 $c^*=0.25$。试求：传动比 i；齿顶高 h_a；齿根高 h_f；全齿高 h；两齿轮的分度圆直径 d_1、d_2；两齿轮的齿顶圆直径 d_{a1}、d_{a2}；两齿轮的齿根圆直径 d_{f1}、d_{f2}；两齿轮基圆直径 d_{b1}、d_{b2}；中心距 a 以及齿厚 s、齿槽宽 e 和齿距 p（按例题10-1表格形式做）。

10-18　已知一对标准外啮合直齿圆柱齿轮传动比 $i=3$，$m=10$mm，中心距 $a=400$，压力角 $\alpha=20°$，齿顶高系数 $h_a^*=1$，顶隙系数 $c^*=0.25$。试求：齿轮的齿数 z_1、z_2；齿顶高 h_a；齿根高 h_f；全齿高 h；两齿轮的分度圆直径 d_1、d_2；两齿轮的齿顶圆直径 d_{a1}、d_{a2}，两齿轮的齿根圆直径 d_{f1}、d_{f2}；两齿轮基圆直径 d_{b1}、d_{b2}以及齿厚 s、齿槽宽 e 和齿距 p（按例题10-1表格形式做）。

10-19　已知一对外啮合标准直齿圆柱齿轮传动，中心距 $a=200$mm，传动比 $i=3$，压力角 $\alpha=20°$，$h_a^*=1$，$c^*=0.25$，$m=5$mm。试求两轮的齿数、分度圆、齿顶圆和基圆的直径及齿厚和齿槽宽。

10-20　已知一对外啮合标准直齿圆柱齿轮传动，传动比 $i=2.5$，$z_1=30$，$\alpha=20°$，$h_a^*=1$，$c^*=0.25$，$m=10$mm。试求 z_2 和两轮基本尺寸。

10-21　一标准直齿圆柱齿轮的齿顶圆直径 $d_a=120$mm，齿数 $z=22$，$\alpha=20°$，$h_a^*=1$，$c^*=0.25$。试求该齿轮的模数 m。

10-22　已知一对外啮合标准直齿圆柱齿轮传动，$a=220$mm，$z_1=24$，$z_2=26$，$\alpha=20°$，$h_a^*=1$，$c^*=0.25$。试求模数 m、分度圆直径 d 和齿距 p。

10-23　已知某单级直齿圆柱齿轮减速器的公称功率 $P=9$kW，主动轴转速 $n_1=970$r/min，单向运转，载荷平稳，齿轮模数 $m=3$mm，$z_1=24$，$z_2=96$，小齿轮齿宽 $b_1=80$mm，大齿轮齿宽 $b_2=75$mm，小齿轮材料是40Cr，调质，大齿轮材料是45钢，调质。试校核此对齿轮的强度。

10-24　某一级标准斜齿轮减速器，中心距 $a=200$mm，法向模数 $m_n=4$mm，$z=18$，$z_1=81$，试求齿轮的螺旋角 β。

10-25　已知一对标准直齿圆锥齿轮传动，$\Sigma=\delta_1+\delta_2=90°$，$z_1=30$，$z_2=40$，大端模数 $m=10$mm，$\alpha=20°$，$h_a^*=1$，$c^*=0.2$。试求两个圆锥齿轮的分度圆直径、齿顶圆直径、齿根圆直径、分度圆锥角、齿顶圆锥角、齿根圆锥角、锥距及当量齿数。

10-26　实践题：试设计单级直齿圆柱齿轮减速器中的齿轮传动。已知公称功率 $P=7.3$kW，低速轴转速 $n_2=200$r/min，齿数比 $u=3.6$，单向运转，载荷为中等冲击，用电动机驱动。

10-27　实践题：设计一单级减速器中的直齿轮传动。已知传递的功率 $P=11$kW，小齿轮转速$n_1=960$r/min，传动比 $i=3.8$，单向转动，载荷平稳，齿轮相对轴承对称布置。

10-28　实践题：设计一单级斜齿圆柱齿轮减速器中的齿轮传动。已知传递的功率 P 为6.3kW，小齿轮转速 $n_1=960$r/min，传动比 $i=4.3$，单班制工作，双向运转，载荷为中等冲击，齿轮相对轴承为对称布置，电动机驱动。

本章重点口诀

齿轮机构很常见，齿廓多用渐开线，
齿轮啮合的轴线，平行相交与异面，
啮合特性要记清，传动比值是恒定，

切削加工原理有，仿形法与范成法，
变形齿轮有两种，正变位与负变位，
变位传动两大类，等移距不等移距，
齿数模数压力角，顶高顶隙五参数，
正确啮合有条件，防止根切限齿数，
失效形式有五种，设计准则细分清，
斜齿锥齿常用到，当量齿数不忘掉，
受力分析要记牢，方向判别很重要。

本章知识小结

1. 齿轮传动的类型
   - 平面齿轮传动
     - 直齿圆柱齿轮传动
       - 外啮合
       - 内啮合
       - 齿轮齿条啮合
     - 斜齿圆柱齿轮传动
     - 人字齿轮传动
   - 空间齿轮传动
     - 两轴相交，如直齿圆锥齿轮传动
     - 两轴交错，如交错轴斜齿轮传动
   - 按工作条件
     - 闭式齿轮传动
     - 开式齿轮传动
   - 按齿廓曲线
     - 渐开线齿轮
     - 摆线齿轮
     - 圆弧齿轮

2. 渐开线圆柱齿轮主要参数
   - 齿数 z
   - 模数 m
   - 压力角 α
   - 齿顶高系数 h_a^*
   - 顶隙系数 c^*

3. 齿轮传动的基本要求
   - 传动要平稳
   - 承载能力强

4. 齿轮各部分名称——分度圆、齿顶圆、齿根圆、基圆、齿顶高、齿根高、全齿高、齿厚、齿槽宽、齿距、齿宽

5. 圆柱齿轮结构
   - 齿轮轴
   - 实心式齿轮
   - 辐板式齿轮
   - 轮辐式齿轮

6. 正确啮合条件
   - 直齿圆柱齿轮
     - $m_1 = m_2 = m$
     - $\alpha_1 = \alpha_2 = \alpha$
   - 斜齿圆柱齿轮
     - $m_{n1} = m_{n2} = m_n$
     - $\alpha_{n1} = \alpha_{n2} = \alpha_n$
     - $\beta_1 = -\beta_2$
   - 圆锥齿轮
     - $m_1 = m_2 = m$
     - $\alpha_1 = \alpha_2 = \alpha$

7. 连续传动条件——重合度 $\varepsilon>1$

8. 渐开线齿轮切齿原理
   - 仿形法
     - 盘状铣刀
     - 指状铣刀
   - 范成法
     - 插齿
       - 齿轮插刀
       - 齿条插刀
     - 滚齿——齿轮滚刀
   - 根切现象
     - 根切
     - 最少齿数

9. 变位齿轮概念
   - 变位齿轮
     - 正变位齿轮，$x>0$
     - 负变位齿轮，$x<0$
   - 变位传动
     - 等移距（高度）变位，$x_1+x_2=0$，且 $x_1=-x_2$
     - 不等距（角度）变位，$x_1+x_2\neq 0$
       - 正传动 $x_1+x_2>0$
       - 负传动 $x_1+x_2<0$

10. 齿轮的检验
    - 公法线
    - 分度圆弦齿厚

11. 齿轮常见失效形式
    - 轮齿折断
    - 齿面点蚀
    - 齿面胶合
    - 齿面磨损
    - 齿面塑性变形

12. 齿轮材料与热处理
    - 常用材料
      - 铸钢
      - 铸铁
      - 有色金属
      - 非金属
    - 热处理
      - 正火
      - 调质
      - 整体淬火
      - 表面淬火

13. 齿轮设计准则
    - 闭式齿轮传动
      - 软齿面
        - 先按齿面接触疲劳强度计算尺寸
        - 再按齿根弯曲疲劳强度进行校核
      - 硬齿面
        - 先按齿根弯曲疲劳强度计算尺寸
        - 再按齿面接触疲劳强度进行校核
    - 开式齿轮传动——按齿根弯曲疲劳强度计算尺寸，并增大10%～20%

第11章 蜗杆传动

11.1 概　　述

蜗杆传动是由蜗杆、蜗轮和机架组成的传动装置，用于传递空间两交错轴间的运动和动力。一般蜗杆与蜗轮的轴线在空间互相垂直交错成 90°。通常情况下在传动中蜗杆是主动件，蜗轮是从动件。

11.1.1 蜗杆、蜗轮的形成以及蜗杆传动的特点

蜗杆传动是在齿轮传动的基础上发展起来的，它具有齿轮传动的某些特点，即在中间平面（通过蜗杆轴线并垂直于蜗轮轴线的平面）内的啮合情况与齿轮齿条的啮合相类似，又有区别于齿轮传动的特性，即其运动特性相当于螺旋副的工况。蜗杆相当于单头或多头螺杆，蜗轮相当于一个“不完整的螺母”包在蜗杆上。蜗杆本身轴线转动一周，蜗轮相应转过一个或多个齿，如图 11-1 所示。

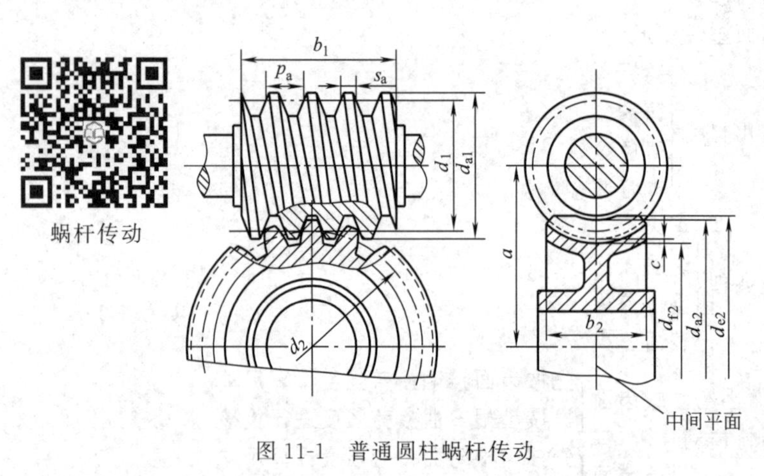

图 11-1　普通圆柱蜗杆传动

蜗杆传动的特点如下。

（1）传动比大，而且准确　蜗杆的头数一般取 1～6，远小于蜗轮的齿数，在一般传动中，i=10～80，在分度机构中可达 600～1000。这样大的传动比，如用齿轮传动则需要采用多级传动。由此可见，在较大传动比时，蜗杆传动具有结构紧凑的特点。此外，蜗杆传动和齿轮传动一样能保证传动比的准确性。

（2）传动平稳，噪声小　由于蜗杆的齿为连续不断的螺旋形齿，在与蜗轮啮合时，是逐渐进入和退出啮合的，同时啮合的齿数又较多，因此蜗杆传动比齿轮传动平稳、噪声小。

（3）承载能力较大　蜗杆与蜗轮啮合时呈线接触，同时进入啮合的齿数较多，与点接触的交错轴斜齿轮传动相比，承载能力大。

（4）能够自锁　当蜗杆的导程角小于材料的当量摩擦角时，则蜗杆传动便可以自锁。此时，只能用蜗杆带动蜗轮，而不能用蜗轮带动蜗杆。

（5）相对滑动速度大，效率低　蜗杆传动中，蜗轮齿沿蜗杆齿的螺旋线方向滑动速度大，摩擦较大，所以传动效率较齿轮传动和带传动都低。一般效率为 0.7～0.9，具有自锁

性的蜗杆传动效率小于 0.5。由于蜗杆传动效率较低，摩擦产生的热量较大，故要求工作时要有良好的润滑和冷却。

(6) 成本较高　为了减少摩擦，提高效率和使用寿命，蜗轮往往要用价格较贵的青铜等减摩材料。

(7) 不能任意互换啮合　在蜗杆副中，蜗轮的轮齿是呈圆弧形包围着蜗杆，故所切制蜗轮的蜗轮滚刀的参数必须与工作蜗杆的参数（模数、压力角、分度圆、螺旋线的旋向、头数、导程角）完全一致。因此，仅是模数和压力角相同的蜗杆与蜗轮是不能任意互换啮合的。

11.1.2　蜗杆传动的分类

按蜗杆分度曲面的形状不同，蜗杆传动可以分为圆柱蜗杆传动、环面蜗杆传动和锥蜗杆传动三种类型。蜗杆传动的分类见表 11-1。

由于普通圆柱蜗杆传动加工制造简单，应用最为广泛，所以本章主要介绍以阿基米德蜗杆为代表的普通圆柱蜗杆传动。

表 11-1　蜗杆传动的分类

类型			图例	特点与应用
圆柱蜗杆传动	普通圆柱蜗杆传动	阿基米德蜗杆	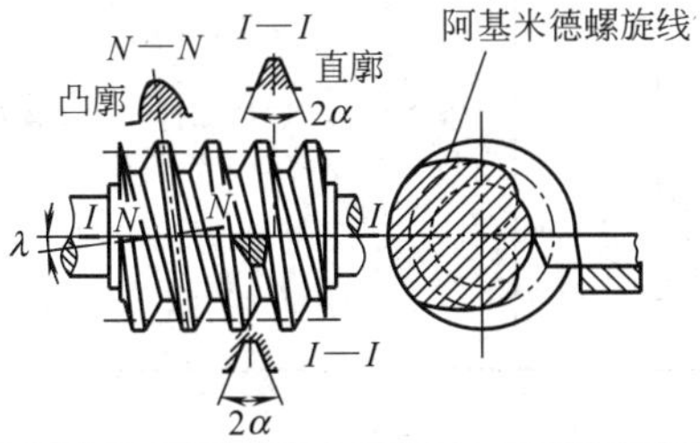 N—N　I—I　凸廓　直廓　2α　阿基米德螺旋线　λ　I　N　N　I　I—I　2α	(ZA 蜗杆)齿面为阿基米德螺旋面。加工时，梯形车刀切削刃的顶平面通过蜗杆轴线，在轴向剖面 I—I 具有直线齿廓，法向剖面 N—N 上齿廓为外凸线，端面上齿廓为阿基米德螺旋线。这种蜗杆切制简单，但难以用砂轮磨削出精确齿形，精度较低
		渐开线蜗杆	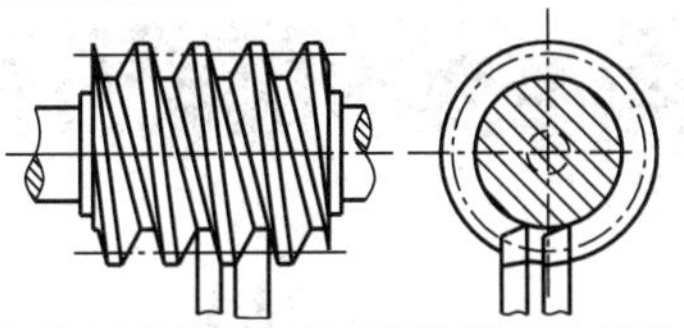	(ZI 蜗杆)加工时，车刀刀刃平面与基圆或上或下相切，被切出的蜗杆齿面是渐开线螺旋面，端面上齿廓为渐开线。这种蜗杆可以磨削，易保证加工精度
		法向直廓蜗杆	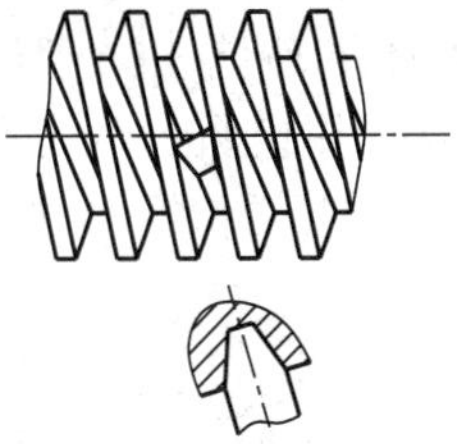	(ZN 蜗杆)又称延伸渐开线蜗杆。车制时刀刃顶面置于螺旋线的法面上，蜗杆在法向剖面上具有直线齿廓，在端面上为延伸渐开线齿廓。这种蜗杆可用砂轮磨齿，加工较简单，常用作机床的多头精密蜗杆传动
	圆弧圆柱蜗杆传动		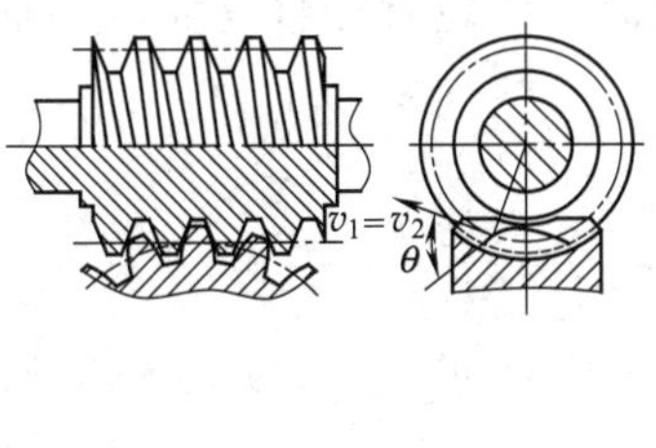 $v_1=v_2$　θ	(ZC 蜗杆)是一种非直纹面圆柱蜗杆，在中间平面上蜗杆的齿廓为凹圆弧，与之相配的蜗轮齿廓为凸圆弧。传动特点是： (1)蜗杆与蜗轮两共轭齿面是凹凸啮合，增大了综合曲率半径，因而单位齿面接触应力减小，接触强度得以提高 (2)瞬时啮合时的接触线方向与相对滑动速度方向的夹角(润滑角)大，易于形成和保持共轭齿面间的动压油膜，使摩擦因数减小，齿面磨损小，传动效率可达 95%以上 (3)在蜗杆强度不削弱的情况下，能增大蜗轮的齿根厚度，使蜗轮轮齿的弯曲强度增大 (4)传动比范围大(最大可以达到 100)，制造工艺简单，重量轻 (5)传动中心距难以调整，对中心距误差的敏感性强

续表

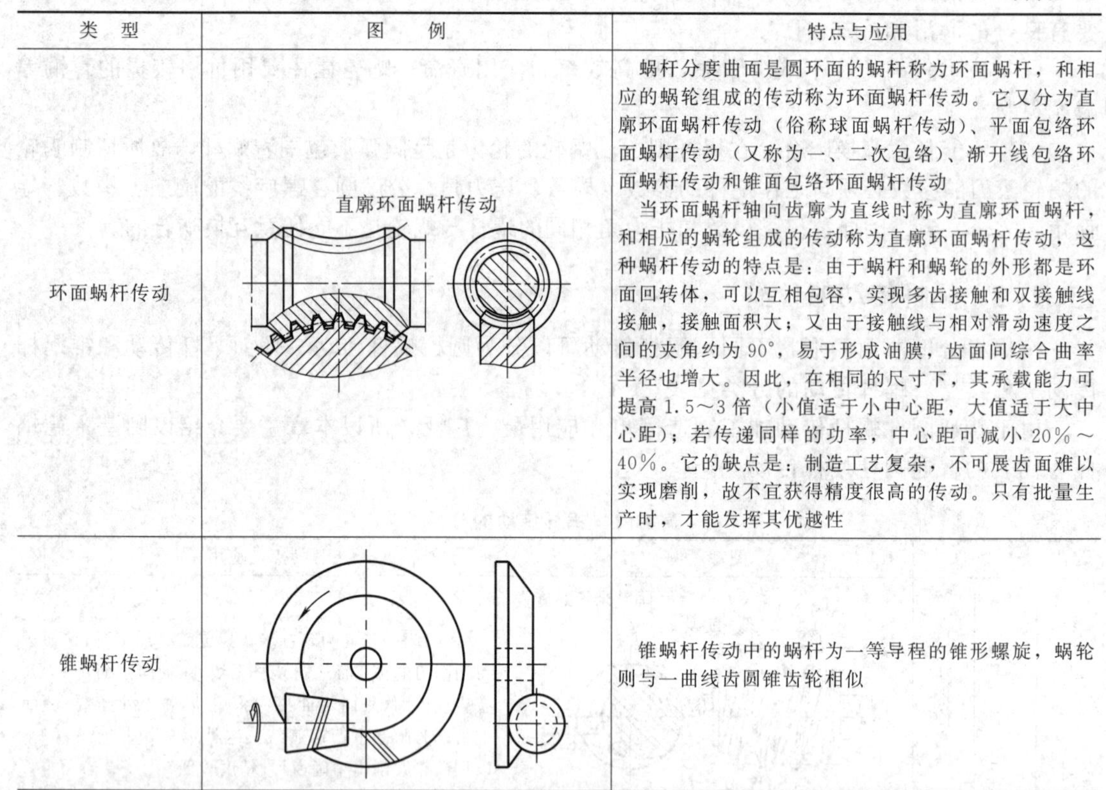

类　型	图　例	特点与应用
环面蜗杆传动	直廓环面蜗杆传动	蜗杆分度曲面是圆环面的蜗杆称为环面蜗杆，和相应的蜗轮组成的传动称为环面蜗杆传动。它又分为直廓环面蜗杆传动（俗称球面蜗杆传动）、平面包络环面蜗杆传动（又称为一、二次包络）、渐开线包络环面蜗杆传动和锥面包络环面蜗杆传动 当环面蜗杆轴向齿廓为直线时称为直廓环面蜗杆，和相应的蜗轮组成的传动称为直廓环面蜗杆传动，这种蜗杆传动的特点是：由于蜗杆和蜗轮的外形都是环面回转体，可以互相包容，实现多齿接触和双接触线接触，接触面积大；又由于接触线与相对滑动速度之间的夹角约为90°，易于形成油膜，齿面间综合曲率半径也增大。因此，在相同的尺寸下，其承载能力可提高1.5～3倍（小值适于小中心距，大值适于大中心距）；若传递同样的功率，中心距可减小20%～40%。它的缺点是：制造工艺复杂，不可展齿面难以实现磨削，故不宜获得精度很高的传动。只有批量生产时，才能发挥其优越性
锥蜗杆传动		锥蜗杆传动中的蜗杆为一等导程的锥形螺旋，蜗轮则与一曲线齿圆锥齿轮相似

11.2 圆柱蜗杆传动的主要参数和几何尺寸

11.2.1 圆柱蜗杆传动的主要参数

如图11-1所示，在中间平面上，普通圆柱蜗杆传动就相当于齿条与齿轮的啮合传动。因此，在设计蜗杆传动时，均取中间平面上的参数（如模数、压力角）和尺寸（如齿顶圆、分度圆等）为基准，并沿用齿轮传动的计算关系，其主要依据是国家标准GB 10087—1988和GB 10088—1988。

（1）蜗杆头数z_1、蜗轮齿数z_2和传动比i

较少的蜗杆头数（如单头蜗杆）可以实现较大的传动比，但传动效率较低；蜗杆头数越多，传动效率越高，但蜗杆头数过多时不易加工。通常蜗杆头数取为1、2、4、6。

蜗轮齿数主要取决于传动比，即$z_2=iz_1$。z_2不宜太小（如$z_2<26$），否则将使传动平稳性变差。z_2也不宜太大，否则在模数一定时，蜗轮直径将增大，从而使相啮合的蜗杆支承间距加大，降低蜗杆的弯曲刚度。

传动比i为：

$$i=\frac{n_1}{n_2}=\frac{z_2}{z_1}\neq\frac{d_2}{d_1} \tag{11-1}$$

因为在蜗杆传动中，蜗杆轴与蜗轮轴空间交错90°，v_1与v_2的方向不同，显然，$v_1\neq v_2$，所以$d_1n_1\neq d_2n_2$，即$i=n_1/n_2\neq d_2/d_1$。

一般圆柱蜗杆传动减速装置的传动比的公称值按下列选择：5、7.5、10、12.5、15、

20、25、30、40、50、60、70、80。其中10、20、40和80为基本传动比，应优先选用。

（2）模数 m 和压力角 α

蜗杆传动的尺寸计算与齿轮传动一样，也是以模数 m 作为计算的主要参数。在中间平面内蜗杆传动相当于齿轮和齿条传动，蜗杆的轴向模数和轴向压力角分别与蜗轮的端面模数和端面压力角相等，为此将此平面内的模数和压力角规定为标准值，标准模数可查有关设计手册，标准压力角为 $\alpha=20°$。

（3）蜗杆的分度圆直径 d_1

在蜗杆传动中，为了保证蜗杆与配对蜗轮的正确啮合，常用与蜗杆相同尺寸的蜗轮滚刀来加工与其配对的蜗轮。这样，只要有一种尺寸的蜗杆，就需要一种对应的蜗轮滚刀。对于同一模数，可以有很多不同直径的蜗杆，因而对每一模数就要配备很多蜗轮滚刀。显然，这样很不经济。

为了限制蜗轮滚刀的数目及便于滚刀的标准化，就对每一标准模数规定了一定数量的蜗杆分度圆直径 d_1，而把比值 $q=d_1/m$ 称为蜗杆直径系数。由于 d_1 与 m 均已取为标准值，故 q 就不是整数。标准模数 m、直径 d_1 及 m^2d_1 值见表11-2。

表11-2　标准模数 m、直径 d_1 及 m^2d_1 值（GB 10085—1988）

m	2	2.5	3.15	4
d_1	(18)　22.4　(28)　35.5	(22.4)　28　(35.5)　45	28　(35.5)　(45)　56	(31.5)　40　(50)　71
m^2d_1	72　89.6　112　142	140　175　221.9　281	277.8　352.2　446.5　556	504　640　800　1136

m	5	6.3	8
d_1	(40)　50　(63)　90	(50)　63　(80)　112	(63)　80　(100)　140
m^2d_1	1000　1250　1575　2250	1985　2500　3175　4445	4032　5120　6400　8960

m	10	12.5	16
d_1	(71)　90　(112)　160	(90)　112　(140)　200	(112)　140　(180)　250
m^2d_1	7100　9000　11200　16000	14062　17500　21875　31250	28672　35840　46080　64000

注：括号内的数值尽可能不用。

（4）导程角 γ

蜗杆的直径系数 q 和蜗杆头数 z_1 选定之后，蜗杆分度圆柱上的导程角 γ 也就确定了，如图11-2所示。

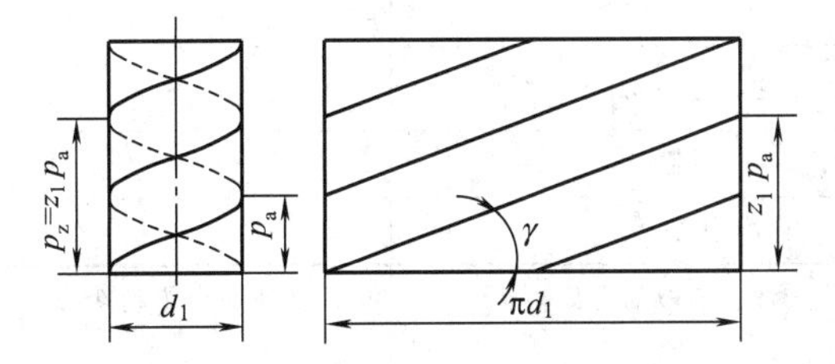

图11-2　蜗杆导程与导程角的关系

显然有：

$$\tan\gamma=\frac{p_z}{\pi d_1}=\frac{z_1p_a}{\pi d_1}=\frac{z_1\pi m}{\pi d_1}=\frac{z_1m}{d_1}=\frac{z_1}{q} \tag{11-2}$$

式中　p_z——蜗杆的导程，mm；

p_a——蜗杆的轴向齿距，mm。

由式(11-2)可知，当 m 一定时，q 增大，则 d_1 变大，蜗杆的刚度、强度相应提高，因此 m 较小时，q 选较大值；又因为 q 取小值时，γ 增大，效率随之提高，故在蜗杆刚度允许的情况下，应尽可能选小的 q 值。

（5）蜗杆传动的标准中心距

$$a=\frac{1}{2}(d_1+d_2)=\frac{1}{2}(q+z_2)m\neq\frac{1}{2}(z_1+z_2)m \tag{11-3}$$

设计普通圆柱蜗杆减速装置时，在按接触强度或弯曲强度确定了中心距之后，再进行蜗杆蜗轮参数的配置。

(6) 蜗杆传动的正确啮合条件

从上述可知，蜗杆传动的正确啮合条件为：蜗杆的轴向模数与蜗轮的端面模数必须相等；蜗杆的轴向压力角与蜗轮的端面压力角必须相等；两轴线交错 90°时，蜗杆分度圆柱的导程角与蜗轮分度圆柱螺旋角等值且方向相同，即

$$\begin{cases} m_{a1}=m_{t2}=m \\ \alpha_{a1}=\alpha_{t2}=\alpha \\ \gamma_1=\beta_2(\text{旋向一致}) \end{cases} \tag{11-4}$$

11.2.2 圆柱蜗杆传动的几何尺寸计算

标准阿基米德蜗杆传动主要几何尺寸的计算公式见表 11-3（参见图 11-1）。

表 11-3 标准阿基米德蜗杆传动主要几何尺寸的计算公式

名称	符号	计算公式	
		蜗杆	蜗轮
分度圆直径	d	$d_1=mq=mz_1/\tan\gamma$	$d_2=mz_2$
齿顶高	h_a	$h_a=m$	
齿根高	h_f	$h_f=1.2m$	
齿顶圆直径	d_a	$d_{a1}=(q+2)m$	$d_{a2}=(z_2+2)m$
齿根圆直径	d_f	$d_{f1}=(q-2.4)m$	$d_{f2}=(z_2-2.4)m$
蜗杆导程角	γ	$\gamma=\arctan\dfrac{z_1}{q}$	
蜗轮螺旋角	β		$\beta=\gamma$
蜗杆齿宽	b_1	$b_1\geqslant(11+0.06z_2)m$ $(z_1=1,2)$ $b_1\geqslant(12.5+0.09z_2)m$ $(z_1=3,4)$	
蜗轮宽度	b_2		$b_2\leqslant0.75d_{a1}$ $(z_1\leqslant3)$ $b_2\leqslant0.67d_{a1}$ $(z_1=4,6)$
蜗轮齿顶圆直径	d_{e2}		$d_{e2}\leqslant d_{a2}+2m$ $(z_1=1)$ $d_{e2}\leqslant d_{a2}+1.5m$ $(z_1=2,3)$ $d_{e2}\leqslant d_{a2}+m$ $(z_1=4,6)$
蜗轮轮齿包角	θ		$\theta=2\arcsin\dfrac{b_2}{d_1}$
径向间隙	c	$c=0.2m$	
标准中心距	a	$a=0.5(d_1+d_2)=0.5(q+z_2)$	

注：一般动力传动 $\theta=70°\sim90°$；高速动力传动 $\theta=90°\sim130°$；分度传动 $\theta=45°\sim60°$。

11.3 蜗杆传动的失效形式、材料和结构

11.3.1 蜗杆传动的失效形式

(1) 失效形式

由于蜗轮材料的强度往往低于蜗杆材料的强度，所以失效大多发生在蜗轮轮齿上。蜗杆传动的失效形式有点蚀、胶合、磨损和折断。蜗杆传动在工作时，齿面间相对滑动速度大，

摩擦和发热严重，所以主要失效形式为齿面胶合、磨损和齿面点蚀。实践表明，在闭式传动中，蜗轮的失效形式主要是胶合与点蚀；在开式传动中，失效形式主要是磨损；当过载时，会发生轮齿折断现象。

(2) 设计准则

由于蜗轮无论在材料的强度和结构方面均较蜗杆弱，所以失效多发生在蜗轮轮齿上，设计时只需要对蜗轮进行承载能力计算。由于目前对胶合与磨损的计算还缺乏适当的方法和数据，因而还是按照齿轮传动中弯曲和接触疲劳强度进行。

蜗杆传动的设计准则为：闭式蜗杆传动，按蜗轮轮齿的齿面接触疲劳强度进行设计计算，按齿根弯曲疲劳强度校核，并进行热平衡验算；开式蜗杆传动，按保证齿根弯曲疲劳强度进行设计。

11.3.2　材料选择

根据蜗杆传动的失效形式可知，蜗杆和蜗轮的材料除满足强度外，更应具备良好的减摩性和耐磨性。蜗杆多采用调质钢、渗碳钢和表面淬火钢制造，常经热处理提高齿面硬度，增加耐磨性。蜗轮材料选择要考虑齿面相对滑动速度，对于高速而重要的蜗杆传动，蜗轮常用铸锡青铜；当滑动速度较低时，可选用价格较低的铝青铜；低速和不重要的传动可采用铸铁材料。

11.3.3　蜗杆及蜗轮的结构

(1) 蜗杆的结构

蜗杆因为直径不大，常与轴做成一体的，称为蜗杆轴，常用车或铣加工。铣制蜗杆没有退刀槽，且轴的直径可以大于蜗杆的齿根圆直径，所以其刚度较大。车制蜗杆时，为了便于车螺旋部分时退刀，留有退刀槽而使轴径小于蜗杆根圆直径，因此削弱了蜗杆的刚度。

(2) 蜗轮的结构

为了减摩的需要，蜗轮通常要用青铜制作。为了节省铜材，当蜗轮直径较大时，采用组合式蜗轮结构，齿圈用青铜，轮芯用铸铁或碳素钢。常用蜗轮的结构形式如图 11-3 所示。

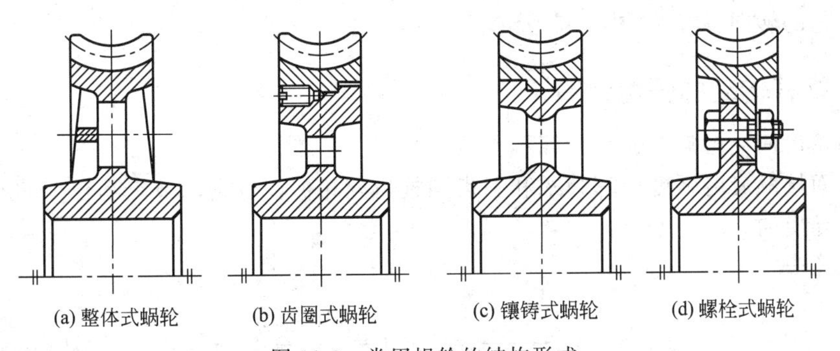

图 11-3　常用蜗轮的结构形式

11.4 蜗杆传动的强度计算

11.4.1　蜗杆传动的受力分析

蜗杆传动的受力分析与斜齿圆柱齿轮相似，轮齿在受到法向载荷 F_n 的情况下，可分解

出径向载荷 F_r、周向载荷 F_t 与轴向载荷 F_a，见图 11-4。

$$\begin{cases} F_{t1}=\dfrac{2T_1}{d_1}=-F_{a2} \qquad F_{t2}=\dfrac{2T_2}{d_2} \\ F_{a1}=-F_{t2} \\ F_{r1}=-F_{r2} \qquad F_{r2}=F_{t2}\tan\alpha \end{cases} \tag{11-5}$$

式中　T_1，T_2——作用在蜗杆和蜗轮上的转矩，N・m。

当蜗杆主动时各力的方向为：蜗杆上圆周力 F_{t1} 的方向与蜗杆的转向相反；蜗轮上的圆周力 F_{t2} 的方向与蜗轮的转向相同；蜗杆和蜗轮上的径向力 F_{r1} 和 F_{r2} 的方向分别指向各自的轴心；蜗杆轴向力 F_{a1} 的方向与蜗杆的螺旋线方向和转向有关，可以用“主动轮左（右）手法则”判断，即蜗杆为右（左）旋时用右（左）手，并以四指弯曲方向表示蜗杆转向，则拇指所指的方向为轴向力 F_{a1} 的方向，如图 11-4 所示。

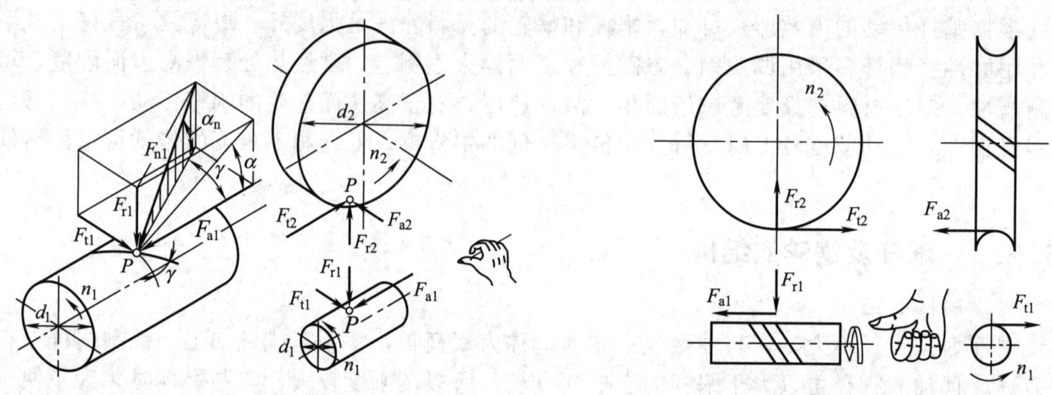

图 11-4　蜗杆传动的受力分析　　　图 11-5　蜗轮转向的判定

因蜗轮在啮合点处的圆周速度 v_2 与其所受的圆周力 F_{t2} 的方向相同，而 $F_{a1}=-F_{t2}$，即表示蜗轮的转向与 F_{a1} 反向，也就是 v_2（n_2）与 F_{a1} 方向相反。因此，蜗轮转向的判定方法是：先用“主动轮左（右）手法则”确定 F_{a1}，与之相反的就是蜗轮的圆周速度 v_2 的方向，亦即蜗轮的转向 n_2，如图 11-5 所示。

11.4.2　蜗杆传动的强度计算

（1）蜗轮齿面接触疲劳强度计算

蜗轮齿面接触疲劳强度计算公式和斜齿圆柱齿轮相似，也是以节点啮合处的相应参数利用赫兹公式导出的。

① 校核公式

$$\sigma_H=500\sqrt{\frac{KT_2}{d_2{}^2d_1}}=500\sqrt{\frac{KT_2}{m^2d_1z_2{}^2}}\leqslant[\sigma]_H \tag{11-6}$$

② 设计公式

$$m^2d_1\geqslant\left(\frac{500}{z_2[\sigma]_H}\right)^2KT_2 \tag{11-7}$$

式中　K——载荷系数，一般取 $K=1.1\sim1.4$，当载荷平稳，蜗杆圆周速度小于 3m/s，7 级以上精度时取小值，否则取大值；

$[\sigma]_H$——许用接触应力，MPa，见表 11-4。

表 11-4　蜗轮常用材料及许用接触应力 $[\sigma]_H$

材料牌号	铸造方法	适用的滑动速度 v_s/(m/s)	许用接触应力 $[\sigma]_H$/MPa						
			滑动速度 v_s/(m/s)						
			0.5	1	2	3	4	6	8
ZCuSn10Pb1	砂模 金属模	≤25	134 200						
ZCuSnPb5Zn5	砂模 金属模 离心浇铸	≤12	128 134 174						
ZCuAl9Fe3	砂模 金属模 离心浇铸	≤10	250	230	210	180	160	120	90
HT150(120～150HBS) HT200(120～150HBS)	砂模	≤2	130	115	90	—	—	—	—

注：1. 表中 $[\sigma_H]$ 是蜗杆齿面硬度>350HBW 条件下的值，若 $[\sigma_H]$ ≤350HBW 时需降低 15%～20%。
2. 当传动短时工作时，可将表中锡青铜的 $[\sigma_H]$ 值增加 40%～50%。

（2）蜗轮轮齿弯曲疲劳强度

在闭式蜗杆传动中，若蜗轮的齿面接触强度和热平衡计算均满足要求，则蜗轮轮齿弯曲疲劳强度也将足够。只有在少数情况下，如在强烈冲击的传动中或蜗轮采用脆性材料时，计算其弯曲疲劳强度才有意义。如需计算，可参考有关书籍。

11.5 蜗杆传动的效率、润滑和热平衡计算

11.5.1 蜗杆传动的效率

（1）相对滑动速度

蜗杆与蜗轮轮齿在节点处啮合时的相对滑动速度用 v_s 表示。设蜗杆与蜗轮的圆周速度分别为 v_1 与 v_2，则相对滑动速度为：

$$v_s=\sqrt{v_1^2+v_2^2}=\frac{v_1}{\cos\gamma}=\frac{\pi d_1 n_1}{60\times 1000\cos\gamma}\ (\mathrm{m/s}) \tag{11-8}$$

式中　d_1——蜗杆分度圆直径，mm；

n_1——蜗杆转速，r/min；

γ——蜗杆分度圆柱面上的导程角，(°)。

由式(11-8) 可知，蜗杆传动沿螺旋线方向滑动速度很大，这对齿面的润滑情况、齿面失效形式以及传动效率等都带来很大的影响。

（2）蜗杆传动的效率

闭式蜗杆传动的总效率 η 包括轮齿啮合效率 η_1、轴承摩擦效率 η_2（0.98～0.995）和搅油损耗效率 η_3（0.96～0.99），即

$$\eta=\eta_1\eta_2\eta_3 \tag{11-9}$$

当蜗杆主动时，η_1 可近似按螺旋副的效率计算，即

$$\eta_1=\frac{\tan\gamma}{\tan(\gamma+\rho_v)}; \tag{11-10}$$

式中　γ——蜗杆的螺旋升角（导程角），(°)；

ρ_v——当量摩擦角，$\rho_v=\arctan f$。

当对蜗杆传动的效率进行初步计算时，可近似取以下数值：

① 闭式传动，当 $z_1=1$ 时，$\eta=0.7\sim0.75$；当 $z_1=2$ 时，$\eta=0.75\sim0.82$；当 $z_1=4$ 时，$\eta=0.87\sim0.92$；自锁时 $\eta<0.5$；

② 开式传动，当 $z_1=1$、2 时，$\eta=0.6\sim0.7$。

11.5.2　蜗杆传动的润滑

由于蜗杆传动时的相对滑动速度大、效率低、发热量大，故润滑特别重要。若润滑不良，会进一步导致效率降低，并会产生急剧磨损，甚至出现胶合，故需选择合适的润滑油及润滑方式。

对于开式蜗杆传动，采用黏度较高的润滑油或润滑脂。对于闭式蜗杆传动，根据工作条件和滑动速度参考推荐值选定润滑油和润滑方式。

当采用油池润滑时，在搅油损失不大的情况下，应有适当的油量，以利于形成动压油膜，且有助于散热。对于下置式或侧置式蜗杆传动，浸油深度应为蜗杆的一个齿高；当蜗杆圆周转速大于 4m/s 时，为减少搅油损失，常将蜗杆上置，其浸油深度约为蜗轮外径的三分之一。

11.5.3　蜗杆传动的热平衡计算

由于蜗杆传动效率较低，发热量大，润滑油温升增加，黏度下降，润滑状态恶劣，导致齿面胶合失效。所以对连续运转的蜗杆传动必须进行热平衡计算。

蜗杆传动中，摩擦损耗功率为：

$$P_s=1000P_1(1-\eta)$$

自然冷却时，从箱体外壁散发的热量折合的相当功率为：

$$P_c=K_sA(t_1-t_0)$$

热平衡的条件是：在允许的润滑油工作温升范围内，箱体外表面散发出热量的相当功率应大于或等于摩擦损耗功率，即：

$$P_c\geqslant P_e$$

亦即：

$$K_sA(t_1-t_0)\geqslant1000P_1(1-\eta)$$

故：

$$t_1\geqslant\frac{1000P_1(1-\eta)}{K_sA}+t_0 \tag{11-11}$$

式中　K_s——箱体表面散热系数，一般取 $K_s=8.5\sim17.5\text{W}/(\text{m}^2\cdot℃)$，通风条件良好（如箱体周围空气循环好、外壳上无灰尘杂物等）时，可以取大值，否则取小值；

A——箱体散热面积，m^2，散热面积是指箱体内表面被润滑油浸到（或飞溅到），而外表面又能被自然循环的空气所冷却的面积；

t_0——周围空气的温度，一般取 20℃；

t_1——热平衡时的工作温度，℃，一般应小于 60～75℃，最高不超过 80℃。

若润滑油的工作温度 t_1 超过允许值或散热面积不足时，应该采用下列办法提高散热能力：

① 在箱体外表面加散热片以增加散热面积；

② 在蜗杆的端面安装风扇，加速空气流通，提高散热系数，可取 $K_s=18\sim35\text{W}/(\text{m}^2\cdot℃)$，见图 11-6(a)；

③ 在油池中安放蛇形水管，用循环水冷却，见图 11-6(b)；

④ 采用压力喷油循环冷却，见图 11-6(c)。

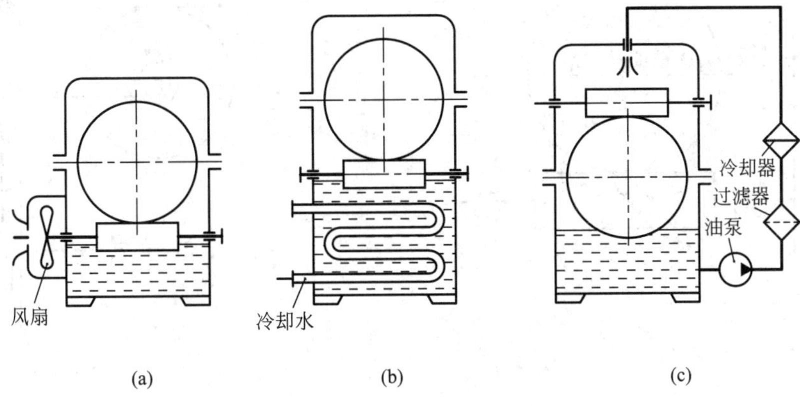

图 11-6　提高散热能力措施

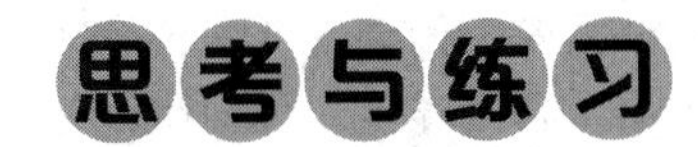

11-1　蜗杆传动有何特点？

11-2　蜗杆传动的标准参数在哪个平面上？正确啮合条件是什么？

11-3　蜗杆传动为什么有较大的滑动速度？对传动性能产生什么影响？

11-4　设计闭式蜗杆传动时，除强度计算外，为什么还要进行热平衡计算？若工作温度过高，应采取哪些措施？

11-5　标出图 11-7 中未注明的蜗杆或蜗轮的旋向以及转向，并画出作用在蜗杆和蜗轮齿面上的三个分力的方向（图中均是蜗杆为主动件）。

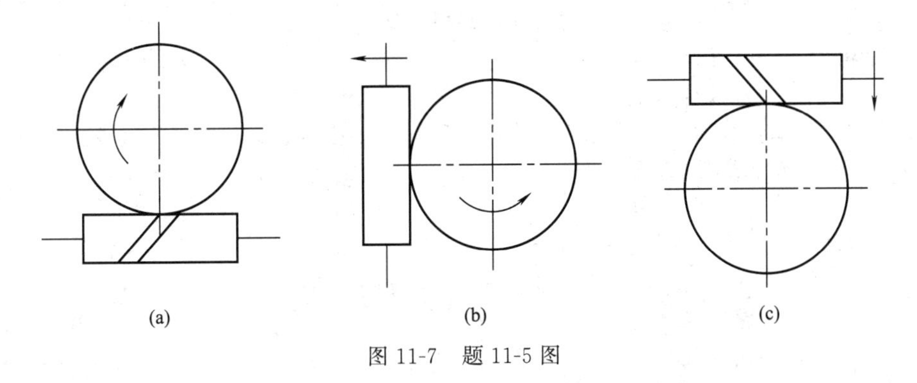

图 11-7　题 11-5 图

11-6　图 11-8 为斜齿圆柱齿轮传动和蜗杆传动组成的二级减速器装置，为使中间轴Ⅱ上的轴向力较小，试给出：蜗杆和蜗轮的旋向；两斜齿轮的旋向；大斜齿轮 2 和蜗杆 3 所受的三个分力的方向。

11-7　图 11-9 为三组蜗杆传动组成的系统，已知Ⅰ轴向上转动，试画出各轴的转向以及三对蜗杆啮合点处作用在蜗杆和蜗轮齿面上的三个分力的方向。

11-8　一单头蜗杆传动，已知蜗轮的齿数 $z_2=60$，蜗杆的直径系数 $q=10$，蜗轮分度圆直径 $d_2=300\text{mm}$。试求模数 m、蜗杆分度圆直径 d_1、中心距 a 和传动比 i。

11-9　实践题：设计带式运输机的闭式蜗杆传动。已知所需电动机的输出功率 $P=5.3\text{kW}$，转速 $n=960\text{r/min}$，传动比 $i=27$，工作载荷平稳，单向连续运转，每天工作 6h，要求使用寿命为 5 年。

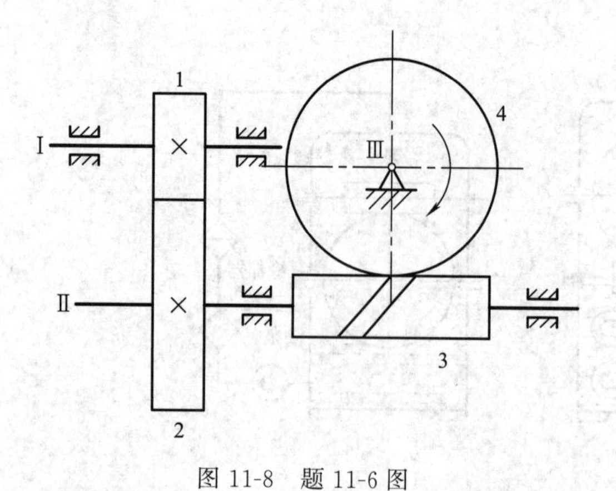

图 11-8　题 11-6 图

图 11-9　题 11-7 图

本章重点口诀

蜗杆蜗轮空间动，低速分度常应用，
传动平稳无噪声，传动比大能自锁，
磨损较大效率低，油的温升要算清，
避免失效防胶合，蜗杆钢制蜗轮铜，
标准参数主平面，蜗杆轴向轮端面。

本章知识小结

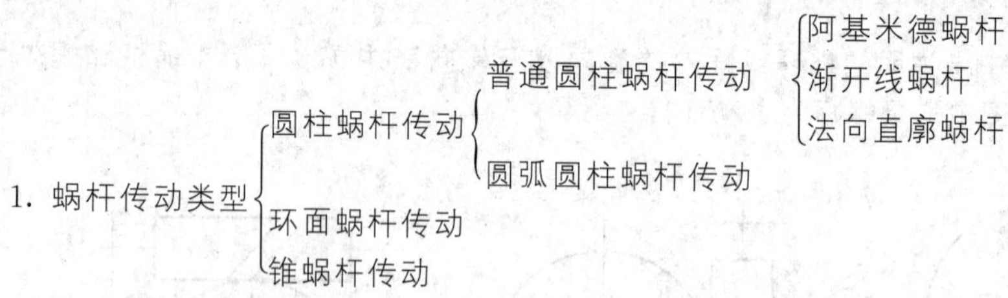

1. 蜗杆传动类型
   - 圆柱蜗杆传动
     - 普通圆柱蜗杆传动
       - 阿基米德蜗杆
       - 渐开线蜗杆
       - 法向直廓蜗杆
     - 圆弧圆柱蜗杆传动
   - 环面蜗杆传动
   - 锥蜗杆传动

2. 蜗杆传动基本参数和几何尺寸——模数、压力角、齿距、蜗杆分度圆直径、蜗杆分度圆导程角、中心距、蜗杆线数、蜗轮齿数

3. 蜗杆传动正确啮合条件
$$\begin{cases} m_{a1}=m_{t2}=m \\ \alpha_{a1}=\alpha_{t2}=\alpha \\ \gamma_1=\beta_2\text{（旋向一致）} \end{cases}$$

4. 蜗轮结构形式
   - 整体式
   - 齿圈式
   - 镶铸式
   - 螺栓式

5. 蜗杆传动失效形式
   - 磨损
   - 胶合
   - 点蚀
   - 轮齿折断

6. 提高蜗杆传动散热能力的方法
   - 在箱体外表面加散热片以增加散热面积
   - 在蜗杆的端面安装风扇，提高散热系数
   - 在油池中安放蛇形水管，用循环水冷却
   - 采用压力喷油循环冷却

第12章 轮系

12.1 轮系及其类型

在实际应用的机械中，例如，在各种机床中，为了将电动机的一种转速变为主轴的多级转速，在机械式钟表中，为了使时针、分针、秒针之间的转速具有确定的比例关系，在汽车的传动系中，当主动轴与从动轴的距离较远，或要求传动比较大，或需实现变速和换向要求时，仅用一对齿轮传动或蜗杆传动往往是不够的，通常需要采用一系列相互啮合的齿轮（包括蜗杆传动）组成的传动系统将主动轴的运动传给从动轴。这种由一系列齿轮组成的传动系统称为齿轮系，简称轮系。

如果齿轮系中各齿轮的轴线互相平行，则称为平面齿轮系，否则称为空间齿轮系。

根据轮系传动时各齿轮轴线在空间的相对位置是否固定，轮系可分为定轴轮系和周转轮系。

12.1.1 定轴轮系

轮系运转时，所有齿轮（包括蜗杆、蜗轮）的几何轴线相对于机架的位置均固定不动，这种轮系称为定轴轮系，如图 12-1 所示。

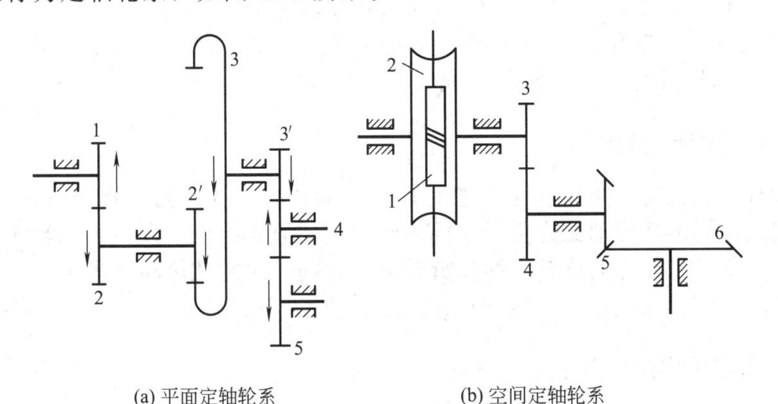

(a) 平面定轴轮系 (b) 空间定轴轮系

图 12-1 定轴轮系

平面定轴轮系

三个圆锥齿轮空间定轴

12.1.2 周转轮系

轮系运转时，轮系中至少有一个齿轮的几何轴线相对于机架的位置是变化的，且绕某一固定轴线回转，这种轮系称为周转轮系（图 12-2）。

周转轮系由一个行星架、一个（或若干个）行星轮以及与行星轮啮合的太阳轮组成。

周转轮系 1

周转轮系 2

外太阳轮固定行星轮系

差动轮系

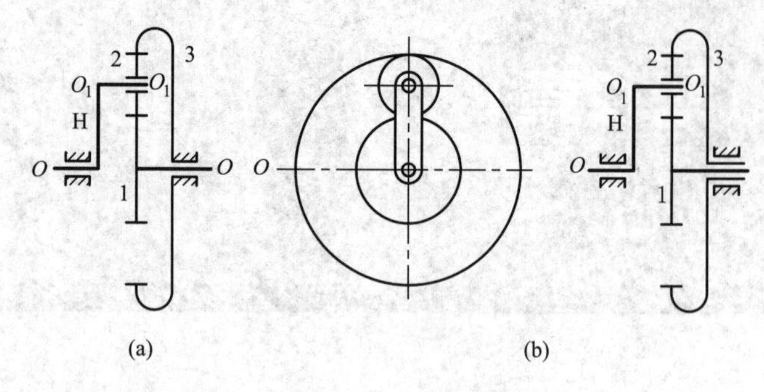

图 12-2　周转轮系

在周转轮系中，轴线固定的齿轮 1 和 3 称为太阳轮（或称中心轮）；既绕自己轴线自转，又随构件 H 一起绕太阳轮轴线回转的齿轮称为行星轮；构件 H 称为行星架。在这种轮系传动中，齿轮 2 轴线的位置不固定，它是绕齿轮 1 和齿轮 3 的轴线转动的，故此轮系为周转轮系。

根据周转轮系的自由度数目，可以将其划分为以下两大类。

（1）如果有一个中心轮是固定的，则其自由度 $F=1$，如图 12-2(a) 所示，称为行星轮系。

（2）如果轮系中两个太阳轮都可以转动，其自由度 $F=2$，如图 12-2(b) 所示，则称为差动轮系。该轮系需要两个输入，才有确定的输出。

12.2 定轴轮系传动比计算

轮系中首末两轮的转速之比，称为该轮系的传动比，用 i 表示，并在其右下角附注两个角标来表示对应的两轮。例如，i_{16} 表示齿轮 1 与齿轮 6 转速之比。

一般轮系传动比的计算应包括两个内容：一是计算传动比的大小；二是确定从动轮的转动方向。最简单的定轴轮系为一对齿轮所组成。

12.2.1 一对齿轮传动的计算

一对外啮合圆柱齿轮传动，当主动轮 1 逆时针方向旋转时，从动轮 2 就顺时针方向旋转，两轮的旋转方向相反，规定其传动比为负号；而内啮合圆柱齿轮传动中，当主动轮 1 逆时针方向旋转时，从动轮 2 也逆时针方向旋转，两轮旋转方向相同，规定其传动比为正号。记作：

$$i_{12}=\frac{\omega_1}{\omega_2}=\frac{n_1}{n_2}=\pm\frac{z_2}{z_1} \tag{12-1}$$

两轮转向也可以在图中用箭头表示。

12.2.2 定轴轮系传动比的一般式

从图 12-1(a) 中可以看出，齿轮 1→2、3′→4、4→5 为外啮合，2′→3 为内啮合。图中各对啮合齿轮的传动比大小为：

1→2 齿轮 $i_{12}=\frac{n_1}{n_2}=-\frac{z_2}{z_1}$；　　2′→3 齿轮 $i_{2'3}=\frac{n_2}{n_3}=\frac{z_3}{z'_2}$

3′→4 齿轮 $i_{3'4}=\frac{n_3}{n_4}=-\frac{z_4}{z'_3}$；　　4→5 齿轮 $i_{45}=\frac{n_4}{n_5}=-\frac{z_5}{z_4}$

将上面的式子连乘起来，于是可以得到：

$$i_{12}i_{2'3}i_{3'4}i_{45}=\frac{n_1}{n_2}\times\frac{n_{2'}}{n_3}\times\frac{n_{3'}}{n_4}\times\frac{n_4}{n_5}=\frac{n_1}{n_5}=\left(-\frac{z_2}{z_1}\right)\times\frac{z_3}{z'_2}\times\left(-\frac{z_4}{z'_3}\right)\times\left(-\frac{z_5}{z_4}\right)$$

所以：

$$i_{15}=\frac{n_1}{n_5}=-\frac{z_2z_3z_4z_5}{z_1z'_2z'_3z_4}$$

上式说明，定轴轮系的传动比等于组成该轮系的各对啮合齿轮传动比的连乘积，其大小等于各对啮合齿轮所有从动轮齿数的连乘积与所有主动轮齿数连乘积之比；“－”号表示由于经过三次外啮合，转向改变了三次，$(-1)^3=-1$，内啮合不改变转向，不予考虑。

若在定轴轮系中，首轮（主动轮）的转速为n_1，末轮（从动轮）的转速为n_k，外啮合圆柱齿轮对数为m，则轮系传动比为：

$$i_{1k}=\frac{n_1}{n_k}=(-1)^m\times\frac{\text{所有从动轮齿数连乘积}}{\text{所有主动轮齿数连乘积}} \tag{12-2}$$

式中 m——轮系中外啮合齿轮的对数。

但必须指出，如果轮系中含有圆锥齿轮或蜗杆、蜗轮时，由于圆锥齿轮传动中两轴线相交，而蜗杆传动中两轴线在空间交错，所以主动与从动齿轮间不存在转向相同或相反的问题，对于这类定轴轮系，传动比大小仍按上式计算，而其旋转方向不能用正、负号表示，只能采用画箭头的方法来确定。

由于平面轮系中各轮转向都可以用箭头表示，如图12-1(a)所示，因此建议定轴轮系传动比计算的方向判别采用标箭头的方法确定，这对各种定轴轮系均适用，且不易出错。

12.2.3 惰轮

如图12-1(a)所示的齿轮系中，齿轮4同时与齿轮3′和5啮合，它是前一对齿轮的从动轮，同时又是后一对齿轮的主动轮，其齿数的多少不影响齿轮系传动比的大小，它只起到改变转向的作用。像齿轮4这样的齿轮称为惰轮。惰轮又称为中间轮、过桥轮、介轮或换向轮等。

12.2.4 定轴轮系传动比计算

计算定轴轮系传动比时应特别注意的事项见表12-1。

【例12-1】 在如图12-3所示的车床溜板箱进给刻度盘轮系中，已知运动由齿轮1输入，$n_1=58\text{r/min}$（方向向上），由齿轮5输出，$z_1=18$，$z_2=87$，$z_3=28$，$z_4=20$，$z_5=84$。求n_5的大小和方向。

【解】 (1) 分析传动关系。

1为主动轮，5为最末的从动轮，轮系的传动关系为：1→2⇒3→4⇒4→5。

(2) 计算传动比i_{15}。

$$i_{15}=\frac{n_1}{n_5}=\frac{z_2z_4z_5}{z_1z_3z_4}=\frac{87\times20\times84}{18\times28\times20}=14.5$$

所以：

$$n_5=\frac{n_1}{i_{15}}=4\text{r/min}$$

(3) n_5的方向，如图12-3所示。

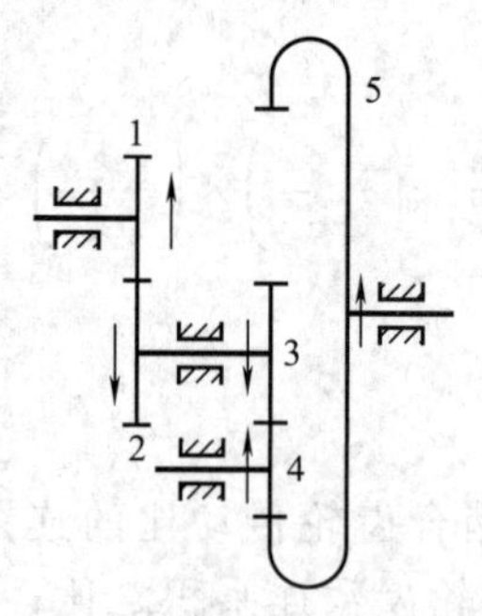

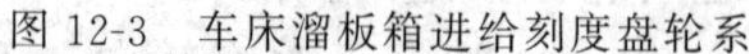

图 12-3　车床溜板箱进给刻度盘轮系

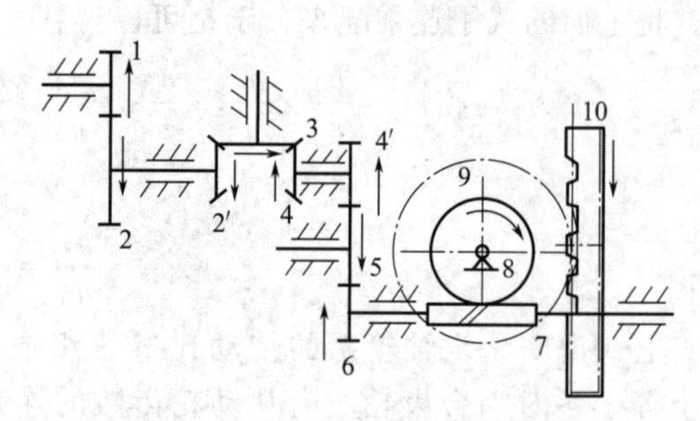

图 12-4　非平行轴的定轴轮系

表 12-1　计算定轴轮系传动比时应特别注意的事项

大小计算	$i_{1k}=\frac{n_1}{n_k}=(-1)^m\times\frac{\text{所有从动轮齿数连乘积}}{\text{所有主动轮齿数连乘积}}$		
	一定要清楚谁主谁从(谁带谁)的问题,同一轴上的齿轮没有啮合关系,不存在谁带谁的问题		
	注意惰轮。它是前一对齿轮的从动轮,同时又是后一对齿轮的主动轮,它的齿数多少不影响齿轮系传动比的大小,它只起到改变转向的作用		
方向判别(画箭头法)	平面轮系	外啮合两齿轮转向相反;内啮合两齿轮转向相同	
	空间轮系	圆锥齿轮	圆锥齿轮啮合时,要么两箭头相遇;要么两箭尾相遇
		蜗杆传动	先判断蜗杆(或蜗轮)的旋向,左旋用左手(右旋用右手),四指握蜗杆的转向,大拇指的反向即为蜗轮的转向

定轴轮系

外啮合齿轮转向

【例 12-2】 在如图 12-4 所示的非平行轴的定轴轮系中，$z_1=30$，$z_2=60$，$z_2'=20$，$z_3=40$，$z_4=20$，$z_4'=20$，$z_5=50$，$z_6=20$，$z_7=2$，$z_8=80$，$z_9=120$，齿轮 9 的模数 $m=10\text{mm}$，若 $n_1=800\text{r/min}$（转向向上），试求齿条 10 的速度 v_{10}，并确定其移动方向。

【解】（1）分析传动关系。

指定齿轮 1 为主动轮，蜗轮 8 为最末的从动轮，轮系的传动关系为：1→2⇒2′→3⇒3→4⇒4′→5⇒5→6⇒7→8⇒9→10。

（2）计算传动比 i_{18}。

该轮系含有空间齿轮，且首末两轮轴线不平行，可以求出传动比的大小，然后求出 n_8：

$$i_{18}=\frac{n_1}{n_8}=\frac{z_2z_3z_4z_5z_6z_8}{z_1z_2'z_3z_4'z_5z_7}=\frac{800}{n_8}=\frac{60\times40\times20\times50\times20\times80}{30\times20\times40\times20\times50\times2}=80$$

所以：

$$n_8=\frac{n_1}{i_{18}}=10\text{r/min}$$

因为蜗轮 8 与齿轮 9 同轴，因此 $n_8=n_9$。

（3）求齿条 10 的速度 v_{10}。

$$v_{10}=\frac{\pi d_9 n_9}{60\times1000}=\frac{3.14\times10\times120\times10}{60\times1000}=0.628\text{m/s}$$

方向如图 12-4 所示。

【例 12-3】 在如图 12-5 所示的首尾轴线不平行轮系中，已知蜗杆的转速为 $n_1=900$ r/min（顺时针），$z_1=2$，$z_2=80$，$z'_2=20$，$z_3=20$，$z_4=30$，$z'_4=20$，$z_4=25$，$z'_5=30$，$z_6=40$，$z'_6=25$，$z_7=150$，求 n_7的大小和方向。

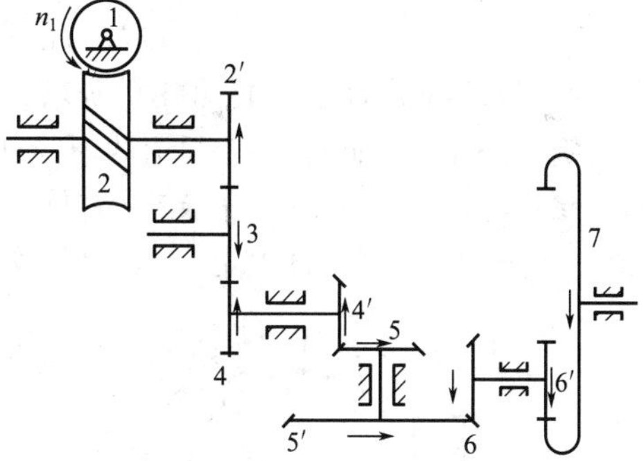

图 12-5 首尾轴线不平行的定轴轮系

【解】（1）分析传动关系。

指定蜗杆 1 为主动轮，内齿轮 6 为最末的从动轮，轮系的传动关系为：1→2⇒2′→3⇒3→4⇒4′→5⇒5′→6⇒6′→7。

（2）计算传动比 i_{17}。

该轮系含有空间齿轮，且首末两轮轴线不平行，可以求出传动比的大小，然后求出 n_7：

$$i_{17}=\frac{n_1}{n_7}=\frac{z_2z_3z_4z_5z_6z_7}{z_1z'_2z_3z'_4z'_5z'_6}=\frac{80\times20\times30\times25\times40\times150}{2\times20\times20\times20\times30\times25}=600$$

所以：

$$n_7=\frac{n_1}{i_{17}}=1.5\text{r/min}$$

（3）n_7的方向如图 12-5 所示。

【例 12-4】 如图 12-6 所示车床变速箱中，已知各齿轮齿数 $z_1=42$，$z_2=58$，$z_3=42$，$z_4=38$，$z_5=30$，$z_6=68$，$z'_3=38$，$z'_4=42$，$z'_5=50$，$z'_6=48$，电动机转速 $n_1=1450$r/min。

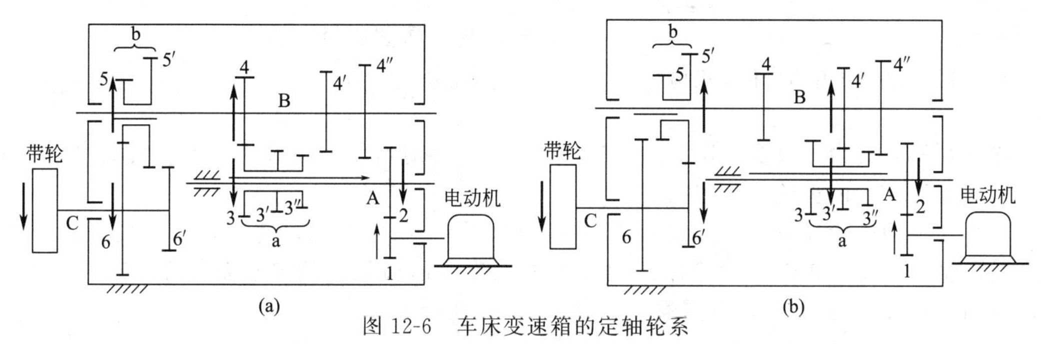

图 12-6 车床变速箱的定轴轮系

（1）图 12-6(a) 中三联滑动齿轮 a 使齿轮 3 与 4 啮合，双联滑动齿轮 b 使齿轮 5 与 6 啮合，试求此时带轮转速的大小与方向。

（2）图 12-6(b) 中三联滑动齿轮 a 使齿轮 3′与 4′啮合，双联滑动齿轮 b 使齿轮 5′与 6′啮合，试求此时带轮转速的大小与方向。

【解】 第一种情况：

（1）分析传动关系：1→2，3→4，5→6。

（2）计算。

$$i_{16}=\frac{n_1}{n_6}=\frac{z_2z_4z_6}{z_1z_3z_5}=\frac{58\times38\times68}{42\times42\times30}=2.83$$

$$n_6=\frac{n_1}{i_{16}}=\frac{1450}{2.83}=512\text{r/min}$$

（3）带轮的方向如图12-6(a)所示。

第二种情况：

（1）分析传动关系：1→2，3′→4′，5′→6′。

（2）计算。

$$i_{16}=\frac{n_1}{n_6}=\frac{z_2 z_{4'} z_{6'}}{z_1 z_{3'} z_{5'}}=\frac{58\times 42\times 48}{42\times 38\times 50}=1.465$$

$$n_6=\frac{n_1}{i_{16}}=\frac{1450}{1.465}=990\text{r/min}$$

（3）带轮的方向如图12-6(b)所示。

【例12-5】 在如图12-7所示的滚齿机工作台的传动机构中，工作台与蜗轮5固联，已知$z_1=z'_1=15$，$z_2=35$，$z'_4=1$（右旋），$z_5=40$，滚刀$z_6=1$（左旋），$z_7=28$。若要加工一个$z'_5=64$的齿轮，试确定i_{42}，以及交换齿轮组各轮的齿数z'_2和z_4。

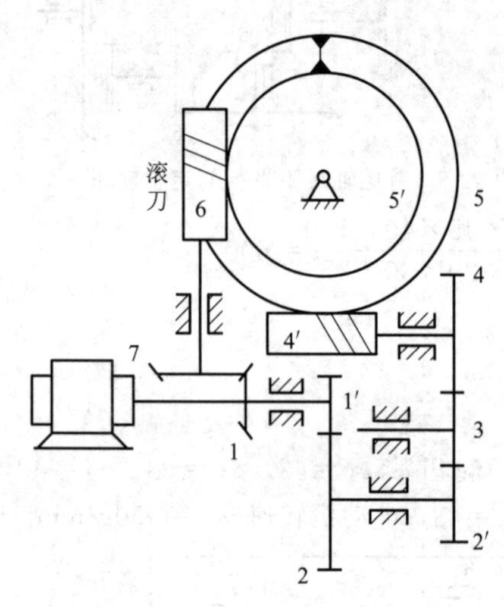

图12-7　滚齿机工作台的传动机构

【解】（1）滚刀6和蜗杆4′的头数均为1，齿轮1和齿轮1′同轴，$n_1=n'_1$，根据齿轮范成原理，滚刀6和齿坯5′的转速关系应满足下面关系式：

$$i_{65'}=\frac{n_6}{n'_5}=\frac{z'_5}{z_6}=\frac{64}{1}=64 \qquad ①$$

（2）①式的速比是由滚齿机工作台的传动系统予以保证的，其传动路线为：6⇒7→1⇒1′→2⇒2′→3⇒3→4⇒4′→5⇒5′，可以得到：

$$i_{65'}=\frac{n_6}{n'_5}=\frac{z_1 z_2 z_3 z_4 z_5}{z_7 z'_1 z'_2 z_3 z'_4}=\frac{15\times 35\times z_4\times 40}{28\times 15\times z'_2\times 1}=50\times\frac{z_4}{z'_2} \qquad ②$$

（3）②代入①式整理可得：

$$i_{42'}=\frac{n_4}{n'_2}=\frac{z'_2}{z_4}=\frac{50}{64}=\frac{25}{32},\ z'_2=25,\ z_4=32$$

该例题的意义为：只要选用$z'_2=25$、$z_4=32$的一对齿轮，再按中心距搭配合适的惰轮z_3，就能保证加工的齿轮$z'_5=64$。

当被加工的齿轮齿数z'_5变化时，所需传动比i'_{42}也随之改变，此时，只需要根据i'_{42}更换交换齿轮z'_2、z_4和z_3，就能保证滚齿机加工出所需齿轮。例如，要加工100个齿的齿轮，选用$z'_2=25$、$z_4=50$，再搭配一个合适的z_3即可。

12.3 周转轮系及其传动比

通过对周转轮系和定轴轮系的观察分析发现，它们之间的根本区别在于周转轮系中有着转动的系杆，使行星轮既有自转又有公转，那么各轮之间的传动比计算就不再是与齿数成反比的简单关系了。由于这个差别，周转轮系的传动比就不能直接利用定轴轮系的方法进行计算。根据相对运动原理，假如给整个周转轮系加上一个公共的转速“$-n_{\rm H}$”，则各个齿轮、构件之间的相对运动关系仍将不变，但这时系杆的绝对转速为$n_{\rm H}-n_{\rm H}=0$，即系杆相对变为“静止不动”，于是周转轮系便转化为定轴轮系了，如图12-8所示，称这种经过一定条件转化得到的假想定轴轮系为原周转轮系的转化机构或转化轮系。利用这种方法求解轮系的方法称为转化轮系法。

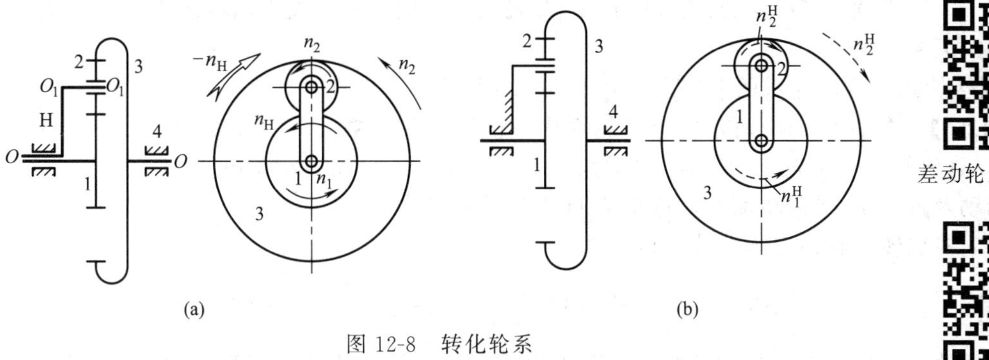

图 12-8　转化轮系

差动轮系转换机构

行星轮系转换机构

按照上述方法转化后，各构件的角速度变化情况见表 12-2。

表 12-2　转化后各构件角速度变化情况

构件	原有角速度	转化后角速度	构件	原有角速度	转化后角速度
行星架 H	n_H	$n_H-n_H=0$	齿轮 3	n_3	$n_3^H=n_3-n_H$
齿轮 1	n_1	$n_1^H=n_1-n_H$	机架 4	$n_4=0$	$n_4=-n_H$
齿轮 2	n_2	$n_2^H=n_2-n_H$			

因此，可以求出此转化轮系的传动比 i_{13}^H 为：

$$i_{13}^H=\frac{n_1^H}{n_3^H}=\frac{n_1-n_H}{n_3-n_H}=-\frac{z_2z_3}{z_1z_2}=-\frac{z_3}{z_1}$$

“—”号表示在转化轮系中 n_1^H 和 n_3^H 转向相反。

作为差动轮系，任意给定两个基本构件的转速（包括大小和方向），则另一个构件的基本转速（包括大小和方向）便可以求出，从而就可以求出该轮系中三个基本构件中任意两个构件间的传动比。

由此可以看出，转化轮系中构件之间传动比的求解通式为：

$$i_{mn}^H=\frac{n_m-n_H}{n_n-n_H}$$

若上述差动轮系中的太阳轮 1 和 3 之中的一个固定，如令 $n_3=0$，则轮系就转化为行星轮系，此时行星轮系的传动比为：

$$i_{13}^H=\frac{n_1^H}{n_3^H}=\frac{n_1-n_H}{0-n_H}=-\frac{z_3}{z_1}$$

即：

$$i_{1H}=\frac{n_1}{n_H}=1-i_{13}^H$$

综上所述，可以得到周转轮系传动比的通用表达式。设周转轮系中太阳轮分别为 a、b，行星架为 H，则转化轮系的传动比为：

$$i_{ab}^H=\frac{n_a^H}{n_b^H}=\frac{n_a-n_H}{n_b-n_H}=\pm\frac{\text{转化轮系中 a 到 b 各从动轮齿数连乘积}}{\text{转化轮系中 a 到 b 各主动轮齿数连乘积}} \tag{12-3}$$

特别注意：

① 转化轮系传动比 i_{ab}^H 右上角的角标 H 一定不能遗漏，因为 i_{ab}^H 和 i_{ab} 两者概念完全不同；

② 表达式中的“±”号，不仅表明转化轮系中两太阳轮的转向关系，而且直接影响 n_a、n_b、n_H 之间的数值关系，进而影响传动比计算结果的正确性，因此不能漏判或错判；

③ n_a、n_b、n_H 均为代数值，使用公式时要带相应的“±”号；

④ 式中“±”号不表示周转轮系中轮 a、b 之间的转向关系，仅表示转化轮系中轮 a、b 之间的转向关系；

⑤ 周转轮系与定轴轮系的差别在于有无系杆（行星轮）存在。

【例 12-6】 在如图 12-9 所示的差动轮系中，已知各轮齿数 $z_1=50$，$z_2=25$，$z'_2=20$，$z_3=120$，且已知轮 1 于轮 3 的转速分别为 $|n_1|=100\text{r/min}$，$|n_2|=300\text{r/min}$。试求：n_1、n_2同向转动及 n_1、n_2异向转动时，行星架 H 的转速及转向。

【解】 根据转化轮系基本公式可得：

$$i_{13}^{H}=\frac{n_1^H}{n_3^H}=\frac{n_1-n_H}{n_3-n_H}=(-1)^m\frac{z_2z_3}{z_1z'_2}=-\frac{25\times120}{50\times20}=-3$$

齿数前的符号确定方法与定轴轮系一致。此处按定轴轮系传动比计算公式来确定符号，在此，$m=1$，故取负号。

（1）当 n_1、n_2同向转动时，它们的符号相同，取为正，代入上式得：

$$\frac{100-n_H}{300-n_H}=-3$$

求得 $n_H=250\text{r/min}$。

由于 n_H符号为正，说明 n_H的转向与 n_1、n_2相同。

（2）当 n_1、n_2异向时，它们的符号相反，取 n_1为正、n_2为负，代入上式可以求得 $n_H=-200\text{r/min}$。

由于 n_H符号为负，说明 n_H的转向与 n_1相反，而与 n_2相同。

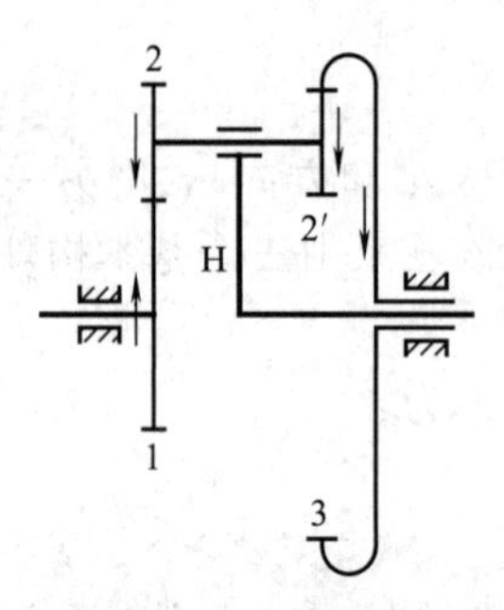

图 12-9　差动轮系

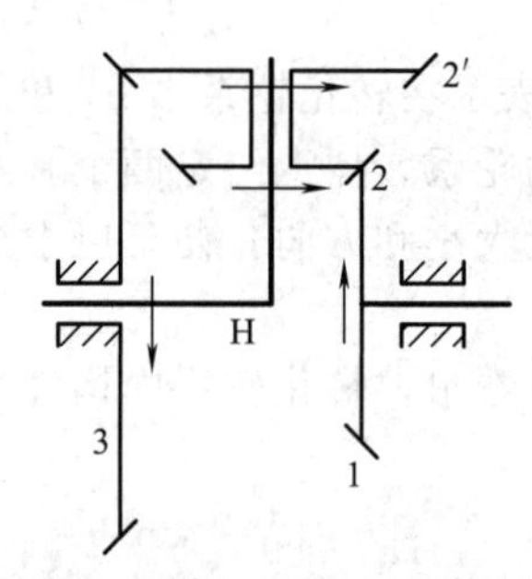

图 12-10　锥齿轮行星轮系

【例 12-7】 在如图 12-10 所示的锥齿轮行星轮系中，已知各轮齿数 $z_1=30$，$z_2=40$，$z'_2=50$，$z_3=150$，$n_1=200\text{r/min}$。试求 n_H。

【解】 根据转化轮系基本公式可得：

$$i_{13}^{H}=\frac{n_1^H}{n_3^H}=\frac{n_1-n_H}{n_3-n_H}=(-1)^m\frac{z_2z_3}{z_1z'_2}=-\frac{40\times150}{30\times50}=-4$$

$$\frac{200-n_H}{0-n_H}=-4$$

求得 $n_H=40\text{r/min}$。

正号表示 n_H的转向与 n_1相同。

※12.4 混合轮系传动比的计算

轮系中同时包含有定轴轮系和周转轮系时，称为混合轮系（或复合轮系）。对于混合轮系，求解其传动比时，既不可能单纯地采用定轴轮系传动比的计算方法，也不可能单纯地按照基本周转轮系传动比的计算方法来计算。其求解的方法是：

① 将该混合轮系所包含的各个定轴轮系和各个基本周转轮系均划分出来；

② 找出各基本轮系之间的联接关系；

③ 分别计算各定轴轮系和周转轮系传动比的计算关系式；

④ 联立求解这些关系式，从而求出该混合轮系的传动比。

其中关键是第一步划分轮系的工作。

划分定轴轮系的方法：若一系列互相啮合的齿轮的几何轴线都是固定不动的，则这些齿轮和机架便组成一个基本定轴轮系。

划分周转轮系的方法：首先需要找出既有自转、又有公转的行星轮（有时行星轮有多个）；然后找出支持行星轮作公转的构件——行星架；最后找出与行星轮相啮合的两个太阳轮（有时只有一个太阳轮），这些构件便构成一个基本周转轮系，而且每一个基本周转轮系只含有一个行星架。

【例 12-8】 图 12-11 所示为混合轮系，已知各齿轮的齿数 $z_1=z_3=z_5=20$，$z_2=z_4=z_6=40$，$z_7=80$。试求 i_{1H}。

【解】 由图 12-11 可知，齿轮 1、2 与 3、4 组成定轴轮系，而齿轮 5、6、7 及行星架 H 组成周转轮系。

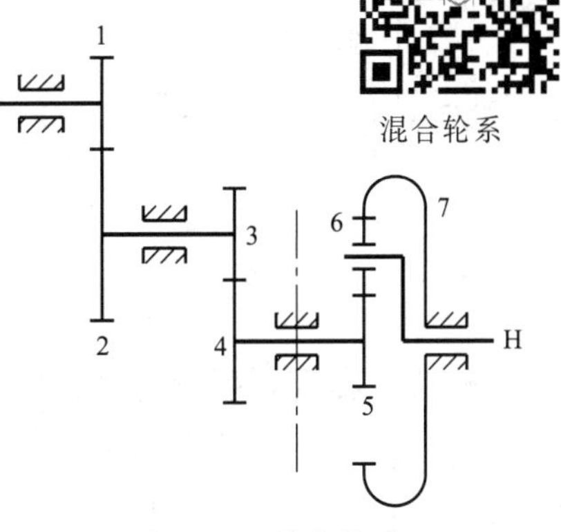

图 12-11　混合轮系

定轴轮系中：

$$i_{14}=\frac{n_1}{n_4}=\frac{z_2z_4}{z_1z_3}=\frac{40\times40}{20\times20}=4$$

因而得：

$$n_4=\frac{n_1}{4}$$

周转轮系中：

$$i_{57}^{H}=\frac{n_5-n_H}{n_7-n_H}=-\frac{z_6z_7}{z_5z_6}$$

因而得：

$$\frac{n_5-n_H}{0-n_H}=1-\frac{n_5}{n_H}=-\frac{80}{20}=-4$$

即：

$$n_5=5n_H$$

由于齿轮 4 与齿轮 5 同轴，即 $n_4=n_5$，所以得：

$$\frac{n_1}{4}=5n_H$$

于是，最后可以求得该混合轮系中构件 1 与 H 的传动比为：

$$i_{1H}=\frac{n_1}{n_H}=20$$

12.5 轮系的功用

12.5.1 获得大传动比

利用周转轮系可以由很少几个齿轮获得较大的传动比，而且机构十分紧凑。如图 12-12

所示的行星轮系，只用了四个齿轮，其传动比可达 $i_{H1}=10000$。

$$i_{1H}=1-i_{13}^{H}$$

而
$$i_{13}^{H}=\frac{z_2 z_3}{z_1 z'_2}=\frac{101\times 99}{100\times 100}=\frac{9999}{10000}$$

所以
$$i_{1H}=\frac{1}{10000} \quad 或 \quad i_{H1}=10000$$

这就是说，在系杆转 10000 转时，齿轮 1 才转过一圈。

但必须注意：

① 减速比越大，传动的机械效率越低，故只适用于辅助装置的传动机构，不宜进行大功率的传动；

② 由于这种大传动比的行星轮系，在增速时一般都具有自锁性，故不可以让该机构用作增速装置。

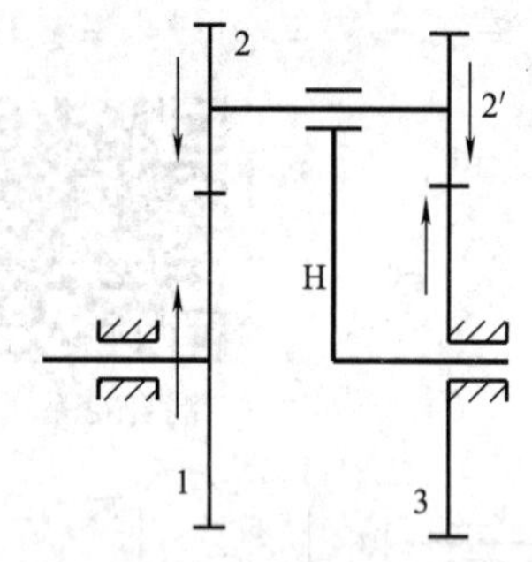

图 12-12　大传动比行星轮系

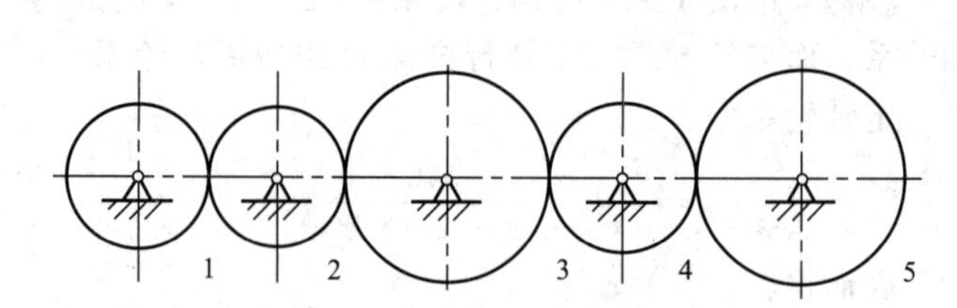

图 12-13　远距离的两轴之间的传动

12.5.2　实现远距离的两轴之间的传动

当两轴间的中心距较大时，如图 12-13 所示，如果仅用一对齿轮传动，两个齿轮的尺寸必然很大，将占用较大的结构空间，使机器过于庞大、浪费材料。改用轮系便可以克服这个缺点。

12.5.3　实现变速传动（多传动比传动）和换向要求

在主动轴转速不变的情况下，利用齿轮系可使从动轴获得多种工作转速。

在主动轴转向不变的情况下，利用惰轮可以改变从动轴的转向。如图 12-14 所示车床上走刀丝杆的三星轮换向机构，扳动手柄可实现两种传动方案。

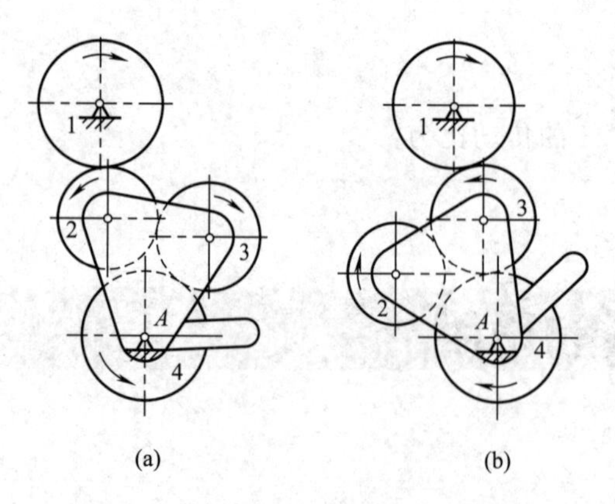

图 12-14　三星轮换向机构

12.5.4　实现合成运动和分解运动

对于差动轮系来说，它的三个基本构件都是运动的，必须给定其中任意两个基本构件的运动，第三个构件才有确定的运动。这就是说，第三个构件的运动是另两个构件运动的合成。

差动轮系不但可以将两个独立的运动合成一个运动，而且还可以将一个主动的基本构件的转动按所需的比例分解为另两个基本构件的转动，如汽车、拖拉机等车辆上常用的差速装置。

如图 12-15 所示为滚齿机中的差动齿轮系。滚切斜齿轮时，由齿轮 4 传递来的运动传给中心轮 1，转速为 n_1；由蜗轮 5 传递来的运动传给 H，使其转速为 n_H。这两个运动经齿轮系合成后变成齿轮 3 的转速 n_3 输出。

因为
$$z_1=z_3$$
则
$$i_{13}^{H}=\frac{n_1-n_H}{n_3-n_H}=\frac{z_3}{z_1}=-1$$
故
$$n_3=2n_H-n_1$$

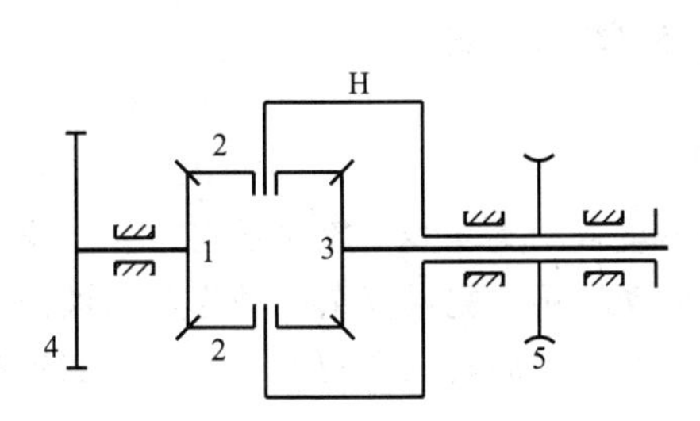

图 12-15 滚齿机中的差动齿轮系

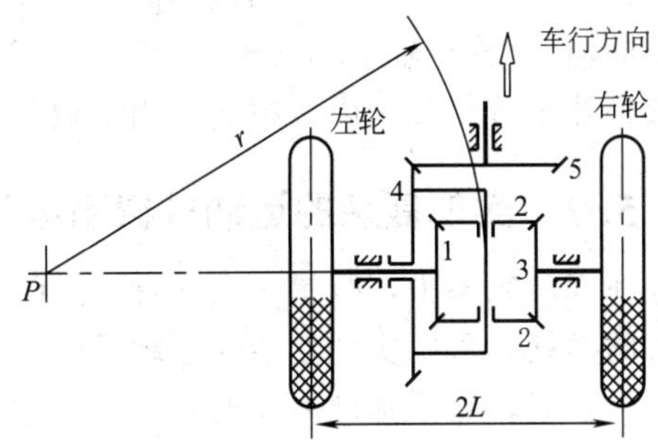

图 12-16 汽车后桥差速器

如图 12-16 所示的汽车后桥差速器即为分解运动的齿轮系。在汽车转弯时它可将发动机传到齿轮 5 的运动以不同的速度分别传递给左右两个车轮，以维持车轮与地面间的纯滚动，避免车轮与地面间的滑动摩擦导致车轮过度磨损。

若输入转速为 n_5，两车轮外径相等，轮距为 $2L$，两轮转速分别为 n_1 和 n_3，r 为汽车行驶半径。当汽车绕 P 点向左转弯时，两轮行驶的距离不相等，其转速比为：

$$\frac{n_1}{n_3}=\frac{r-L}{r+L}$$

差速器中齿轮 4、5 组成定轴系，行星架 H 与齿轮 4 固联在一起，1-2-3-H 组成差动齿轮系。对于差动齿轮系 1-2-3-H，因 $z_1=z_2=z_3$，故：

$$i_{13}^{H}=\frac{n_1-n_H}{n_3-n_H}=\frac{z_3}{z_1}=-1 \rightarrow n_H=\frac{n_1+n_3}{2}$$

$$n_1=\frac{r-L}{r}n_4 \rightarrow n_4=n_H=\frac{n_1+n_3}{2} \rightarrow n_3=\frac{r+L}{r}n_4$$

若汽车直线行驶，因 $n_1=n_3$，所以行星齿轮没有自转运动，此时齿轮 1、2、3 和 4 相当于一刚体作同速运动，即 $n_1=n_3=n_4=n_5/i_{15}=n_5 z_5/z_4$。

由此可知，差动齿轮系可将一输入转速分解为两个输出转速。

12.5.5 实现分路传动

利用齿轮系可使一个主动轴带动若干从动轴同时转动，将运动从不同的传动路线传递给执行机构的特点可实现机构的分路传动。

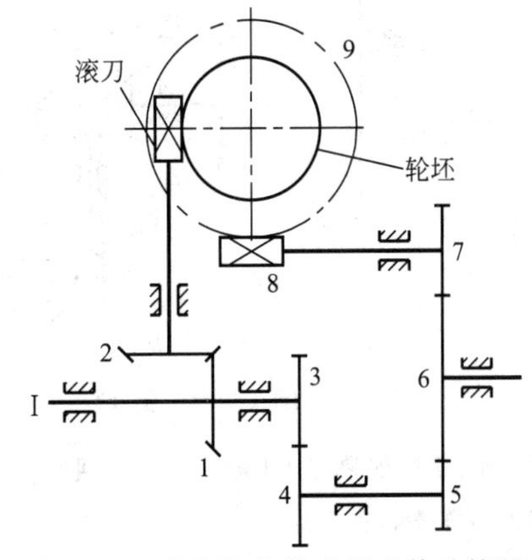

图 12-17 滚齿机上范成运动传动简图

如图 12-17 所示为滚齿机上滚刀与轮坯之间作展成运动的传动简图。主动轴 I 通过锥齿轮 1、链齿轮 2 将运动传给滚刀；同时主动轴又通过直齿轮 3 经齿轮 4-5、

6、7-8传至蜗轮9，带动被加工的轮坯转动，以满足滚刀与轮坯的传动比要求。

12.5.6 在尺寸及重量较小的情况下，实现大功率传动

利用周转轮系，可以实现小尺寸、大功率的传动。在行星减速器中，由于有多个行星轮同时啮合，而且常采用内啮合，利用了内齿轮中间的空间部分，因此与普通定轴轮系减速器相比，在同样的体积和重量条件下，可以传递较大的功率，工作也更加可靠。因此，在大功率的传动中，为了减小传动机构的尺寸和重量，广泛采用行星轮系。同时，由于行星轮系减速器的输入/输出轴在同一轴线上，行星轮在其周围均匀对称布置，尺寸很紧凑，这一点对于飞行器十分重要，因而在航空用主减速器中这种轮系得到普遍采用。

12.5.7 实现复杂的运动规律和运动轨迹

在周转轮系中，行星轮上任意一点的运动轨迹是不重合的旋轮线。旋轮线在工程上也有极大的用处，可以实现复杂的运动规律和多种多样的运动轨迹，完成复杂的动作。谐波齿轮传动是在周转轮系基础上发展起来的，它是用柔性构件来代替周转轮系的中间构件来实现中间构件之间的弹性联系的。

12-1 什么是轮系？轮系如何分类？

12-2 惰轮有何特点？何时采用惰轮？

12-3 周转轮系由哪几个基本构件组成？它们各作何运动？

12-4 什么是周转轮系的转化轮系？为什么要进行这种转化？

12-5 轮系有哪些功用？举例说明。

12-6 如图12-18所示轮系，已知 $z_1=240$，$z_2=20$，$z_3=25$，$z_4=40$，$z_5=75$，$z_6=20$，$z_7=40$，$z_8=2$，$z_9=80$，$n_1=800\text{r/min}$。试求 n_9，并确定各轮的回转方向。

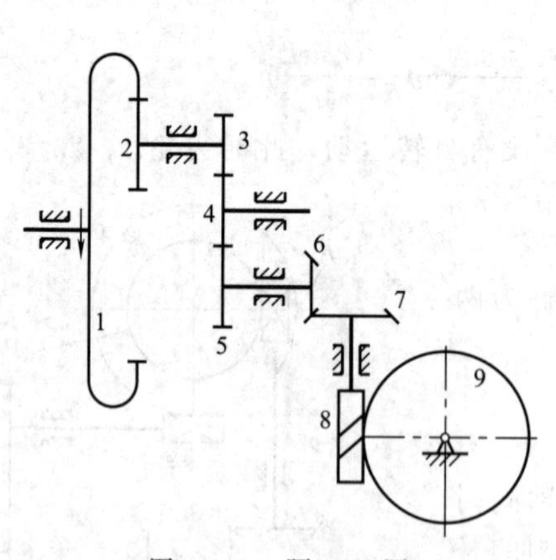

图12-18 题12-6图

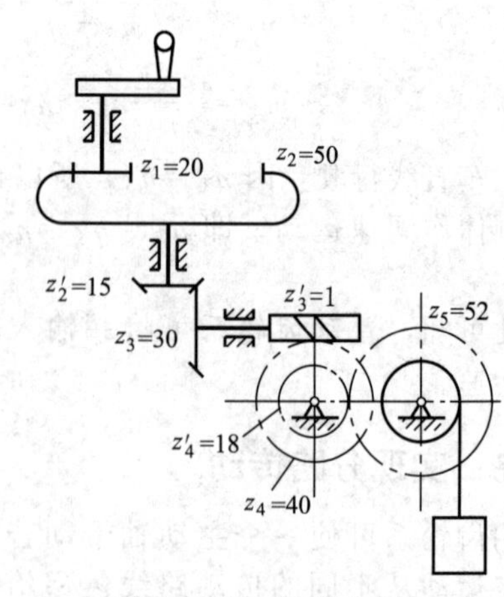

图12-19 题12-7图

12-7 如图12-19所示为一手摇提升装置，其中各轮齿数已知。试求：传动比 i_{15}；提升重物时手轮的转向 n_1。

12-8 如图12-20所示为一电动机卷扬机的传动简图。已知 $z_1=1$，$z_2=45$，$z_2'=20$，$z_3=$

80，$z'_3=18$，$z_4=60$，卷筒5与齿轮4固联，其直径$d_5=300\text{mm}$，电动机转速$n_1=1440\text{r/min}$。试求：卷筒5的转速n_5的大小和重物移动的速度v_5；提升重物时，电动机的转向n_1。

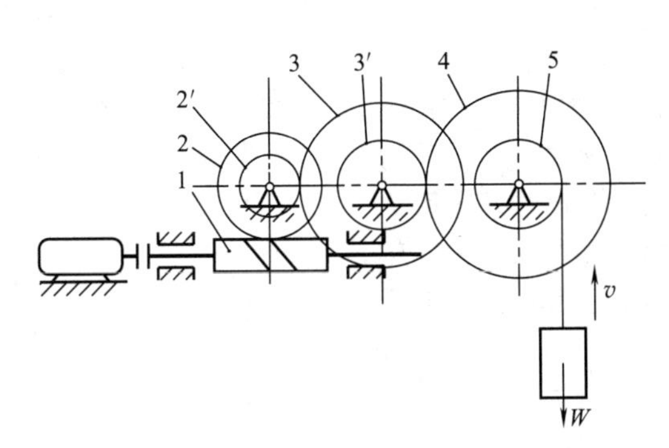

图12-20 题12-8图

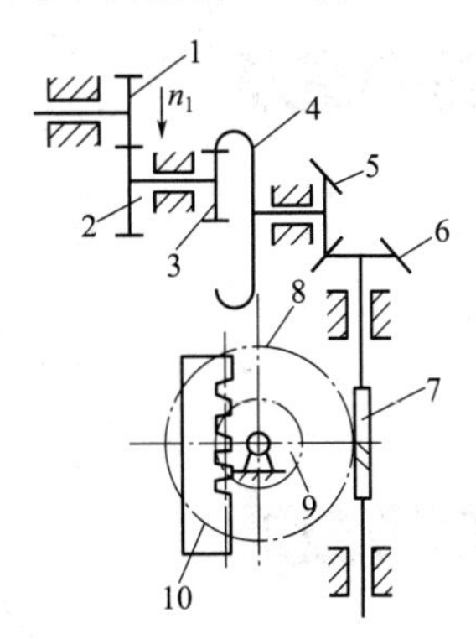

图12-21 题12-9图

12-9 如图12-21所示轮系，已知$z_1=30$，$z_2=60$，$z_3=20$，$z_4=80$，$z_5=20$，$z_6=20$，$z_7=2$，$z_8=80$，$z_9=20$，齿轮9的模数$m=5\text{mm}$，$n_1=1600\text{r/min}$，转向如图所示。试求齿条10的速度v_{10}，并确定其移动方向。

12-10 如图12-22所示车床变速箱中，已知各齿轮齿数$z_1=42$，$z_2=58$，$z_3=42$，$z_4=38$，$z'_3=38$，$z'_4=42$，$z''_3=28$，$z''_4=52$，$z_5=30$，$z_6=68$，$z'_5=50$，$z'_6=48$，电动机转速$n_1=1450\text{r/min}$。三联滑动齿轮a与双联滑动齿轮b处于不同位置时，使齿轮组成不同的啮合。试求齿轮组成所有可能的啮合时，带轮转速的大小与方向。

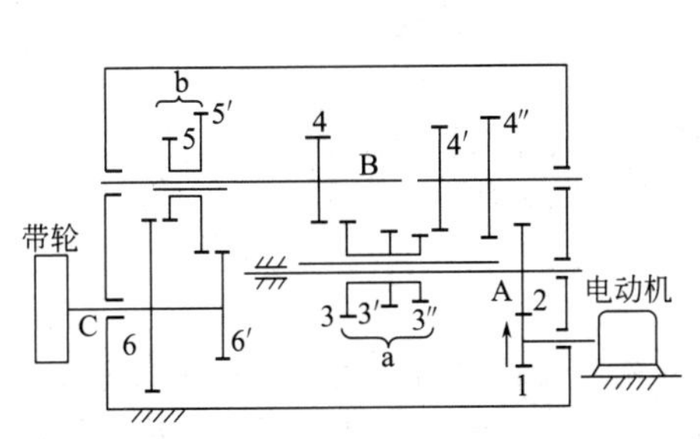

图12-22 题12-10图

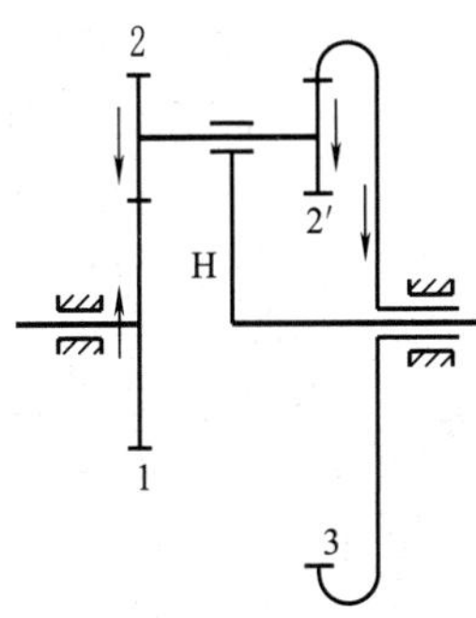

图12-23 题12-11图

12-11 如图12-23所示轮系，已知$z_1=20$，$z_2=40$，$z'_2=20$，$n_1=160\text{r/min}$，顺时针转动，$n_3=80\text{r/min}$。试求n_3顺时针转动时以及逆时针转动时转臂H转速n_H的大小和方向。

12-12 如图12-24所示轮系，已知$z_1=60$，$z_2=z'_2=z_3=z_4=20$，$z_5=100$。试求传动比i_{41}。

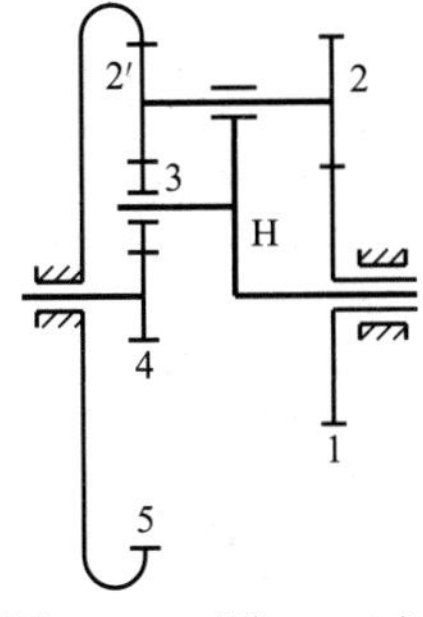

图12-24 题12-12图

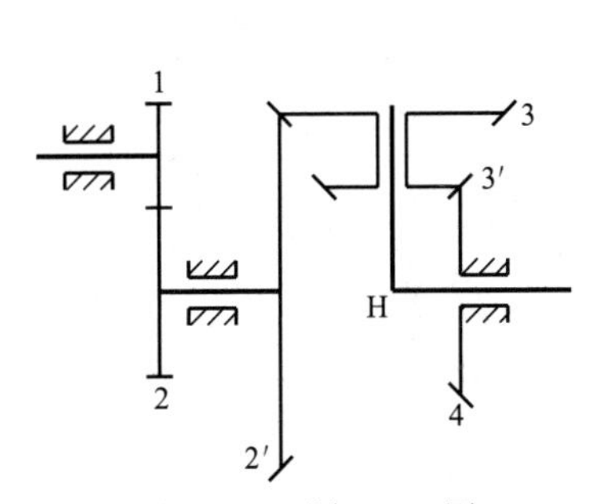

图12-25 题12-13图

12-13　图 12-25 所示轮系，已知 $n_1=960\text{r/min}$，$z_1=20$，$z_2=40$，$z'_2=50$，$z_3=30$，$z'_3=20$，$z_4=30$。试求传动比 i_{41}。

本章重点口诀

轮系功用非常广，分成定轴与周转，
定轴轮系传动比，从主轮齿乘积比，
算 i 还需辨方向，辨向最好画箭头，
周转轮系要注意，附加转动变定轴，
转向先定正方向，计算得负转向反。

本章知识小结

1. 轮系的分类
   - 按轴线布置
     - 平面
     - 空间
   - 按轴线位置固定与否
     - 定轴轮系
     - 周转轮系
       - 行星轮系（$F=1$）
       - 差动轮系（$F=2$）

2. 轮系的功用
   - 获得大传动比
   - 实现远距离的两轴之间的传动
   - 实现多传动比传动和换向要求
   - 实现合成运动和分解运动
   - 实现分路传动
   - 在尺寸及重量较小的情况下，实现大功率传动
   - 利用旋轮线

3. 定轴轮系传动比计算
   - 大小
     - $i_{1k}=\frac{n_1}{n_k}=(-1)^m\times\frac{\text{所有从动轮齿数连乘积}}{\text{所有主动轮齿数连乘积}}$
     - 搞清楚谁主谁从的问题
     - 注意惰轮
   - 方向
     - 平面齿轮——外啮合两齿轮转向相反；内啮合两齿轮转向相同
     - 圆锥齿轮——圆锥齿轮啮合时，要么两箭头相遇，要么两箭尾相遇
     - 蜗轮、蜗杆——先判断蜗杆（或蜗轮）的旋向，左旋用左手（右旋用右手），四指握蜗杆的转向，大拇指的反向即为蜗轮的转向

第13章 轴

13.1 概　述

13.1.1 轴的功用和类型

轴是组成机器的重要零件，各种作回转（或摆动）运动的零件（如带轮、齿轮等）都必须安装在轴上才能进行运动及动力的传递，轴工作状态的好坏直接影响整台机器的性能和质量。轴的主要功用是支撑回转零件及传递运动和动力。

轴有不同的分类方法，也有不同类型的轴。常用的分类方法有两类：一是按轴线的形状不同分类，见表13-1；二是按承受载荷情况分类，见表13-2。

表13-1　轴按轴线的形状不同分类

分　类			示例图	特　点
直轴	实心轴	光轴	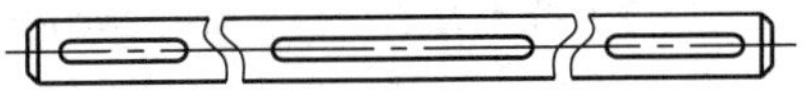	直轴按外形可以分为光轴和阶梯轴，阶梯轴便于轴上零件的拆装和定位。有些机械（如纺织机械、农业机械等）为了实现轴和轴上零件标准化与系列化，常采用直径不变的光轴 轴一般做成实心的，但为了减轻重量或满足某种功能，可以做成空心轴。所以按轴的结构直轴可以分为实心轴和空心轴
		阶梯轴	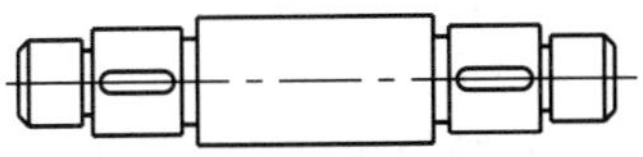	
	空心轴	光轴	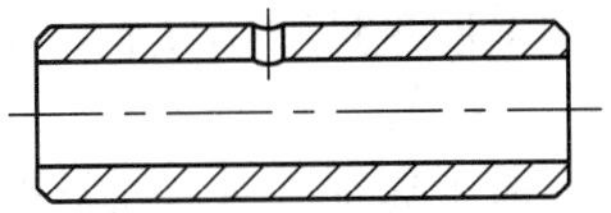	
		阶梯轴	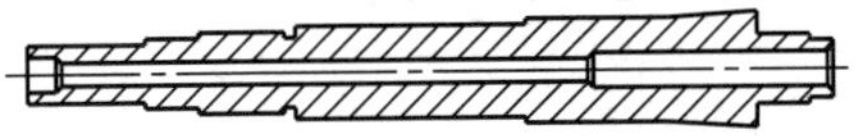	
曲轴			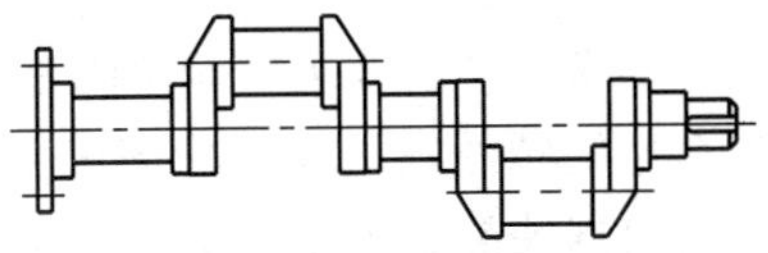	常用于往复式机械中，如内燃机、空气压缩机等。可以实现直线运动与旋转运动的转换
挠性钢丝软轴			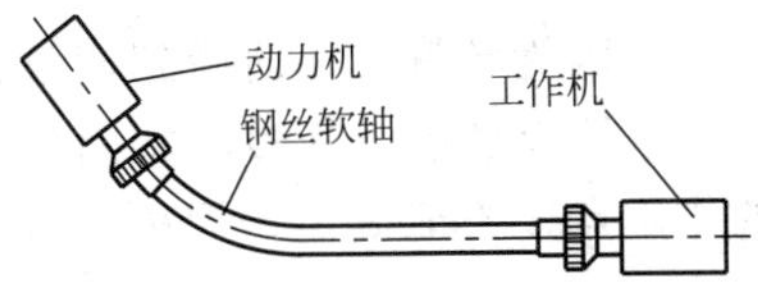 动力机 钢丝软轴 工作机	不受任何空间的限制，可以将扭转或旋转运动灵活地传到任何所需的位置，常用于医疗设备、操纵机构、仪表等机械中

13. 1. 2　设计轴的基本要求

设计轴时应考虑多方面因素和要求，其中主要问题是轴的选材、结构、强度和刚度。不同机械对轴有不同的要求，如机床主轴要求有足够的刚度；对受周期性载荷的轴，应考虑振动问题；重型轴要考虑毛坯的制造、探伤和吊装等问题。设计时应根据不同机器的具体情况进行考虑。就一般情况而言，轴的设计应满足如下两个基本要求。

表 13-2　轴按承受载荷情况分类

分类	转轴	心轴		传动轴
		固定心轴	转动心轴	
示例图	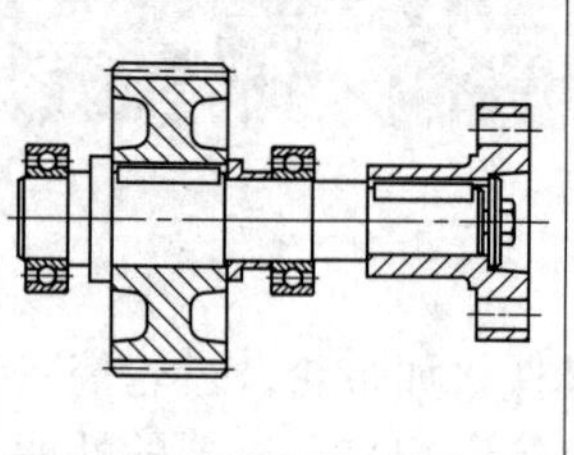	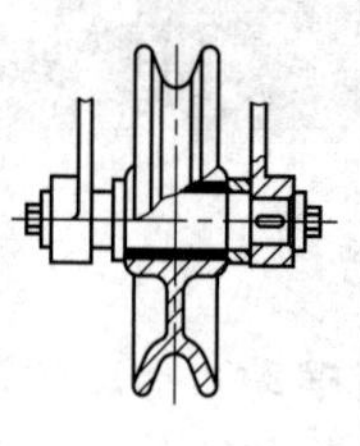	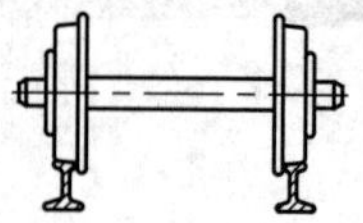	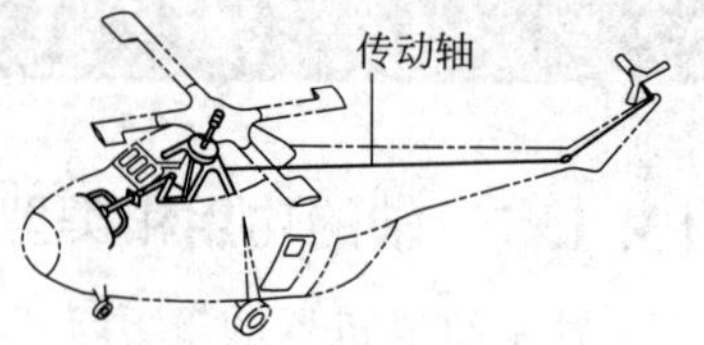
受力图	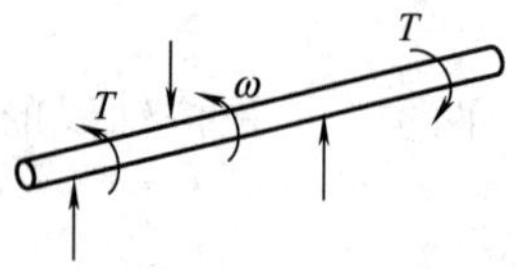	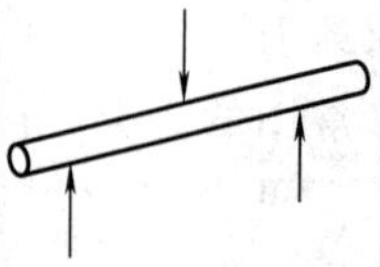	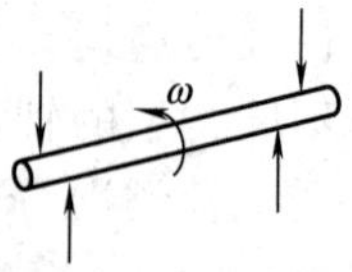	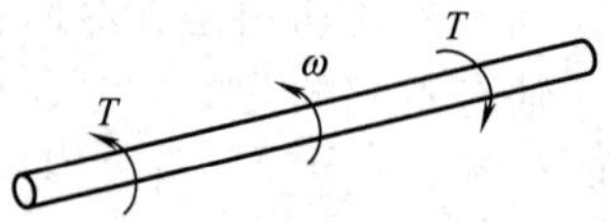
特点	同时承受扭矩和弯曲载荷的作用，例如齿轮减速器中的轴	只需承受弯矩而不承受扭矩的轴，如铁路车辆的轴、自行车的前轴、滑轮轴等。心轴按轴旋转与否分为转动心轴和固定心轴两种		只承受扭矩而不承受弯矩或承受弯矩较小的轴。如直升机尾桨传动轴

（1）合理的结构

根据轴上零件的安装、定位及轴的制造工艺等方面的要求，合理确定轴的结构形状和尺寸，使轴的加工方便、成本低廉及轴上的零件定位可靠、便于安装。

（2）足够的承载能力

从强度、刚度和振动稳定性等方面来保证轴具有足够的工作能力和可靠性。对于不同机械的轴，工作能力的要求是不同的，必须针对不同的要求进行。但是强度要求是任何轴都必须满足的基本要求。

13. 1. 3　设计轴的一般步骤

设计轴时主要应满足轴的强度要求和结构要求。对于刚度要求较高的轴（如机床主轴），主要应满足刚度要求。对于一些高速旋转的轴（如高速磨床主轴、汽轮机主轴等），要考虑满足振动稳定性的要求。另外，要根据装配、加工、受力等具体要求，合理确定轴的形状和各部分的尺寸，即进行轴的结构设计。

同时应当注意：在转轴设计中，因为转轴工作时受到弯矩和扭矩的联合作用，而弯矩是与轴上载荷的大小及轴上零件相互位置有关的，所以在轴的结构尺寸未确定之前，轴上载荷的大小及分布情况以及支反力的作用点还不能确定，无法求出轴所承受的弯矩，因此不能对轴进行强度计算。

因此，轴的设计步骤是：首先选择轴的材料；再根据扭转强度（或扭转刚度）条件，初步确定轴的最小直径；然后，根据轴上零件的相互关系和定位要求，以及轴的加工、装配工艺性等，合理地拟定轴的结构形状和尺寸；在此基础上，再对较为重要的轴进行强度校核。只有在需要时，才进行轴的刚度或振动稳定性校核。

由此可见，轴的设计区别于其他零件设计过程的显著特点是：必须先进行结构设计，然后才能进行工作能力的核算。

13.2 轴的材料及选择

由于轴工作时产生的应力多为交变应力，所以轴的失效多为疲劳损坏，因此轴的材料应具有足够的疲劳强度、较小的应力集中敏感性和良好的加工性能等。

轴的主要材料是碳钢和合金钢。

碳钢：价格低廉，对应力集中的敏感性较低，可以利用热处理提高其耐磨性和抗疲劳强度。常用的有35、40、45、50钢，其中以45钢使用最广。对于受力较小的或不太重要的轴，可以使用Q235、Q275等普通碳素钢。

合金钢：对于要求强度较高、尺寸较小或有其他特殊要求的轴，可以采用合金钢材料。耐磨性要求较高的可以采用20Cr、20CrMnTi等低碳合金钢；要求较高的轴可以使用40Cr（或用35SiMn、40MnB代替）、40CrNi（或用38SiMnMo代替）等进行热处理。

合金钢比碳素钢机械强度高，热处理性能好。但对应力集中敏感性高，价格也较高。设计时应特别注意从结构上避免和降低应力集中，提高表面质量等。

对于形状复杂的轴，如曲轴、凸轮轴等，也采用球墨铸铁或高强度铸造材料来进行铸造加工，易于得到所需形状，而且具有较好的吸振性能和好的耐磨性，对应力集中的敏感性也较低。

另外还应注意，在一般工作温度下，各种碳钢和合金钢的弹性模量相差不大，故在选择钢的种类和热处理方法时，所依据的主要是强度和耐磨性，而不是轴的弯曲刚度和扭转刚度等。

轴的常用材料及主要力学性能见表13-3。

表13-3　轴的常用材料及主要力学性能

材料牌号	热处理	毛坯直径/mm	硬度/HBS	σ_b	σ_s	σ_{-1}	τ_{-1}	$[\sigma_{+1}]$	$[\sigma_0]$	$[\sigma_{-1}]$	用途
				/MPa							
Q235-A				430	235	175	100	130	70	40	用于不重要或载荷不大的轴
Q275				570	275	220	130	150	72	42	
35	正火	25	≤187	530	315	225	132				有好的塑性及适当的强度，可用于曲轴
	正火	≤100		510	265	210	121	167	74	44	
	回火	>100～300	143～187	490	255	201	116				
	调质	≤100	163～207	550	294	227	131	177	83	49	
		>100～300	149～207	530	275	217	126				
45	正火	25	≤241	600	355	257	148				应用最广
	正火	≤100	170～217	588	294	238	138	196	93	54	
	回火	>100～300	162～217	570	285	230	133				
	调质	≤200	217～255	637	353	268	155	216	98	59	

续表

材料牌号	热处理	毛坯直径/mm	硬度/HBS	σ_b	σ_s	σ_{-1}	τ_{-1}	$[\sigma_{+1}]$	$[\sigma_0]$	$[\sigma_{-1}]$	用　途
				/MPa							
40Cr	调质	25 ≤100 >100～300	241～286	980 736 686	785 539 490	477 314 317	275 199 183	245	118	69	用于载荷较大、尺寸较大的重要轴或齿轮轴
40CrNi	调质	25 ≤100 >100～300	241 270～300 240～270	980 900 785	785 735 570	475 420 372	275 243 215	275	125	74	用于很重要的轴
35SiMn	调质	25 ≤100	229 229～286	885 785	735 510	450 350	260 202	245	118	69	性能接近40Cr，用于中小轴、齿轮轴
20Cr	渗碳 淬火 回火	15 ≤60	56～62HRC	835 637	540 392	370 278	214 160	22	100	60	用于强度及韧性均较高的轴，如齿轮轴、蜗杆轴
QT400-15			156～197	400	300	145	125	64	34	25	用于结构形状复杂的轴
QT450-10			170～207	450	330	160	140	72	38	28	
QT500-7			187～255	500	380	180	155	80	42	31	
QT600-3			197～269	600	420	215	185	96	52	37	

13.3 轴的结构设计

轴的结构设计包括定出轴的合理外形和全部结构尺寸，主要要求有：

① 轴上零件的定位、固定；

② 轴上零件的结构和位置的安排；

③ 轴上零件的拆装、调整；

④ 轴的制造工艺。

轴的结构没有标准形式，在进行轴的结构设计时，必须针对不同的情况进行具体分析。要合理考虑机器的总体布局，轴上零件的类型及其定位方式，轴上载荷的大小、性质、方向和分布情况等，同时要考虑轴的加工和装配工艺等，合理地确定轴的结构形状和尺寸。

总体来说，轴的结构应满足：轴和装配在轴上的零件要有准确的工作位置；轴上零件应便于拆装和调整；轴应该具有良好的制造工艺性等。

13.3.1 轴的各部分名称

（1）轴颈

与轴承配合的部分称为轴颈，应符合标准。与滚动轴承配合的轴颈，其直径还应符合滚动轴承的内径标准。

（2）轴头

与零件轮毂配合的部分为轴头，轴头的直径与相配合的轮毂内径一致，并应符合标准直径。轴的标准直径见表 13-4。

表 13-4　轴的标准直径（摘自 GB 2822—2005）　　mm

10	11	12	14	16	18	20	22	25	28	32	36	40
45	50	56	63	71	80	100	110	125	140	160	200	220
250	280	320	360	400	450	500	560	630	800	1000		

（3）轴身

联接轴头与轴颈的非配合部分称为轴身。轴向尺寸较小而径向尺寸较大的轴身又称为轴环（轴环的宽度 b 与轴肩高度 h 的关系为 $b=1.4h$）。轴身的直径可采用自由尺寸。

（4）轴肩

阶梯轴中直径突变的垂直于轴线的环面部分称为轴肩［轴肩高度 h 与零件相配处的直径 d 的关系为 $h=(0.07\sim0.1)d$］。

13.3.2　拟定轴上零件的装配方案

在进行结构设计时，首先应按传动简图上所给出的各主要零件的相互位置关系拟定轴上零件的装配方案。

轴上零件的装配方案不同，轴的结构形状也不同。在实际设计过程中，往往拟定几种不同的装配方案进行比较，从中选出一种最佳方案。

如图 13-1 所示为一单级圆柱齿轮减速器简图。其输出轴上装有齿轮、联轴器和滚动轴承。可以采用如下的装配方案：将齿轮、左端轴承和联轴器从轴的左端装配，右端轴承从轴的右端装配。在考虑了轴的加工及轴和轴上零件的定位、装配与调整要求后，再确定轴的结构形式。该单级圆柱齿轮减速器中的输出轴的结构如图 13-2 所示。

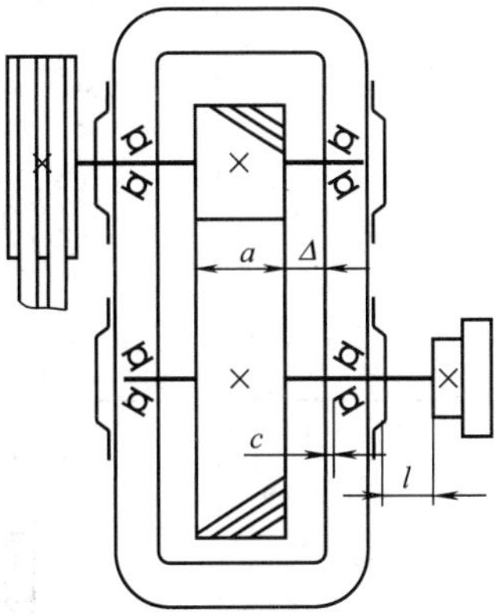

图 13-1　单级圆柱齿轮减速器简图

13.3.3　零件在轴上的定位和固定

轴上零件的定位和固定是两个不同的概念。定位是针对装配而言的，为了保证准确的安装位置；固定是针对工作而言的，为了使运转中保持原位不

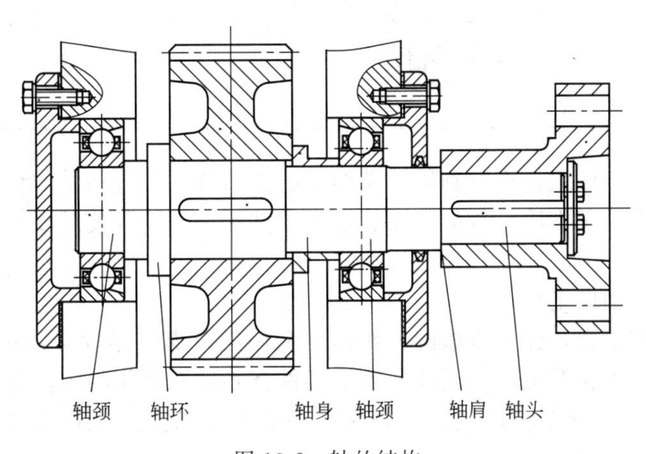

图 13-2　轴的结构

变。但两者之间又有联系，通常作为结构措施，既起定位作用，又兼有固定作用。

（1）轴上零件的周向定位

轴上零件的周向定位方法主要有键（平键、导向平键、楔键等）、花键、型面、过盈等，工作条件不同，零件在轴上的定位方式和配合性质也不同（表 13-5）。

表 13-5　轴上零件的周向定位

方　式	示例图	特　点
平键联接	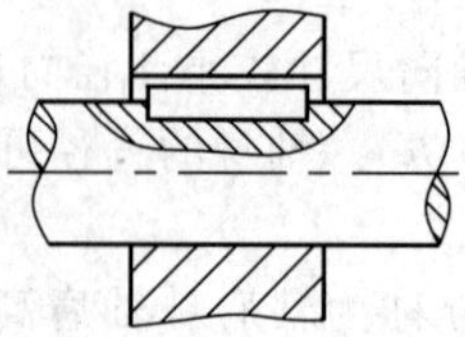	平键联接制造简单、装拆方便。用于传递转矩较大，对中性要求一般的场合，应用最为广泛
花键联接	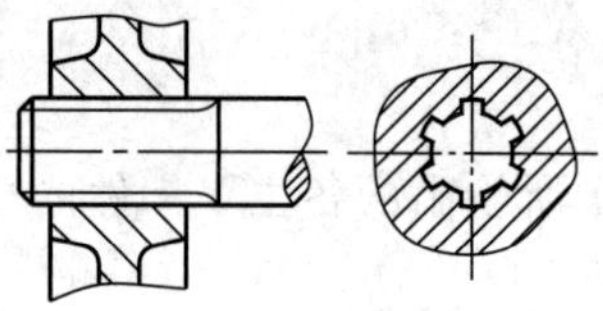	花键联接承载能力高，定心好，导向性好，但制造较困难，成本较高。用于传递转矩较大，对中性要求较高或零件在轴上移动时要求导向性良好的场合
过盈配合	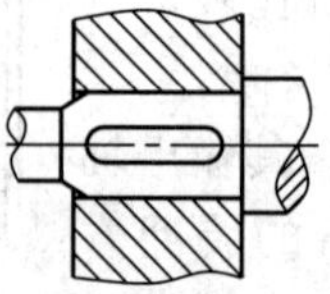	过盈配合结构简单、定心好、承载能力高，在振动下能可靠工作，但装配困难，且对配合尺寸的精度要求较高。常与平键联合使用，以承受大的交变、振动和冲击载荷
销联接	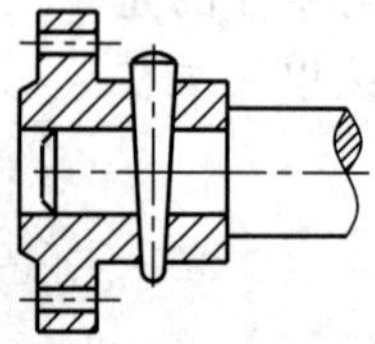	销联接和紧定套可兼作轴向定位，常用于固定不太重要、受力不大，但同时需要周向或轴向固定的零件
紧定套	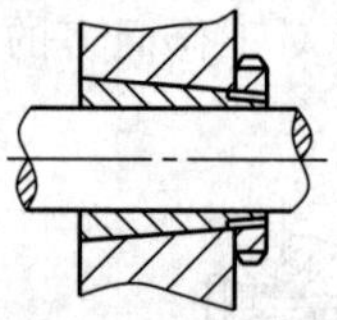	

轴上零件的定位方法直接影响到轴的结构形状，因此，在进行轴的结构设计时，必须综合考虑轴上载荷的大小及性质、轴的转速、轴上零件的类型及其使用要求等，合理进行正确的定位选择。

（2）轴上零件的轴向定位

为了传递运动和动力，保证机械的工作精度和使用可靠，零件必须可靠地安装在轴上，不允许零件沿轴向发生相对运动。因此，轴上零件都必须有可靠的轴向定位措施。

轴上零件的轴向定位方法取决于零件所承受的轴向载荷大小。常用的轴向定位方法见表 13-6。

表 13-6 轴上零件的轴向定位方法

方式	示例图	特点	设计要点
轴肩与轴环	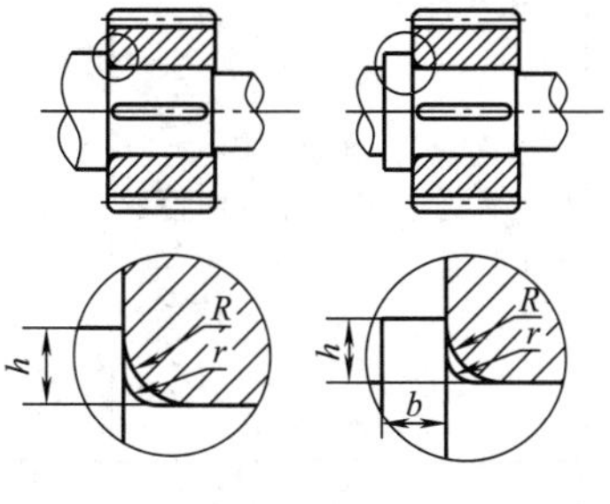	轴肩与轴环定位方便可靠、不需要附加零件,能承受的轴向力大;该方法会使轴径增大,阶梯处形成应力集中,阶梯过多将不利于加工。这种方法广泛用于各种轴上零件的定位	为了保证零件与定位面靠紧,轴上过渡圆角半径应小于零件圆角半径或倒角,一般定位高度取为(0.07～0.1)d,轴环宽度 $b=1.4h$
套筒	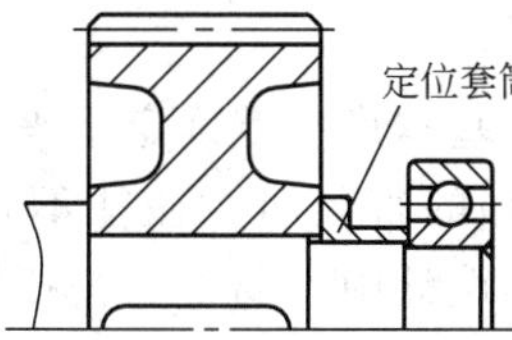 定位套筒	套筒定位简化轴的结构,减小应力集中,结构简单、定位可靠。多用于轴上零件间距离较小的场合。但由于套筒与轴之间存在间隙,故在高速情况下不宜使用	套筒内径与轴的配合较松,套筒结构、尺寸可以根据需要灵活设计
轴端挡圈	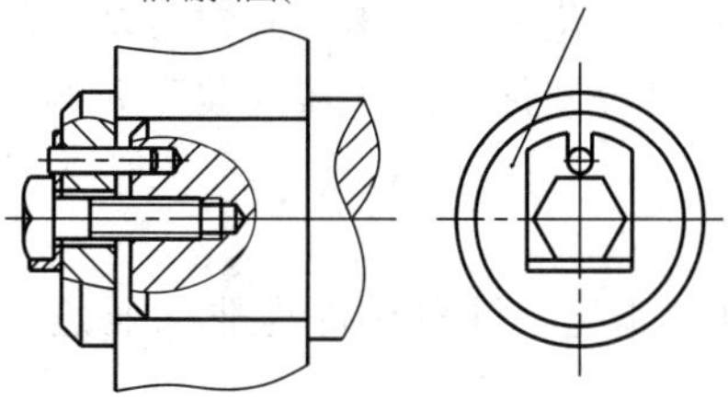 轴端挡圈(GB 891—1986,GB 892—1986)	轴端挡圈定位工作可靠,能够承受较大的轴向力,应用广泛	只用于轴端零件轴向定位。需要采用止动垫片等防松措施
圆锥面	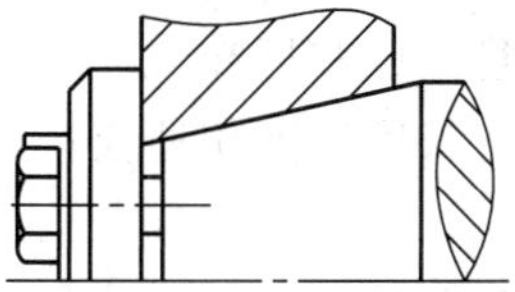	圆锥面定位装拆方便,兼作周向定位。适用于高速、冲击以及对中性要求较高的场合 圆锥形轴见 GB/T 1570—2005	只用于轴端零件轴向定位。常于轴端挡圈联合使用,实现零件的双向定位
圆螺母	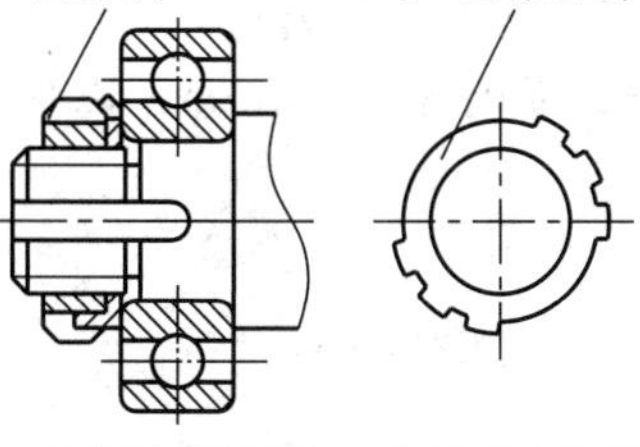 圆螺母(GB 812—1988) 止动垫圈(GB 858—1988)	圆螺母定位固定可靠,可以承受较大的轴向力,能实现轴上零件的间隙调整。但切制螺纹将会产生较大的应力集中,降低轴的疲劳强度。多用于固定装在轴端的零件	为了减小对轴强度的削弱,常采用细牙螺纹。为了防松,需加止动垫片或者使用双螺母
弹性挡圈	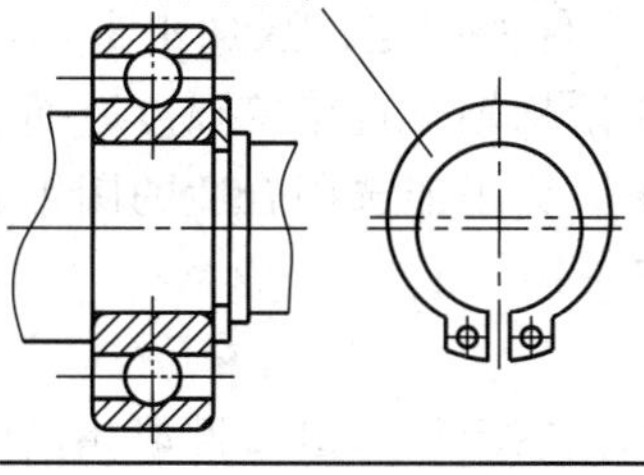 弹性挡圈(GB 894.1—2000, GB 894.2—2000)	弹性挡圈定位结构紧凑、简单、装拆方便,但受力较小,且轴上切槽会引起应力集中,常用于轴承的定位	轴上切槽尺寸见 GB 894.1—2000

续表

方 式	示 例 图	特 点	设 计 要 点
其他	紧定螺钉、锁紧挡圈定位 紧定螺钉(GB 71—1985) 锁紧挡圈(GB 884—1986)	紧定螺钉、弹簧挡圈、锁紧挡圈等定位，多用于轴向力不大的场合	高速场合不宜采用

13.3.4 确定各轴段的直径和长度

轴上零件的装配方案和定位方法确定之后，轴的基本形状就确定下来了。轴的直径大小应该根据轴所承受的载荷来确定，但是，初步确定轴的直径时，往往不知道支反力的作用点，不能决定弯矩的大小和分布情况。因而，在实际设计中，通常是按扭转强度条件来初步估算轴的直径，并将这一估算值作为轴受扭段的最小直径（也可以凭经验和参考同类机械用类比的方法确定），有关这方面的内容将在下一节中介绍。

轴的直径确定后，可按轴上零件的装配方案和定位要求，逐步确定各轴段的直径，并根据轴上零件的轴向尺寸、各零件的相互位置关系以及零件装配所需的装配和调整空间，确定轴的各段长度。

具体工作时，需要注意以下几个问题：

① 轴上与零件相配合的直径应取成标准值，非配合轴段允许为非标准值，但最好取为整数；

② 与滚动轴承相配合的直径与长度，必须符合滚动轴承的内径与宽度标准；

③ 滚动轴承处的轴肩外径应小于轴承内圈的外径，以利拆卸；

④ 安装联轴器的轴径与长度应与联轴器的孔径与长度范围相适应；

⑤ 轴上的螺纹直径应符合标准；

⑥ 若在轴上装有滑移的零件，应考虑零件的滑移距离；

⑦ 转动的零件与固定不动的零件之间应留有 15～20mm 距离，以防止运转时相碰；

⑧ 轴承的内端面不允许超出箱体内壁，并应留有 5～10mm 距离；

⑨ 轴上与零件相配合部分的轴段长度，应比轮毂长度略短 2～3mm，以保证零件轴向定位可靠。

转轴的装配过程

13.3.5 轴的加工和装配工艺性

（1）轴的形状

从满足强度和节省材料考虑，最好是等强度的抛物线回转体。但是这种形状的轴既不便于加工，也不便于轴上零件的固定；从加工考虑，最好是直径不变的光轴，但光轴不利于零件的拆装和定位。由于阶梯轴接近于等强度，而且便于加工和轴上零件的定位和拆装，所以实际上的轴多为阶梯形。为了能选用合适的圆钢和减少切削用量，阶梯轴各轴段的直径不宜相差过大，一般取为 5～10mm。

（2）便于切削加工

为了便于切削加工，一根轴上的圆角应尽可能取相同的半径，退刀槽取相同的宽度，倒角尺寸相同；一根轴上各键槽应开在同一母线上，若开有键槽的轴段直径相差不大时，应尽可能采用相同宽度的键槽（图 13-3），以减少换刀次数。

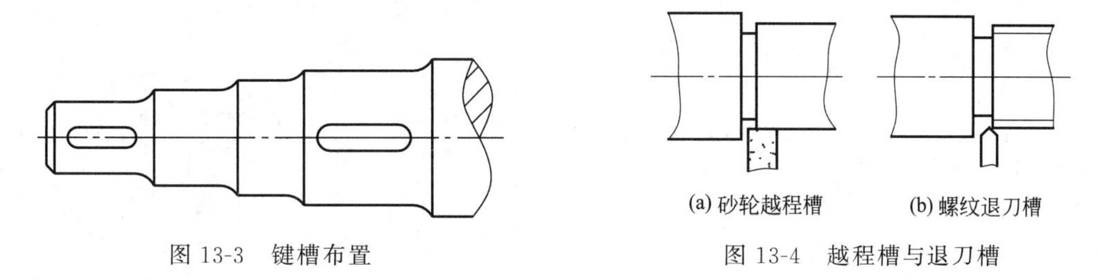

图 13-3 键槽布置

图 13-4 越程槽与退刀槽

（3）越程槽与退刀槽

需要磨削的轴段，应留有砂轮越程槽，以便磨削时砂轮可以磨削到轴肩的端部；需要切制螺纹的轴段，应留有退刀槽，以保证螺纹牙均能达到预期的高度（图 13-4）。

（4）中心孔

为了便于轴在加工过程中各工序的定位，轴的两端面上应制出中心孔，中心孔的标准与结构尺寸见表 13-7 和表 13-8。

表 13-7 中心孔表示法（GB/T 4459.5—1999）

要求	符号	表示方法	说明
在完工的零件上要求保留中心孔		GB/T 4459.5-B2.5/8	采用 B 型中心孔 $D=2.5\text{mm}, D_1=8\text{mm}$ 在完工的零件上要求保留
在完工的零件上可以保留中心孔		GB/T 4459.5-A4/8.5	采用 A 型中心孔 $D=4\text{mm}, D_1=8.5\text{mm}$ 在完工的零件上是否保留都可以
在完工的零件上不允许保留中心孔		GB/T 4459.5-A1.6/3.35	采用 A 型中心孔 $D=1.6\text{mm}, D_1=3.35\text{mm}$ 在完工的零件上不允许保留

表 13-8 四种标准中心孔的标记说明（GB/T 4459.5—1999）

中心孔的形式	标记示例	参数值	标注说明
R （弧形） 根据 GB/T 145 选择中心钻	GB/T 4459.5-R3.15/6.7	$D=3.15\text{mm}$ $D_1=6.7\text{mm}$	D D_1
A （不带护锥） 根据 GB/T 145 选择中心钻	GB/T 4459.5-A4/8.5	$D=4\text{mm}$ $D_1=8.5\text{mm}$	D D_1 60°_{max} t① l②

续表

中心孔的形式	标记示例	参数值	标注说明
B （带护锥） 根据 GB/T 145 选择中心钻	GB/T 4459.5-B2.5/8	D=2.5mm D_1=8mm	
C （带螺纹） 根据 GB/T 145 选择中心钻	GB/T 4459.5-CM10L30/16.3	D=M10 L=30mm D_2=16.3mm	

① 尺寸 t 见 GB/T 4459.5—1999 附录 A。

② 尺寸 l 取决于中心钻的长度，不能小于 t。

③ 尺寸 L 取决于零件的功能要求。

（5）便于加工和检验

为了便于加工和检验，轴的直径应取为圆整值；与滚动轴承相配合的轴颈直径应符合滚动轴承内径标准；有螺纹的轴段直径应符合螺纹标准直径。

（6）便于装配

为了便于装配，轴端应加工出倒角（一般为 45°），以免装配时把轴上零件的孔壁擦伤［图 13-5(a)］；过盈配合零件的装入端应加工出导向锥面［图 13-5(b)］，以便零件能顺利地压入。

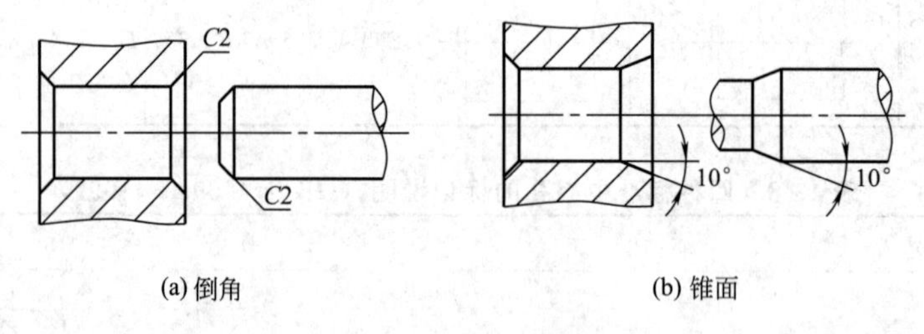

(a) 倒角　　(b) 锥面

图 13-5　倒角与锥面

制造工艺性往往是评价设计优劣的一个重要方面，为了便于制造、降低成本，一根轴上的具体结构都必须认真考虑。

如图 13-6 所示轴结构：

① 螺纹段留有退刀槽［图（a）中的①］；

② 磨削段要留越程槽［图（b）中的④］；

③ 同一轴上的圆角、倒角应尽可能相同；

④ 同一轴上的几个键槽应开在同一母线上［图（b）中的③］；

⑤ 螺纹前导段［图（a）中的②］直径应该小于螺纹小径；轴上零件（如齿轮、带轮、

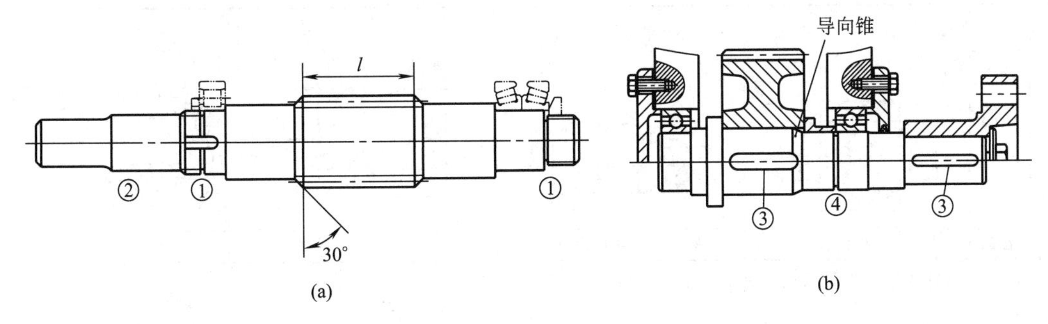

图 13-6 轴的结构工艺性

联轴器）的轮毂宽度应大于与其配合的轴段长度；

⑥ 轴上各段的精度和表面粗糙度不同。

13.3.6 提高轴疲劳强度的措施

轴的基本形状确定之后，需要按照工艺的要求，对轴的结构细节进行合理设计，从而提高轴的加工和装配工艺性，改善轴的抗疲劳性能。

（1）减小应力集中

轴上的应力集中会严重削弱轴的疲劳强度，因此轴的结构应尽量避免和减小应力集中。为了减小应力集中，应在轴剖面发生突变的地方制出适当的过渡圆角；由于轴肩定位面要与零件接触，加大圆角半径经常受到限制，这时可以采用凹切圆角或肩环结构等。常见的减小应力集中的方法见表 13-9。

表 13-9 常见的减小应力集中的方法

圆角	简图	r D d	30° r	r	r
	措施	加大圆角半径 $r/d>0.1$ 减小直径差 $D/d<1.15\sim1.2$	用内圆角 加大圆角半径	设中间环 加大圆角半径	加退刀槽
横孔	简图	K_{σ}减小 30%～40%			
	措施	不通孔改成通孔		孔边倒角或滚珠辗压	压入弹性模量小的衬套
键	简图	r		d_1 d	
	措施	键槽底部加圆角	用圆盘铣刀加工键槽	增大花键直径	花键加退刀槽

续表

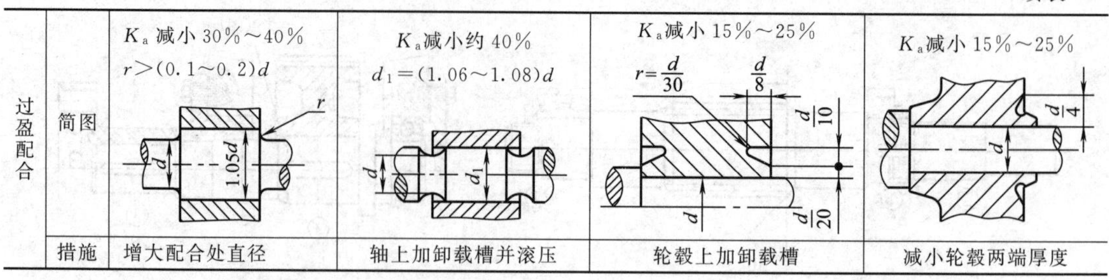

过盈配合					
	简图	K_a减小30%～40% $r>(0.1\sim0.2)d$	K_a减小约40% $d_1=(1.06\sim1.08)d$	K_a减小15%～25% $r=\frac{d}{30}$ $\frac{d}{8}$ $\frac{d}{10}$ $\frac{d}{20}$	K_a减小15%～25% $\frac{d}{4}$
	措施	增大配合处直径	轴上加卸载槽并滚压	轮毂上加卸载槽	减小轮毂两端厚度

注：K_a为有效应力集中系数，其减小值为概略值。

（2）改善轴的受力情况

改进轴上零件的结构，减小轴上载荷或改善其应力特征，也可以提高轴的强度和刚度。如图13-7(a) 所示，如果把轴毂配合面分成两段，可以显著减小轴的弯矩，从而提高轴的强度和刚度；另外，把转动的心轴改成固定的心轴，可使轴不承受交变应力的作用，如图13-7(b) 所示。

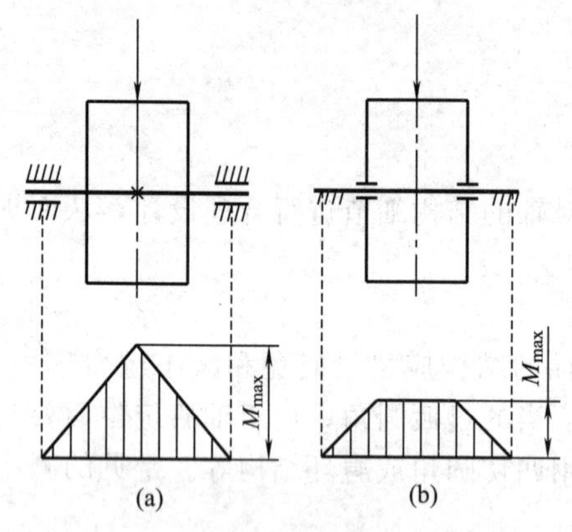

图13-7　减小轴上载荷或改善应力特征

（3）改善轴的表面质量

表面粗糙度对轴的疲劳强度也有显著的影响。实践表明，疲劳裂纹常发生在表面粗糙的部位。设计时应十分注意轴的表面粗糙度的参数值，即使是不与其他零件相配合的自由表面也不应该忽视。采用碾压、喷丸、渗碳淬火、氮化、高频淬火等表面强化的方法可以显著提高轴的疲劳强度。

13.3.7　轴的切削加工及结构设计工艺性图例

轴的切削加工及结构设计工艺性图例见表13-10。

表13-10　轴的切削加工及结构设计工艺性图例

1. 轴切削加工的结构设计工艺性			
零件工作图的尺寸标注			
注意事项	图例		说明
	改进前	改进后	
尺寸标注应考虑到加工顺序	Ra0.8　Ra0.8　Ra3.2　Ra3.2　Ra12.5　Ra0.8　Ra0.8　Ra12.5　45　60　45　190　145	Ra0.8　Ra0.8　Ra3.2　Ra3.2　Ra12.5　Ra0.8　130　Ra0.8　100　175　60　365　Ra12.5	左图是从精磨的齿轮端面起注尺寸，而此面是最后加工的，应按右图从车削端面起注为好（有特殊要求者例外）
选择合理的尺寸封闭环	Ra0.8　Ra0.8　Ra0.8　40　185±0.1　40　$265^{\ 0}_{-0.2}$	Ra0.8　Ra0.8　Ra0.8　40　185±0.1　$265^{\ 0}_{-0.2}$	左图未留尺寸封闭环

续表

1. 轴切削加工的结构设计工艺性			
考虑工艺吊装位置			
注意事项	图例		说明
	改进前	改进后	
长轴的加工应考虑工艺吊装位置	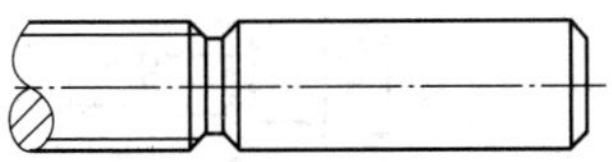	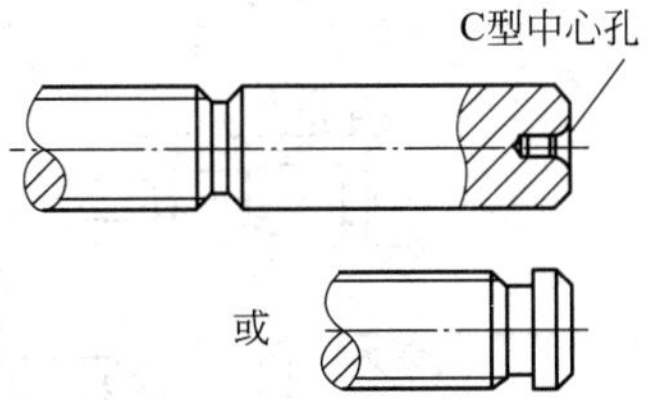 C型中心孔 或	长轴一端设置吊挂螺孔或吊挂环，以便于吊运、热处理和保管
减小阶梯差			
注意事项	图例		说明
	改进前	改进后	
减少轴类零件的阶梯差	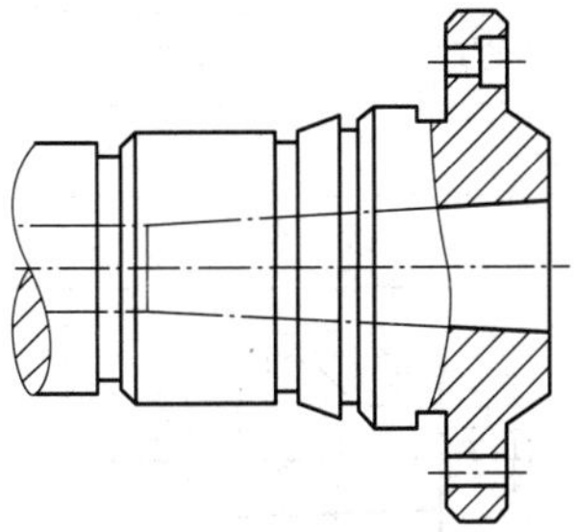	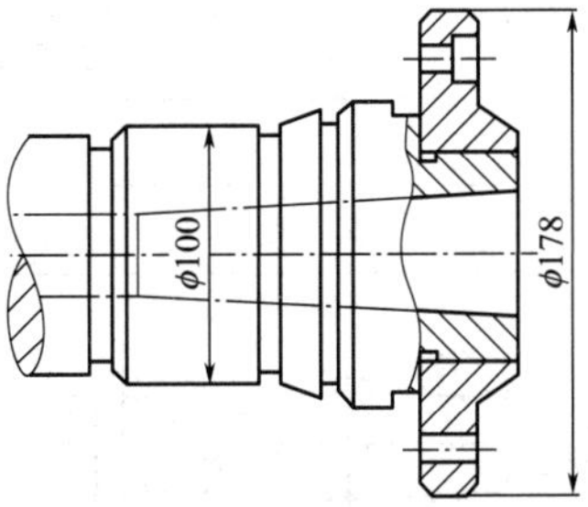 $\phi100$ $\phi178$	某些车床主轴以热压组合零件代替大台阶整体零件（在成批生产中可采用模锻）
	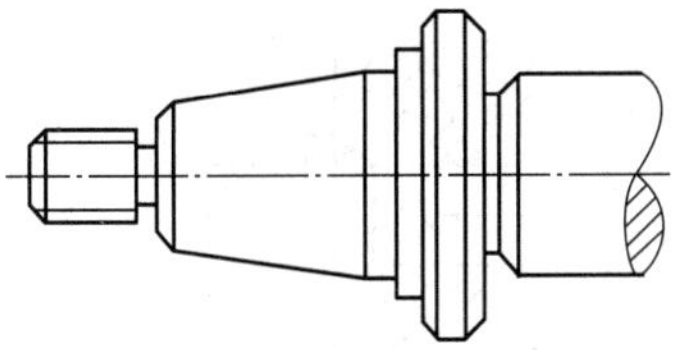	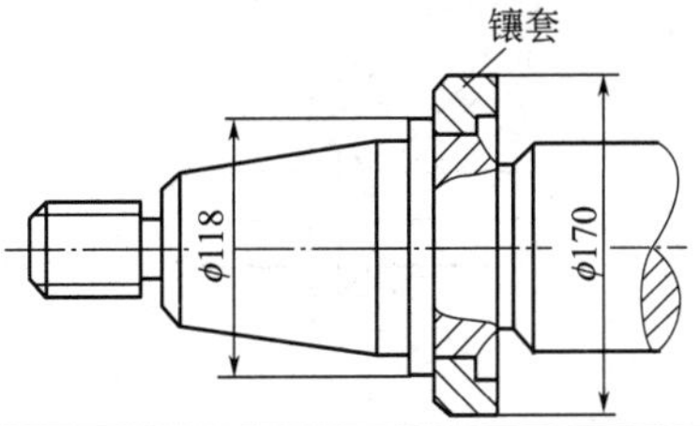 镶套 $\phi118$ $\phi170$	某些磨床主轴以镶套零件代替凸台
零件结构要适应刀具尺寸			
注意事项	图例		说明
	改进前	改进后	
应考虑刀具退出时所需的退刀槽	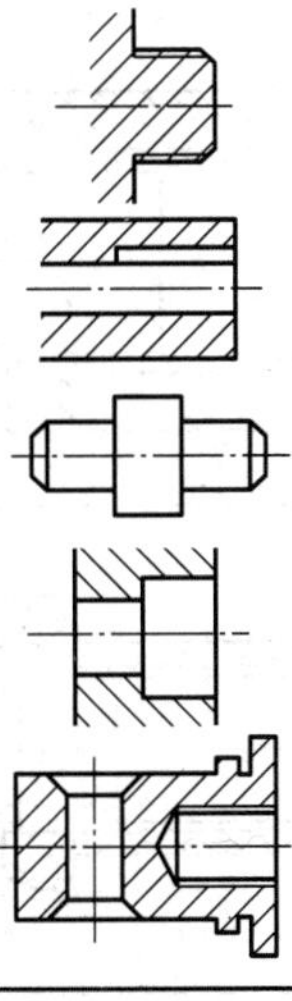	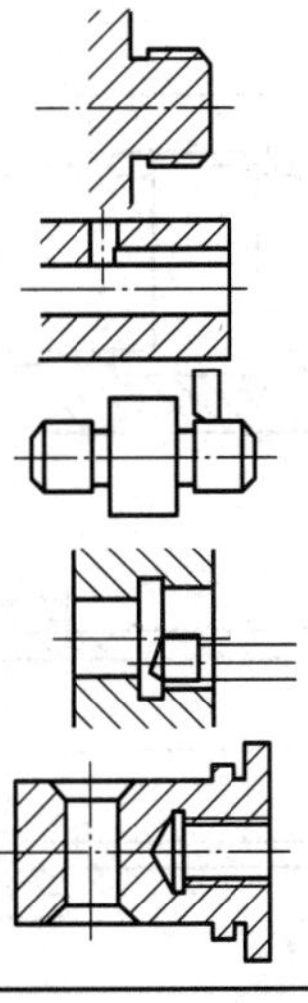	(1)保证刀具能自由退刀 (2)避免刀具损坏和过早磨损 (3)提高加工质量 (4)避免设备事故

续表

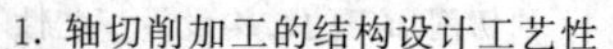

1. 轴切削加工的结构设计工艺性

零件结构要适应刀具尺寸

注意事项	图例 改进前	图例 改进后	说明
当尺寸差别不大时，零件各结构要素，如沟、槽、孔、窝等，应尽可能一致	4 3 3 $\phi26$ $\phi24$ 8H9 6H9	3 3 3 $\phi26$ $\phi24$ 8H9 8H9	(1)减少刀具种类 (2)减少更换刀具等辅助时间

2. 零件的装配和维修工艺性

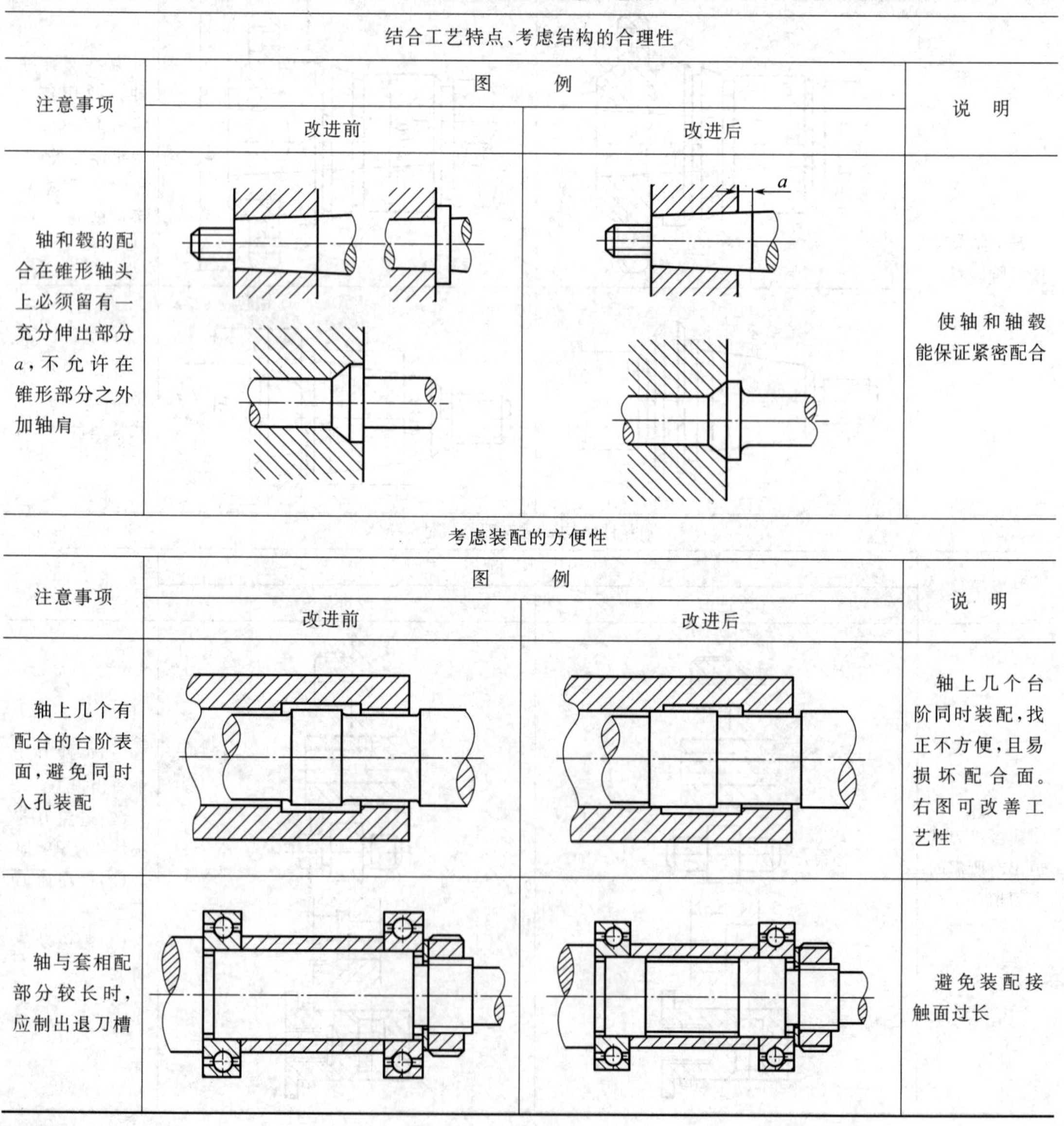

结合工艺特点、考虑结构的合理性

注意事项	图例 改进前	图例 改进后	说明
轴和毂的配合在锥形轴头上必须留有一充分伸出部分 a，不允许在锥形部分之外加轴肩		a	使轴和轴毂能保证紧密配合

考虑装配的方便性

注意事项	图例 改进前	图例 改进后	说明
轴上几个有配合的台阶表面，避免同时入孔装配			轴上几个台阶同时装配，找正不方便，且易损坏配合面。右图可改善工艺性
轴与套相配部分较长时，应制出退刀槽			避免装配接触面过长

续表

2. 零件的装配和维修工艺性			
考虑拆卸的方便性			
注意事项	图例		说明
	改进前	改进后	
制出适当的拆卸窗口、孔槽	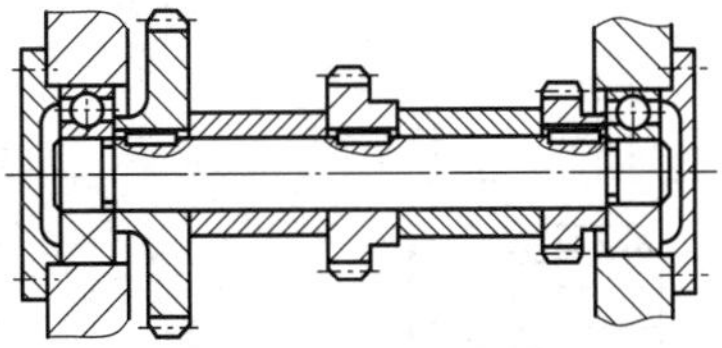	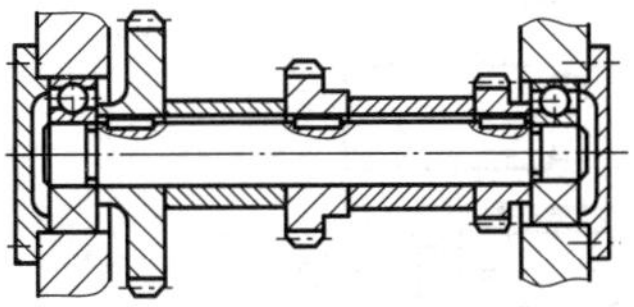	在隔套上制出键槽，便于安装，拆时不需将键拆下
在轴、法兰、压盖、堵头及其他零件的端面，应有必要的工艺螺孔	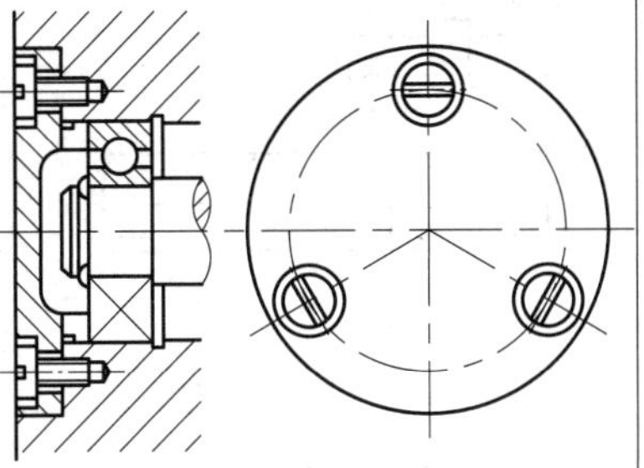	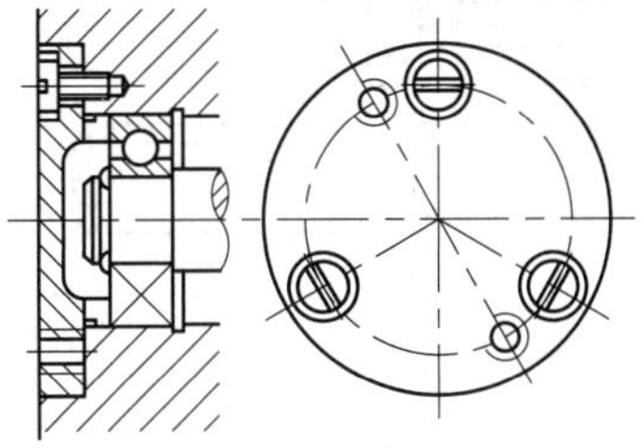	避免使用非正常拆卸方法损坏零件
当调整维修个别零件时，避免拆卸全部零件	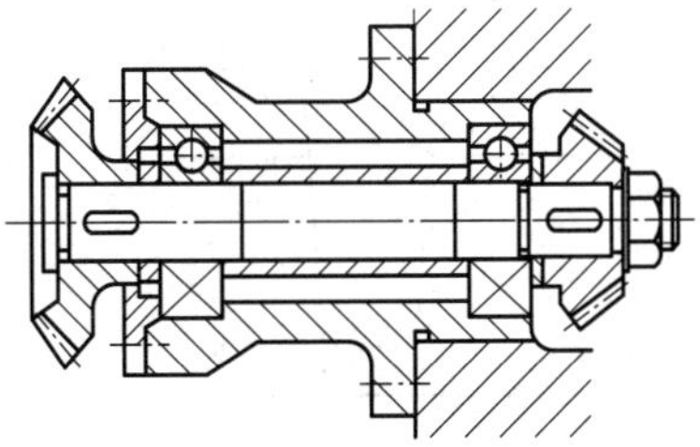	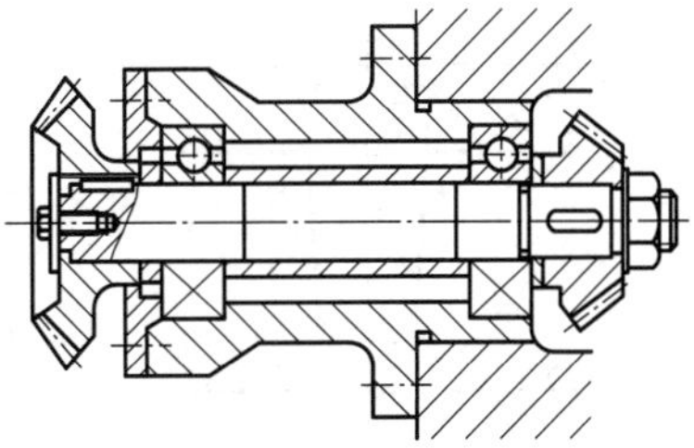	左图在拆卸左边调整垫圈时，几乎需拆下轴上全部零件
考虑修配的方便性			
注意事项	图例		说明
	改进前	改进后	
应避免配作的切屑带入难以清理的内部	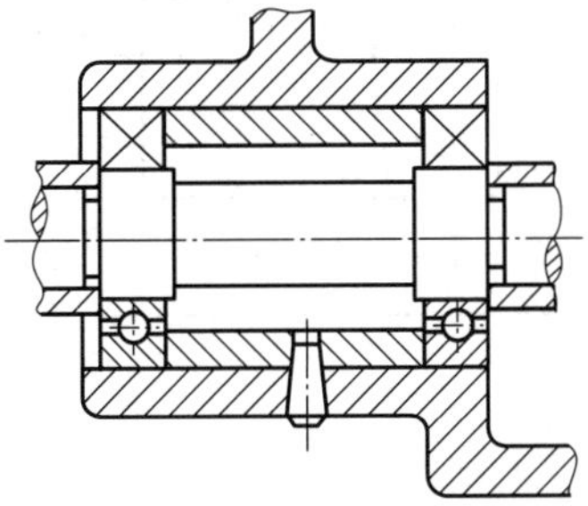	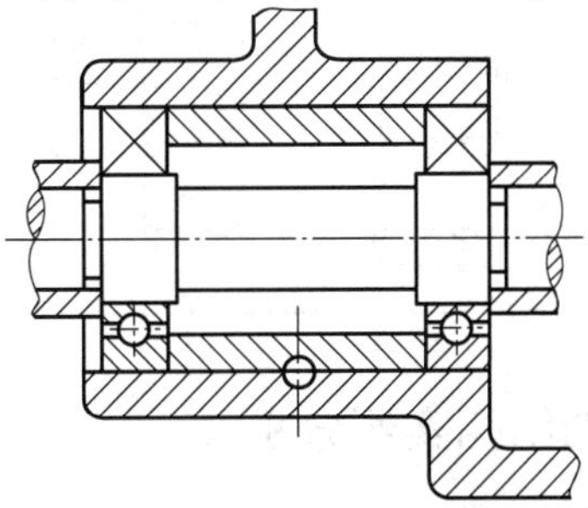	在便于钻孔部位，将径向销改为切向销，避免切屑带入轴承内部
减少装配时的机加工配作	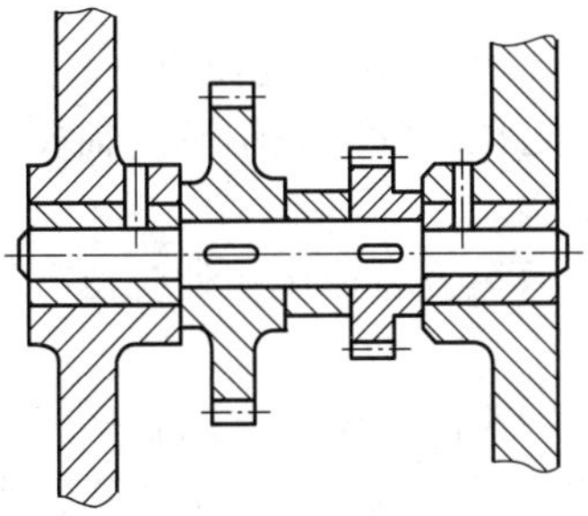	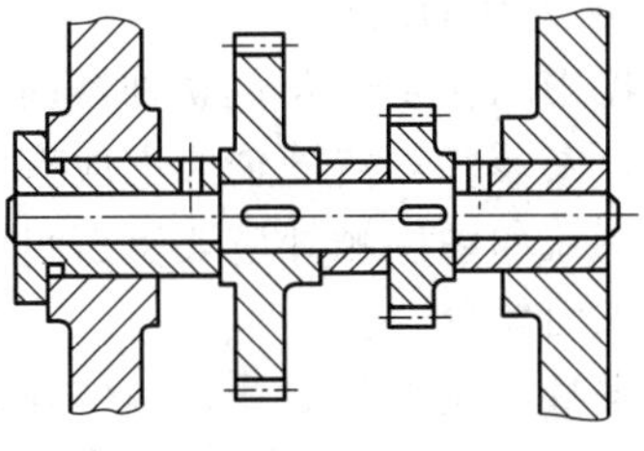	将箱体上配钻的油孔，改在轴套上，预先钻出

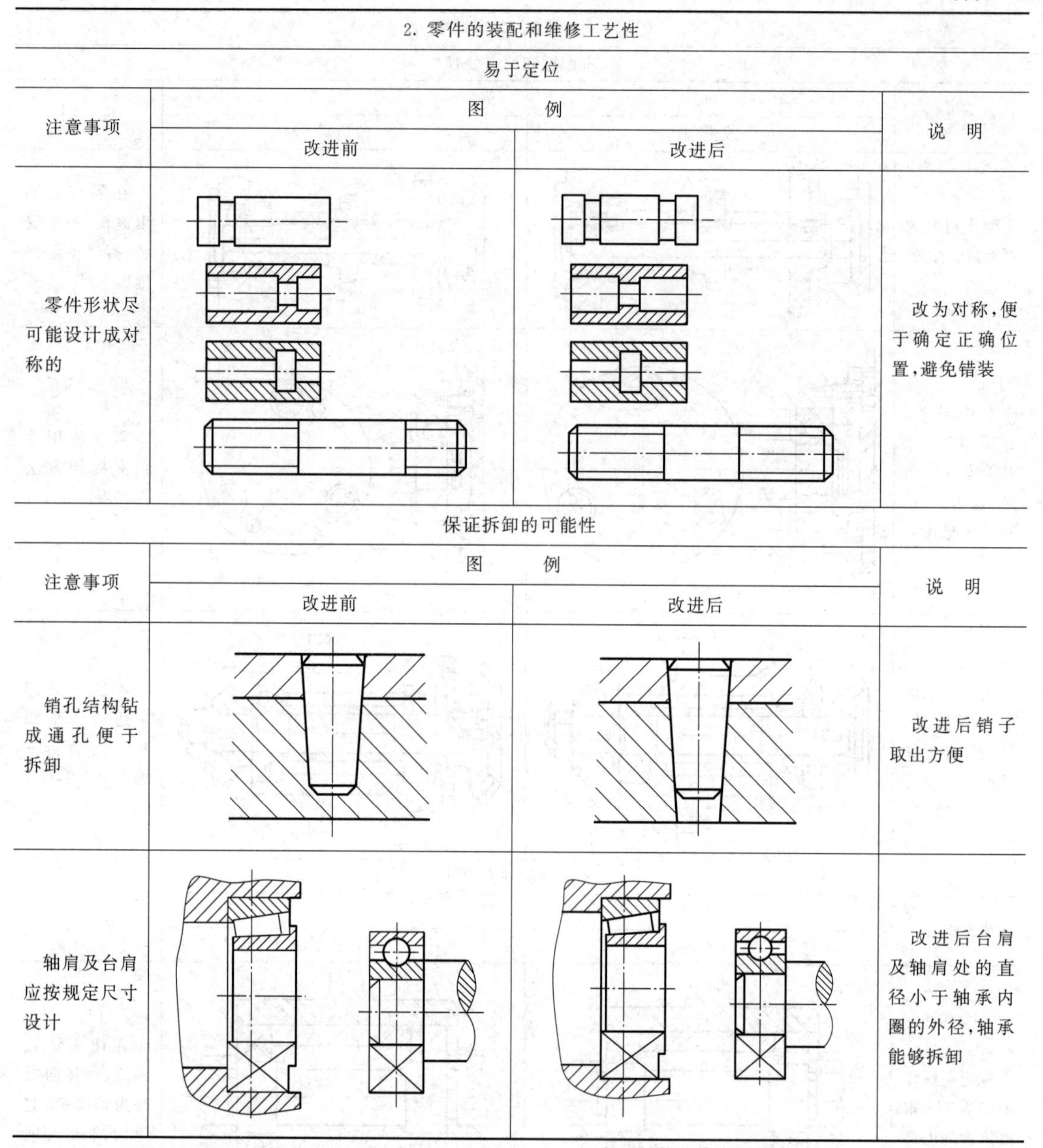

续表

2. 零件的装配和维修工艺性			
易于定位			
注意事项	图例		说明
	改进前	改进后	
零件形状尽可能设计成对称的			改为对称，便于确定正确位置，避免错装
保证拆卸的可能性			
注意事项	图例		说明
	改进前	改进后	
销孔结构钻成通孔便于拆卸			改进后销子取出方便
轴肩及台肩应按规定尺寸设计			改进后台肩及轴肩处的直径小于轴承内圈的外径，轴承能够拆卸

13.3.8 轴的结构实例分析

(1) 轴的结构实例分析 1

如图 13-8 所示为轴的结构，共有 9 个不合理的地方，分析过程如下。

①处：联轴器中间应是通孔；联轴器周向没有定位，安装联轴器的轴段上应有键；联轴器轴向没有定位，安装联轴器的轴段上应有定位轴肩。

②处：轴承端盖和轴接触处应装有密封圈；轴承端盖和轴接触处应留有间隙；轴承端盖的加工面与非加工面要分开。

③处：箱体本身不应画剖面线；箱体安装轴承端盖的部位应有凸台，以便于加工。

④处：安装轴承的轴段（轴颈）应高于右边的轴段（轴身），形成一个轴肩，以方便轴

承的安装。

⑤处：安装齿轮的轴头长度应比齿轮宽度短1～2mm，以便齿轮轴向定位可靠；轴承左边轴向定位的套筒直径太大，该处套筒最大直径应小于轴承内圈的外径，以方便轴承的拆卸。

⑥处：安装轴承的轴段应留有越程槽；定位轴肩太高，该处轴肩最大直径应小于轴承内圈的外径，以方便轴承的拆卸。

⑦处：箱体安装轴承端盖的部位应有凸台，以便于加工；箱体本身不应画剖面线。

⑧处：结构虽然可以用，但有比其更好的结构，如单向固定的结构。

⑨处：键太长，键的长度应小于该轴段（轴头）的长度。

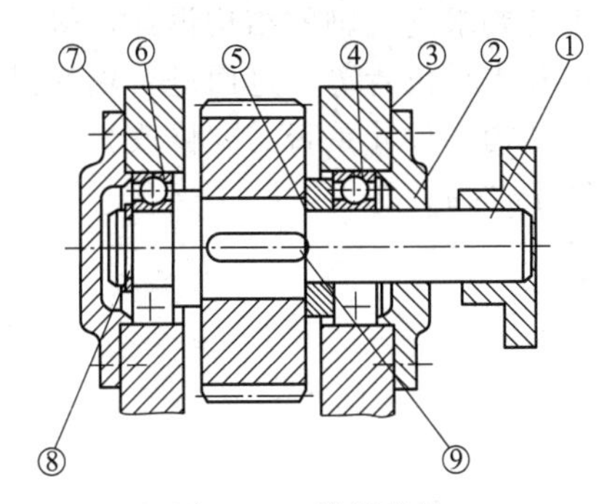

图13-8　错误结构

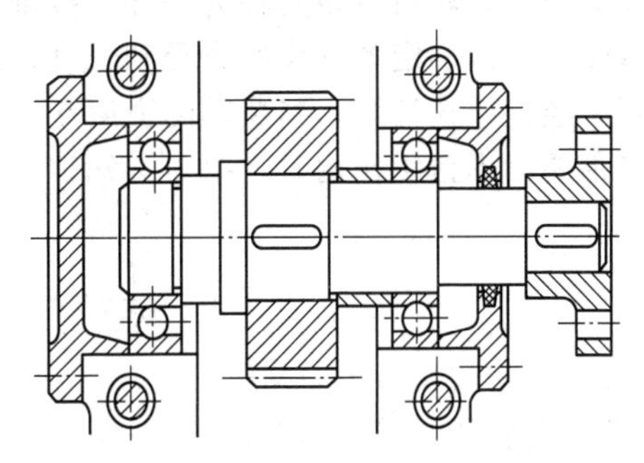

图13-9　正确结构

轴的正确结构图如图13-9所示。

（2）轴的结构实例分析2

如图13-10所示为轴的结构正误图，图的上半部分在结构上存在12处错误，而下半部分则针对错误进行纠正，是正确的结构。

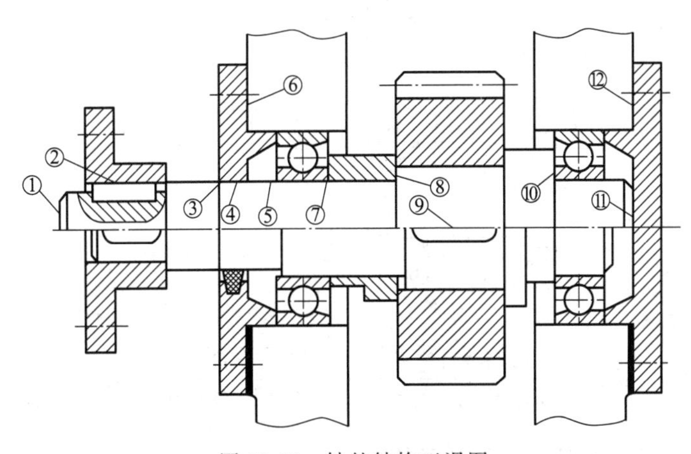

图13-10　轴的结构正误图

13.4 轴的强度计算

13.4.1 初略计算（按扭转强度估算和按经验公式估算）

某减速器主动轴如图13-11所示，为一既受弯矩又受扭矩的转轴。已知齿轮的模数 m、

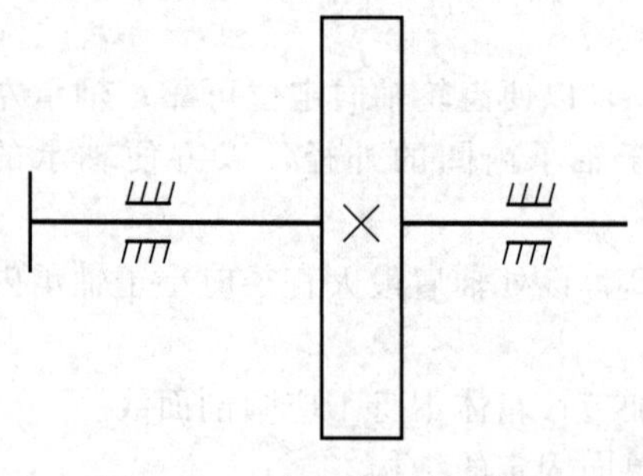

图 13-11　减速器主动轴简图

齿数 z、齿宽 b、轴的转速 n（r/min）和传递的功率 P（kW）。轴的初略计算有两种方法：按扭转强度估算和按经验公式估算。

（1）按扭转强度估算直径

在开始的时候，轴的长度及结构形式往往是未知的，因此求不出支反力，画不出弯矩图，应力集中情况也不清楚，无法对轴进行弯曲疲劳强度计算，所以常按扭转强度计算公式来进行轴径的初步估算，并采用降低许用切应力的方法来考虑弯曲的影响，以求出等直径的钢轴。然后以该光轴为基准，按轴上零件及工艺要求进行轴的结构设计，得出轴的结构草图，从而确定各轴段的直径和长度、载荷作用点和支承位置等，进而进行轴的强度校核计算。经过校核计算，判断轴的强度是否满足需要，结构、尺寸是否需要修改。

当主要考虑扭矩作用时，由力学知识可知，其强度条件为：

$$\tau=\frac{T}{W_{\mathrm{n}}}=\frac{9.55\times10^{6}\times\dfrac{P}{n}}{W_{\mathrm{n}}}\leqslant[\tau] \tag{13-1}$$

式中　τ——扭转切应力，MPa；

T——轴所承受的扭矩，N·mm；

W_{n}——轴的抗扭截面模量，mm^3；

P——轴所传递的功率，kW；

n——轴的转速，r/min；

$[\tau]$——轴材料的许用切应力，MPa。

对于实心轴：

$$W_{\mathrm{n}}=\frac{\pi d^{3}}{16}\approx0.2d^{3}$$

故轴的直径为：

$$d\geqslant\sqrt[3]{\frac{9.55\times10^{6}P}{0.2[\tau]n}}=A\sqrt[3]{\frac{P}{n}}\ (\mathrm{mm}) \tag{13-2}$$

对于空心轴：

$$W_{\mathrm{n}}=\frac{\pi d^{3}(1-\gamma^{4})}{16}\approx0.2d^{3}(1-\gamma^{4})$$

故轴的直径为：

$$d\geqslant\sqrt[3]{\frac{9.55\times10^{6}P}{0.2(1-\gamma^{4})[\tau]n}}=A\sqrt[3]{\frac{P}{(1-\gamma^{4})n}}\ (\mathrm{mm}) \tag{13-3}$$

式中，$\gamma=\dfrac{d_0}{d}$，即空心轴内、外径之比。

式(13-2) 与式(13-3) 中的 A 为与材料有关的系数，常用材料的 $[\tau]$ 及 A 值见表 13-11。

表 13-11　常用材料的 $[\tau]$ 及 A 值

钢号	Q235-A,20	35	45	1Cr18Ni9Ti	40Cr,35SiMn,2Cr13
$[\tau]$/MPa	12～20	20～30	30～40	15～25	40～52
A	160～135	135～118	118～107	148～125	107～98

按照上面公式计算得到的直径，一般作为轴的最小直径。如果在该处有键槽，则应考虑它对轴的削弱程度。一般，有一个键槽直径增加5%，两个键槽直径增大10%，最后需要将轴径圆整为标准值。

（2）按经验公式估算直径

对于一般减速器装置中的轴，一般也可用经验公式来估算轴的最小直径。对于高速级输入轴的最小轴径可按与其相联接的电动机轴径 D 估算，$d=(0.8\sim1.2)D$；相应各级低速轴的最小直径可按同级齿轮中心距 a 估算，$d=(0.3\sim0.4)a$。

13.4.2　概略计算（按弯扭合成进行强度计算）

对于一般用途的轴，按当量弯矩校核轴径可以作为轴的精确强度验算方法。

轴的结构设计完成之后，就需要对轴的工作能力及结构设计的合理性进行检验。根据轴的几何尺寸和形状可以确定轴上载荷的大小、方向及作用点和轴的支点位置，从而可以求出支反力，画出弯矩图和扭矩图，然后按照当量弯矩对轴径进行校核。

在画轴的计算简图时，首先要确定轴承支反力的作用点。把轴视作一简支梁，作用在轴上的载荷，一般按集中载荷考虑，其作用点取零件轮缘宽度的中点。轴上支反力的作用点（滚动轴承和滑动轴承）按有关手册选定。

由弯矩图和扭矩图可以初步确定轴的危险截面。对于一般钢制的轴，可以用第三强度理论求出危险截面的当量应力 σ_e，其强度大小为：

$$\sigma_e=\sqrt{\sigma_b^2+4\tau^2} \tag{13-4}$$

式中　σ_b——危险截面上的弯矩 M 所产生的弯曲应力；

τ——T 产生的扭转切应力。

对于直径为 d 的圆轴，$\sigma_b=\dfrac{M}{W}\approx\dfrac{M}{0.1d^3}$；$\tau=\dfrac{T}{W_T}\approx\dfrac{T}{0.2d^3}=\dfrac{T}{2W}$，其中 W、W_T 分别为轴的抗弯截面模量和抗扭截面模量，所以有：

$$\sigma_e=\frac{1}{W}\sqrt{M^2+T^2} \tag{13-5}$$

对于一般转轴，σ_b 为对称变化的弯曲应力，而 τ 的应力特性则随着 T 的特性而定。考虑两者不同的循环应力特性的影响，将式(13-5) 中的扭矩乘以校正系数 α，得校核轴强度的基本公式为：

$$\sigma_e=\frac{10\sqrt{M^2+(\alpha T)^2}}{d^3}\approx\frac{10M_e}{d^3}\leqslant[\sigma_{-1}]_b \tag{13-6}$$

由此得设计公式为：

$$d\geqslant\sqrt[3]{\frac{10M_e}{[\sigma_{-1}]_b}} \tag{13-7}$$

式中　M_e——当量弯矩，N·mm。

$$\alpha=\frac{[\sigma_{-1}]_b}{[\sigma_{+1}]_b} \tag{13-8}$$

对于不变的扭矩，取 $\alpha\approx0.3$；对于脉动循环的扭矩，取 $\alpha\approx0.6$；对于对称循环的扭矩，取 $\alpha=1$。如果单向回转的扭矩，其变化规律不太清楚时，一般按照脉动变化的扭矩处理。其中，$[\sigma_{-1}]_b$、$[\sigma_0]_b$、$[\sigma_{+1}]_b$ 分别为对称循环、脉动循环及静应力状态下的许用弯曲应力，这些数据在相关的设计手册上可以查到。

如果截面上有键槽，则应按照求得的直径增加适当的数值，见表13-12。

表13-12　截面上有键槽时直径增加量

轴的直径 d/mm	<30	30～100	>100
有一个键槽时的增大值/%	7	5	3
有相隔180°键槽时的增大值/%	15	10	7

设计时应注意以下两方面。

① 要合理选择危险截面。由于轴的各截面的当量弯矩和直径不同，因此轴的危险剖面在当量弯矩较大或轴的直径较小处，一般选取一个或两个危险截面核算。

② 若验算轴的强度不够，即$\sigma_e > [\sigma_{-1}]_b$，则可用增大轴的直径、改用强度较高的材料或改变热处理方法等措施来提高轴的强度；若σ_b比$[\sigma_{-1}]_b$小很多时，是否要减小轴的直径，应综合考虑其他因素而定。有时单从强度的观点考虑，轴的尺寸可以缩小，不过却受到其他条件的限制，如刚度、振动稳定性、加工和装配工艺条件以及与轴有关联的其他零件和结构的限制，因此必须综合考虑各种因素进行全面考虑，方可作出是否改变轴结构尺寸的决定。

这种计算方法，在工作应力分析方面是比较准确的，对于一般工作条件下工作的转轴已经足够精确了。但是因为应力集中系数、尺寸系数等不可能精确确定，使许用应力计算比较保守，因此本方法也不十分精确，所以对于重载、尺寸受限制和重要的转轴，应采用更为精确的疲劳强度安全系数校核。

13.5 轴的刚度校核

在载荷的作用下，轴将产生一定的弯曲变形。若变形量超过允许的限度，就会影响轴上零件的正常工作，甚至会丧失其应有的工作性能。例如，安装齿轮的轴，若弯曲刚度（或扭转刚度）不足而导致挠度（或扭转角）过大时，将影响齿轮的正常啮合，使齿轮沿齿宽和齿高方向接触不良，造成载荷在齿面上严重分布不均。又如，采用滑动轴承的轴，若挠度过大而导致轴颈偏斜过大时，将使轴颈和滑动轴承产生边缘接触，造成不均匀磨损和过度发热。因此，在设计有刚度要求的轴时，必须进行刚度的校核计算。

13.5.1　轴的弯曲刚度校核

常见的轴可以视为简支梁。若是光轴，可以直接利用材料力学中的公式计算其挠度或偏转角；若是阶梯轴，如果对计算精度要求不高，则可用当量直径法作近似计算，即把阶梯轴看成是当量直径为d_v的光轴，然后再按材料力学的公式进行计算。

当量直径为：

$$d_v = \sqrt[4]{\frac{L}{\sum_{i=1}^{z} \frac{l_i}{d_i^4}}} \tag{13-9}$$

式中　l_i——阶梯轴第i段的长度，mm；

d_i——阶梯轴第i段的直径，mm；

L——阶梯轴总长度，mm；

z——阶梯轴计算长度内的轴段数。

当载荷作用于两支承之间时，L 为支承跨距；当载荷作用于悬臂端时，L 等于悬臂长度加上跨距。

许用偏转角或允许挠度可以根据设计不同查阅相关手册得到。

13.5.2　轴的扭转刚度校核

轴的扭转变形用每米长的转角 φ 来表示。圆轴扭转角 φ 的计算公式为：

光轴
$$\varphi=5.73\times10^4\frac{T}{GI_p}\tag{13-10}$$

阶梯轴
$$\varphi=5.73\times10^4\ \frac{1}{LG}\sum_{i=1}^{z}\frac{T_i l_i}{I_{pi}}\tag{13-11}$$

式中　T——转轴所受的扭矩，N·m；

G——轴材料的切变模量，MPa，钢材 $G=8.1\times10^4$MPa；

I_p——轴截面的极惯性矩，mm^4，对于圆轴 $I_p=\pi d^4/32$；

L——阶梯轴受扭矩作用的长度，mm；

z——阶梯轴受扭矩作用的轴段数。

轴的扭转刚度条件为：

$$\varphi\leqslant[\varphi]\tag{13-12}$$

对于一般传动的场合，可取 $[\varphi]=0.5\sim1°/m$；对于精密传动的轴 $[\varphi]=0.25\sim0.5°/m$；对于精度要求不高的轴 $[\varphi]$ 可以大于 1°/m。

13.6　轴的设计示例分析

【例 13-1】　设计如图 13-12 所示的带式输送机中的单级斜齿轮减速器从动轴。已知从动轴的功率为 $P_2=23.8$kW，转速 $n_2=260$r/min，齿轮的法面模数为 $m_n=4$mm，法面压力角 $\alpha_n=20°$，齿数比 $u=3.95$，小齿轮齿数 $z_1=20$，分度圆上的螺旋角为 $\beta=8°6'34''$，小齿轮分度圆直径 $d_1=80.81$mm，大齿轮分度圆直径 $d_2=319.19$mm，齿宽 $B_1=85$mm，$B_2=80$mm。

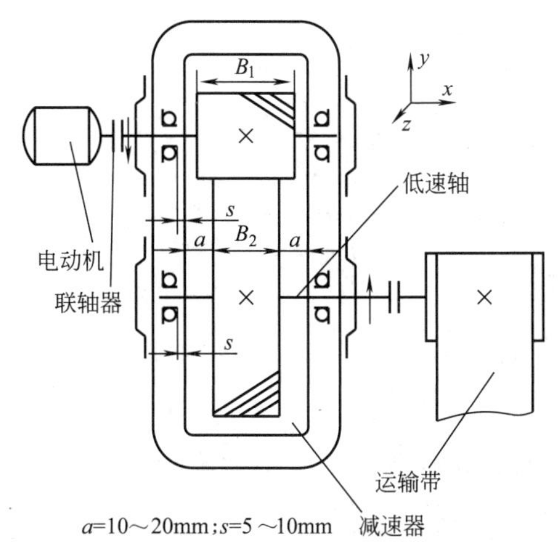

图 13-12　单级斜齿轮减速器运动简图

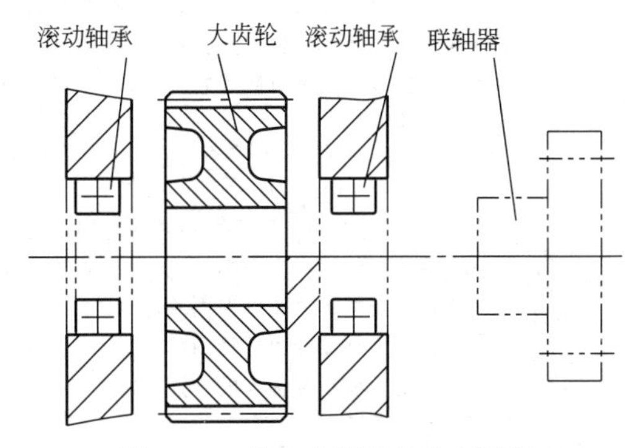

图 13-13　轴上主要零件的布置图

【解】　设计计算过程列于表 13-13。

表 13-13　设计计算过程

设计项目	计算内容	计 算 结 果
1. 选择材料	该轴没有特殊的要求，因而选用调质处理的 45 钢，可以查表 13-3 得其强度极限 $\sigma_b=637\text{MPa}$	45 钢，调质处理，$\sigma_b=637\text{MPa}$
2. 初估轴径	按扭转强度估算输出端联轴器处的最小直径，根据表 13-11，按 45 钢，取 $A=110$ 根据式(13-2) $$d_{\min}=A\sqrt[3]{\frac{P_2}{n_2}}=110\sqrt[3]{\frac{23.8}{260}}=49.57\text{mm}$$ 由于在联轴器处有一个键槽，轴径应增加 5%，$49.57+49.57\times5\%=52.05\text{mm}$；为了使所选轴径与联轴器孔径相适应，需要同时选取联轴器。从手册可以查出，选用 HL4 弹性联轴器 J55×84/Y55×112 GB 5014—85。故取与联轴器联接的轴径为 $d_1=55\text{mm}$	$d_1=55\text{mm}$
3. 结构设计 (1)轴上零件的轴向定位 (2)轴上零件的周向定位 (3)确定各段轴的直径和长度 (4)考虑轴的结构工艺性	根据齿轮减速器的简图确定轴上主要零件的布置图(图 13-13)，初步估算定出轴径进行轴的结构设计 齿轮的一端靠轴肩定位，另一端靠套筒定位，装拆、传力均较方便；两端轴承常用同一尺寸，以便于购买、加工、安装和维修；为了便于拆装轴承，轴承处轴肩不宜过高(其高度最大值可从轴承标准中查得)，故左端轴承与齿轮间设置两个轴肩，如图 13-14 所示 齿轮与轴、半联轴器与轴的周向定位均采用平键联接及过盈配合。根据设计手册，并考虑便于加工，取在齿轮、半联轴器处的键剖面尺寸 $b\times h$ 分别为 20mm×12mm 与 16mm×10mm，配合均采用 H7/k6；滚动轴承内圈与轴的配合采用基孔制，轴的尺寸公差为 k6，如图 13-15 所示 轴径：从联轴器开始向左取 $\phi55$(联轴器轴径)d_1 →$\phi63$($55+2\times0.07d_1$，取标准值)d_2 →$\phi65$(轴颈，查轴承内径)d_3 →$\phi71$(取>$\phi65$ 的标准值)d_4 →$\phi80$($71+2\times0.07d_4$，取标准值)d_5 →$\phi74$(查轴承 7213C 的安装尺寸 d_a)d_6 →$\phi65$(轴颈，同轴两轴承取同样的型号)d_3 轴长：取决于轴上零件的宽度及它们的相对位置。选用 7213C 轴承，其宽度为 $B=23\text{mm}$；齿轮端面至箱体壁间的距离取 $a=15\text{mm}$；考虑到箱体的铸造误差，装配时留有余地，取滚动轴承与箱体内边距 $s=5\text{mm}$；轴承处箱体凸缘宽度，应按箱盖与箱座联接螺栓尺寸及结构要求确定，暂定该宽度 B_3＝轴承宽$+(0.08\sim0.1)a+(10\sim20)\text{mm}$，取 50mm；轴承盖厚度取 20mm；轴承盖与联轴器之间的距离取为 $b=16\text{mm}$；半联轴器与轴配合长度为 $l=84\text{mm}$，为使压板压住半联轴器，取其相应的轴长为 82mm；已知齿轮宽度为 $B_2=80\text{mm}$，为使套筒压住齿轮端面，取其相应的轴长为 78mm 根据以上考虑可确定每段轴长，并可以计算出轴承与齿轮、联轴器间的跨度 $$L=80+2\times15+2\times5+2\times(23/2)=143\text{mm}$$ $$L_1=58+82/2+23/2=110.5\text{mm}$$ 考虑轴的结构工艺性，在轴的左端与右端均制成 2×45°倒角；左端支撑轴承的轴径为磨削加工，留有砂轮越程槽；为便于加工，齿轮、半联轴器处的键槽布置在同一母线上，并取同一剖面尺寸 先作出轴的受力计算图(即力学模型)如图 13-16(a)所示，取集中载荷作用于齿轮及轴承的中点	$d_2=63\text{mm}$ $d_3=65\text{mm}$ $d_4=71\text{mm}$ $d_5=80\text{mm}$ $d_6=74\text{mm}$ $B=23\text{mm}$ $a=15\text{mm}$ $s=5\text{mm}$ $B_3=50\text{mm}$ $b=16\text{mm}$ $l=84\text{mm}$ $L=143\text{mm}$ $L_1=110.5\text{mm}$
4. 强度计算	扭矩： $$T_2=9.55\times10^3P_2/n_2=9.55\times10^3\times23.8/260$$ $$=874.2\text{N}\cdot\text{m}$$	$T_2=874.2\text{N}\cdot\text{m}$

续表

设计项目	计算内容	计算结果
(1)求齿轮上作用力的大小和方向	圆周力： $F_{t2}=2T_2/d_2=2\times874200/319.19=5478\text{N}$ 径向力： $F_{r2}=F_{t2}\tan\alpha_n/\cos\beta=5478\times\tan20°/\cos8°6'34''=2014\text{N}$ 轴向力： $F_{a2}=F_{t2}\tan\beta=5478\times\tan8°6'34''=780(\text{N})$ F_{t2}、F_{r2}、F_{a2}的方向如图 13-16 所示	
(2)求轴承的支反力	水平面上的支反力： $F_{RA}=F_{RB}=F_{t2}/2=5478/2=2739\text{N}$ 垂直面上的支反力： $F'_{RA}=(-F_{a2}d_2/2+71.5F_{r2})/143=136\text{N}$ $F'_{RB}=(F_{a2}d_2/2+71.5F_{r2})/143=1878\text{N}$	
(3)画弯矩图[图 13-16(b)、(c)]	剖面 C 处的弯矩计算如下 水平面上的弯矩： $M_C=71.5F_{RA}=71.5\times2739=196\text{N}\cdot\text{m}$ 垂直面上的弯矩： $M'_{C1}=71.5F'_{RA}=71.5\times136=9.72\text{N}\cdot\text{m}$ $M'_{C2}=71.5F'_{RA}+F_{a2}d_2/2=134.2\text{N}\cdot\text{m}$	$F_{t2}=5478\text{N}$ $F_{r2}=2014\text{N}$ $F_{a2}=780\text{N}$ $F_{RA}=2739\text{N}$ $F'_{RA}=136\text{N}$ $F'_{RB}=1878\text{N}$ $M_C=196\text{N}\cdot\text{m}$ $M'_{C1}=9.72\text{N}\cdot\text{m}$ $M'_{C2}=134.2\text{N}\cdot\text{m}$ $M_{C1}=196.24\text{N}\cdot\text{m}$ $M_{C2}=237.54\text{N}\cdot\text{m}$ $M''_{C1}=561.7\text{N}\cdot\text{m}$ $M''_{C2}=577.4\text{N}\cdot\text{m}$ $[\sigma_{-1}]_b=59\text{MPa}$ $\sigma_{emax}=31.6\text{MPa}$ $\sigma_{emax}<[\sigma_{-1}]_b$ 强度足够
(4)画合成弯矩图[图 13-16(d)]	合成弯矩： $M_{C1}=\sqrt{M_C^2+M'^2_{C1}}=196.24\text{N}\cdot\text{m}$ $M_{C2}=\sqrt{M_C^2+M'^2_{C2}}=237.54\text{N}\cdot\text{m}$	
(5)画当量弯矩图[图 13-16(f)]	因为单向回转，视扭矩为脉动循环 $\alpha=\dfrac{[\sigma_{-1}]_b}{[\sigma_0]_b}$ 查表 13-3 得$[\sigma_{-1}]_b=59\text{MPa}$，$[\sigma_0]_b=98\text{MPa}$，则 $\alpha=0.602$ 剖面 C 处的当量弯矩： $M''_{C1}=\sqrt{M^2_{C1}+(\alpha T_2)^2}=561.7\text{N}\cdot\text{m}$ $M''_{C2}=\sqrt{M^2_{C2}+(\alpha T_2)^2}=577.4\text{N}\cdot\text{m}$	
(6)判断危险剖面并验算强度	(1)剖面 C 当量弯矩最大，两者直径与邻接段相差不大，故剖面 C 为危险剖面 已知 $M_e=M''_{C2}=577.4\text{N}\cdot\text{m}$，$[\sigma_{-1}]_b=59\text{MPa}$ $\sigma_e=\dfrac{M_e}{W}=\dfrac{M_e}{0.1d^3}=\dfrac{577.4\times10^3}{0.1\times71^3}=16.13\text{MPa}<[\sigma_{-1}]_b$ (2)剖面 D 处虽然仅受扭矩，但其直径较小，则该剖面也为危险剖面 $M_D=\sqrt{(\alpha T_2)^2}=\alpha T_2=526.3\text{N}\cdot\text{m}$ $\sigma_e=\dfrac{M}{W}=\dfrac{M_D}{0.1d^3}=\dfrac{526.3\times10^3}{0.1\times55^3}=31.6\text{MPa}<[\sigma_{-1}]_b$ $\sigma_{emax}=31.6\text{MPa}<[\sigma_{-1}]_b=59\text{MPa}$	
5. 绘零件图	根据以上确定的尺寸，绘制出该减速器从动轴零件图	见图 13-17

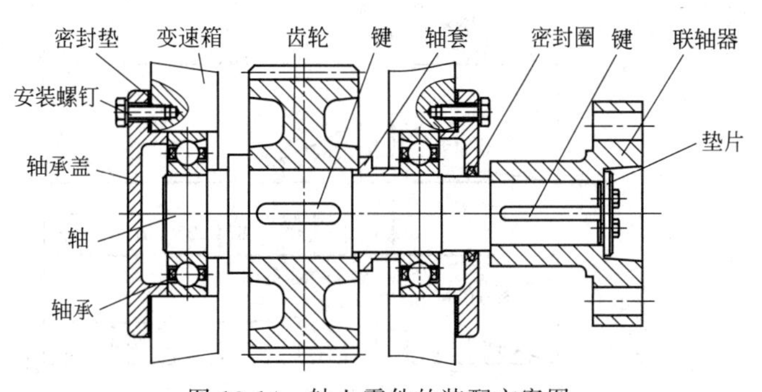

图 13-14　轴上零件的装配方案图

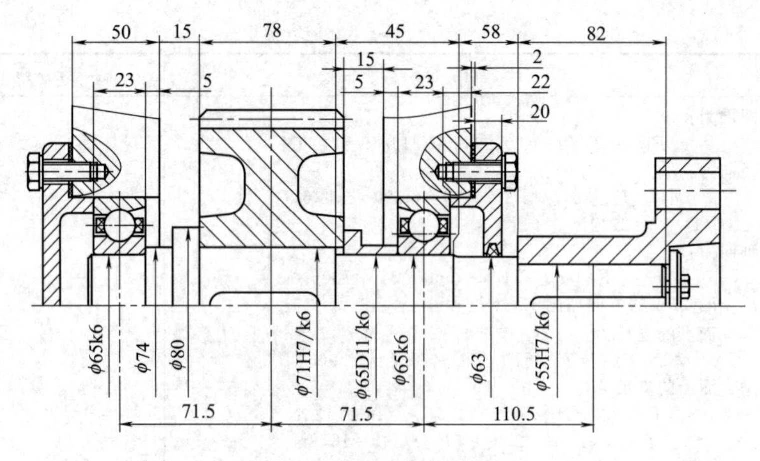

图 13-15 轴的结构设计图

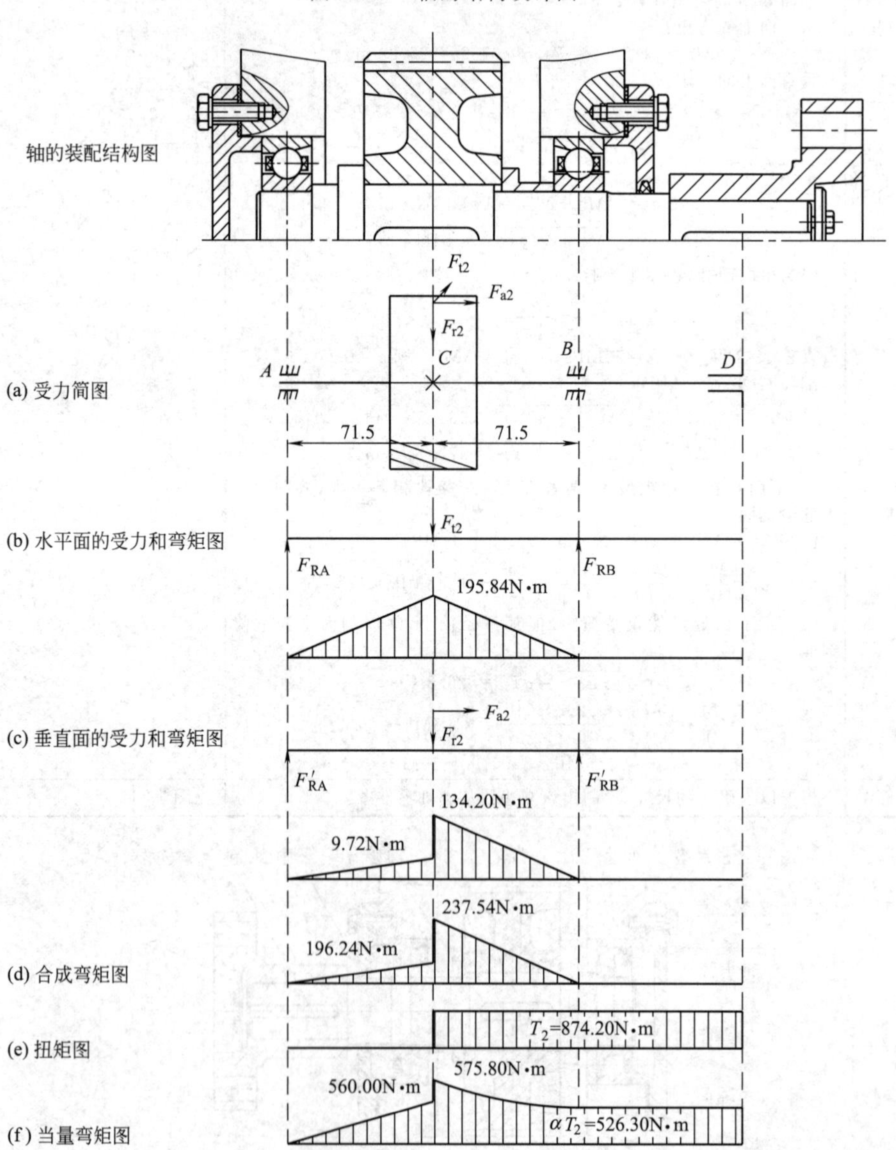

图 13-16 轴的弯矩图与扭矩图

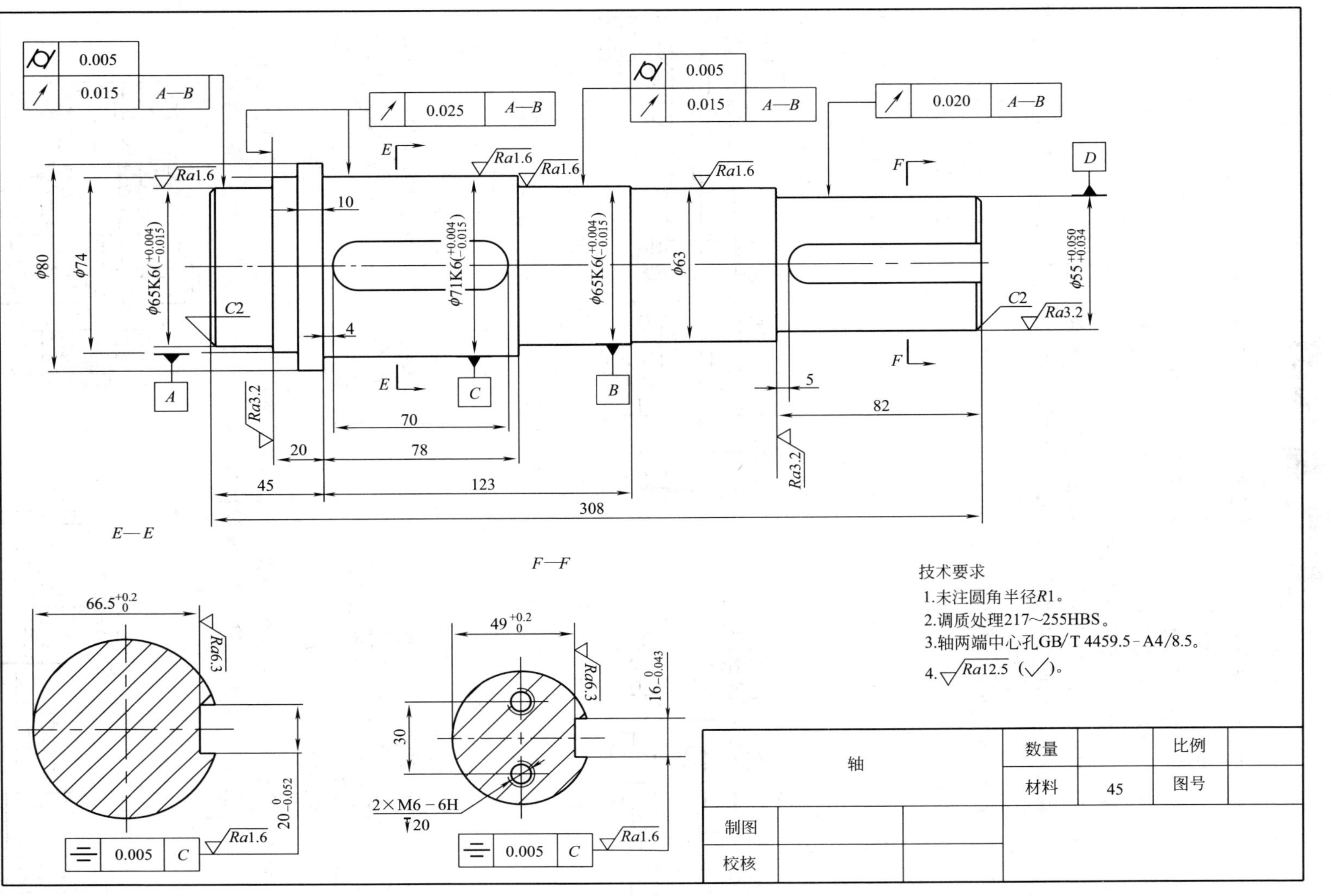

图13-17　减速器从动轴零件图

13-1　轴按承受载荷情况不同可分为哪三种？试各举一实例。

13-2　轴的结构设计应从哪几个方面考虑？

13-3　轴上零件的周向固定有哪些方法？各有何特点？

13-4　轴上零件的轴向固定有哪些方法？设计时各有何要点？

13-5　提高轴的疲劳强度有哪些措施？

13-6　为何轴一般都做成阶梯轴？阶梯轴的各段轴径和长度根据什么条件确定？

13-7　在轴的结构和尺寸不变的条件下，材料由碳钢改用合金钢时，其强度和刚度能否提高？为什么？

13-8　自行车的前轮轴是什么类型的轴？中轴和后轮轴是什么类型的轴？为什么？

13-9　实践题：图 13-18 中的①、②、③、④、⑤处是否合理？为什么？应如何改进（用图表达）？

13-10　实践题：图 13-19 中的①、②、③、④、⑤处是否合理？为什么？应如何改进（用图表达）？

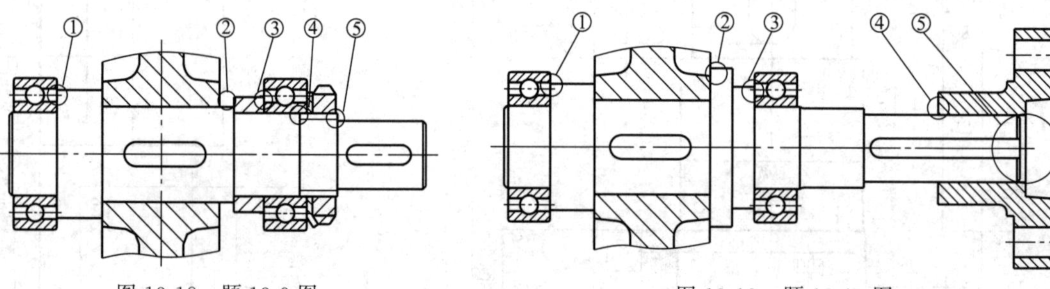

图 13-18　题 13-9 图　　　图 13-19　题 13-10 图

13-11　实践题：图 13-20 中轴的结构设计是否合理？为什么？应如何改进（用图表达）？

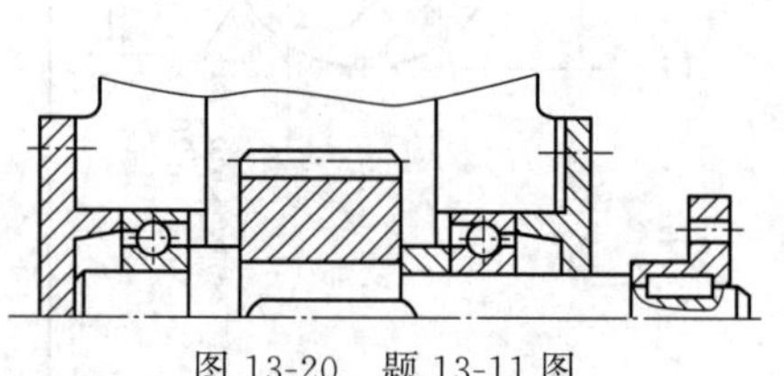

图 13-20　题 13-11 图

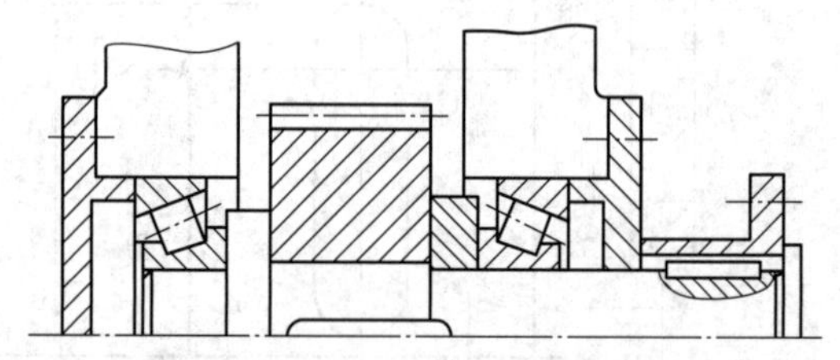

图 13-21　题 13-12 图

13-12　实践题：图 13-21 中轴的结构设计是否合理？为什么？应如何改进（用图表达）？

13-13　实践题：图 13-22 中轴的结构设计是否合理？为什么？应如何改进（用图表达）？

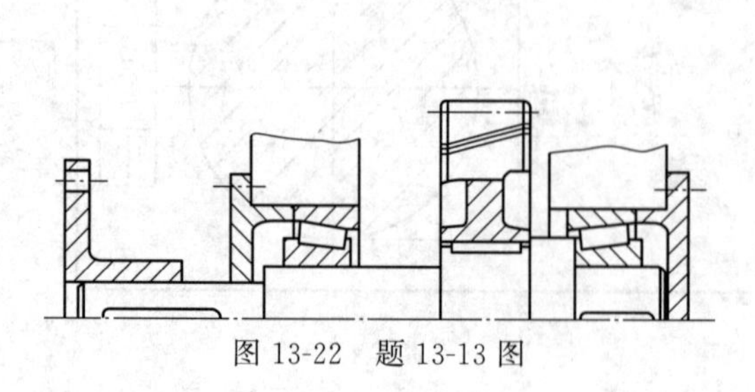

图 13-22　题 13-13 图

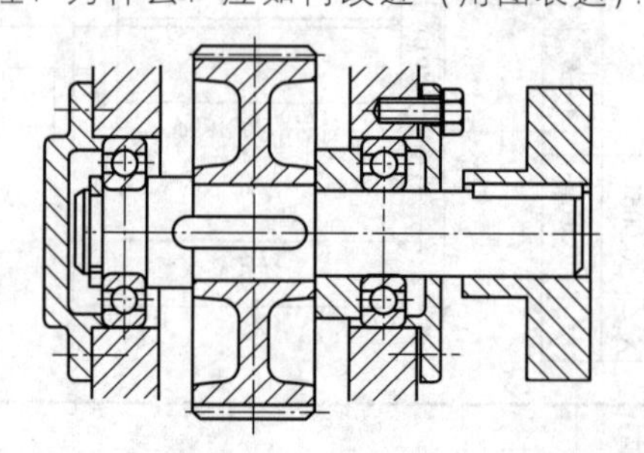

图 13-23　题 13-14 图

13-14　实践题：图 13-23 中轴的结构设计是否合理？为什么？应如何改进（用图表达）？

13-15　实践题：设计如图 13-24 所示单级斜齿轮减速器的从动轴。已知从动轴的功率 $P_2=6.7$kW，转速$n_2=160$r/min，齿轮的法面模数 $m_n=5$mm，法面压力角 $\alpha_n=20°$，小齿轮齿数 $z_1=25$，大齿轮齿数 $z_2=105$，分度圆上的螺旋角 $\beta=9.12°$，齿宽 $B_1=95$mm，$B_2=90$mm，V 带轮轮毂宽度 $B_3=80$mm，V 带压轴力 $F_Q=1767$N（方向沿 y 轴向下）。

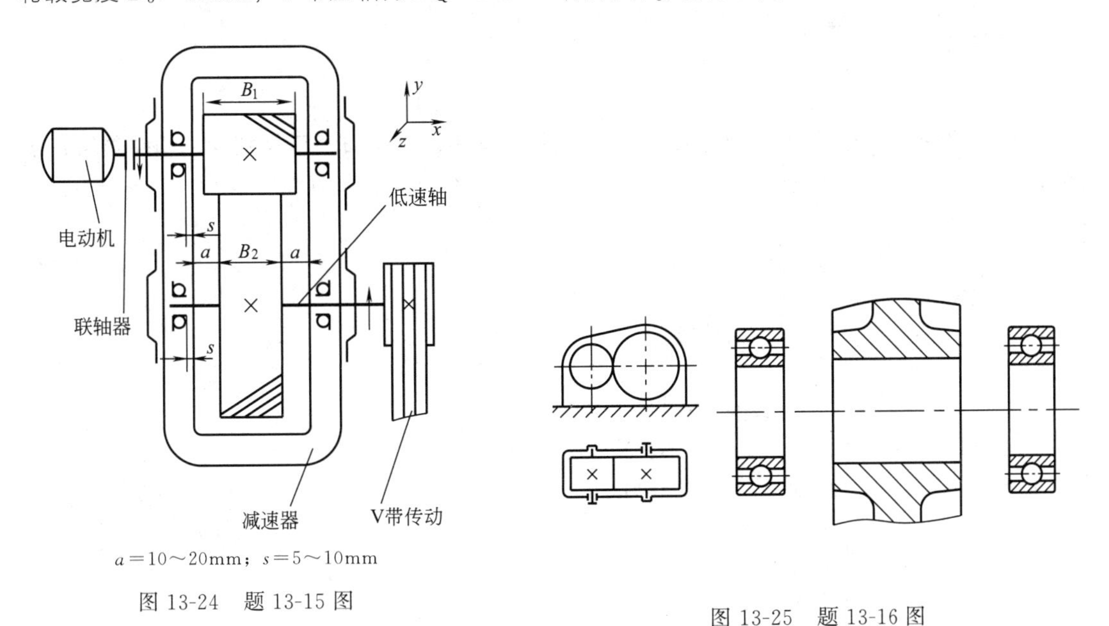

$a=10\sim20$mm；$s=5\sim10$mm

图 13-24　题 13-15 图

图 13-25　题 13-16 图

13-16　实践题：设计如图 13-25 所示一级直齿圆柱齿轮减速器的从动轴。已知从动轴的功率 $P_2=3.7$kW，转速 $n_2=70$r/min，齿轮的模数 $m=3$mm，压力角 $\alpha=20°$，小齿轮齿数$z_1=25$，大齿轮齿数 $z_2=80$，齿宽为 $B_1=85$mm，$B_2=80$mm。

本章重点口诀

轴按载荷分三类，转轴心轴传动轴，
阶梯轴上有名称，按照作用来区分，
轴颈轴头与轴身，轴肩垂直于轴线，
轴的结构很重要，零件定位别忘掉，
装配顺序要分清，先小后大阶梯形。

本章知识小结

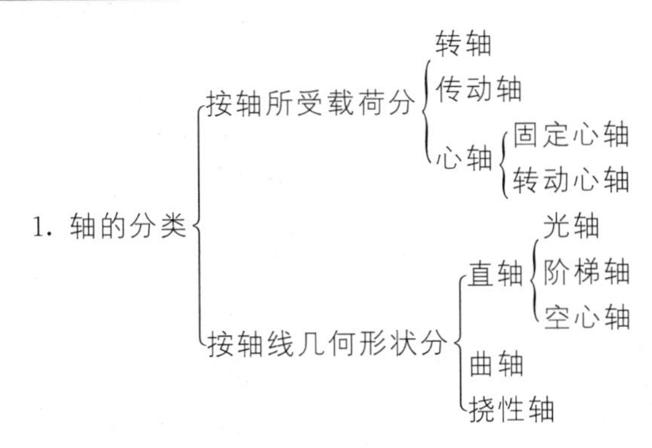

2. 轴的材料
   - 碳素钢
   - 合金钢
   - 高强度铸铁
   - 球墨铸铁

3. 阶梯轴的结构
   - 轴颈
   - 轴头
   - 轴身
   - 轴肩

4. 轴上零件的轴向固定——轴肩、轴环、锥面、套筒、圆螺母、弹性挡圈、轴端挡圈、紧定螺钉

5. 轴上零件的周向固定
   - 键
   - 花键
   - 销
   - 型面联接

6. 设计轴的基本要求
   - 合理的结构
     - 定位可靠
     - 便于装配和调整
     - 具有良好的制造工艺性
   - 足够的承载能力

7. 轴的设计
   - 强度
     - 初略计算
     - 概略计算
     - 精确计算
   - 刚度
     - 弯曲刚度
     - 扭转刚度

第14章 轴承

轴承是用来支承轴及轴上回转零件的部件，保证轴系零件的旋转精度，减少轴系零件与支承间的摩擦、磨损。机械装置效率、寿命以及经济性等与轴承有着密切的联系。

按照承受载荷的方向可分为向心（径向）轴承、推力（止推）轴承和向心推力（径向止推）轴承三种：轴承上的反作用力与轴中心线垂直则称为径向轴承；轴承上的反作用力与轴中心线方向一致则称为推力轴承；轴承上的反作用力与轴中心线存在有一定的夹角则称为径向止推轴承。

按照轴承工作的摩擦性质，分为滑动摩擦轴承（简称滑动轴承）、滚动摩擦轴承（简称滚动轴承）。

14.1 滑动轴承概述

14.1.1 滑动轴承的特点、应用及分类

滑动轴承一般情况下摩擦大，使用维护比较复杂，在多数设备中常被滚动轴承代替，但由于滑动轴承具有结构简单，制造、装拆方便，耐冲击性与吸振性好，运动平稳，旋转精度高，使用寿命长等优点，所以仍有广泛应用，滑动轴承主要应用于如下场合：转速特高或特低；对回转精度要求特别高的轴；承受特大载荷；冲击、振动较大；特殊工作条件下的轴承；径向尺寸受限制或轴承要做成剖分式的结构，如机床、汽轮机、发电机、轧钢机、大型电机、内燃机、铁路机车、仪表、天文望远镜等。

按照承受载荷的方向分为向心轴承、推力轴承、向心推力轴承三大类。按照组件及装拆需要分为整体式和剖分式按照轴颈和轴瓦间的摩擦状态分为液体摩擦（润滑）滑动轴承、非液体摩擦（润滑）滑动轴承。液体摩擦（润滑）滑动轴承又称为完全液体润滑滑动轴承，轴颈与轴瓦的摩擦面间有充足的润滑油，润滑油的厚度较大，将轴颈和轴瓦表面完全隔开，因而摩擦因数很小，一般摩擦因数 $f=0.001\sim0.008$，由于始终能保持稳定的液体润滑状态，这种轴承适用于高速、高精度和重载等场合。非液体摩擦（润滑）滑动轴承即不完全液体润滑滑动轴承（不完全润滑轴承），轴和轴承孔表面间有润滑流体存在，但不能完全将两摩擦表面隔开，有一部分表面直接接触，因而摩擦因数大，$f=0.05\sim0.5$。如果润滑油完全流失，将会出现干摩擦、剧烈摩擦、磨损，甚至发生胶合破坏。

按照工作时相对运动表面间的油膜形成原理的不同，分为液体动压滑动轴承、液体静压滑动轴承。

14.1.2 滑动轴承的典型结构

（1）向心轴承结构

向心轴承有整体式、剖分式、自位式、间隙可调式、多叶片式等形式。

① 整体式滑动轴承　如图 14-1 所示，由轴承座和轴套组成。轴套压装在轴承座孔中，轴承座用螺栓与机座联接，顶部设有安装注油油杯的螺纹孔。轴套上开有油孔，并在其内表面开油沟以输送润滑油。这类轴承构造简单，常用于低速、载荷不大的间歇工作的机器上。其缺点在于当滑动表面磨损而间隙过大时，无法调整轴承间隙从而使旋转精度降低、冲击振动增大；轴颈只能从端部装入，对于粗重的轴或具有中轴颈的轴安装不便。

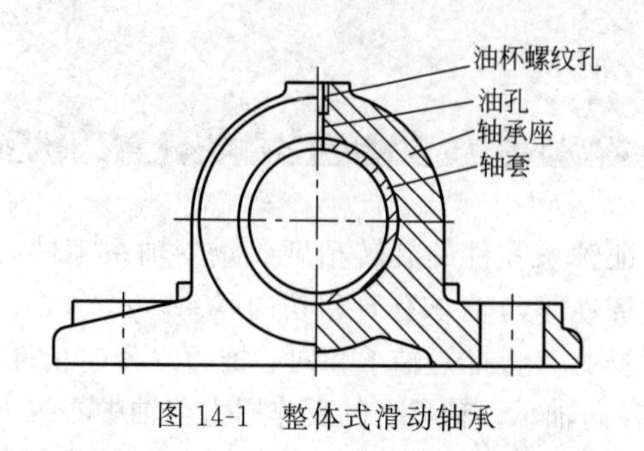

图 14-1　整体式滑动轴承

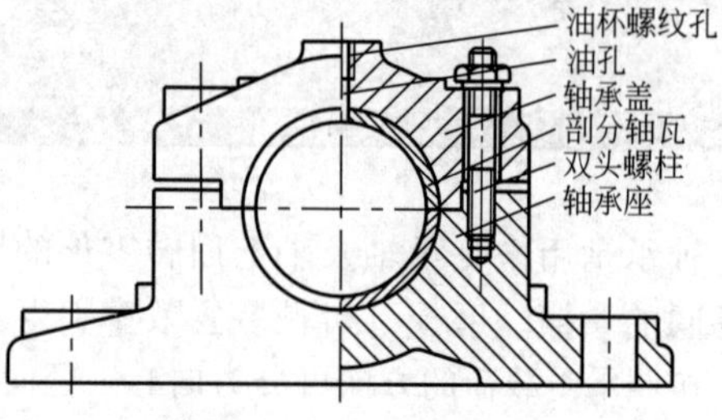

图 14-2　剖分式滑动轴承

② 剖分式滑动轴承　如图 14-2 所示，由轴承座、轴承盖、剖分轴瓦、双头螺柱等组成，轴瓦是轴承直接和轴颈相接触的零件，常在轴瓦内表面上贴附一层轴承衬。在轴瓦内壁不负担载荷的表面上开设油沟，润滑油通过油孔和油沟流进轴承间隙。剖分面最好与载荷方向近于垂直，轴承盖和轴承座的剖分面常制成阶梯形，以便定位和防止工作时错动。

③ 自位式滑动轴承　当轴承宽度 B 大时，轴颈与轴承有发生局部接触的危险，可以将轴瓦与轴承座配合的外表面制成球面形状，球面中心位于轴线上，轴瓦可沿支座的球面自动调整以适应轴颈和轴的变形，这类轴承又称为自动调心滑动轴承或自位式滑动轴承，如图 14-3 所示。

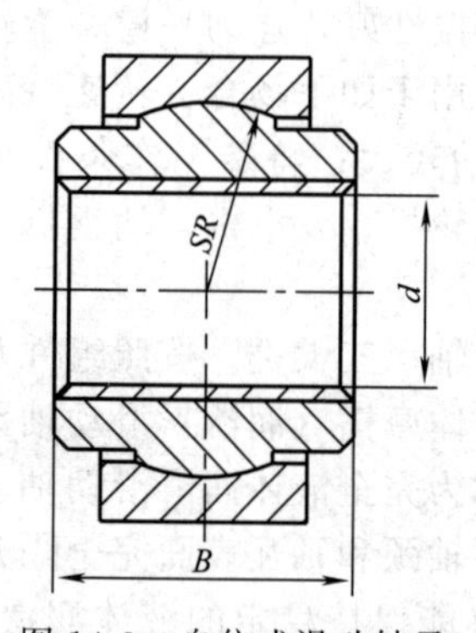

图 14-3　自位式滑动轴承

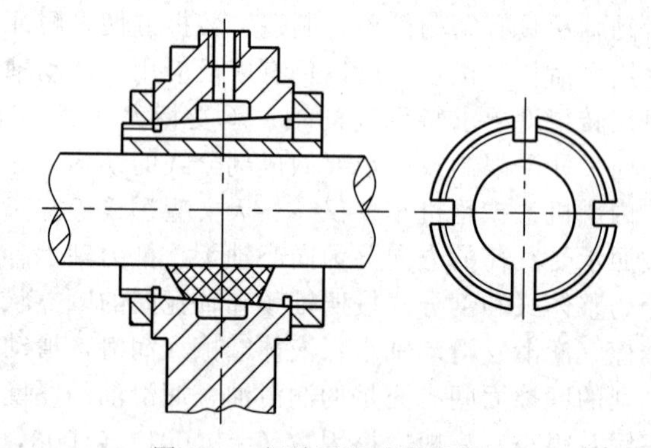

图 14-4　间隙可调式滑动轴承

当载荷方向有较大偏斜时轴承的剖分面应偏斜，使剖分面与载荷垂直。

④ 间隙可调式滑动轴承　如图 14-4 所示，该轴承具有锥形轴瓦，轴瓦可以沿轴向移动，从而调整轴承间隙。间隙可调式轴承常用作一般用途的机床主轴轴承。

（2）推力轴承结构

普通推力轴承主要由轴承座和推力轴颈组成，按照轴颈结构的不同分为圆止推面［图 14-5(a)］、环形止推面［图 14-5(b)］、单止推环［图 14-5(c)］、多止推环［图 14-5(d)］几种，工作时润滑油用压力从底部注入，并从上部油管流出。

支承面上各点的线速度不同，越远离中心相对滑动速度越小，则磨损越慢，同时支承面压力分布也不均匀，愈靠近中心压强愈高，润滑油不易进入，润滑条件差。一般机器中多采

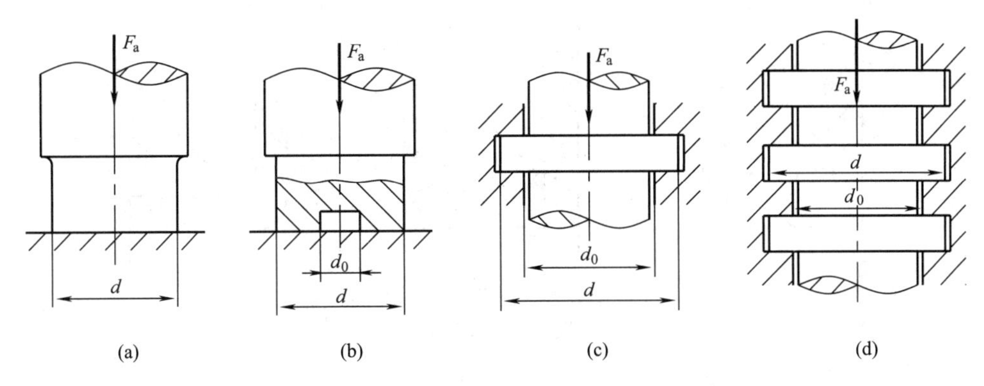

图 14-5　普通推力轴承结构

用环形止推面、单止推环轴颈的轴承，载荷大时，可采用多止推环轴颈的轴承，压力分布较均匀，能承受较大载荷，还可以承受双向轴向载荷。但各环承载不等，环数不能太多。

(3) 向心轴承结构参数的选择

① 宽径比 B/d　在轴承设计中通常是根据轴径 d 来设计滑动轴承，如能确定 B/d 的合理范围即可确定 B 值，一般来说 B/d 小，有利于提高稳定性，增大端排泄量以降低温度；B/d 大，有利于增大轴承的承载能力。B/d 的取值范围为 0.5～1.5，常见机器的 B/d 的取值范围为：汽轮机、鼓风机，0.3～1.0；电动机、发电机、离心机、齿轮变速器，0.6～1.5；机车、拖拉机，0.8～1.2；轧钢机，0.6～0.9。

② 相对间隙 ψ　是指轴承间隙与轴径的比值，一般情况下根据载荷和速度，轴径尺寸，宽径比，调心能力，加工精度等选取。

可采用如下原则选取：

a. 速度高、载荷小，ψ 取小值；载荷大、速度低，ψ 取大值；

b. 直径大，宽径比小，调心性能好，加工精度高，ψ 取小值；反之，ψ 取大值。

常用机器的 ψ 取值范围为：汽轮机、电动机、发电机、齿轮变速器，0.0001～0.0002；轧钢机、铁路机车，0.0002～0.0015；机床、内燃机，0.0002～0.00125；鼓风机、离心机，0.0002～0.00125。

14.1.3　滑动轴承的轴瓦结构和材料

(1) 轴瓦的结构

轴瓦是与轴颈直接相接触的部分，其结构形式和性能直接影响轴承的寿命、承载能力和效率。向心轴承的轴瓦可制成整体式或剖分式，整体式轴瓦又称为轴套，轴瓦应具有一定的强度和刚度，要固定可靠，润滑良好，散热容易，便于装拆和调整。

轴瓦固定在轴承座上，为改善摩擦、提高承载能力、节省贵重减摩材料，轴瓦表面常浇铸一层减摩性更好的材料，称为轴承衬，厚度从零点几毫米到 6mm。为使轴承衬固定可靠，可在轴瓦上制出沟槽，如图 14-6 所示。

为使润滑油能流到整个工作表面上，轴瓦上应开设油孔、油沟（油槽）和油腔，油孔用来供应润滑油，油沟用来输送和分布润滑油，油腔用来储存润滑油并分布润滑油和起稳定供油作用；油沟的形状和位置影响轴承中油膜压力分布情况，按油槽走向将油沟的形式分为沿轴向、绕周向、斜向、螺旋线等（图 14-7）。油腔的结构如图 14-8 所示。油孔、油沟开设一般应遵循以下原则：

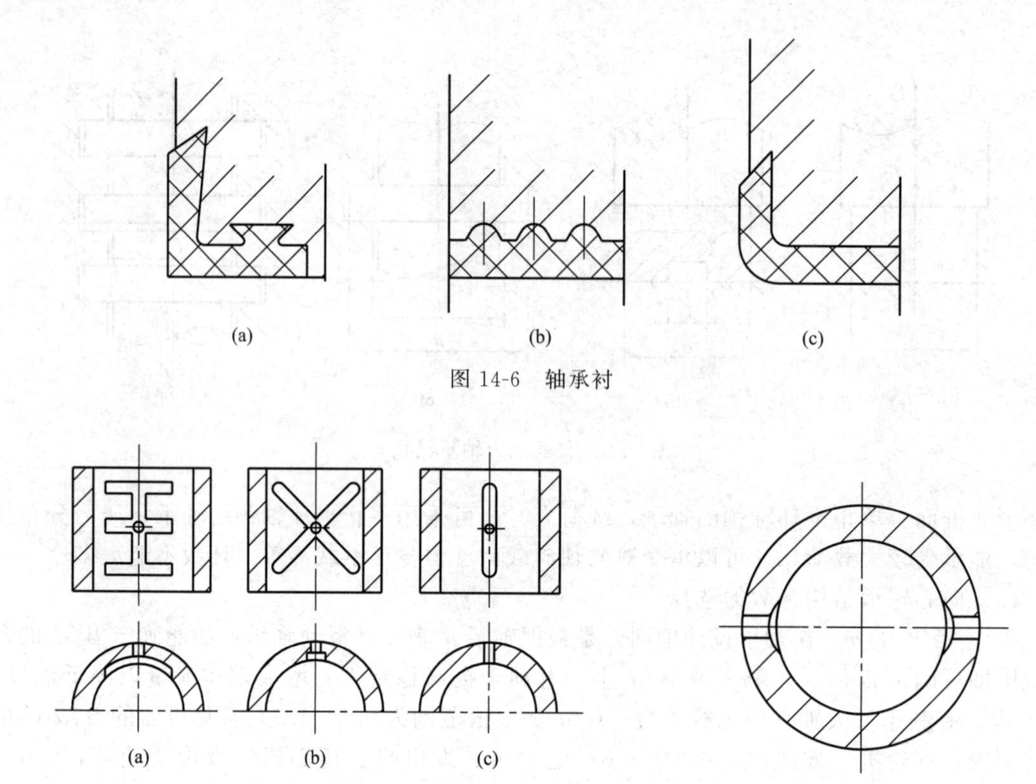

图 14-6 轴承衬

图 14-7 油沟形式

图 14-8 油腔的结构

① 尽量开在非承载区，尽量不要降低或少降低承载区油膜的承载能力；

② 轴向油槽不能开通至轴承端部，应留有适当的油封面（通常为轴瓦宽的 80%左右）；

③ 润滑油应从油膜压力最小处输入轴承；

④ 水平安装轴承油沟开半周，不要延伸到承载区，全周油沟应开在靠近轴承端部处。

有无油槽对压力分布的影响如图 14-9 所示。

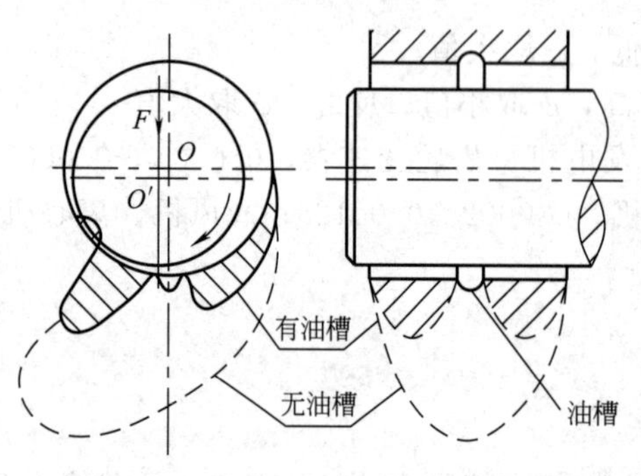

图 14-9 有无油槽对压力分布的影响

（2）轴瓦的材料

轴瓦是滑动轴承中的重要零件。轴瓦和轴承衬的材料统称为轴承材料。

滑动轴承的主要失效形式：磨粒磨损、刮伤、胶合、疲劳剥落（在载荷的反复作用下，轴承表面出现与滑动方向垂直的疲劳裂纹，扩展后造成轴承材料剥落）、腐蚀。因此对滑动轴承材料性能要求如下：

① 具有足够的抗压强度、抗疲劳能力和抗冲击能力；

② 具有良好的减摩性，材料要有较低的摩擦阻力；

③ 具有良好的耐磨性，抗粘着磨损和磨粒磨损性能较好；

④ 具有良好的跑合性，能较容易消除接触表面不平度而使轴颈与轴瓦表面间相互尽快吻合；

⑤ 良好的可塑性，具有适应因轴的弯曲和其他几何误差而使轴与轴承滑动表面初始配合不良的能力；

⑥ 具有嵌藏性，轴承材料具有容纳金属碎屑和灰尘的能力；

⑦ 良好的工艺性和导热性，并应具有耐腐蚀性能；

⑧ 价格低廉，便于采购。

实际上满足上述所有要求的材料是难于找到的，只能根据不同的使用要求合理选择材料，常用的滑动轴承材料有金属材料（如轴承合金、青铜、铝基合金、锌基合金、减摩铸铁）、粉末冶金材料（含油轴承）、非金属材料（如塑料、橡胶、硬木等）三大类。现就主要材料分述如下。

① 金属材料

a. 轴承合金（又称巴氏合金或白合金）：是在较软的金属（锡、铅）基体中加入适量的硬金属（锑、铜）而成。软基体增加材料的塑性，硬金属晶粒则起抗磨作用，它具有良好的嵌藏性、润滑性能、抗胶合性能，并具有跑合性与耐磨性的统一。巴氏合金的机械强度较低，通常贴附在软钢、铸铁或青铜轴瓦上使用，不能单独用作轴瓦。在轴承合金中由于锡基合金的热膨胀性能较好，所以适合用作高速轴承。

b. 铜合金：有较好的强度、减摩性和耐磨性，是应用最广的轴承材料。有青铜（锡青铜、铅青铜、铝青铜）和黄铜两大类。锡青铜减摩性和耐磨性最好，适用于重载、中速场合；铅青铜抗黏附能力强，适用于高速、重载场合；铝青铜强度及硬度较高，适用于低速、重载场合。

c. 铸铁：有灰铸铁、球墨铸铁等，其特点是有一定的减摩性和耐磨性，价格低廉，但性脆、磨合性差。铸铁中的石墨可对摩擦表面起润滑作用，适用于低速、轻载和不受冲击的场合。使用铸铁轴瓦时，轴瓦的硬度应比轴颈低20～40HB。

② 粉末冶金材料　又称陶瓷金属，具有多孔组织。采取一定措施使轴承所有细孔都充满润滑油，称为含油轴承，具有自润滑性能，工作时润滑油进入摩擦面起润滑作用，停止工作后润滑油又被吸回细孔中，需定期注油以补偿润滑油的损耗。由于强度和韧度低，适用于中、低速不受冲击载荷以及不便于注润滑油的场合。常用的含油轴承材料有多孔铁（铁-石墨）与多孔青铜（青铜-石墨）两种。

③ 非金属材料　有塑料、橡胶、硬木、石墨等，其中塑料最为常用，主要有尼龙、聚四氟乙烯、酚醛树脂等。塑料轴承有自润滑性能，也可用油或水润滑，其优点在于：摩擦因数较小；有足够的抗压强度和疲劳强度，可承受冲击载荷；耐磨性和跑合性好；塑性好，可以嵌藏外来杂质，防止损伤轴颈。其缺点在于：导热性差（只有青铜的几百分之一），线胀系数大（约为金属的3～10倍），吸水吸油后体积会膨胀，受载后有冷流性。

各种轴瓦材料的使用性能可参考有关设计手册。

14.1.4　滑动轴承的润滑

在摩擦面间加入润滑剂，不仅可以减小摩擦、减轻磨损，同时还可起冷却、防尘、防锈以及吸振等作用，在液体摩擦滑动轴承中，润滑剂同时又是工作介质。

（1）润滑剂的性能及其选择

滑动轴承常用的润滑剂是润滑油和润滑脂。此外，有使用固体（如石墨、二硫化钼、聚四氟乙烯）或气体（如空气、氢气等）、水等作润滑剂的。以使用润滑油为最多。

① 润滑油　其主要物理及化学性能指标是黏度、油性、闪点、凝点、黏度指数、酸值、残碳量等。黏度是最重要的指标，也是选择润滑油的主要依据，它反映液体流动的内摩擦性能，黏度越大液体的流动性就越差；黏度指数是衡量润滑油在温度变化时黏度变化的大小，黏度变化越小的油，摩擦力变化就越小，黏度指数就越大；凝点是润滑油冷却到不能流动时的温度，凝点越低越好，低温时应选用凝点低的润滑油；闪点是润滑油在火焰下闪烁时的温

度，在高温或易燃环境中应选用闪点高的润滑油；油性是润湿或吸附于摩擦表面的性能，吸附能力越强则油性越好，动、植物油和脂肪酸油性高。润滑油的详细性能可参考相关手册。

选用润滑油应考虑速度、载荷、工作情况、润滑方法等因素，一般应遵循如下原则：

a. 载荷大、转速低的轴承，压力大、温度高、载荷冲击变动大时，宜选用黏度大的油；

b. 载荷小、转速高的轴承，宜选用黏度小的油；

c. 高温时，黏度应高一些；低温时，黏度可低一些；

d. 散热差、工作温度高宜选用黏度较高的润滑油；

e. 粗糙或未经跑合的表面宜选用黏度较高的润滑油。

② 润滑脂　是在润滑油中加入稠化剂（钙、钠、铝、锂）和稳定剂混合而成，润滑脂稠度大，不易流动，密封简单，承载能力大，但理化性能不如润滑油稳定，且摩擦功率损耗大，常用于低速、多冲击载荷或间歇工作的机械中。其主要性能指标为滴点、针入度和耐水性。滴点是指润滑脂受热后从标准测量杯的孔口滴下第一滴油的温度，反映润滑脂的耐高温能力，其工作温度应低于滴点 20～30℃；针入度是指润滑脂的稠度，将重为 1.5N 的标准锥体在 25℃恒温下，由润滑脂表面自由下沉，5s 后沉入的深度（以 0.1mm 为单位）即为针入度，针入度越小承载能力越强，密封性越好，但不宜填充较小的密封间隙。一般轴颈速度小于 1～2m/s 的滑动轴承可以采用脂润滑。

选择润滑脂时可按如下原则进行：

a. 当压力高和滑动速度低时，选择针入度小一些的润滑脂；反之，选择针入度大一些的润滑脂；

b. 所用润滑脂的滴点，一般应较轴承的工作温度高约 20～30℃，以免工作时润滑脂过多地流失；

c. 在有水淋或潮湿的环境下，应选择防水性能强的钙基或铝基润滑脂；在温度较高处应选用钠基或复合钙基润滑脂。

润滑脂具体牌号的选取可参考相关手册。

③ 固体润滑剂　常用的固体润滑剂有聚四氟乙烯、二硫化钼、碳-石墨等，可在滑动表面形成固体膜。主要用于难于添加润滑剂或特殊场合下，如有环境清洁要求处、真空中或高温中。可涂敷、黏结或烧结在轴瓦表面；制成复合材料，依靠材料自身的润滑性能形成润滑膜。

（2）润滑方式及润滑装置

为获得良好的润滑效果，除正确选择润滑剂外，还应选用合适的润滑方式和相应的润滑装置。

润滑方式多种多样，按润滑方法分为集中润滑或分散润滑、连续润滑或间歇润滑、压力润滑或无压力润滑、循环润滑或非循环润滑。分散润滑中各摩擦副的润滑装置各自独立，集中润滑用一个多出口的润滑装置供油，间歇润滑用油壶、油枪将油注入油杯进行润滑，连续无压力润滑采用油绳、油垫、针阀式油杯等润滑装置，连续压力润滑则采用油泵、喷嘴装置，高速时采用油雾发生器进行油雾润滑。

脂润滑的装置较为简单，可采用人工加脂、脂杯加脂和集中润滑系统供脂，对于润滑点不多的，大多采用人工加脂或涂抹润滑脂，对润滑点多的大型设备采用集中润滑系统供脂。

对于滑动轴承的润滑采用油润滑时，润滑油供应可以是连续的，也可以是间歇的。连续供油较为可靠。间歇润滑采用油壶、油枪和压注式油杯或旋套式油杯（图 14-10）供油进行润滑。

连续供油常用如下几种方法。

① 滴油润滑　常采用针阀式油杯（图14-11），通过油孔连续向轴承供油，这种装置可以通过调节螺母来调节供油速度以便改变供油量。

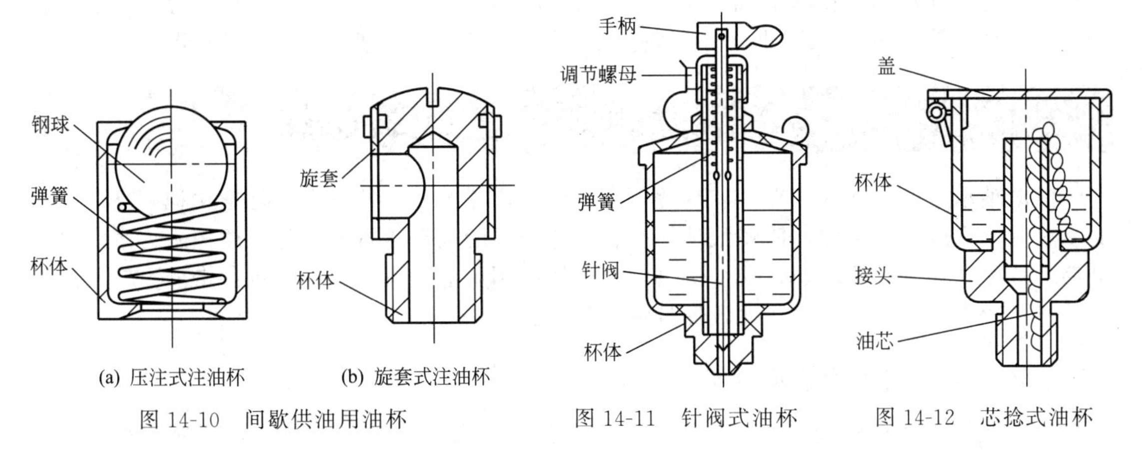

图14-10　间歇供油用油杯　　图14-11　针阀式油杯　　图14-12　芯捻式油杯

② 油绳润滑　润滑装置为芯捻式油杯（图14-12），油芯的一端浸入润滑油中利用毛细作用将油吸到润滑表面，但不易调节供油量。

③ 飞溅润滑　利用浸入油中的齿轮等转动零件转动时，由润滑油飞溅成的油沫沿箱壁和油沟流入轴承进行润滑。溅油零件的圆周速度应在5～13m/s范围内，浸油深度不宜过深。

④ 油环与油链润滑　轴颈上套有油环（图14-13），油环下垂浸到油池里，轴颈回转时把油带到轴颈上去。这种装置只能用于水平而连续运转的轴颈，供油量与轴的转速、油环的截面形状和尺寸、润滑油黏度等有关。适用的转速范围为60～100r/min$<n<$1500～2000r/min。速度过低，油环不能把油带起；速度过高，环上的油会被甩掉。

⑤ 浸油润滑　部分轴承直接浸在油中以润滑轴承（图14-14）。

⑥ 压力循环润滑　可以供应充足的油量来润滑和冷却轴承（图14-15）。在重载、振动或交变载荷的工作条件下，能取得良好的润滑效果。

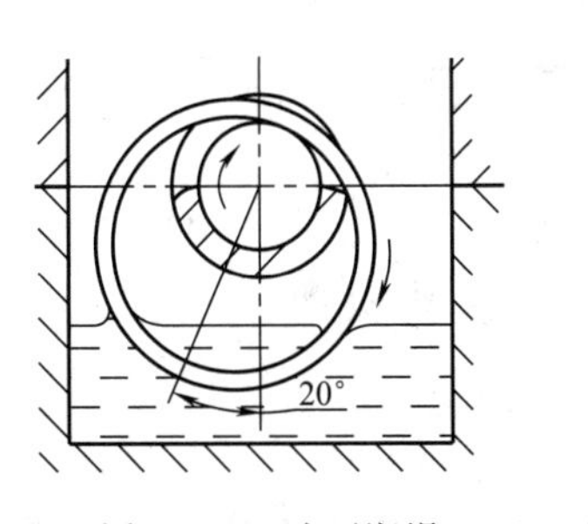

图14-13　油环润滑

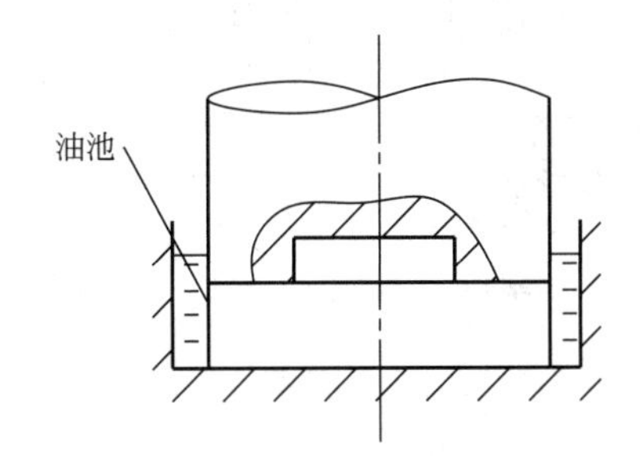

图14-14　浸油润滑

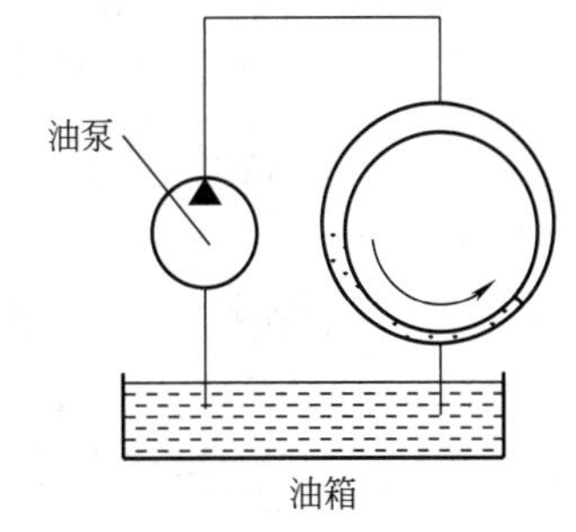

图14-15　压力循环润滑

(3) 润滑方式的选择

滑动轴承的润滑方式，可按下式计算求得k值后选择：

$$k=\sqrt{pv^3} \tag{14-1}$$

式中　p——轴颈的平均压强，MPa；

v——轴颈的圆周速度，m/s。

当$k \leqslant 2$时：选择润滑脂润滑，用旋盖式油杯注入润滑脂。当$2<k \leqslant 16$时：油壶或油枪定期向润滑孔和杯内注油；压注式油杯；旋套式油杯；针阀式油杯，利用绳芯的毛细作用吸油滴到轴颈上。当$16<k \leqslant 32$时：用油环润滑，油环下端浸到油里；飞溅润滑，利用下端浸在油池中的转动件将润滑油溅成油沫来润滑。当$k>32$时：压力循环润滑，用油泵进行连续压力供油，润滑、冷却，效果较好，适用于重载、高速或交变载荷的情况。

14.2 滚动轴承的结构与材料

滚动轴承是一个标准部件，有专业厂家批量生产，类型尺寸齐全，标准化程度高；用于支承旋转零件或摆动零件，依靠滚动体与轴承座圈间的滚动接触来工作，摩擦阻力小、启动灵活、效率高；安装、维护方便，价格低，广泛应用于各类机器中；但抗冲击能力较差，径向尺寸比较大，高速重载时寿命较低且噪声较大。

14.2.1 滚动轴承的基本结构

滚动轴承的基本构造如图14-16所示，一般由内圈、外圈、滚动体、保持架四部分组成，为适应某些特殊要求，有些滚动轴承还要附加其他特殊元件或采用特殊结构，如轴承无内圈或外圈、带有防尘密封结构或在外圈上加止动环等。

内圈装在轴颈上，与轴一起转动。外圈装在机座或零件的轴承孔内。多数情况下，外圈不转动，当内外圈之间相对旋转时，滚动体沿着滚道滚动，保持架使滚动体均匀分布在滚道上，并减少滚动体之间的碰撞和磨损。滚动体是滚动轴承中的核心元件，使相对运动表面间的滑动摩擦转化为滚动摩擦，其形状、数量、大小对滚动轴承的承载能力有很大影响。常见的滚动体有六种形状，一种是球形，五种是滚子（图14-17）。

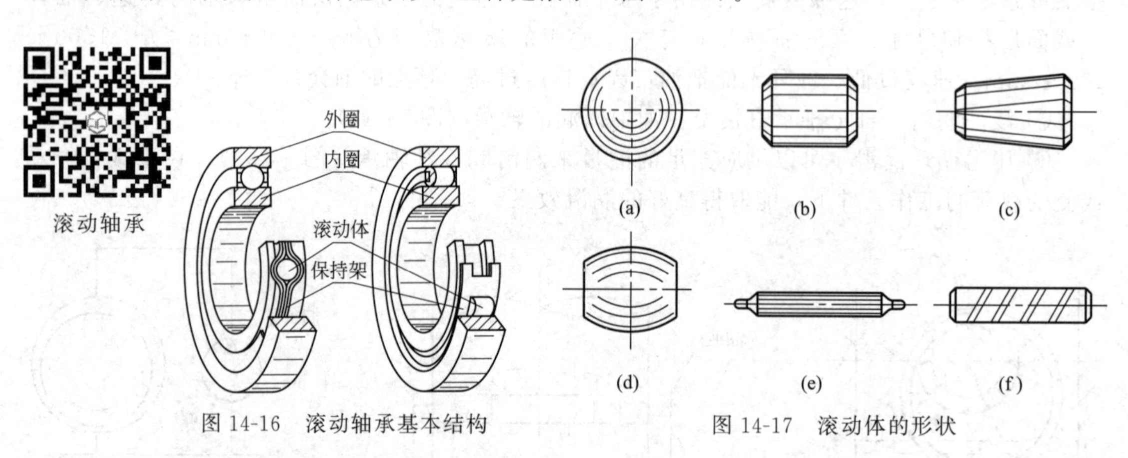

图14-16　滚动轴承基本结构

图14-17　滚动体的形状

14.2.2 滚动轴承的材料

滚动轴承的性能和可靠度很大程度上取决于轴承元件的材料，根据满足正常工作的要求，各元件取用不同的材料，滚动轴承的内、外圈和滚动体应具有较高的硬度和接触疲劳强度、良好的耐磨性和冲击韧性。一般用特殊轴承钢制造，常用材料有GCr15、GCr15SiMn、GCr6、GCr9等，经热处理后硬度可达60～65HRC。滚动轴承的工作表面必须经磨削抛光，以提高其接触疲劳强度。保持架选用较软材料制造，常用低碳钢板冲压后铆接或焊接而成。实体保持架则选用铜合金、铝合金、酚醛层压布板或工程塑料等材料。

14.3 滚动轴承的主要类型、性能和特点

14.3.1　滚动轴承的主要类型

（1）滚动轴承的分类

滚动轴承的品种繁多，分类方法各异，按所能承受载荷的方向或公称接触角的不同可分为向心轴承和推力轴承。向心轴承主要用于承受径向载荷，其公称接触角 $0° \leqslant \alpha \leqslant 45°$，按公称接触角不同向心轴承又分为径向接触轴承（$\alpha = 0°$）和向心角接触轴承（$0° < \alpha \leqslant 45°$）；推力轴承主要用于承受轴向载荷，其公称接触角 $45° < \alpha \leqslant 90°$，按公称接触角不同推力轴承又分为轴向接触轴承（$\alpha = 90°$）和推力角接触轴承（$45° < \alpha < 90°$）。

按滚动体的种类可分为球轴承和滚子轴承，在外廓尺寸相同的条件下，滚子轴承比球轴承的承载能力和耐冲击能力都好，但球轴承摩擦小、高速性能好。

按工作时能否调心可分为调心轴承和非调心轴承；按运动方式可分为回转运动轴承和直线运动轴承；按滚动体的列数分为单列、双列、多列；按安装轴承时其内、外圈可否分别安装，分为可分离轴承和不可分离轴承。

（2）滚动轴承的性能和特点

滚动轴承类型很多，结构形式各异，分别适用于各种载荷、转速及特殊的工作要求。各种轴承的基本类型、性能和特点见表 14-1。

表 14-1　各种轴承的基本类型、性能和特点

类型代号	简　图	结构代号	类型名称	基本额定动载荷比	极限转速比	轴向承载能力	性能和特点
1		10000	调心球轴承	0.6～0.9	中	少量	能自动调心，允许内圈对外圈轴线偏斜量≤2°～3°，不宜承受纯轴向载荷
2		20000	调心滚子轴承	1.8～4	低	少量	性能特点与调心球轴承同，但具有较大的径向承载能力，允许内圈对外圈轴线偏斜量≤1.5°～2.5°
		29000	推力滚子轴承	1.6～2.5	低	很大	承受以轴向载荷为主的轴向、径向的联合载荷，安装时需要轴向预紧，允许内圈对外圈轴线偏斜量≤1.5°～2.5°
3		30000	圆锥滚子轴承 $\alpha = 10° \sim 15°$	1.5～2.5	中	较大	可以同时承受径向与轴向载荷的联合作用，30000 以径向载荷为主，30000B 以轴向载荷为主，内、外圈可分离，安装时需调整游隙
		30000B	圆锥滚子轴承 $\alpha = 27° \sim 30°$	1.1～2.1	中	很大	

续表

类型代号	简图	结构代号	类型名称	基本额定动载荷比	极限转速比	轴向承载能力	性能和特点
5		51000	推力球轴承	1	低	承受单向轴向载荷	一般与径向轴承组合使用，当只承受轴向载荷时，可单独使用
		52000	双向推力球轴承	1	低	承受双向轴向载荷	
6		60000	深沟球轴承	1	高	少量	承受径向载荷为主，可同时承受少量的轴向载荷，允许内圈对外圈轴线偏斜量≤8′～16′，价格最低
7		7000C	角接触球轴承	1.0～1.4	高	一般	可同时承受径向载荷与轴向载荷，需成对使用
		7000AC		1.0～1.3		较大	
		7000B		1.0～1.2		更大	
N		N0000	外圈无挡边的圆柱滚子轴承	1.5～3	高	无	内圈（外圈）可分离，不能承受轴向载荷，有较大的径向承载能力，可以不带外圈或内圈
		NU0000	内圈无挡边的圆柱滚子轴承				
		NJ0000	内圈有单挡边的圆柱滚子轴承			少量	
NA		NA0000	滚针轴承		低	无	工作时允许内、外圈有少量的轴向错位，有较大的径向承载能力，一般不带保持架

注：1. 基本额定动载荷比指同一尺寸系列各类轴承的基本额定动载荷与单列深沟球轴承的基本额定动载荷之比。

2. 极限转速比指同一尺寸系列各类轴承（0级公差等级）采用脂润滑时的极限转速与单列深沟球轴承的极限转速之比。“高”为单列深沟球轴承的极限转速的90%～100%，“中”为单列深沟球轴承的极限转速的60%～90%，“低”为单列深沟球轴承的极限转速的60%以下。

14.3.2 滚动轴承类型的选择

根据轴承受载荷的大小、方向和性质，轴承组合的结构、装配条件、经济性等选择轴承的类型。

（1）影响承载能力的几个参数

① 游隙 是指滚动轴承中滚动体与内、外圈滚道之间的间隙，包括径向游隙、轴向游隙。径向游隙指一个座圈不动，另一个座圈沿径向从一极限位置移至另一极限位置的移动量；轴向游隙指一个座圈不动，另一个座圈沿轴向从一极限位置移至另一极限位置的移动量。游隙的大小影响运动的精度、噪声、寿命、承载能力和温升。

② 接触角 是指滚动体力作用线与轴承径向平面间的夹角。由轴承结构类型决定的接触角称为公称接触角，当承载时，接触角可能会发生变化，此时所确定的接触角称为实际接触角，如深沟球轴承的接触角由0°变为α_1（$\alpha_1 \neq 0°$）使轴承能承受一定的轴向力。

③ 偏位角 轴承的安装误差或轴的变形均会引起内、外圈的中心线发生相对偏斜，其倾斜角称为偏位角。实际工作时，轴承的偏位角如大于允许值，会造成轴承的摩擦力矩增大，运转不灵活、发热严重。

对调心轴承和调心滚子轴承允许有较大的偏位角，适用于刚性不高、易变形的轴。

（2）选择轴承类型时应参考的主要因素

① 载荷条件 轴承所承受载荷的大小、方向和性质是选择轴承类型的主要依据。

a. 载荷方向：当轴承承受纯轴向载荷时，选用推力轴承；主要受径向载荷时，选用向心球轴承；同时承受径向载荷和轴向载荷时，可选用角接触球轴承。

b. 载荷大小：在其他条件相同的情况下，滚子轴承一般比球轴承的承载能力大，因此承受较大载荷时，应选用滚子轴承。

c. 载荷性质：当载荷平稳时，可选用球轴承；有冲击和振动时，应选用滚子轴承。

② 转速条件 滚动轴承在一定的载荷和润滑条件下允许的最高转速称为极限转速。球轴承比滚子轴承有更高的极限转速，高速或要求旋转精度高时，应优先选用球轴承。

③ 调心性质 轴承内、外圈轴线间的角偏差应控制在极限值内（参见表14-1），否则会增加轴承的附加载荷而使其寿命降低。当角偏差值较大时，应选用调心轴承。

④ 安装和调整性能 安装和调整也是选择轴承主要考虑的因素。例如，当安装尺寸受到限制，必须要减小轴承径向尺寸时，宜选用轻系列和特轻系列的轴承或滚针轴承；当轴向尺寸受到限制时，宜选用窄系列的轴承；当轴承座没有剖分面而必须沿轴向安装和拆卸轴承部件时，应优先选用内、外圈可分离的轴承。

⑤ 经济性 在满足使用要求的情况下，尽量选用价格低廉的轴承，以降低成本。一般普通结构的轴承比特殊结构的轴承便宜，球轴承比滚子轴承便宜，精度低的轴承比精度高的轴承便宜。

（3）滚动轴承类型的选择原则

① 载荷较小、要求旋转精度高时优先选用球轴承；转速低、载荷较大或有冲击载荷时宜选用滚子轴承。

② 根据载荷的性质、方向选取不同的轴承类型。以径向力为主的宜选用向心球轴承；轴向力和径向力并重的宜选用角接触球轴承、圆锥滚子轴承；轴向力比径向力大得多或要求轴向变形较小的可选用推力轴承与深沟球轴承的组合。

③ 各轴承使用时的倾斜角应控制在极限之内，如果两轴承座孔的中心线不一致，或由于加工安装误差等原因使轴承的内、外圈有较大倾斜时，宜选用具有调心功能的调心轴承。

④ 为便于安装拆卸和调整间隙宜选用内、外圈可分离的圆锥滚子轴承或带有内锥孔及紧定套的轴承。

⑤ 根据经济性的要求，优先选用球轴承，而球轴承中以普通级的价格最低，但旋转精度低。

14.4 滚动轴承的代号

滚动轴承的代号是表示其结构、尺寸、公差等级及技术性能等特征的符号，按照 GB/T 272—1993 的规定，滚动轴承的代号由前置代号、基本代号、后置代号三部分组成，基本代号表示轴承的类型与尺寸等主要特征；前置代号表示轴承的分部件；后置代号表示轴承的精度与材料的特征。其表示方法为：前置代号＋基本代号＋后置代号，见表 14-2。

表 14-2　滚动轴承的代号

<table>
<tr><td>前置代号</td><td colspan="5">基本代号</td><td colspan="8">后置代号</td></tr>
<tr><td rowspan="3">轴承的分部件代号</td><td>五</td><td>四</td><td>三</td><td>二</td><td>一</td><td rowspan="3">内部结构代号</td><td rowspan="3">密封与防尘结构代号</td><td rowspan="3">保持架及其材料代号</td><td rowspan="3">特殊轴承材料代号</td><td rowspan="3">公差等级代号</td><td rowspan="3">游隙代号</td><td rowspan="3">多轴承配置代号</td><td rowspan="3">其他代号</td></tr>
<tr><td rowspan="2">类型代号</td><td colspan="2">尺寸系列代号</td><td colspan="2" rowspan="2">内径代号</td></tr>
<tr><td>宽度系列代号</td><td>直径系列代号</td></tr>
</table>

14.4.1 基本代号

(1) 类型代号

表示轴承的基本类型，用数字或字母表示，个别情况下可省略。其位置为基本代号右起第五位，轴承类型代号见表 14-3。

表 14-3　一般滚动轴承类型代号

轴承类型	代号	轴承类型	代号
双列角接触球轴承	0	深沟球轴承	6
调心球轴承	1	角接触球轴承	7
调心滚子轴承和推力滚子轴承	2	推力圆柱滚子轴承	8
圆锥滚子轴承	3	圆柱滚子轴承	N
双列深沟球轴承	4	外球面球轴承	U
推力球轴承	5	四点接触球轴承	QJ

(2) 尺寸系列代号

尺寸系列代号由轴承的宽（高）度系列代号和直径系列代号组合而成。

① 宽（高）度系列代号　对于同一内、外径的轴承，根据不同的工作条件，可以做成不同的宽（高）度，称为宽（高）度系列。对于向心轴承表示为宽度系列，对于推力轴承则表示为高度系列，用基本代号右起第四位数字表示，其代号见表 14-4。当宽度系列代号为“0”时，通常被省略，但在调心轴承和圆锥滚子轴承代号中不可省略。

表 14-4　滚动轴承宽（高）度系列代号

向心轴承	宽度系列	特窄	窄	正常	宽	特宽	推力轴承	高度系列	特低	低	正常
	代号	8	0	1	2	3,4,5,6		代号	7	9	1,2

② 直径系列代号　对于同一内径的轴承，由于工作所需要承受的负荷大小不同，寿命长短不同，必须采用大小不同的滚动体，因而使滚动轴承的外径和宽度随之改变，这种内径相同而外径不同的变化称为直径系列，用基本代号右起第三位数字表示，其代号见表 14-5。

表 14-5　滚动轴承直径系列代号

项　目	向心轴承						推力轴承				
直径系列	超轻	超特轻	特轻	轻	中	重	超轻	特轻	轻	中	重
代号	8,9	7	0,1	2	3	4	0	1	2	3	4

组合排列时，宽（高）度系列代号在前，直径系列代号在后，详见表 14-6。

表 14-6　向心轴承、推力轴承尺寸系列代号

直径系列代号（外径）		向　心　轴　承								推 力 轴 承			
		宽度系列代号								高度系列代号			
		8	0	1	2	3	4	5	6	7	9	1	2
		尺　寸　系　列　代　号											
外径尺寸依次递增	7	—	—	17	—	37	—	—	—	—	—	—	—
	8	—	08	18	28	38	48	58	68	—	—	—	—
	9	—	09	19	29	39	49	59	69	—	—	—	—
	0	—	00	10	20	30	40	50	60	70	90	10	—
	1	—	01	11	21	31	41	51	61	71	91	11	—
	2	82	02	12	22	32	42	52	62	72	92	12	22
	3	83	03	13	23	33	—	—	—	73	93	13	23
	4	—	04	—	24	—	—	—	—	74	94	14	24
	5	—	—	—	—	—	—	—	—	—	95	—	—

（3）内径代号

表示轴承的内径尺寸，用两位数字表示，位于基本代号中右起第一、二位。公称内径 $d<10$mm，或 $d>500$mm，及 $d=22$mm、28mm、32mm 时，直接用公称内径毫米数表示，在其与尺寸系列代号之间用"/"分开；公称内径 $d=10$mm、12mm、15mm、17mm 时代号分别用 00、01、02、03 表示；公称内径 $d=20\sim480$mm 时，用公称内径除以 5 的商表示，商为一位数时，需在商数的左边加"0"。常用内径代号见表 14-7。

表 14-7　常用内径代号

轴承内径尺寸		内　径　代　号	示　　例
0.6～10mm(非整数)		用公称内径毫米数直接表示，在其与尺寸系列代号之间用"/"分开	深沟球轴承 618/2.5，内径为 2.5mm
1～9mm(整数)		用公称内径毫米数直接表示，对深沟球轴承及角接触球轴承 7、8、9 直径系列，内径尺寸系列代号之间用"/"分开	深沟球轴承 618/5，内径为 5mm
10～17mm	10mm	00	深沟球轴承 6200，内径为 10mm
	12mm	01	
	15mm	02	
	17mm	03	

续表

轴承内径尺寸	内 径 代 号	示 例
20～480mm（22、28、32除外）	公称内径除以5的商数，商数为个位数，需在商数左边加“0”，如08	调心滚子轴承23208，内径为40mm
大于和等于500mm以上以及22、28、32mm	用公称内径毫米数直接表示，但在尺寸系列之间用“/”分开	调心滚子轴承230/500，内径为500mm 深沟球轴承62/22，内径为22mm

滚动轴承基本代号一般由五个数字或字母与四个数字组成，当宽度系列代号为“0”时，可以省略，例如：

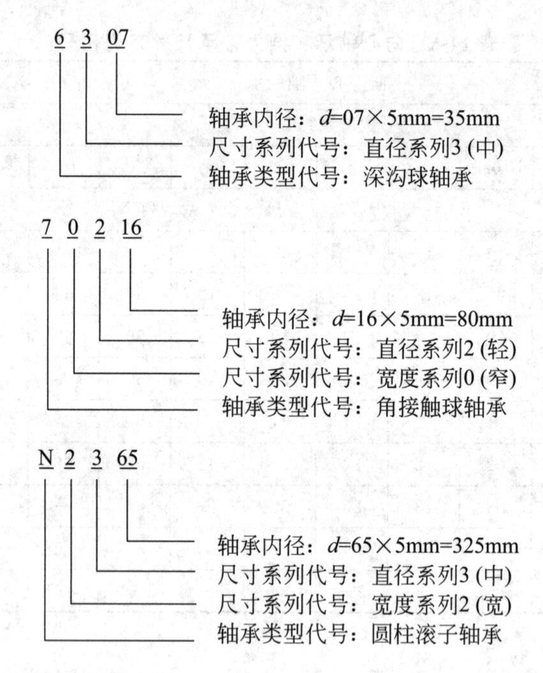

14.4.2 前置代号和后置代号

（1）前置代号

用字母表示，置于基本代号左侧，一般轴承无需说明，无前置代号，表示轴承无分部件。如K代表滚子轴承的滚子和保持架组件，L代表可分离轴承的可分离内圈与外圈，WS代表推力圆柱滚子轴承轴圈等。

（2）后置代号

置于基本代号后面用大写拉丁字母或大写拉丁字母＋数字表示，与基本代号有半个汉字间隔或用“-”、“/”与基本代号分开。其内容有内部结构、公差等级、轴承游隙、轴承配置等代号等。

① 内部结构代号　表示同一类轴承的不同内部结构，如角接触球轴承后置代号中的C、AC和B分别代表公称接触角为15°、25°和40°。

② 公差等级代号　轴承的公差等级分为2、4、5、6、6X和0级六个级别，从高级到低级依次排列。标注为/P2、/P4、/P5、/P6、/P6X、/P0，其中6X级只适用于圆锥滚子轴承，0级为普通级，一般不标注。

③ 游隙代号　游隙指内、外圈之间沿径向或轴向的相对位移量，常用的轴承游隙系列

分为1、2、0、3、4、5共六组，依次由小到大。其中0组为基本游隙，一般不标注，其他的标注为/C1、/C2、/C3、/C4、/C5。

④ 配置代号　表示成对使用轴承的组合形式，如角接触球轴承后置代号中的/DB（表示成对背对背安装）、/DF（表示成对面对面安装）、/DT（表示两轴承串联安装）。

后置代号中的其他内容及代号参考轴承手册。

14.5 滚动轴承的失效形式和尺寸选择

14.5.1 滚动轴承的失效形式

（1）滚动轴承的载荷分析

轴承工作时可以认为各滚动体平均承担轴向力，而径向载荷在各滚动体上分布则是不均匀的，以深沟球轴承为例，各滚动体上载荷分布如图14-18所示，只有下半圈滚动体承载，滚动体位于上半圈时不承载。滚动体承载的区域称为承载区。滚动体进入承载区后，所受载荷由零逐渐增大至Q_{max}，然后又逐渐减小到零。其上的接触载荷和接触应力周期性变化，就其上某一点而言，它的载荷和应力按不稳定脉动循环应力变化，如图14-19(a)所示；转动套圈的承载情况［图14-19(a)］与滚动体相似；对于固定套圈，处在承载区内的各接触点，所在的位置不同受到的载荷也不同，固定套圈承载区内的某一点承受稳定的脉动循环载荷，如图14-19(b)所示。总之，滚动轴承中各承载元件均是在交变应力状态下工作的。

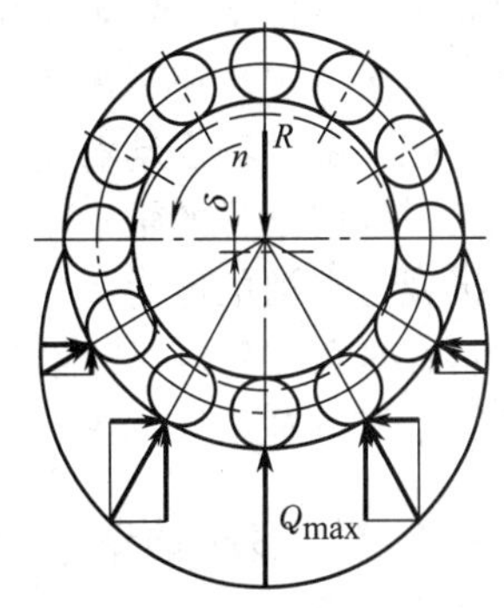

图14-18　轴承的载荷分布

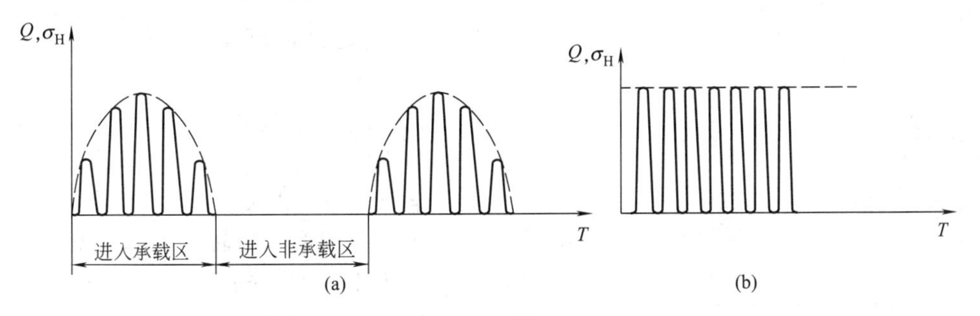

图14-19　轴承元件上载荷与应力的变化

（2）主要失效形式

在滚动轴承运转过程中，如出现异常发热、噪声和振动时，则轴承元件可能趋于失效。常见的滚动轴承失效形式有如下几种。

① 疲劳点蚀　对于一般长期使用的滚动轴承，滚动体和内、外圈在交变载荷作用下，表面间有极大的循环接触应力，从而使轴承的工作表面（滚动体和内、外圈滚道表面）发生疲劳点蚀（麻点），严重时会使表层金属成片剥落，形成凹坑，以致失去正常工作能力。对于在一般载荷、转速、润滑和维护良好的条件下工作的轴承，疲劳点蚀为主要失效形式，应进行轴承的寿命计算。

② 塑性变形　对于极低速或缓慢摆动条件下工作的滚动轴承，一般不会出现疲劳点蚀，在较大的静载荷或冲击载荷作用下，滚动体和滚道接触处的局部应力超过材料的屈服极限

时，会使轴承的工作表面发生永久的塑性变形，从而使轴承不能继续使用；当硬颗粒从外界进入轴承的滚道与滚动体之间时，硬颗粒会在滚道表面形成压痕，也是一种塑性变形，这类轴承主要进行静强度的计算。

③ 磨损　轴承在多粉尘的恶劣条件下工作时或者润滑及密封不良，则有可能引起轴承摩擦表面的颗粒磨损；速度过高且散热不良或润滑不充分时可能会发生粘着磨损，并引起表面发热而导致胶合。此类轴承除注意密封和良好的润滑外，高速轴承需进行寿命计算并验算极限速度。

14.5.2　基本额定寿命和基本额定动载荷

（1）基本额定寿命

轴承任一元件首次出现疲劳点蚀前实际运转的总转数或一定转速下的工作小时数称为单个轴承的寿命。在工程实际中，常以基本额定寿命为标准。基本额定寿命是指同一批轴承在相同工作条件下工作，其中90%的轴承在产生疲劳点蚀前所能运转的总转数 L_{10}（以 10^6 为单位）或一定转速下的工作时数 L_h，单位为 10^6 r 或 h。

（2）基本额定动载荷

一批同型号的轴承基本额定寿命为 10^6 转时轴承所承受的载荷，用 C 表示，它反映轴承抗疲劳点蚀的能力。对向心轴承指径向载荷，以 C_r 表示；对推力轴承指轴向载荷，以 C_a 表示；对角接触轴承指载荷的径向分量，以 C_r 表示。各类轴承的基本额定动载荷 C_r、C_a 可查手册或轴承样本得到。

14.5.3　滚动轴承寿命的计算公式

根据大量的实验研究，滚动轴承载荷与寿命的关系如图 14-20 所示，以方程表示为：

$$P^{\varepsilon}L_{10}=C \tag{14-2}$$

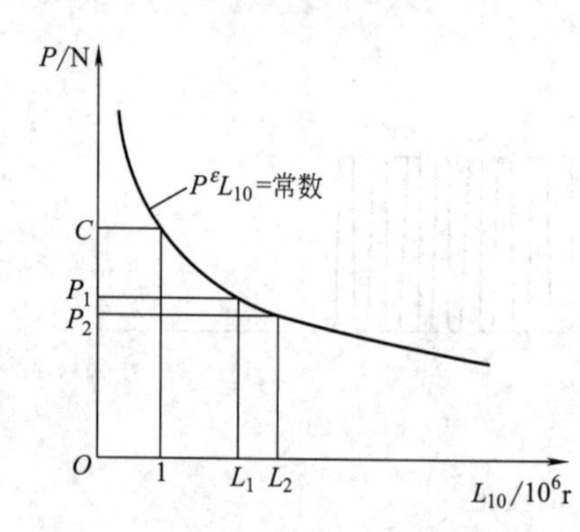

图 14-20　滚动轴承载荷-寿命关系曲线

式中　ε——寿命指数，对球轴承 $\varepsilon=3$；对滚子轴承 $\varepsilon=10/3$；

P——轴承当量动载荷；

C——基本额定动载荷。

在实际工作条件下，温度 $t>100$℃时，因金属组织硬度和润滑条件等的变化，轴承的基本额定动载荷 C 有所下降，所以引入温度系数 f_t（表 14-8），则滚动轴承寿命计算的基本公式为：

$$L_{10}=\left(\frac{f_tC}{P}\right)^{\varepsilon} \tag{14-3}$$

表 14-8　温度系数 f_t

工作温度/℃	100	125	150	175	200	225	250	300	350
温度系数 f_t	1	0.95	0.9	0.85	0.8	0.75	0.7	0.6	0.5

为使用方便，用给定转速 n（r/min）下的工作小时数 L_h 来表示轴承的基本额定寿命，则滚动轴承寿命计算的基本公式为：

$$L_h=\frac{L_{10}}{60n}=\frac{10^6}{60n}\left(\frac{f_tC}{P}\right)^{\varepsilon}=\frac{16670}{n}\left(\frac{f_tC}{P}\right)^{\varepsilon} \tag{14-4}$$

式中　n——轴承的转速，r/min。

在实际设计中，往往预先给定轴承的工作寿命（又称为预期寿命）L'_h、转速 n、当量动载荷 P，要求确定轴承的基本额定动载荷 C，依此选择轴承的型号，实际的动载荷 C' 的计算公式由式(14-4）得到

$$C'=P\left(\frac{L'_h n}{16670}\right)^{1/\varepsilon} \tag{14-5}$$

由式(14-4）计算的轴承寿命 L_h 应大于轴承设计的预期寿命 L'_h，如果计算的轴承寿命达不到预期寿命时，则应重新选择轴承型号，重新计算，或者按式(14-5）计算的动载荷 C' 应小于轴承的额定动载荷 C，否则重新选择轴承型号，重新计算；一般可以将机器中修或大修的年限作为轴承的预期寿命。预期寿命通常可取为5000～20000h，表14-9的推荐值可供设计时参考。

表14-9　常用机械中轴承的预期寿命

机器种类		预期寿命
不经常使用的仪器及设备		500
航空发动机		500～2000
间断使用的机器	中断使用不致引起严重后果的手动机械、农业机械等	4000～8000
	中断使用会引起严重后果，如升降机、输送机、吊车	8000～12000
每天工作8h的机器	利用率不高的齿轮传动、电动机等	12000～20000
	利用率高的通风机、机床等	20000～30000
连续工作24h的机器	一般可靠性的空气压缩机、电动机、水泵	50000～60000
	高可靠性的电站设备、给排水装置	>100000

14.5.4　滚动轴承的当量动载荷

当量动载荷：轴承承受径向载荷 F_r 和轴向载荷 F_a 时，为与基本额定动载荷作等价比较，需将实际工作载荷转化为等效的载荷，即在该载荷作用下轴承的寿命与实际工作载荷作用下的寿命相同，那么该载荷称为当量动载荷。

当量动载荷为假想载荷，在这个假想载荷作用下，轴承的寿命和实际载荷下的寿命相同，用 P 表示。

$$P=f_p(XF_r+YF_a) \tag{14-6}$$

式中　F_r——轴承的实际径向载荷；

F_a——轴承的实际轴向载荷；

f_p——载荷系数，见表14-10；

X——轴承的径向动载荷系数，见表14-11；

Y——轴承的轴向动载荷系数，见表14-11。

对只能承受径向载荷 F_r 的轴承：

$$P=F_r \tag{14-7}$$

对只能承受轴向载荷 F_a 的轴承：

$$P=F_a \tag{14-8}$$

对同时受径向载荷 F_r 和轴向载荷 F_a 的轴承：

$$\begin{cases}P=f_p(XF_r+YF_a) & (F_a/F_r>e\text{ 时})\\ P=f_pF_r & (F_a/F_r\leqslant e\text{ 时})\end{cases} \tag{14-9}$$

式中　e——轴向载荷影响系数，是判断轴向载荷 F_a 对当量动载荷 P 影响程度的参数，查表 14-11。

表 14-10　载荷系数

载荷性质	举　例	f_p
无冲击或轻微冲击	电动机、汽轮机、水泵、通风机	1.0～1.2
中等冲击	机床、车辆、内燃机、冶金机械、起重机械、减速器	1.2～1.8
强大冲击	轧钢机、破碎机、钻探机、剪床	1.8～3.0

表 14-11　当量动载荷系数 X、Y

轴承类型		F_a/C_{0r}	e	$F_a/F_r>e$		$F_a/F_r\leqslant e$	
				X	Y	X	Y
深沟球轴承（60000 型）		0.014	0.19		2.30		
		0.028	0.22		1.99		
		0.056	0.26		1.71		
		0.084	0.28		1.55		
		0.11	0.30	0.56	1.45	1.0	0
		0.17	0.34		1.31		
		0.28	0.38		1.15		
		0.42	0.42		1.04		
		0.56	0.44		1.00		
角接触球轴承	$\alpha=15°$（70000C 型）	0.015	0.38		1.47		
		0.029	0.40		1.40		
		0.058	0.43		1.30		
		0.087	0.46		1.23		
		0.12	0.47	0.44	1.19	1.0	0
		0.17	0.50		1.12		
		0.29	0.55		1.02		
		0.44	0.56		1.00		
		0.58	0.56		1.00		
							0
	$\alpha=25°$（70000AC 型）	—	0.68	0.41	0.87	1.0	
	$\alpha=40°$（70000B）	—	1.14	0.35	0.57	1.0	0
圆锥滚子轴承（30000 型）		—	见轴承手册	0.4	见轴承手册	1.0	0
调心球轴承（10000 型）		—	见轴承手册	0.65	见轴承手册	1.0	见轴承手册

14.5.5　角接触轴承的轴向载荷计算

（1）载荷的作用中心

在计算角接触球轴承和圆锥滚子轴承的支反力时，首先要确定载荷作用中心，即取各个滚动体载荷矢量（滚动体和外圈滚道接触点处的公法线）与轴中心线的交点为载荷作用中心（图 14-21）。载荷作用中心距其轴承端面的距离 a 可从轴承手册或有关标准中直接查得。

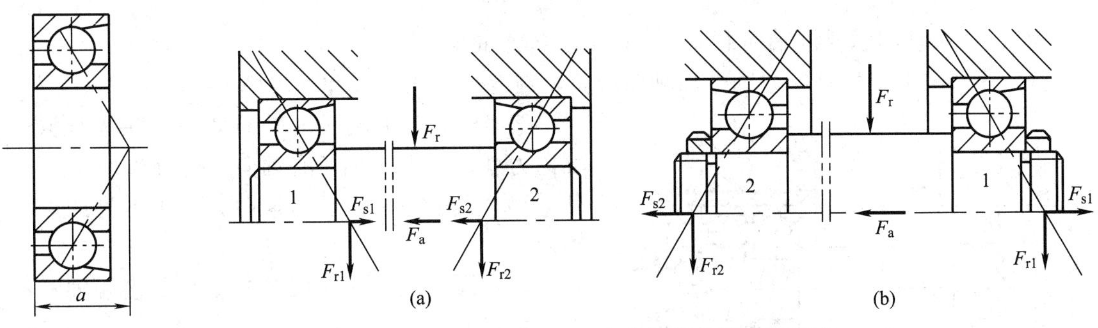

图 14-21　载荷作用中心

图 14-22　角接触轴承的安装形式

(2) 派生轴向力大小

在承受纯径向载荷时，会产生派生轴向力 F_s，派生轴向力的方向为由外圈宽端面指向窄端面，其大小可由表 14-12 中公式近似计算。为避免轴在 F_s 作用下产生轴向移动，角接触轴承通常应成对使用，对称安装。分析角接触轴承的轴向载荷时要同时考虑由径向力引起的派生轴向力和作用于轴上的其他工作轴向力，结合轴承的具体安装形式，由力的平衡关系进行计算。如图 14-22 所示为成对安装角接触轴承的两种安装形式：图 14-22(a) 为正装（面对面），载荷作用中心位于两支承之间，从而缩短轴的跨距，两派生轴向力相对，适合于传动零件；图 14-22(b) 为反装（背靠背），载荷作用中心处于外伸端，两派生轴向力相背，从而增大了轴的跨距。

表 14-12　向心角接触轴承派生轴向力 F_s

轴承类型	角接触球轴承			圆锥滚子轴承
	70000C 型	70000AC 型	70000B 型	
F_s	$0.4F_r$	$0.68F_r$	$1.14F_r$	$F_r/(2Y)$（Y 是 $F_a/F_r>e$ 时的轴向动载荷系数）

如图 14-23 所示，下面按两种情况分析轴承 1、2 所受的轴向力：

① 若 $F_{s2}+F_a>F_{s1}$ 时，轴有向左移动的趋势，轴承 1 被“压紧”，轴承 2 被“放松”，轴与轴承组件轴向受力平衡，轴承 1 的实际轴向载荷为：

$$F_{a1}=F_a+F_{s2} \tag{14-10}$$

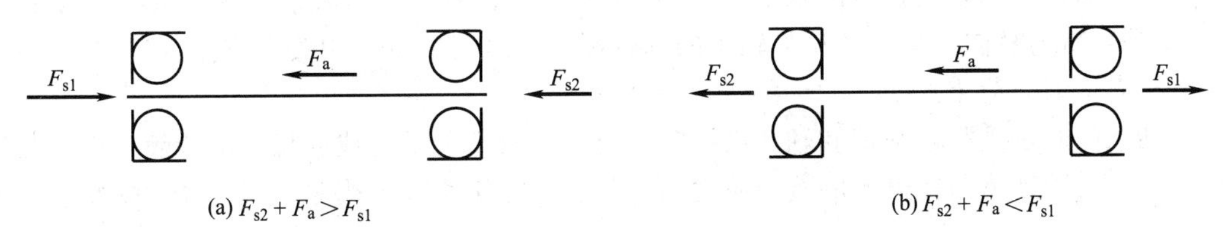

图 14-23　角接触轴承的轴向力

轴承 2 上的轴向力，由力平衡条件知，即为本身的派生轴向力 F_{s2}：

$$F_{a2}=F_{s2} \tag{14-11}$$

② 若 $F_{s2}+F_a<F_{s1}$ 时，轴有右移的趋势，轴承 2 被“压紧”，轴承 1 被“放松”，轴承 1 实际所受的轴向力，由力的平衡条件知，即为本身派生轴向力：

$$F_{a1}=F_{s1} \tag{14-12}$$

轴承 2 的实际轴向载荷为：

$$F_{a2}=F_{s1}-F_{a} \tag{14-13}$$

结论：滚动轴承实际轴向载荷 F_a 的计算方法如下。

① 分析轴上派生轴向力和外加轴向载荷，判定被“压紧”和“放松”的轴承。

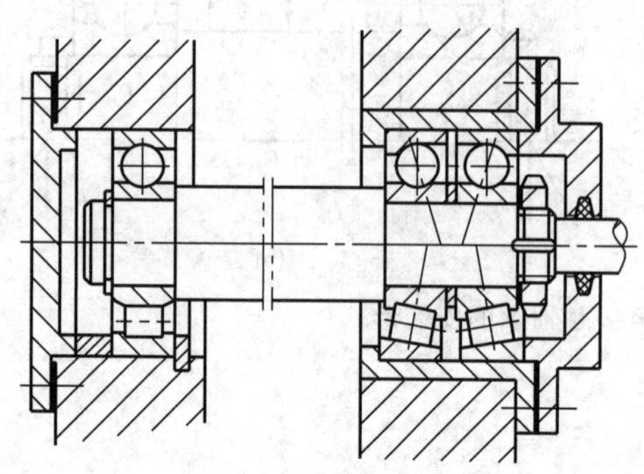

图 14-24　同一支点成对安装同型号角接触轴承

②“压紧”端轴承的轴向力等于除本身派生轴向力外，轴上其他所有轴向力代数和。

③“放松”端轴承的轴向力等于本身的派生轴向力。

（3）同一支点成对安装同型号角接触轴承的计算特点

两个同型号的角接触球轴承或圆锥滚子轴承，作为一个支承整体对称安装在同一支点上时，可以承受较大的径向、轴向联合载荷。如图 14-24 所示为一个三支点的静不定轴组件，近似计算时，可将成对安装的向心角接触轴承看成是一个支点，并认为力的作用点位于两轴承的中点。轴承的派生轴向力互相抵消，但在计算其当量动载荷 P 时，系数 X 及 Y 要采用双列轴承的数值；额定动载荷 C_{Σ} 应为：

对于角接触球轴承

$$C_{\Sigma}=1.625C \tag{14-14}$$

对于圆锥滚子轴承

$$C_{\Sigma}=1.71C \tag{14-15}$$

式中　C——单个角接触轴承的基本额定动载荷。

14.5.6　滚动轴承的静载荷的计算

对于在工作载荷下基本不旋转或缓慢旋转或缓慢摆动的轴承，其失效形式不是疲劳点蚀，而是因滚动接触面上的接触应力过大而产生的过大的塑性变形，此时应按基本额定静载荷进行静强度的计算。

（1）额定静载荷

滚动轴承受载后，使受载最大的滚动体与滚道接触中心处的接触应力达到一定值（调心球轴承为 4600MPa，其他球轴承为 4200MPa，滚子轴承为 4000MPa），这个载荷称为额定静载荷，用 C_0 表示。

对于径向接触和轴向接触的轴承，C_0 分别是径向载荷和中心轴向载荷，对于角接触轴承，C_0 是载荷的径向分量。各型号轴承的基本额定静载荷值可查相关手册。

（2）当量静载荷 P_0

当轴承同时承受径向载荷和轴向载荷时，应将实际载荷转化成假想的当量静载荷，在该载荷作用下，滚动体与滚道上的接触应力和实际载荷作用相同。当量静载荷 P_0 按如下公式计算：

$$P_0=X_0F_r+Y_0F_a \tag{14-16}$$

式中　X_0，Y_0——径向和轴向静载荷系数，其值查轴承手册或样本；

F_r，F_a——轴承上的径向载荷和轴向载荷。

（3）静强度计算

轴承的当量静载荷应满足静强度要求，即：

$$C_0 \geqslant S_0 P_0 \tag{14-17}$$

式中 S_0——轴承的静强度安全系数，见表14-13。

表14-13 静强度安全系数 S_0

使用条件	载荷性质、使用要求及使用场合	S_0	
		球轴承	滚子轴承
旋转轴承	对旋转精度和稳定性要求较高，或受强大冲击载荷	1.5～2.0	2.5～4.0
	一般情况	0.5～2.0	1.0～3.5
	对旋转精度和稳定性要求不高，没有冲击或振动	0.5～2.0	1.0～3.0
不旋转或摆动轴承	水坝阀门装置	≥1	
	吊桥	≥1.5	
	附加动载荷较小的大型起重机吊钩	≥1	
	附加动载荷大的小型起重机吊钩	≥1.6	
各种使用场合下的推力调心滚子轴承		≥4	

【例14-1】 已知一单级圆柱齿轮减速器中，相互啮合的一对齿轮为渐开线圆柱直齿轮，传动轴轴颈直径为 $d=55\text{mm}$，转速 $n=1450\text{r/min}$，拟采用滚动轴承，轴承所承受的径向载荷 $F_r=2400\text{N}$，外传动零件传递给轴的轴向载荷为 $F_a=520\text{N}$，载荷平稳，工作温度正常，要求预期寿命25000h，试确定轴承型号。

【解】 计算步骤见表14-14。

表14-14 例14-1计算步骤

设计项目	计 算 过 程	结 果
1. 选择轴承类型	依题意，轴承主要承受径向载荷且转速较高，故选用深沟球轴承	深沟球轴承
2. 预选型号、查参数 C_r、C_{0r}	因 $d=55\text{mm}$，预选轴承6211，查轴承手册知：基本额定动载荷 $C=C_r=43.2\text{kN}$，基本额定静载荷 $C_{0r}=29.2\text{kN}$	预选轴承6211 $C_r=43.2\text{kN}$ $C_{0r}=29.2\text{kN}$
3. 计算当量动载荷 P	$F_a/C_{0r}=0.0178$，用内插法由表14-11知，$e=0.271$ $F_a/F_r=0.22<e$，由表14-11查得 $X=0.56, Y=0$，由表14-10知 $f_p=1$，由式(14-9)知 $P=2400\text{N}$	$P=2400\text{N}$
4. 计算轴承受命 L_h	查表14-8取温度系数 $f_t=1$，由式(14-4)知轴承受命 $L_h=\dfrac{16670}{n}\times\left(\dfrac{f_tC}{P}\right)^{\varepsilon}=\dfrac{16670}{1450}\times\left(\dfrac{43200}{2400}\right)^{3}=67048\text{h}>25000\text{h}$ 且接近于预期寿命，故选用6211轴承合适	$L_h=67048\text{h}$ 选用6211轴承合适
5. 说明	也可以用式(14-5)计算实际动载荷 C' $C'=P\left(\dfrac{L'_hn}{16670}\right)^{\frac{1}{\varepsilon}}=2400\times\left(\dfrac{25000\times1450}{16670}\right)^{\frac{1}{3}}=31093\text{N}<43200\text{N}$ 故选择6211轴承合适	$C'=31093\text{N}$ 选择6211轴承合适

【例14-2】 如图14-22(a)所示，轴上面对面安装一对7309AC轴承，轴转速 $n=400\text{r/min}$，两轴承承受的径向载荷分别为 $F_{r1}=3000\text{N}$，$F_{r2}=1200\text{N}$，轴上轴向载荷 $F_a=1000\text{N}$，方向指向轴承1，工作时有较大的冲击，环境温度为125℃，试计算该对轴承的寿命。

【解】 计算步骤见表14-15。

表14-15 例14-2计算步骤

设计项目	计算过程	结果
1. 计算派生轴向力	对7309AC型轴承，查表14-12知 $F_{s1}=0.68F_{r1}=0.68\times3000=2040N$ $F_{s2}=0.68F_{r2}=0.68\times1200=816N$	$F_{s1}=2040N$ $F_{s2}=816N$
2. 计算轴承的轴向载荷F_{a1}、F_{a2}	$F_a+F_{s2}=1000+816=1816N<F_{s1}=2040N$ 故轴承2被压紧，轴承1被放松，于是有 $F_{a1}=F_{s1}=2040N$ $F_{a2}=F_{s1}-F_a=2040-1000=1040N$	$F_{a1}=2040N$ $F_{a2}=1040N$
3. 计算当量动载荷P	查表14-11知，$e=0.68$ $F_{a1}/F_{r1}=2040/3000=0.68=e$ $F_{a2}/F_{r2}=1040/1200=0.87>e$ 查表14-11知，$X_1=1.0$、$Y_1=0$，$X_2=0.41$、$Y_2=0.87$，所以轴承的当量动载荷 $P_1=X_1F_{r1}+Y_1F_{a1}=1\times3000+0=3000N$ $P_2=X_2F_{r2}+Y_2F_{a2}=0.41\times1200+0.87\times1040=1397N$ 由于$P_1>P_2$，故轴承1较危险，取$P=P_1=3000N$	轴承1较危险 $P=P_1=3000N$
4. 计算轴承寿命	查表14-8取温度系数$f_t=0.95$，查表14-10知$f_p=1.8\sim3.0$，取$f_p=2.4$，查机械设计手册，7309AC型轴承的$C_r=49.2kN$，对球轴承$\varepsilon=3$ $L_h=\frac{16670}{400}\left(\frac{0.95\times49200}{2.4\times3000}\right)^3=11401h$ 故轴承的寿命为11401h	轴承的寿命为11401h

14.6 轴承装置的设计

正确选用轴承类型和型号之后，为了保证轴与轴上旋转零件正常运行，还应解决轴承组合的结构问题，其中包括轴承组合的轴向固定，轴承与相关零件的配合及间隙调整、装拆、润滑等一系列问题。

14.6.1 滚动轴承的配置

正常的滚动轴承支承应使轴能正常传递载荷而不发生轴向窜动及轴受热膨胀后卡死等现象。对双支承旋转轴的轴承配置常用的有三种基本方案。

(1) 两端固定式（双固式）

如图14-25所示，轴的两个轴承分别限制一个方向的轴向移动，这种固定方式称为两端

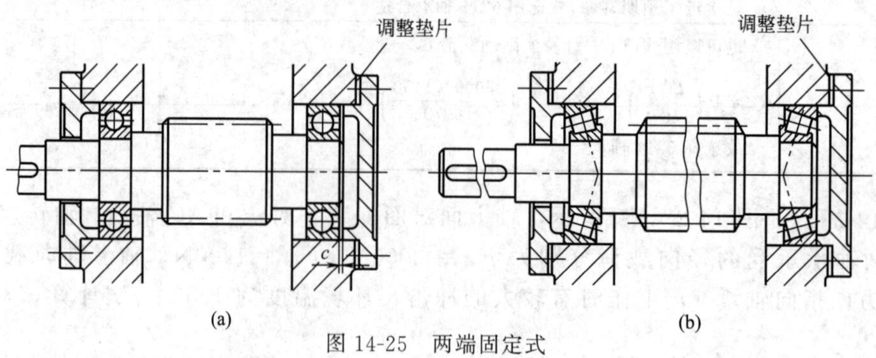

图14-25 两端固定式

固定式。考虑到轴受热伸长，对于深沟球轴承可在轴承盖与外圈端面之间，留出热补偿间隙 $c=0.2\sim0.3\text{mm}$。间隙量的大小可用一组垫片来调整。这种支承结构简单，安装调整方便，它适用于工作温度变化不大的短轴。

（2）固定、游动式（固游式）

如图 14-26(a) 所示，一端支承的轴承，内、外圈双向固定，另一端支承的轴承可以轴向游动。双向固定端的轴承可承受双向轴向载荷，游动端的轴承端面与轴承盖之间留有较大的间隙，以适应轴的伸缩量，这种支承结构适用于轴的温度变化大和跨距较大的场合。

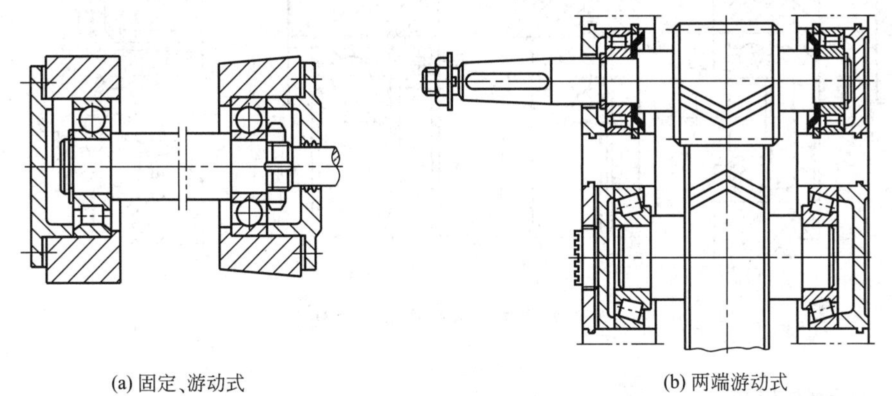

(a) 固定、游动式　　(b) 两端游动式

图 14-26　固定、游动组合支承及两端游动支承

用轴肩固定轴承内外圈

（3）两端游动式（双游式）

如图 14-26(b) 所示，两端游动支承结构的轴承，不对轴作精确的轴向定位。两轴承的内、外圈双向固定，以保证轴能作双向游动。两端采用圆柱滚子轴承支承，适用于人字齿轮主动轴。但与其啮合的另一轴系必须两端固定。

用弹性挡圈固定轴承内外圈

14.6.2　滚动轴承的轴向紧固

为防止轴承在承受轴向负荷时相对轴或座孔产生轴向移动，轴承内圈与轴、轴承外圈与座孔必须进行轴向定位。

轴端挡圈固定

轴承内圈常用的轴向固定方法如图 14-27 所示：利用轴肩作单向固定，它能承受大的单向的轴向力［图 14-27(a)］；利用轴肩和轴用弹性挡圈作双向固定，挡圈能承受的轴向力不大［图 14-27(b)］；利用轴肩和轴端挡板作双向固定，挡板能承受中等的轴向力［图 14-27(c)］；利用轴肩和圆螺母、止动垫，作双向固定能承受大的轴向力［图 14-27(d)］；利用开口圆锥紧定套和圆螺母、止动垫圈固定，用于光轴、轴承转速不高、载荷平稳且轴向载荷不大的调心轴承的固定［图 14-27(e)］。

用圆螺母及止退垫圈固定

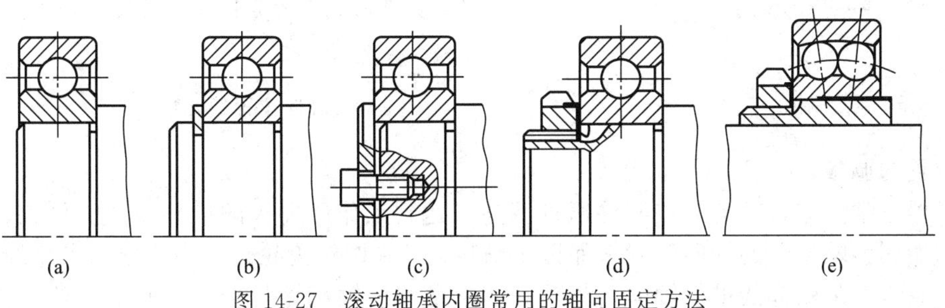

(a)　(b)　(c)　(d)　(e)

图 14-27　滚动轴承内圈常用的轴向固定方法

用套筒固定轴承内外圈

轴承外圈常用的轴向固定方法如图 14-28 所示：孔用弹性挡圈［图 14-28(a)］，多用于圆柱滚子轴承和轴向载荷不大的深沟球轴承；轴承端盖［图 14-28(b)］，适用于转速高、轴向载荷大的各类轴承；轴承外圈止动槽内嵌入止动环固定［图 14-28(c)］，这种方法仅适用于外圈带止动槽的深沟球轴承，且外壳为剖分式结构；轴承座孔凸肩［图 14-28(c)］；螺纹环固定［图 14-28(d)］，适用于转速高、轴向载荷大且不宜于用轴承盖固定的场合；轴承套环固定［图 14-28(e)］，适用于两轴承座孔难于保证同轴的场合。

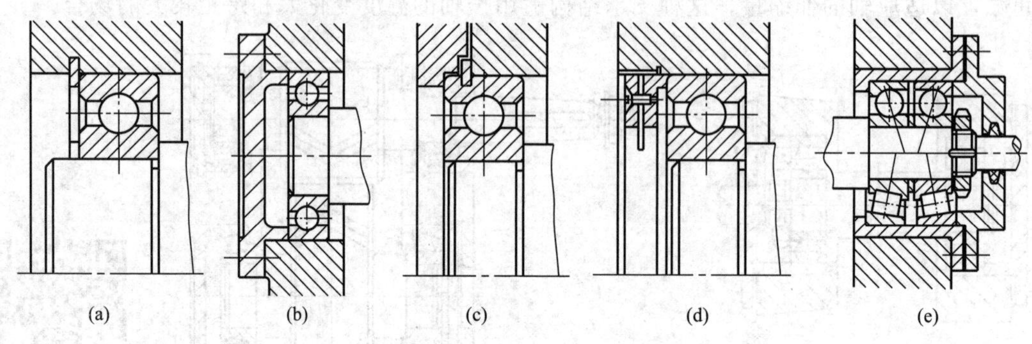

图 14-28　滚动轴承外圈常用的轴向固定方法

14.6.3　滚动轴承的调整

为保证轴承的正常游隙或轴上传动零件（如蜗轮、锥齿轮等）的正确啮合位置，轴承装入机座后需进行调整。

（1）轴承间隙的调整

轴承间隙的调整很多方法，常用的有如下两种。

① 利用调整垫片调整　靠加减轴承盖与机座之间的垫片厚度来调整轴承间隙［图 14-29(a)］。

② 利用调节螺钉调整　用螺钉通过轴承外圈压盖移动外圈的位置来进行调整。调整后，用螺母 2 锁紧防松［图 14-29(b)］。

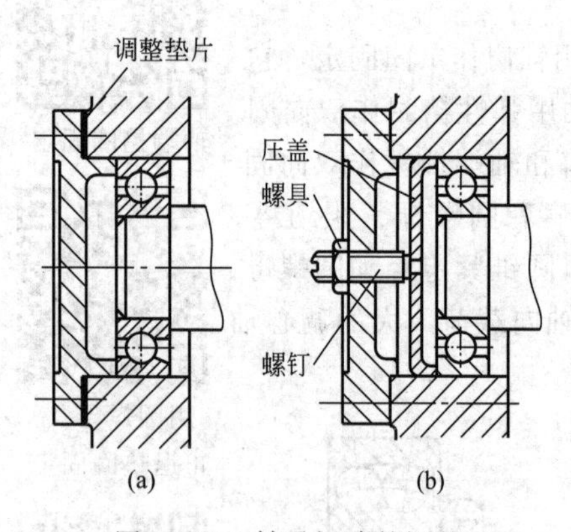

图 14-29　轴承间隙的调整

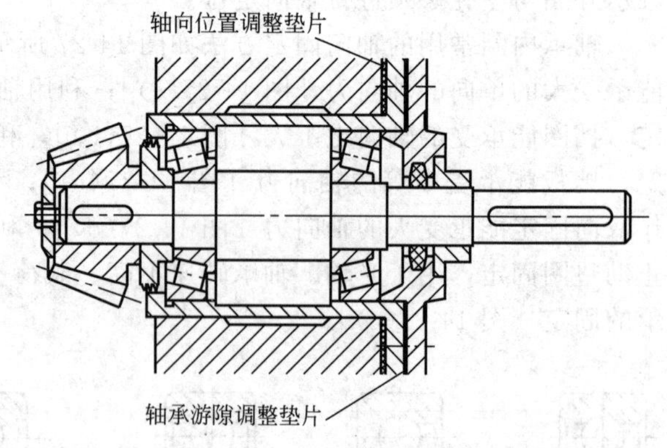

图 14-30　轴向位置的调整

（2）轴向位置的调整

为了保证机器正常工作，轴上某些零件通过调整以达到工作所要求的准确位置。例如，蜗杆传动中要求能调整蜗轮轴的轴向位置来保证正确啮合；在圆锥齿轮传动中要求两齿轮的节锥顶重合于一点，两齿轮都能进行轴向调整，其调整是利用轴承盖与套杯之间的垫片组，调整轴承的轴向游隙，利用套杯与箱孔端面之间的垫片组，调整轴的轴向位置。图14-30为锥齿轮轴承位置的调整方式。

14.6.4 滚动轴承的配合

（1）滚动轴承的配合

滚动轴承的配合是指内圈与轴径、外圈与座孔的配合，轴承内孔与轴径的配合采用基孔制，就是以轴承内孔确定轴的直径，常用的配合有n6、m6、k6、js6；轴承外圈与轴承座孔的配合采用基轴制，常用的配合有G7、H7、JS7、J7。

（2）滚动轴承配合的选择原则

① 套圈相对于负荷的状况　相对于负荷方向为旋转或摆动的套圈，应选择过盈配合或过渡配合；相对于负荷方向固定的套圈应选择间隙配合。当以不可分离型轴承作流动支承时，则应以相对于负荷方向为固定的套圈作为游动套圈，选择间隙配合或过渡配合。

② 负荷的类型和大小　高速、重载、有冲击、振动时，配合应紧一些，载荷平稳时，配合应松一些。当受冲击负荷或重负荷时，一般应选择比正常、轻负荷时更为紧密的配合。对于向心轴承负荷的大小用径向当量动载荷 P_r 与径向额定动载荷 C_r 的比值来划分，负荷越大配合过盈量越大。负荷大小（P_r/C_r）：轻负荷，≤0.07；正常负荷，>0.07～0.15；重负荷，>0.15。

③ 轴承尺寸大小　随着轴承尺寸的增大，选择的过盈配合过盈量越大，选择间隙配合间隙值越大。

④ 轴承游隙　采用过盈配合会导致轴承游隙的减小，应检验安装后轴承的游隙是否满足使用要求，以便正确选择配合及轴承游隙。

⑤ 其他因素的影响　轴和轴承座的材料、强度和导热性能，外部及在轴承中产生的热的导热途径和热量，支承安装和调整性能等都影响配合的选择；旋转精度要求高时，配合应紧一些；常拆卸的轴承或游动套圈应取较松的配合；与空心轴配合的轴承应取较紧的密合。

滚动轴承配合的选择可查阅相关手册。

14.6.5 滚动轴承的预紧

为提高轴承的旋转精度、减少振动，提高轴承的刚度，轴承装入机座后需进行一定的预紧。预紧原理是预先使滚动体与内、外圈滚道间相互压紧，让轴承在负游隙下工作。

常用预紧方法：

① 用垫片和长短隔套预紧，如图14-31所示；

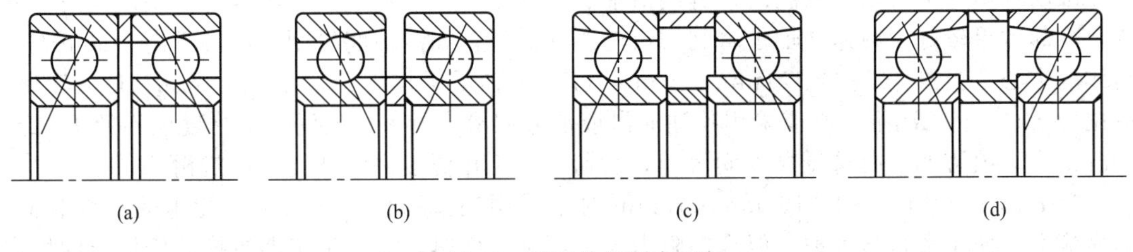

图14-31　利用长短隔套预紧

② 夹紧一对磨窄了的外圈（或内圈）的角接触轴承，如图14-32所示；

③ 夹紧一对圆锥滚子轴承，如图14-33所示；

④ 利用弹簧预紧等。

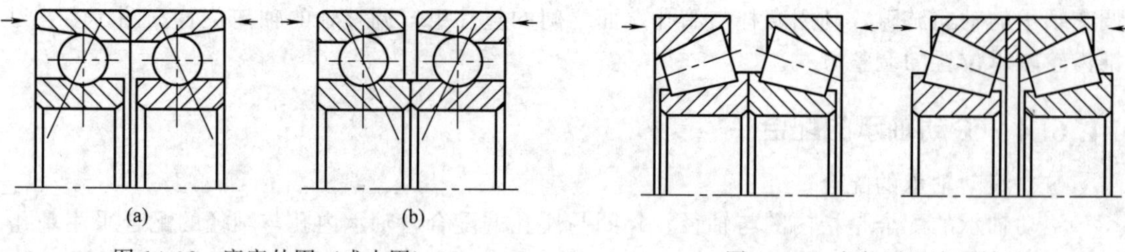

图 14-32 磨窄外圈（或内圈） 图 14-33 夹紧圆锥滚子轴承

14.6.6 滚动轴承的装拆

滚动轴承是精密部件，因而装拆方法必须规范，否则会使轴承精度降低，损坏轴承和其他零部件。装拆时要求压力应直接加于配合较紧的套圈上，不允许通过滚动体传递装拆力，要均匀施加装拆力。

轴承的安装通常采用冷压法和温差法，对于小尺寸的轴承，一般可用压力直接将轴承的内圈压入轴颈。对于尺寸较大的轴承，可先将轴承放在温度为 80～100℃的热油中加热，使内孔胀大，然后用压力机装在轴颈上。拆卸时用压力机压出轴颈；或用轴承拆卸器将内圈拉下。所以设计时应使轴肩高度低于轴承内圈高度，装拆方法如图 14-34 所示。

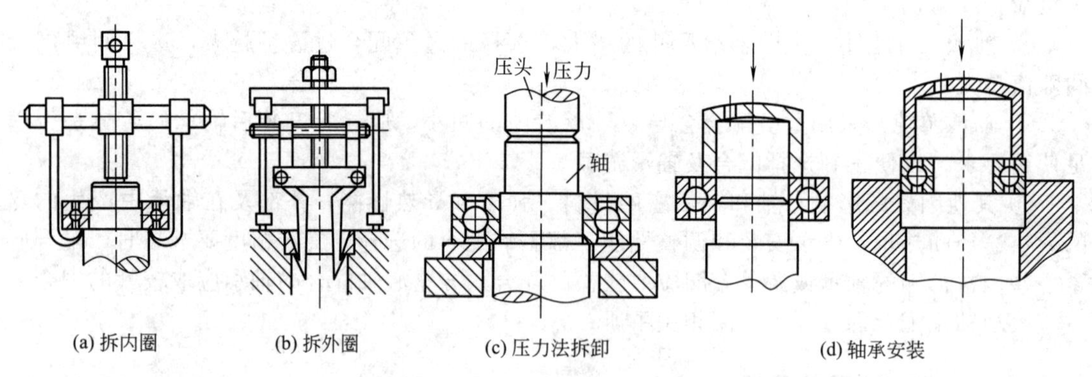

图 14-34 轴承的安装与拆卸方法

14.6.7 滚动轴承的润滑

要延长轴承的使用寿命和保持旋转精度，在使用中应及时对轴承进行维护，采用合理的润滑，润滑是为了实现减少摩擦和减轻磨损，也有减振、散热、防腐等作用。

滚动轴承润滑可采用的润滑剂有润滑油、润滑脂，一般速度高的轴承都采用油润滑，润滑及冷却效果较好。减速器轴承常利用齿轮溅油润滑，如浸油润滑则油面应不高于最下方滚动体的中心。当 $D_m n > 6\times10^5$ mm · r/min（D_m 为轴承平均直径，单位为 mm；n 为转速，单位为 r/min）情况下，则应采用喷油润滑或油雾润滑。所采用的润滑油黏度应不低于 12～20mm^2/s，喷雾润滑时选低黏度润滑油，载荷大、工作温度高时选高黏度润滑油。

当 $D_m n < 2\times10^5 \sim 3\times10^5$ mm · r/min 时常采用润滑脂作为润滑剂，能承受较大载荷，不易流失，便于密封与维护。但摩擦阻力大，不利于散热，需人工定期更换。润滑脂的填充量不能超过轴承内空隙的 1/3～1/2，过多会引起轴承发热。

14.6.8 滚动轴承的密封

滚动轴承的密封是为了防止灰尘杂质、水等进入轴承，防止润滑剂流失。根据密封原理的不同可分为接触式密封和非接触式密封两大类，接触式密封用于速度不很高的场合，不用于高速场合下。在设计时必须选择合理的密封装置，机械的工作条件不同，同一种密封装置的密封效果也会有差异，在选择密封装置时应考虑润滑种类、工作环境和温度、密封表面的圆周速度等因素，各类密封装置的结构、特点及适用范围可参阅表 14-16，具体参考有关手册或专业书籍。

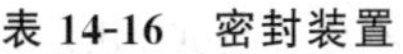

表 14-16　密封装置

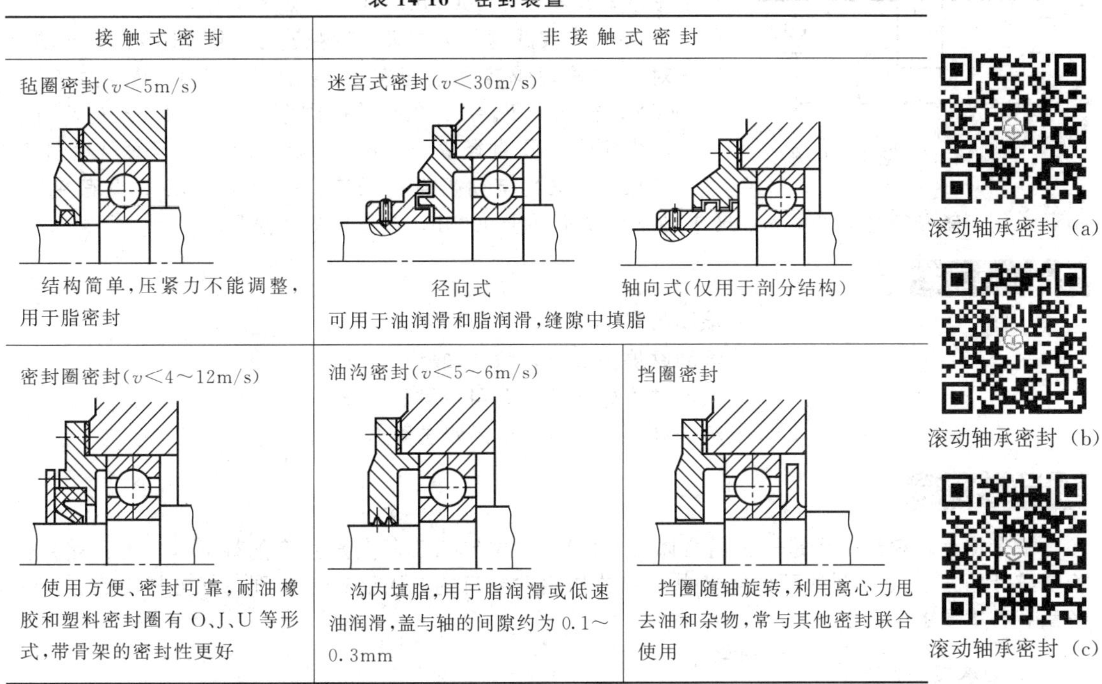

接触式密封	非接触式密封	
毡圈密封(v<5m/s) 结构简单，压紧力不能调整，用于脂密封	迷宫式密封(v<30m/s) 径向式　轴向式(仅用于剖分结构) 可用于油润滑和脂润滑，缝隙中填脂	
密封圈密封(v<4～12m/s) 使用方便、密封可靠，耐油橡胶和塑料密封圈有 O、J、U 等形式，带骨架的密封性更好	油沟密封(v<5～6m/s) 沟内填脂，用于脂润滑或低速油润滑，盖与轴的间隙约为 0.1～0.3mm	挡圈密封 挡圈随轴旋转，利用离心力甩去油和杂物，常与其他密封联合使用

滚动轴承密封 (a)

滚动轴承密封 (b)

滚动轴承密封 (c)

思考与练习

14-1　对轴瓦和轴承衬的材料有何要求？常用材料有哪些？

14-2　滑动轴承轴瓦结构如何？开油沟应注意什么？

14-3　滚动轴承的主要类型有哪些？各有什么特点？

14-4　说明下列代号的含义：6208、7210C/P5、N208/P4。

14-5　滚动轴承和滑动轴承的主要失效形式有哪些？计算准则是什么？

14-6　为什么角接触轴承和调心轴承要成对使用？

14-7　如图 14-35 所示，一根轴用两个角接触轴承支承，L_1=50mm，L_2=150mm，轴端作用轴向力，F_A=800N，径向力 F_R=1500N。试分别求出两轴承所受的径向载荷 F_{r1} 与 F_{r2} 和轴向载荷 F_{a1} 与 F_{a2}（轴承的派生轴向力 $F_s=0.7F_r$）。

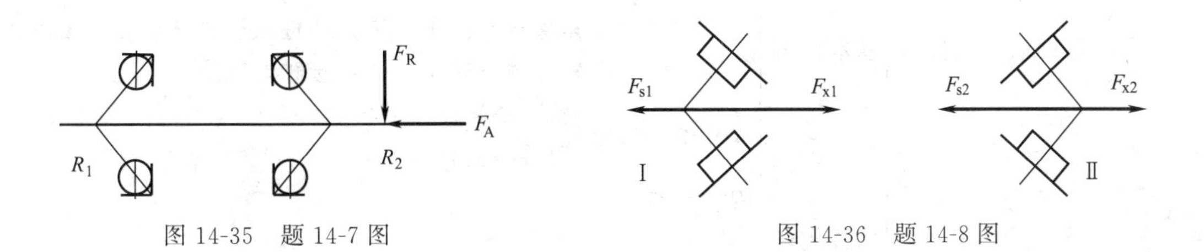

图 14-35　题 14-7 图　　图 14-36　题 14-8 图

14-8　图 14-36 所示为二级齿轮减速器中间轴的受力简图。已知派生轴向力 $F_{s1}=400\text{N}$，$F_{s2}=650\text{N}$，外部轴向力 $F_{x1}=300\text{N}$，$F_{x2}=800\text{N}$，试分析两个圆锥滚子轴承的轴向载荷。

14-9　实践题：单级直齿圆柱齿轮减速器输出轴由一对深沟球轴承支承。已知齿轮上各力为：切向力 $F_t=2000\text{N}$，径向力 $F_r=800\text{N}$。齿轮分度圆直径 $d=200\text{mm}$。设齿轮中点至两支点距离 $l=80\text{mm}$，轴的转速 $n=160\text{r/min}$，载荷平稳，常温工作，轴颈直径为 50mm。要求轴承寿命不低于 10000h，试选择轴承型号。

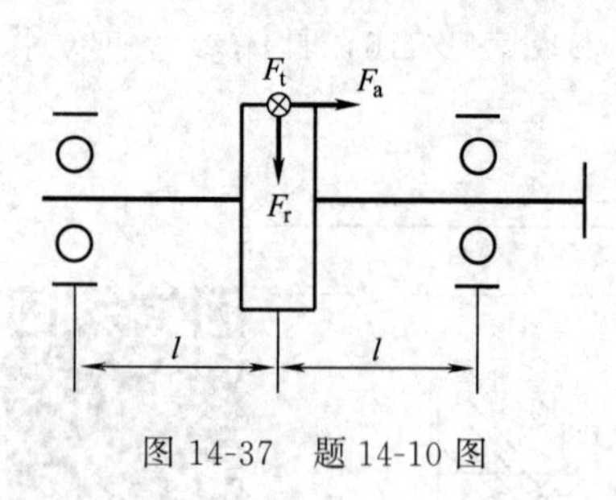

图 14-37　题 14-10 图

14-10　实践题：某单级齿轮减速器（图 14-37）输入轴由一对深沟球轴承支承。已知齿轮上各力为：切向力 $F_t=3000\text{N}$，径向力 $F_r=1200\text{N}$，轴向力 $F_x=650\text{N}$，方向如图所示。齿轮分度圆直径 $d=40\text{mm}$。设齿轮中点至两支点距离 $l=50\text{mm}$，轴与电动机直接相连，$n=960\text{r/min}$，载荷平稳，常温工作，轴颈直径为 30mm。要求轴承寿命不低于 9000h，试选择轴承型号。

本章重点口诀

滚动与滑动轴承，作用均为支承轴，
滚动摩擦因数小，滚动轴承用得多，
滚动轴承标准件，选用型号需计算，
组合结构有三种，双固双游固游式。

本章知识小结

本章特点：滚动轴承是一个组合体（部件），是由专门工厂大量生产的标准件，而且是用实验与统计的方法按 90%的可靠度来规定它的额定动载荷的，因而在计算理论和方法上都与其他各章有着本质的区别。

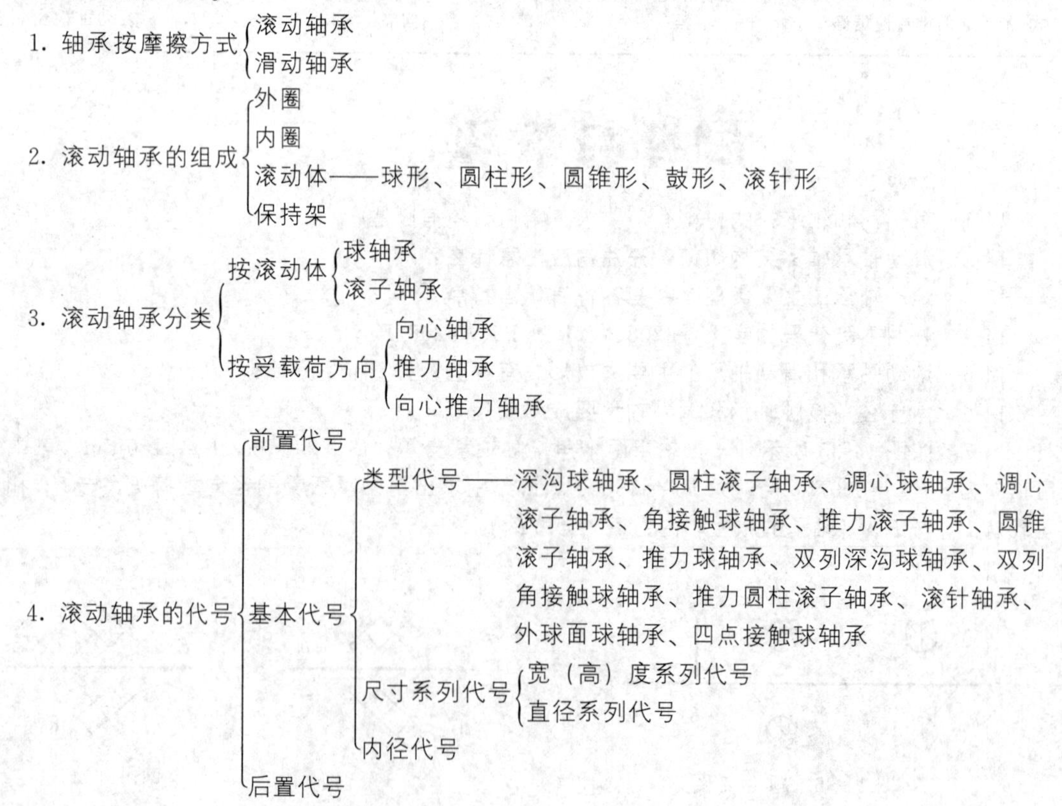

5. 滚动轴承类型选择依据
   - 载荷条件
   - 转速条件
   - 调心性质
   - 安装和调整性能
   - 经济性

6. 滚动轴承的配置
   - 两端固定式（双固式）
   - 固定、游动式（固游式）
   - 两端游动式（双游式）

7. 滑动轴承
   - 向心滑动轴承
     - 整体式
     - 剖分式
   - 推力滑动轴承
     - 实心式
     - 空心式
     - 多环式
   - 轴瓦（轴套）结构
     - 圆筒形轴套
     - 剖分式轴瓦
     - 轴承衬
   - 材料
     - 金属材料
       - 轴承合金
       - 青铜
       - 铸铁
     - 粉末冶金
     - 非金属材料

8. 轴承的润滑
   - 润滑剂
     - 润滑油
     - 润滑脂
     - 固体润滑剂
   - 润滑方式
     - 滚动轴承的润滑
       - 滴油润滑
       - 喷油润滑
       - 油雾润滑
       - 飞溅润滑
     - 滑动轴承的润滑
       - 间歇式
       - 连续式

9. 轴承的密封
   - 接触式密封
     - 毡圈密封
     - 皮碗密封
   - 间隙式密封
   - 迷宫式密封
   - 组合式密封

第15章 联轴器和离合器

15.1 联轴器

15.1.1 联轴器的组成和分类

联轴器是机器中常用部件，主要用来将两轴联接在一起，使它们一起旋转，并传递转矩，也可用作安全装置。用联轴器联接的两轴只有在机器停车后，才能进行拆卸从而使两轴分离。

从使用功能看，联轴器部件应包含用来联接轴的零件和联接件，一般由两个半联轴器及联接件组成，半联轴器与主、从动轴通常采用键联接。如图 15-1 所示，半联轴器 1、2 分别装在轴 5、轴 6 上，并通过键 7、8 和各自的轴相联接，螺栓 3、螺母 4 用来联接两个半联轴器，从而使主动轴上的运动或动力传递到从动轴上。

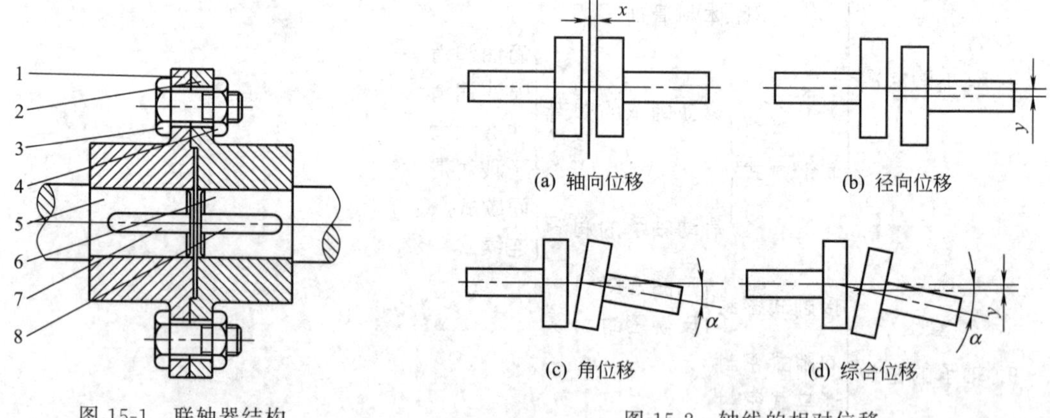

图 15-1 联轴器结构

图 15-2 轴线的相对位移

联轴器的两轴线理论上应该是同轴的，但由于制造、安装、工作时零件的变形以及温度变化的影响等原因，被联轴器联接的两轴不一定能精确对中，会出现两轴之间产生一定程度的相对位移，如图 15-2 所示，两轴间相对位移的存在会产生附加载荷，从而影响机械的使用，在联轴器的设计、制造以及使用中必须考虑两轴间的相对位移。

联轴器类型很多，按照被联接两轴的相对位置和位置的变动情况，联轴器可分为固定式联轴器和可移式联轴器两大类，固定式联轴器用在两轴能严格对中且在工作中不发生相对位移的地方，可移式联轴器用在两轴有偏斜或工作中有相对位移的场合。按照补偿相对位移方法的不同可移式联轴器又可分为可移式刚性联轴器、可移式弹性联轴器（简称弹性联轴器）。

15. 1. 2　固定式刚性联轴器

联轴器部件中不存在挠性元件，不具有补偿两轴的相对位移的能力，用在两轴能严格对中且在工作中不发生相对位移的场合，其常用类型有套筒联轴器、凸缘联轴器和夹壳联轴器。

(1) 套筒联轴器

套筒联轴器是一个公用套筒（图 15-3)，套筒通过键或销将两轴联接在一起。用紧定螺钉或销来实现轴向固定。该联轴器结构简单、制造容易、使用方便、径向尺寸小，用于载荷较平稳且传递转矩不大、两轴能严格对中的场合，其缺点是装拆不方便，需轴向移动，且不能缓冲减振。

套筒联轴器 1

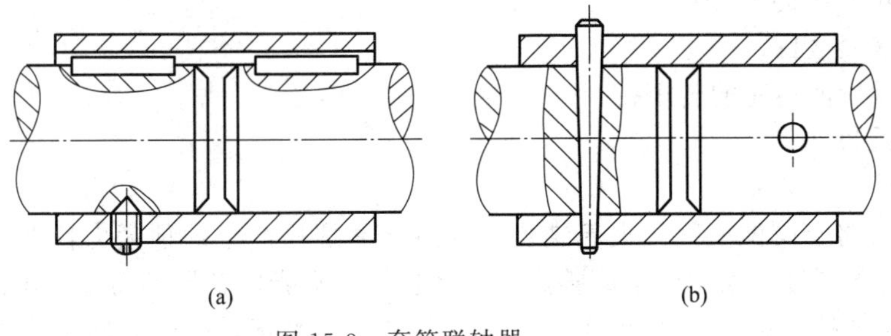

图 15-3　套筒联轴器

套筒联轴器 2

(2) 凸缘联轴器

如图 15-4 所示，凸缘联轴器由两个半联轴器和螺栓组成，半联轴器通过键与轴相联接，螺栓将两个半联轴器的凸缘联接在一起。按对中方法不同，常见的凸缘联轴器有两种结构形式：普通凸缘联轴器（即Ⅱ型联轴器）[图 15-4(b)] 和有对中榫的凸缘联轴器（即Ⅰ型联轴器）[图 15-4(a)]。Ⅰ型联轴器，由具有凸肩的半联轴器和具有凹槽的半联轴器相嵌合而对中，用普通螺栓联接，靠接合面间的摩擦力来传递转矩。Ⅱ型联轴器用铰制孔和受剪螺栓对中，用铰制孔螺栓联接，靠螺栓杆承受挤压与剪切传递转矩。当要求两轴分离时，Ⅱ型比Ⅰ型方便，只需卸下螺栓即可，不用移动轴，但Ⅰ型比Ⅱ型制造简单，价格低，Ⅱ型能传递较大的转矩。

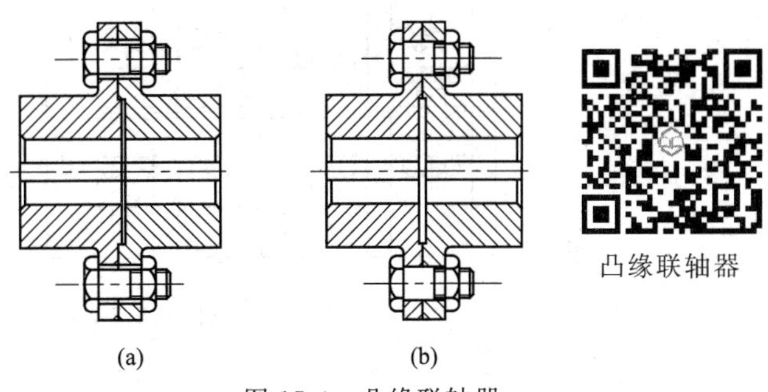

图 15-4　凸缘联轴器

凸缘联轴器

凸缘联轴器制造与安装时要求半联轴器的凸缘端面应与轴线垂直，安装时应使两轴精确对中。凸缘联轴器结构简单、制造方便、成本低、工作可靠、装拆方便，可传递较大转矩，但不能缓冲减振。当高速运转时要求轴有较高的对中精度。主要用于载荷较平稳的两轴联接。在固定式联轴器中，是应用最广的一种，目前已标准化。

当采用凸缘联轴器时，按标准选定凸缘联轴器后，必要时应对联接螺栓进行强度校核。

① 对于有对中榫的凸缘联轴器，靠接合面间的摩擦力来传递转矩。联轴器所能传递的最大转矩为：

$$zfF'\frac{D+D_1}{4}\geqslant KT \tag{15-1}$$

式中　D——联轴器环形结合面的外径；

　　D_1——联轴器环形结合面的内径；

f——摩擦因数；

z——联接螺栓数目；

F'——单个螺栓的预紧力；

T——联轴器所能传递的转矩；

K——载荷系数。

② 对普通凸缘联轴器，用铰制孔螺栓联接，靠螺栓杆承受挤压与剪切传递转矩。联轴器传递最大转矩时，每个螺栓所受的剪力为：

$$F=\frac{2KT}{zD_0} \tag{15-2}$$

式中 D_0——螺栓中心圆的直径；

z——联接螺栓数目；

T——联轴器所能传递的转矩；

K——载荷系数。

(3) 夹壳联轴器

如图 15-5 所示，将套筒做成剖分夹壳结构，通过拧紧螺栓产生的预紧力使两夹壳与轴联接，并依靠键或夹壳与轴表面之间的摩擦力来传递转矩。夹壳联轴器不需要沿轴向移动即可方便装拆，但不能联接直径不同的两轴，外形复杂且不易平衡，高速旋转时会产生离心力，所以用于工作平稳的低速传动。

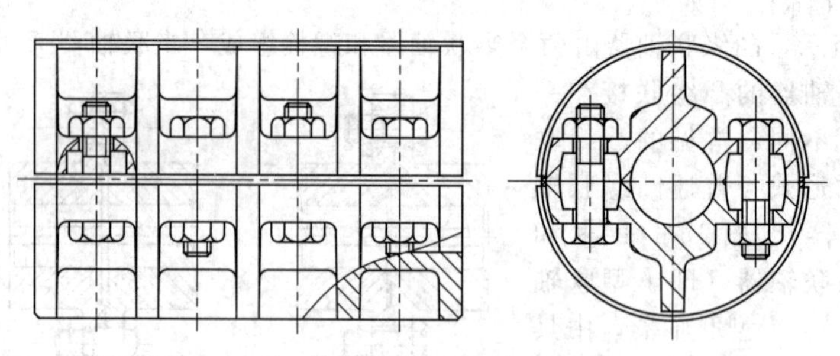

图 15-5 夹壳联轴器

15.1.3 可移式刚性联轴器

可移式刚性联轴器不存在弹性元件，利用联轴器工作零件间的间隙来补偿位移，不能缓冲减振，常用的有十字滑块联轴器、滑块联轴器、齿轮联轴器、链条联轴器、万向联轴器。

(1) 十字滑块联轴器

如图 15-6 所示，十字滑块联轴器由两个断面开有凹槽的半联轴器 1、3 和一个两面带有凸榫的十字滑块 2 组成，凹槽的中心线分别通过两轴的中心，两凸榫的中线分别垂直并通过滑块的中心。运转时，两凸榫可在半联轴器的凹槽移动以补偿两轴线的相对位移。

由于滑块与凹槽间存在相对滑动，运动中会产生摩擦、磨损，所以工作时，应采取润滑措施。十字滑块联轴器的优点是径向尺寸小、结构简单，其缺点是高速运转时由于十字滑块的偏心会产生较大的离心力，补偿相对位移的能力不大，常用于角位移 $\alpha\leqslant30°$，轴向位移 $y\leqslant0.04d$，转速 $v\leqslant300\text{r/min}$ 的场合。

(2) 滑块联轴器

与十字滑块联轴器结构相似（图 15-7），只是沟槽很宽，中间为不带凸榫的方形滑块，

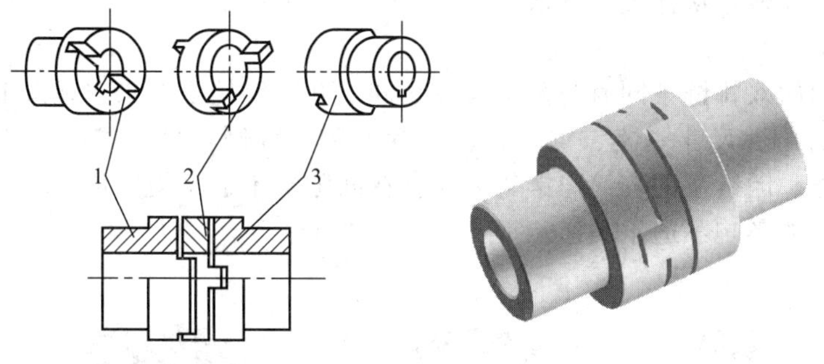

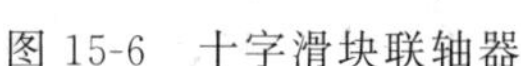
图 15-6　十字滑块联轴器

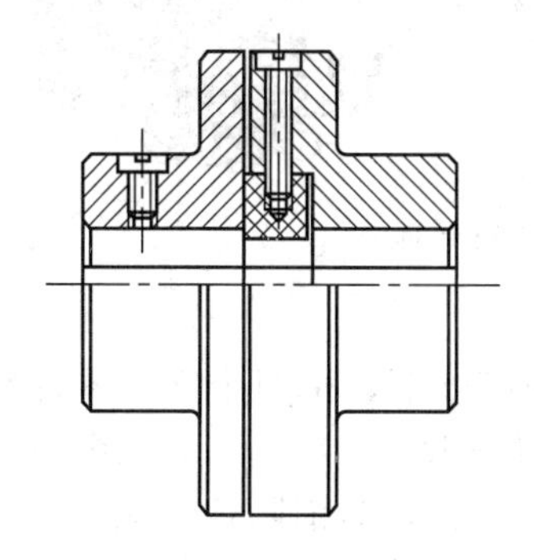

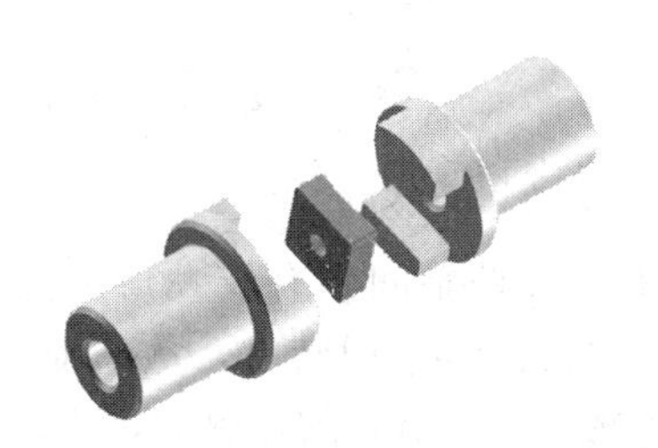

图 15-7　滑块联轴器

其材料为夹布胶木。由于中间滑块重量轻，且有弹性，故允许较高的极限转速。结构简单、尺寸紧凑。适用于小功率、高转速而无剧烈冲击的场合。

（3）齿轮联轴器

齿轮联轴器由两个具有外齿的半联器和用螺栓联接起来的具有内齿的外壳组成。如图 15-8 所示，两个半联轴器用键分别与主动轴和从动轴相联，两个外壳的内齿套在半联器的外齿上，外齿做成球形齿顶的腰鼓齿，而且内、外齿间具有较大的齿侧间隙，因此这种联轴器允许两轴发生较大的综合位移。工作时为减少齿面间的摩擦、磨损以及降低作用在轴和轴承上的附加载荷，在外壳内储存润滑油，两端用唇形密封圈密封。

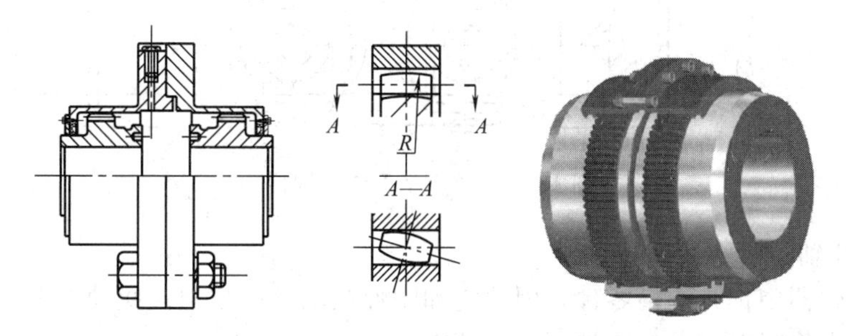

图 15-8　齿轮联轴器

齿轮联轴器允许径向位移为 0.4～6.3mm（角位移为 0 时的值，否则要小得多），允许角位移范围：对正常齿，$\alpha \leqslant 30°$；对腰鼓齿，$\alpha \leqslant 3°$。由于其结构复杂，造价高，常用于重载的场合。

由于载荷在轮齿上的分布情况很复杂，因此对齿轮联轴器进行强度计算和寿命计算相当困难，通常根据计算转矩从标准中选取。

（4）链条联轴器

利用一条公用的双排链条同时与两个齿数相同的并列链轮啮合来实现两半联轴器的联接（图 15-9），结构简单、尺寸紧凑、重量轻、装拆方便、维修容易、成本低廉，有一定的补偿性能和缓冲性能。因链条的套筒与链轮之间存在间隙，不适于逆向传动和启动频繁或立式轴传动。受离心力的影响不适于高速传动。

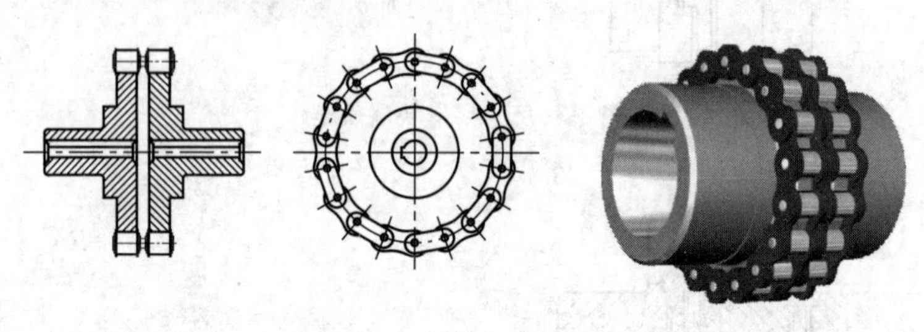

图 15-9　双排滚子链联轴器

（5）万向联轴器

万向联轴器是一类两轴间具有较大角位移的联轴器，由两个叉形零件和十字形销轴组成，当主动轴以等角速度 ω_1 回转时，从动轴的角速度 ω_2 在一定的范围内（$\omega_1\cos\alpha \leqslant \omega_2 \leqslant \omega_1/\cos\alpha$）作周期性变化，引起附加载荷，传动不平稳，为消除这一缺陷常将十字万向联轴器成对使用，组成双十字万向联轴器（图 15-10），安装时要求：

万向联轴器 1

① 主动、从动、中间三轴共面；

② 主动轴、从动轴的轴线与中间轴的轴线之间的夹角应相等；

③ 中间轴两端的叉面应在同一平面内。

使用转速不宜太高，该种联轴器广泛用于汽车、机床等机械中。

万向联轴器 2

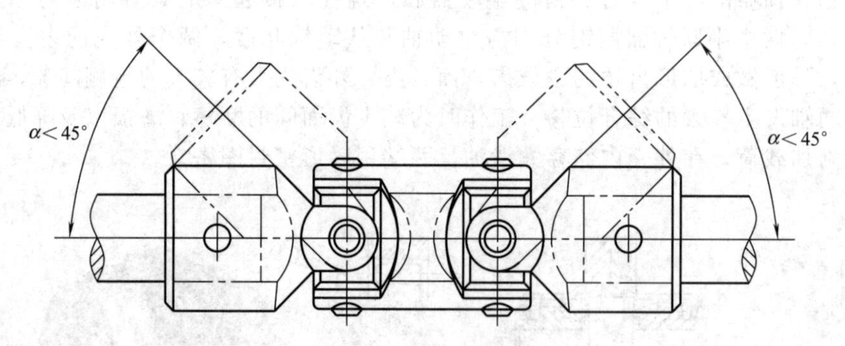

图 15-10　双十字万向联轴器

上述各种联轴器具有共同特点：

① 由于联轴器中都是刚性零件，因此它和刚性联轴器一样缺乏缓冲减振能力；

② 联轴器中作相对滑动的零件会造成冲击；

③ 滑动零件的摩擦阻力是随着载荷的增加而增大的，当阻力大到使零件移动发生困难时，也会使联轴器和轴受到附加的载荷等。

15.1.4　弹性联轴器

可移式弹性联轴器利用联轴器中弹性元件的变形来补偿位移，包括梅花形联轴器、弹性套柱销联轴器、弹性柱销联轴器、轮胎联轴器、膜片联轴器等。

(1) 梅花形联轴器

如图 15-11 所示，由两个半联轴器和一个形状似梅花的弹性块组成，半联轴器与轴的配合可以做成圆柱形或圆锥形。弹性块选用不同硬度的聚氨酯橡胶、尼龙等材料制造。

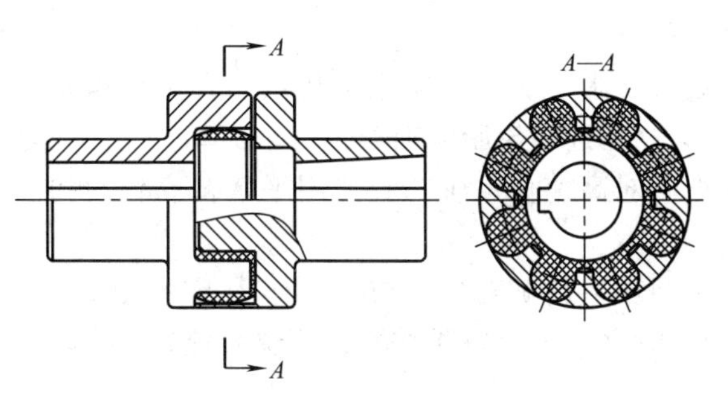

图 15-11　梅花形联轴器

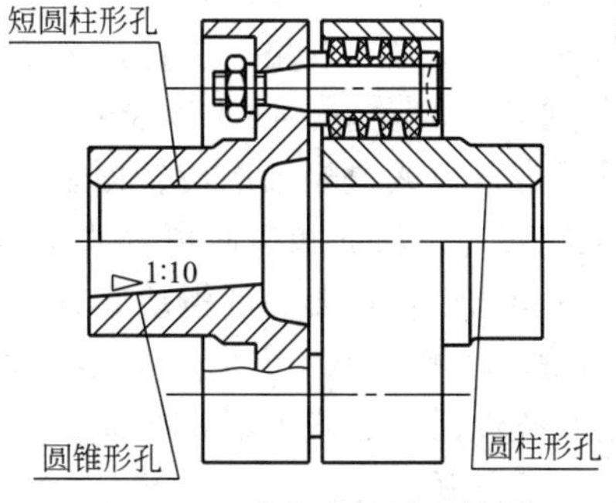

图 15-12　弹性套柱销联轴器

(2) 弹性套柱销联轴器

外观与凸缘联轴器相似，用带橡胶弹性套的柱销联接两个半联轴器，如图 15-12 所示，用来传递动力及补偿径向位移和角位移，靠安装时预留的间隙补偿轴向位移，并能缓冲减振，这种联轴器结构简单、装拆方便、维修容易、成本低廉，但弹性套易磨损，寿命短，适用于转速高、频繁正反转、需要缓冲减振的场合。

(3) 弹性柱销联轴器

如图 15-13 所示，用尼龙制成的柱销置于两个半联轴器凸缘的孔中将两个半联轴器联接起来。两个联轴器的动力通过弹性元件传递，缓冲减振。适用于正反向变化多，启动频繁的高速轴。能补偿较大的轴向位移，并允许微量的径向位移和角位移。

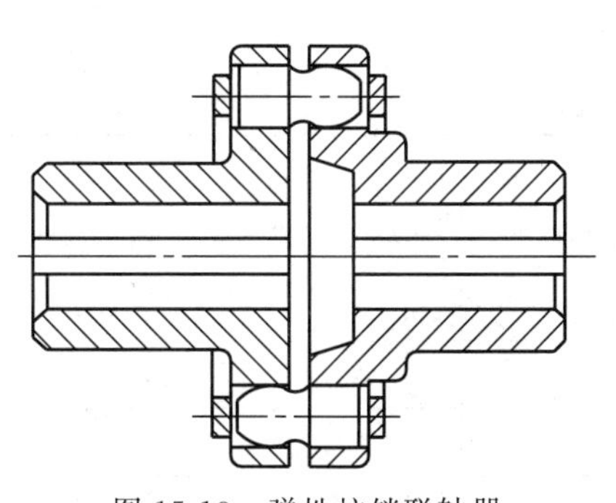

图 15-13　弹性柱销联轴器

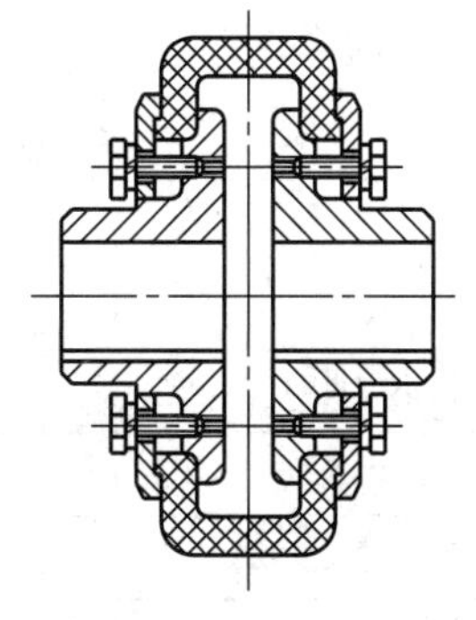

图 15-14　轮胎联轴器

(4) 轮胎联轴器

如图 15-14 所示，轮胎联轴器是利用橡胶制成的轮胎环，用止退垫板和螺栓固定来联接半联轴器。它结构简单、减振能力强、补偿能力大，但径向尺寸大，承载能力不高。用于启动频繁、正反向运转、有冲击振动、有较大轴向位移、潮湿多尘的场合。

15.1.5　联轴器的选择

大多数联轴器已经标准化或规格化，一般机械设计者的任务是选用联轴器，不需要设计。但如若遇到轴与轴的联接选择不到合适的标准联轴器或者自己设计与制作更方便，又或者考虑经济性因素等，就需要灵活运用所学知识，自己设计制作联轴器，解决轴与轴联接难题。湖南铁路科技职业技术学院机械侠协会在机械创新作品的制作之中，经常自己设计并制作简单实用的联轴器。

（1）联轴器类型的选择原则

首先根据工作条件和使用要求选择联轴器的类型，然后按转速 n、转矩 T、轴径 d、工作环境和成本等确定型号与规格。具体应考虑如下要求。

① 考虑传递转矩的大小、性质以及对缓冲减振要求　对大功率重载传动，宜选用齿轮联轴器；严重冲击载荷或消除轴系扭转振动的传动，宜选用轮胎联轴器。

② 考虑工作转速的高低和引起离心力的大小　对高速传动轴，宜选用平衡精度较高的膜片联轴器，不能选用存在偏心的滑块联轴器。

③ 两轴相对位移的大小和方向　安装调整两轴难以精确对中、或者工作中产生较大位移时，应选用有挠性元件的联轴器；径向位移较大时宜采用滑块联轴器；角位移较大，或两轴相交时宜采用万向联轴器。

④ 考虑可靠性和工作环境　由金属制成的不需要润滑的联轴器工作比较可靠；需要润滑的联轴器，其性能易受润滑完善程度的影响，且可能污染环境；含有橡胶等非金属元件的联轴器对温度、腐蚀介质、强光等比较敏感，而且容易老化。

⑤ 联轴器的制造、安装、维护和经济性　在满足使用要求的前提下，应选择装拆方便、维护简单、成本低廉的联轴器。刚性联轴器不仅结构简单，而且装拆方便，可用于低速、刚性大的传动；弹性联轴器具有较好的综合性能，广泛应用于一般的中、小型传动装置中。

⑥ 安全性要求　有安全保护要求的轴，应选用安全联轴器。

（2）计算联轴器的转矩

计算转矩为：

$$T_c = K_A T \tag{15-3}$$

式中　T——公称转矩；

K_A——工作情况系数，见表15-1。

表15-1　工作情况系数 K_A

工　作　机	原　动　机			
	电动机、汽轮机	多缸内燃机	双缸内燃机	单缸内燃机
发电机、小型通风机、小型离心机	1.3	1.5	1.8	2.2
透平压缩机、木工机械、输送机	1.5	1.7	2.0	2.4
搅拌机、增压机、有飞轮的压缩机	1.7	1.9	2.2	2.6
织布机、水泥搅拌机、拖拉机	1.9	2.1	2.4	2.8
挖掘机、起重机、碎石机、造纸机械	2.3	2.5	2.8	3.2
压延机、重型初轧机、无飞轮活塞泵	3.1	3.3	3.6	4.0

（3）确定联轴器的型号

选型依据为 $T_c \leqslant [T]$，由相关标准确定型号。

（4）校核最大转速

被联接轴的转速 n，不应超过联轴器许用的最高转速 n_{max}，即 $n \leqslant n_{max}$。

(5) 协调轴孔直径

被联接两轴的直径和形状（圆柱或圆锥）均可以不同，但必须使直径在所选联轴器型号规定的范围内，形状也应满足相应要求。

(6) 规定部件相应的安装精度

联轴器允许轴的相对位移偏差是有一定范围的，故必须保证轴及相应部件的安装精度。

(7) 进行必要的校核

联轴器除了要满足转矩和转速的要求外，必要时还应对联轴器中的零件进行承载能力校核，如对非金属元件的许用温度校核等。

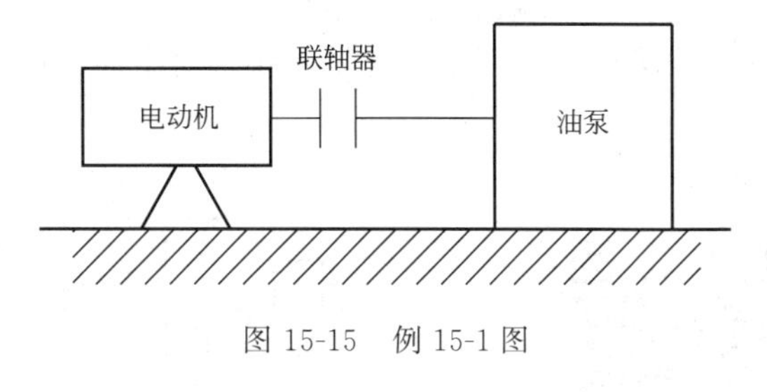

图 15-15　例 15-1 图

【例 15-1】 如图 15-15 所示，在电动机与增压油泵之间用联轴器相联。已知电动机功率 $P=7.5\text{kW}$，转速 $n=960\text{r/min}$，电动机伸出轴端的直径 $d_1=38\text{mm}$，油泵轴的直径 $d_2=42\text{mm}$，试选择联轴器型号。

【解】 解题过程见表 15-2。

表 15-2　解题过程

设计项目	计 算 过 程	结　果
1. 选取联轴器类型	因为轴的转速较高，启动频繁，载荷有变化，宜选用缓冲性较好，同时具有可移性的弹性套柱销联轴器	弹性套柱销联轴器
2. 计算转矩 T_c	查表 15-1 得 $K_A=1.7$ $T=9550P/n=9550\times7.5/960=74.6\text{N}\cdot\text{m}$ $T_c=K_AT=1.7\times74.6=126.8\text{N}\cdot\text{m}$	$T_c=126.8\text{N}\cdot\text{m}$
3. 确定联轴器规格	查手册选用弹性套柱销联轴器 TL6 $\dfrac{\text{Y}38\times82}{\text{Y}42\times112}$GB/T 4323—2002	TL6 $\dfrac{\text{Y}38\times82}{\text{Y}42\times112}$ GB/T 4323—2002

注：TL6 弹性套柱销联轴器的技术参数为：公称转矩 250N·m；许用转速 $n_{\max}=3300\text{r/min}$（联轴器材料为铁），$n_{\max}=3800\text{r/min}$（联轴器材料为钢）；轴孔直径 $d_{\min}=32\text{mm}$，$d_{\max}=42\text{mm}$。

15.2 离合器

离合器是在机器运转过程中，可使两轴随时接合或分离的一种装置。它可用来操纵机器传动的断续，以便进行变速或换向，还可以作为启动或过载时传递转矩大小的安全保护装置。对离合器的基本要求：分离、接合迅速，平稳无冲击，分离彻底，动作准确可靠；结构简单，重量轻，惯性小，外形尺寸小，工作安全，效率高；接合元件耐磨性好，使用寿命长，散热条件好；操纵方便省力，制造容易，调整维修方便。

15.2.1 离合器的组成与分类

根据工作原理的不同，离合器有嵌入式、摩擦式、磁力式等数种；按照操纵方式分有机械操纵式、电磁操纵式、液压操纵式和气压操纵式等；按离合控制方法不同可分为操纵式和自动式，可自动离合的离合器有超越离合器、离心离合器和安全离合器等，它们能在特定条件下，自动地接合或分离。

嵌入式离合器利用机械嵌合来传递转矩，摩擦式离合器利用摩擦副的摩擦力来传递转矩。操纵式离合器必须通过操纵才具有接合或分离的功能，自动式离合器在主动部分或从动部分某些参数发生变化时能自行接合或分离。

15.2.2 嵌入式离合器

嵌入式离合器的形式很多，如图 15-16 所示，本节只介绍牙嵌式离合器（图 15-17）一种。它由两个端面带牙的半离合器 1、3 组成。从动半离合器 3 用导向平键或花键与轴联接，另一半离合器 1 用平键与轴联接，对中环 2 用来使两轴对中，滑环 4 可操纵离合器的分离或接合。

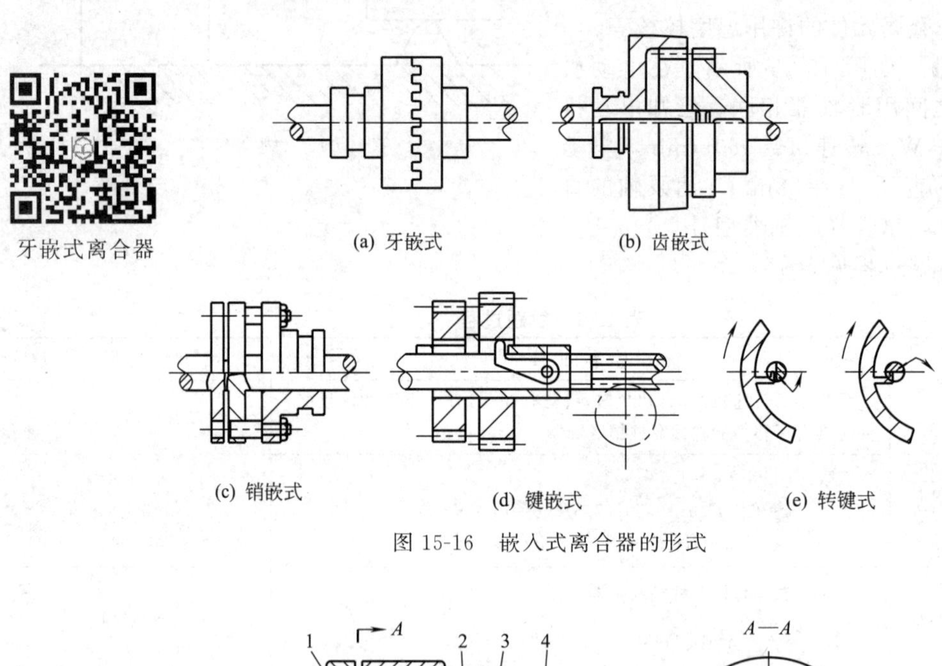

牙嵌式离合器

(a) 牙嵌式　(b) 齿嵌式

(c) 销嵌式　(d) 键嵌式　(e) 转键式

图 15-16　嵌入式离合器的形式

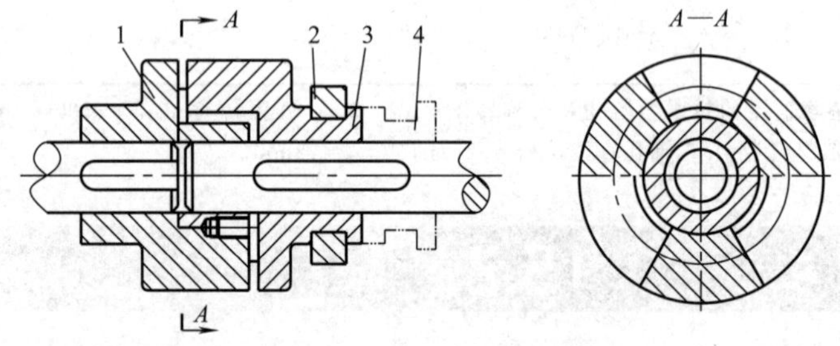

图 15-17　牙嵌式离合器

牙嵌式离合器常用的牙形有矩形、梯形、三角形和锯齿形。矩形牙在工作时没有轴向分力，但不便于接合与分离，磨损后也无法补偿；梯形牙的强度较高，能传递较大的转矩，并能补偿由于磨损造成的牙侧间隙，因而应用较为广泛；三角形牙用于传递小的转矩和低速的离合器；锯齿形牙强度高，只能传递单向转矩。

15.2.3 摩擦式离合器

摩擦式离合器利用摩擦力来传递转矩，接合平稳，过载时打滑，比较安全，但其外廓尺寸较大，结构复杂。摩擦式离合器有许多形式，按照摩擦面构成形状和施加压力的方向分为径向加压式离合器和轴向加压式离合器两大类（表 15-3）。

表 15-3　摩擦式离合器分类

	轴向加压式			径向加压式	
圆盘式	单圆盘式	多圆盘式	块式	内块式	外块式
圆锥式	单圆锥式	双圆锥式	带式或胀环式	内胀环式	外胀环式

圆盘摩擦式离合器

多盘摩擦式离合器

圆锥摩擦式离合器

摩擦式离合器在接合和分离阶段中从动轴转速总是落后于主动轴，摩擦盘间存在相对滑动，有磨损和发热现象，为增加摩擦式离合器的平稳性以及减少功率损失，应尽量在空载下接合。

15.2.4　特殊功能离合器

（1）安全离合器

当工作转矩超过机器允许的极限转矩时，联接件将脱开或打滑，从而使从动轴自动停止转动，以保护机器中的重要零件不致损坏，断开联接后能够自动恢复工作能力，用于经常过载处。图 15-18 为牙嵌式安全离合器。

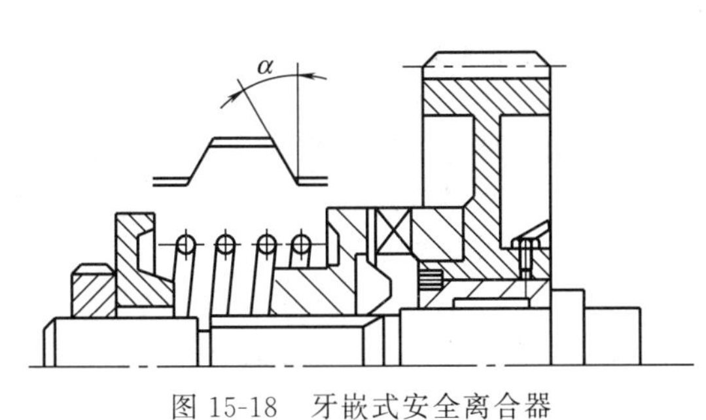

图 15-18　牙嵌式安全离合器

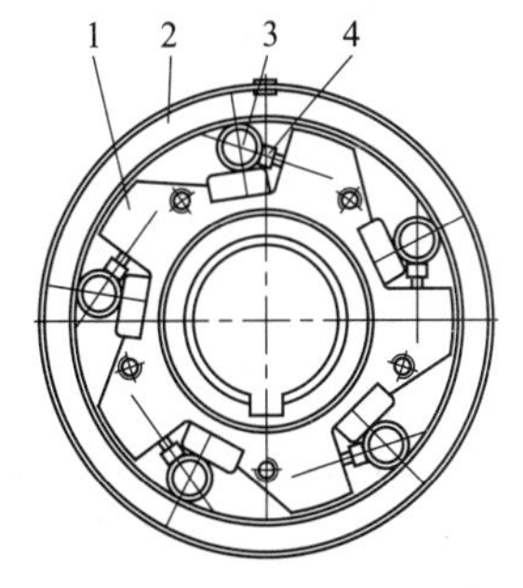

图 15-19　滚柱式定向离合器

（2）定向离合器

定向离合器只能传递单向转矩，反向时能自动分离。常见的有锯齿形牙嵌离合器、滚柱式定向离合器、楔块式定向离合器等。图 15-19 所示为滚柱式定向离合器，它主要由星轮 1、外圈 2、弹簧顶杆 4 和滚柱 3 组成。弹簧的作用是将滚柱压向星轮的楔形槽内，使滚柱与星轮、外圈相接触，当外圈逆时针转动时，以摩擦力带动滚柱向前滚动，进一步楔紧内外接触面，从而驱动星轮一起旋转，当外圈反向转动时，离合器处于分离状态。这种离合器也称为超越离合器。

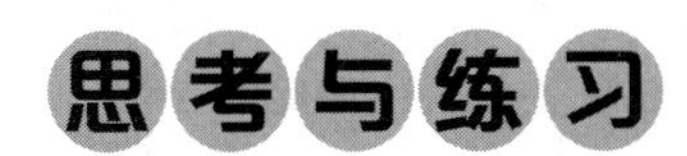

15-1　联轴器和离合器的功用是什么？两者的功用有何异同？

15-2　联轴器和离合器各有哪些类型？各类具有什么特点？

15-3　联轴器的计算转矩如何计算？工作情况系数 K_A 与哪些因素有关？

15-4　选用联轴器时，应考虑哪些主要因素？选择的原则是什么？

15-5　试比较固定式刚性联轴器和可移式刚性联轴器的特点，并各举出一些常用的结构形式。

15-6　试结合典型结构形式，说明可移式刚性联轴器可能有哪几种相对位移？

15-7　齿轮联轴器为什么能补偿综合位移？

15-8　离合器应满足哪些基本要求？

15-9　实践题：某电动机与工作机之间用联轴器联接，电动机额定功率 $P=7.5\text{kW}$，转速 $n=960\text{r/min}$，轴径 $d=30\text{mm}$。试选择该联轴器型号。

本章重点口诀

联轴器与离合器，它们与轴有联系，
联轴器的装和拆，机器必须停下来，
离合器的使用活，运动同时离与合，
联轴器作为重点，刚性弹性两大类，
选用类型有参数，功率转速与直径。

本章知识小结

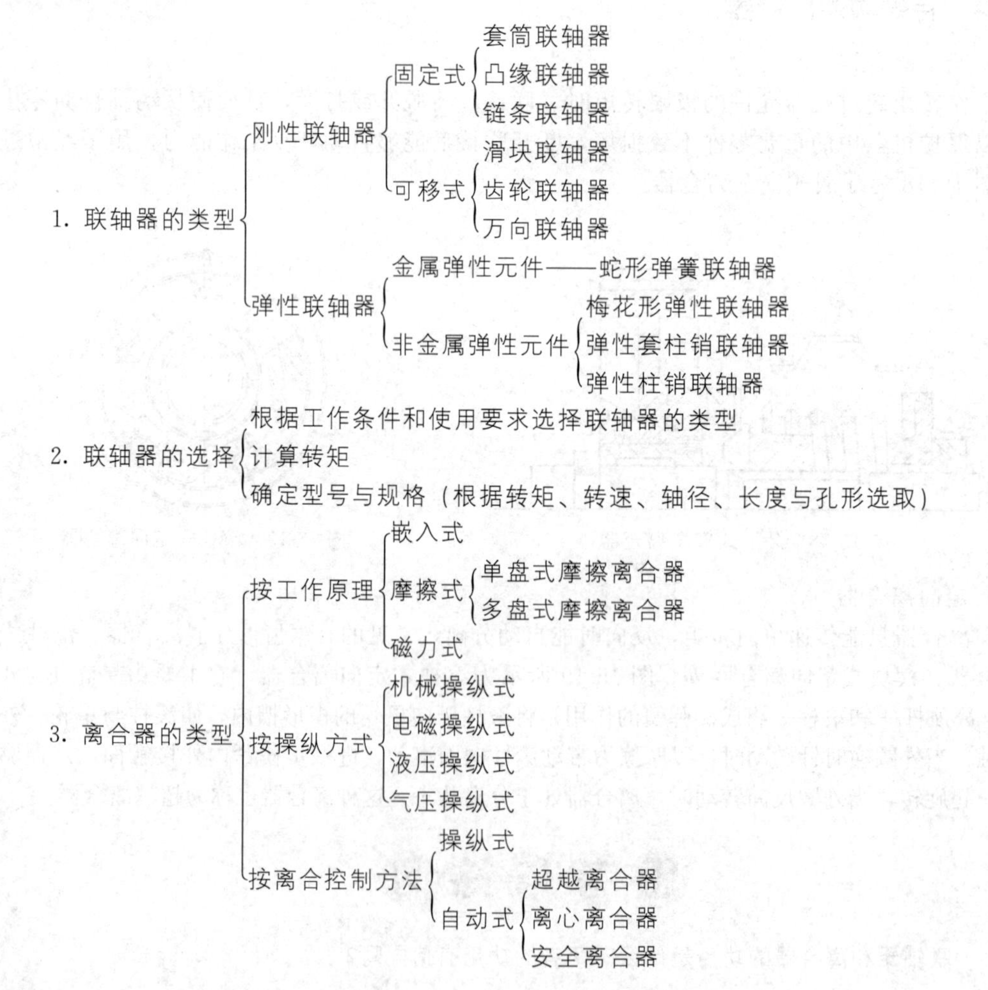

第16章 减速器

16.1 减速器的类型和特点

减速器结构总览

减速器装拆过程

减速器是用于减速传动的独立部件，它由刚性箱体、齿轮和蜗杆等传动副及若干附件组成。常用在原动机与工作机之间，其主要功能是降低转速和增加转矩，以满足工作需要；在少数场合下也用作提高转速的传动装置，此时称为增速器。

减速器由于结构紧凑、传递运动准确、效率较高、使用维护方便、可大批量生产，故在工业中得到广泛应用。

减速器的类型很多，按照齿轮形状分为圆柱齿轮减速器、圆锥齿轮减速器和圆柱-圆锥齿轮减速器；按照传动轴的布置形式分为展开式、同轴式和分流式；按照传动类型分为齿轮减速器、蜗杆减速器和行星减速器；按照传动原理分为普通减速器和行星减速器两大类；按照传动的级数分为单级减速器、双级减速器和多级减速器。常用减速器的类型、特点及应用见表 16-1。

表 16-1　常用减速器的类型、特点及应用

类　别	级　　数		图　　简	推荐传动比	特点及应用
齿轮减速器	单级			直齿 $i \leqslant 4$ 斜齿 $i \leqslant 5$ 人字齿 $i \leqslant 8$	应用广泛、结构简单。齿轮可用直齿、斜齿或人字齿。可用于低速轻载，也可用于高速重载
	双级圆柱齿轮	展开式		$i=8\sim40$	应用广泛、结构简单，用斜齿、直齿、人字齿。展开式的齿轮相对轴承不对称，齿向载荷分布不均，故要求高速级小齿轮远离输入端，轴应有较大刚性；同轴式的减速器长度方向尺寸较小、轴向尺寸较大，刚度较差；分流式的齿轮相对于轴承对称分布，常用于较大功率、变载荷的场合
		同轴式			
		分流式			

续表

类别	级数		图简	推荐传动比	特点及应用
齿轮减速器	圆锥齿轮	单级	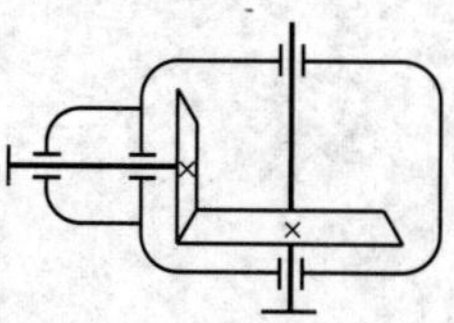	直齿锥齿 $i \leqslant 5$ 圆柱斜齿或 曲线齿 $i \leqslant 8$	用于输出轴和输入轴两轴线垂直相交的场合。为保证两齿轮有准确的相对位置，应有进行调整的结构。齿轮难于精加工，仅在传动布置需要时采用
		双级	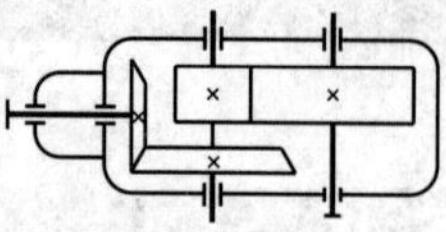	直齿 $i=6.3 \sim 31.5$ 斜齿、曲线齿 $i=8 \sim 40$	应用场合与单级圆锥齿轮减速器相同。圆锥齿轮在高速级，可减小圆锥齿轮尺寸，避免加工困难；小锥齿轮轴常悬臂布置，在高速级可减小其受力
蜗杆减速器	单级	上置式	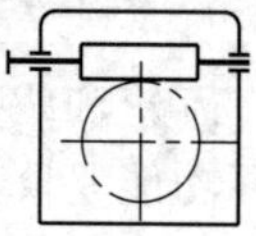	$i=8 \sim 80$	大传动比时结构紧凑，外廓尺寸小，效率较低。下置蜗杆式润滑条件好，应优先采用，但当蜗杆速度太高时（$v \geqslant 5\mathrm{m/s}$），搅油损失大。上置蜗杆式轴承润滑不便
		下置式	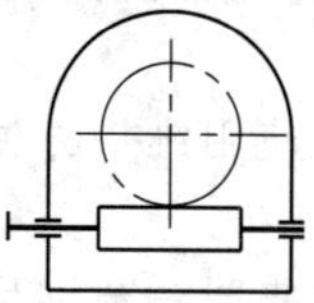		
	双级		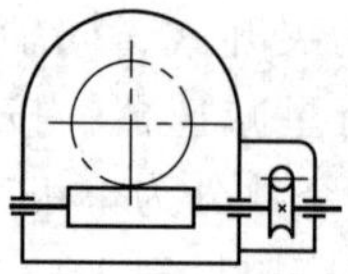	$i=100 \sim 4000$	结构紧凑、传动比大、效率低，为了保证轮齿啮合处的充分润滑，并避免搅油损耗过大，应使高速级和低速级传动浸油深度大致相同
齿轮-蜗杆减速器			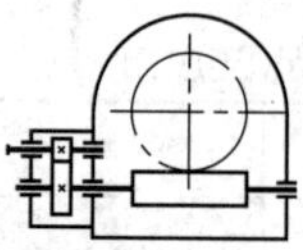	$i=15 \sim 480$	有蜗杆传动在高速级和齿轮传动在高速级两种形式。前者效率较高，后者应用较少
行星齿轮减速器	渐开线行星齿轮减速器		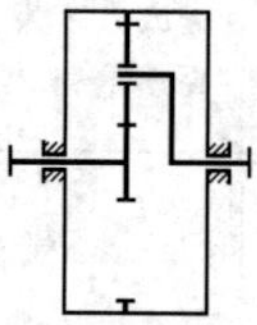	单级 $i=2 \sim 12$ 双级 $i=14 \sim 160$	传动形式有多种，体积小，重量轻，承载能力大，效率高，工作平稳。但制造精度要求高，结构复杂
	摆线针轮减速器		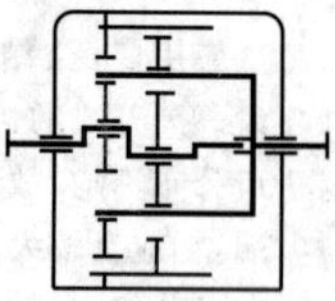	直齿单级：$i=11 \sim 87$	传动比大，效率较高（0.9～0.95），运转平稳，噪声低，体积小，重量轻。过载和抗冲击能力强，寿命长。加工难度大，工艺复杂
	谐波齿轮减速器	单级	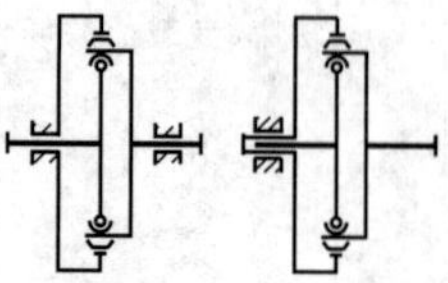	$i=50 \sim 500$（左图，柔轮或刚轮固定，波发生器主动） $i=1.002 \sim 1.02$（右图，波发生器固定，柔轮主动）	传动比大，同时参与啮合齿数多，承载能力大。体积小，重量轻，效率为 0.65～0.9，传动平稳，噪声小。制造工艺复杂

16.1.1 圆柱齿轮减速器

圆柱齿轮减速器按其齿轮传动的级数分为单级、双级、三级减速器，单级减速器适用于传动比 $i \leqslant 8$，双级减速器适用于传动比 $i=8 \sim 40$，三级减速器适用于传动比 $i=40 \sim 400$。双级和三级减速器按传动布置形式又分为展开式、同轴式和分流式等，展开式的齿轮相对轴承不对称，齿向载荷分布不均匀，在设计该种减速器时：

① 要求高速级小齿轮远离输入端；

② 轴应有较大刚性；

③ 采用斜齿轮时应使轴向力向着受径向力小的轴承。

同轴式的减速器长度方向尺寸较小，输入轴与输出轴位置位于同一轴线上，故中间轴长，轴向尺寸较大，刚度较差，容易使轴向载荷分布不均匀。

分流式的齿轮相对于轴承对称分布，载荷沿齿宽方向分布比展开式的均匀，该减速器的高速级常采用斜齿轮，以抵消斜齿轮的轴向分力，常用于较大功率、变载荷的场合。

圆柱齿轮减速器在所有减速器中应用最广，传递功率最大可达 40000kW，圆周速度通常不超过 60～70m/s，最高可达 140m/s。

圆柱齿轮减速器有渐开线齿形和圆弧齿形两大类，其结构除齿形不同外，其他基本相同。在传动功率和传动比相同时圆弧齿轮减速器长度方向的尺寸要比渐开线齿轮减速器小 30％～40％。

传递功率很大的减速器最好采用双驱动式［图 16-1(a)］或中心驱动式［图 16-1(b)］，该种布置方式有利于改善受力状况、降低传动尺寸。

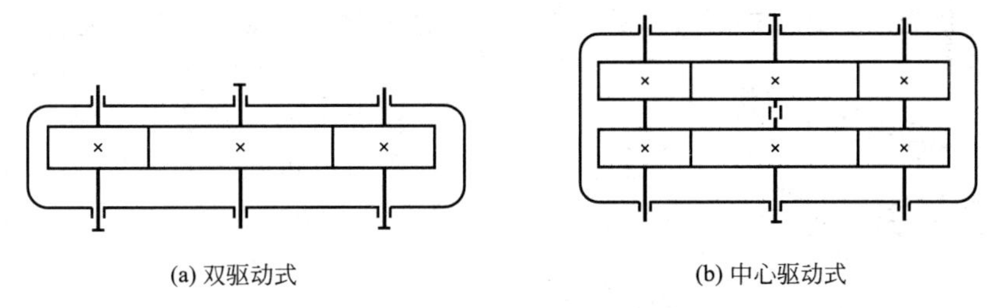

(a) 双驱动式　　(b) 中心驱动式

图 16-1　双驱动式、中心驱动式减速器

代号：包括减速器的型号、低速级中心距、公称传动比、装配形式、齿轮精度、标准号。

减速器代号示例：

ZL　100-12-ⅡA-JB/T 9050—2015

ZL——减速器型号（ZD 表示单级、ZL 表示双级、ZS 表示三级）；

100——实际总中心距的 1/10，单位 mm；

12——公称传动比（具体的 12 指第十二种传动比，$i=25$，其他传动比代号所表示具体传动比值详见机械设计手册）；

Ⅱ——减速器的装配形式（装配形式用Ⅰ、Ⅱ、Ⅲ等表示，具体意义见机械设计手册）；

A——第一级齿轮的加工精度（A 表示精度为 8-7-7Dc，用于 $v>12 \sim 18$m/s，无字母的表示精度为 8-7-7Dc，用于 $v \leqslant 12$m/s）；

JB/T 9050—2015——减速器标准。

16.1.2 圆锥齿轮减速器

用于输出轴和输入轴两轴线垂直相交的场合。双级和多级圆锥齿轮减速器常由圆锥齿轮传动和圆柱齿轮传动组成，又称为圆柱-圆锥齿轮减速器，为使其受力小一些，通常将圆锥齿轮放于高速级，为了保证轮齿啮合处的充分润滑，并避免搅油损耗过大，应使高速级和低速级传动浸油深度大致相同。为保证两齿轮有准确的相对位置，应有进行调整的结构。由于圆锥齿轮难于精加工、允许圆周速度较低，仅在传动布置需要时采用。

和圆柱齿轮减速器相比，传动比较小，对单级圆锥齿轮减速器采用直齿锥齿时 $i \leqslant 5$，采用斜齿或曲线齿时传动比 $i \leqslant 8$；对双级圆锥齿轮减速器，采用直齿时传动比 $i = 6.3 \sim 31.5$，采用斜齿、曲线齿时传动比 $i = 8 \sim 40$。

16.1.3 蜗杆减速器

主要用于传动比大于10的场合。当传动比较大时结构紧凑，外廓尺寸小，效率较低，由于蜗杆、蜗轮啮合传动时，齿廓间沿蜗杆螺旋线有较大的滑动速度，发热量大，所以蜗杆减速器不宜在长期连续使用的传动中使用，且仅宜用于传递中等以下功率的场合，一般不超过50kW。

单级蜗杆减速器有蜗杆上置式和蜗杆下置式两种。采用下置式时，蜗杆啮合处能得到较好的润滑和冷却，应优先采用，但当蜗杆速度太高时（$v \geqslant 5\text{m/s}$），蜗杆的搅油损失大，发热过多，最好采用上置蜗杆式，但必须保证啮合处要有良好的润滑条件。

双级蜗杆减速器结构紧凑、传动比大、效率低，为了保证轮齿啮合处的充分润滑，并避免搅油损耗过大，应使高速级和低速级传动浸油深度大致相同。

16.2 减速器的结构

减速器已作为一个独立的部件，并已标准化和系列化，其结构因其类型、用途不同而不同，但其基本结构都由箱体、轴系部件、附件及联接件等组成，减速器的结构如图16-2所示。轴系部件包括传动零件（如齿轮、蜗杆、蜗轮）、轴、轴承及用于轴上零件定位、固定的零件，传动零件决定了减速器的技术特性，通常按照传动零件的种类命名减速器；箱体主要起支撑轴系部件、保证和基础连接、安装附件和储存润滑剂等功能；附件的功能是保证减速器具备完善的性能，如注油、排油、吊运、检查油面高度、观察啮合零件的啮合情况。

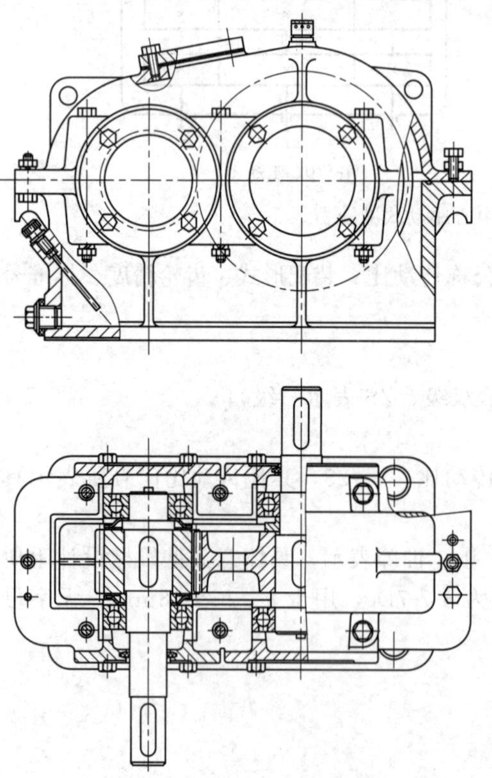

图16-2 单级圆柱齿轮减速器

16.2.1 箱体

箱体结构如图16-3所示。按照毛坯制造工艺和材料有铸造箱体和焊接箱体。铸造箱体较易获得合理而复杂的结构形状，刚度好，但制造周期长，多用于批量生产，材料多采用中等强度的铸铁（HT150、HT200），对重型减速器用铸钢或高强度铸铁；焊接箱体和铸造箱体相比，重量轻，生产周期短，多用于单件或小批量生产。

从结构形式上箱体可分为剖分式箱体和整

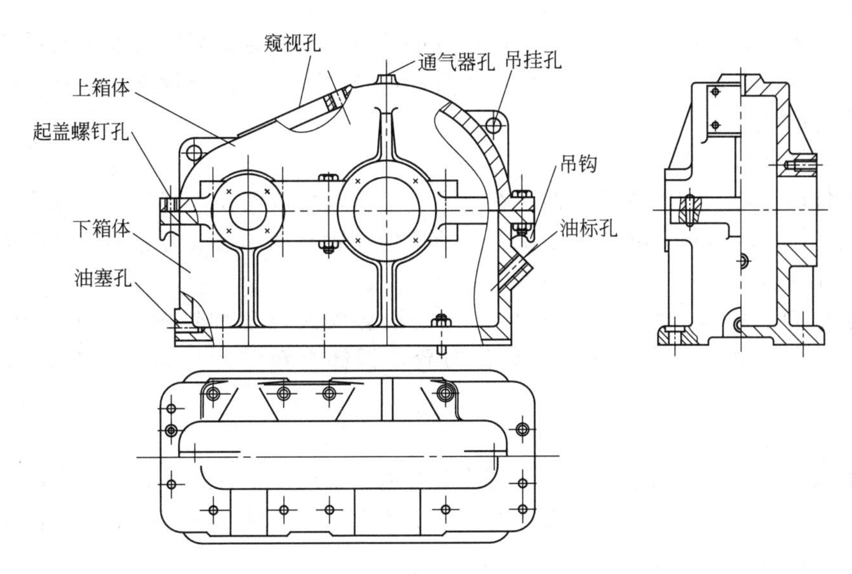

图 16-3　齿轮减速器箱体结构

体式箱体两种。剖分式箱体由上、下箱体两部分组成，用螺栓联接构成一整体，下箱体要有一定的宽度和厚度以保证安装稳定性和刚度。为拆卸上箱体方便，在剖分面的一个凸缘上应设计有拆卸用的辅助工艺孔（螺纹孔）。上、下箱体的联接螺栓应合理分布，并注意扳手空间的尺寸，在轴承附近的螺栓应稍大些并尽量靠近轴承；为保证上、下箱体位置的准确性，在剖分面的凸缘上应设计有 2～3 个圆锥形定位销。

在上箱体上应设计有观察传动啮合情况的视窗孔，为排出箱体内热气用的通气孔和为起吊上箱体用的起吊装置；在下箱体上合适位置处应设计有一定数量的地脚螺栓孔，以保证在运转过程中减速器的稳定性及与基础联接的可靠性；上、下箱体的壁厚、筋厚、凸缘厚、螺栓尺寸均可按照经验公式计算。

和剖分式箱体相比，整体式箱体重量轻，零件少，加工量也少，但轴系部件的装配较为复杂。

16.2.2　附件

为保证减速器具备完善的性能，如注油、排油、吊运、检查油面高度、观察啮合零件的啮合情况、保证装配和拆卸方便等，在减速器上常设置某些装置或零件，将这些装置和零件以及箱体上相应的局部结构统称为附属装置，简称附件。包括：视窗和视窗盖、通气装置、油标、放油孔和放油螺塞、定位销、吊环螺钉或吊耳等起吊装置等。

（1）视窗、视窗盖

为检查箱体内传动零件的啮合情况、观察润滑剂的情况以及注入润滑剂到箱体中，在减速器的上箱体顶部设有视窗孔，视窗孔的尺寸根据减速器的结构形式和减速器的中心距确定，为防止润滑剂飞溅出来和污物进入箱体内，在视窗孔上应有视窗盖，在可能的情况下，视窗盖应优先采用透明材料制成，以便于观察。

（2）通气装置

为避免由于减速器工作时箱体内的温升对密封部位密封性能的影响，应在上箱体顶部设有通气孔，并安装通气装置，常用的通气装置有通气罩、通气帽、通气塞、通气器等。

（3）油标

油标是用来检查箱体内润滑油的油面高度的装置，在减速器运转过程中通过控制油面高度来控制箱体内润滑剂量，以保证对传动零件的润滑。一般油标应设置在箱体上便于观察且油位比较稳定的地方。

（4）放油孔和放油螺塞

为便于排放变质的润滑油及油污，在下箱体上应设置放油孔，其位置应保证润滑油能彻底排放，在非排放时应保证润滑油不渗漏，所以应设置放油螺塞及可靠的密封机构。

（5）启盖螺钉

为便于拆卸上箱体，通常在上箱体凸缘处设置安装启盖螺钉的螺纹孔，出厂时可以不配置启盖螺钉，数量通常为两个且对称布置，拆卸上箱体时拧紧启盖螺钉即可顶起上箱体。

（6）起吊装置

为便于搬运和装卸，在上箱体或下箱体上合适位置应设置有起吊装置，常用的起吊装置有吊环螺钉、吊耳、吊钩等，吊耳常在上箱体上铸出，吊钩常在下箱体上铸出，具体尺寸和结构形式详见机械设计手册。

16.3 减速器的润滑

对减速器的传动零件和轴承进行良好的润滑，可以减少磨损和发热，还能够防锈和降低噪声、防止和延缓齿轮失效、改善齿轮传动的工作状况。减速器润滑对减速器的结构设计有直接影响；轴承的润滑方式影响轴承的轴向位置和轴的结构尺寸等。

16.3.1 传动零件的润滑

对传动零件的润滑，绝大多数减速器采用浸油润滑，对高速传动多采用压力喷油润滑。

（1）浸油润滑

如图 16-4 所示，浸油润滑是将传动零件的一部分浸入油池中，在运转过程，润滑油被带到啮合区域对传动零件进行润滑，同时油池中的油被甩到箱体壁上对油池中的油进行散热。适用于圆周速度 $v \leqslant 12\text{m/s}$ 的齿轮传动和圆周速度 $v \leqslant 10\text{m/s}$ 的蜗杆传动。为避免润滑油的过高温升和减少齿轮的运动阻力必须保证油池中有一定的储油量和齿轮必须有合适的浸油深度；为避免油搅动时的沉渣泛起，应使齿顶圆到池底有合适的距离，通常为 30～50mm。

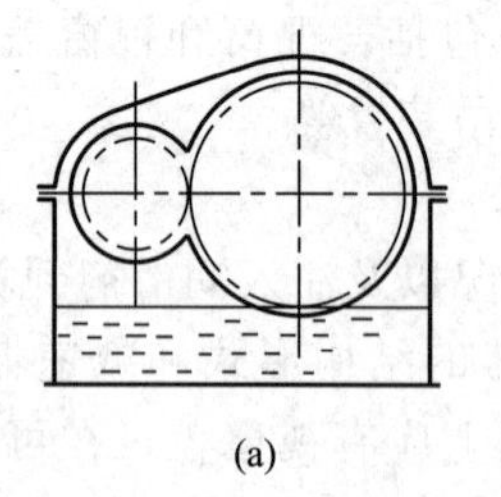
(a)

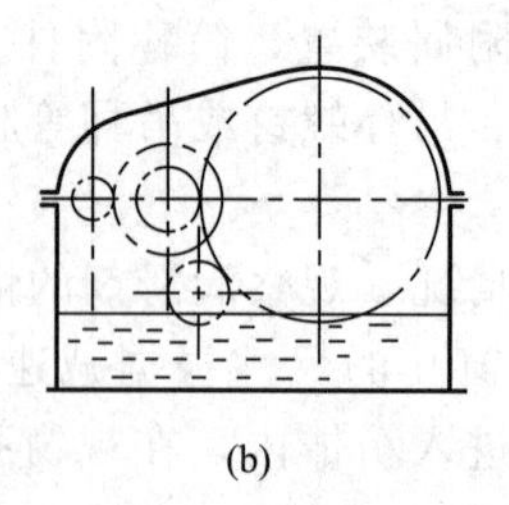
(b)

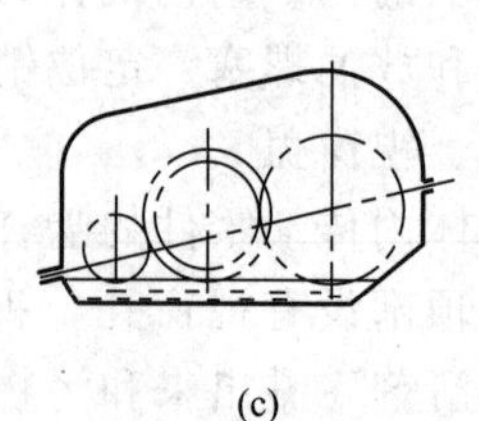
(c)

图 16-4 浸油润滑

浸入油中的齿轮深度一般以 1～2 个齿高为宜；速度高的应浅一些，应为齿高的 0.7 倍左右，但至少为 10mm；速度低的（0.5～0.8m/s）允许浸入深一些，可达到 1/6 的齿轮半径；速度更低的浸入深度可达1/3的齿轮半径；对圆锥齿轮减速器，齿轮浸入油的深度应达到轮齿的整个宽度。对如船用减速器等这些油面有波动的减速器，浸入宜深一些；对蜗杆减速器，蜗杆下置式的油面高度应低于蜗杆螺纹的根部，并且不应超过蜗杆轴上滚动轴承的最低滚子的中心，蜗杆上置式的蜗轮的浸油深度应略大于齿高为宜。

对多级减速器应尽量使各级传动浸油深度近于相等，如果低速级齿轮浸油太深时，可将高速级齿轮采用惰轮蘸油润滑，或将减速器上、下箱体的剖分面做成倾斜的，从而使高速级和低速级传动的浸油深度大致相等；减速器油池的容积平均可按1kW约需0.35～0.70L油量计算。

(2) 喷油润滑

圆周速度 $v>12\mathrm{m/s}$ 的齿轮减速器或圆周速度 $v>10\mathrm{m/s}$ 的蜗杆减速器由于由齿轮带上的油会被离心力甩出去而送到齿轮啮合区域，搅油使减速器的温升增加，使齿底的沉渣泛起，从而加速齿轮和轴承的磨损，加速润滑油的氧化和降低润滑性能等，所以这时应采用喷油润滑，如图16-5所示，即由油泵或中心供油站以一定的压力供油，经喷嘴将润滑油喷到轮齿的啮合区域，速度高时，对着啮出区喷油有利于迅速带走热量，降低啮合温度，提高抗点蚀能力。喷油润滑也常用于速度并不很高而工作条件相当繁重的重型减速器中和需要用大量润滑油进行冷却的减速器中。喷油润滑需要专用的管路装置、润滑油的冷却和过滤装置以及油量的调节装置等，所以费用昂贵。

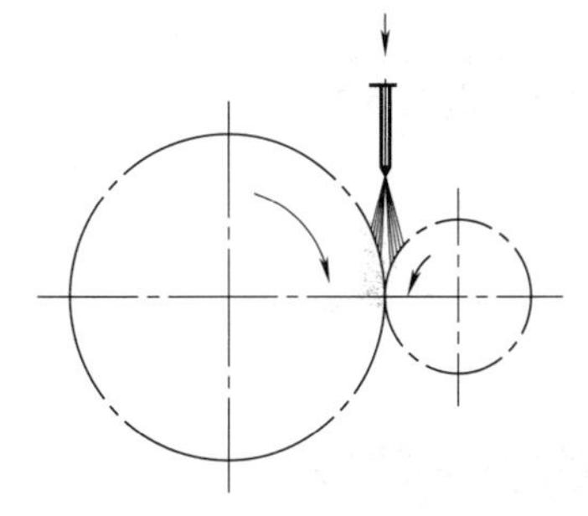

图16-5 喷油润滑

16.3.2 轴承的润滑

减速器的轴承多为滚动轴承，其润滑方式可以根据齿轮或蜗杆的圆周速度来选择，当浸油齿轮的圆周速度 $v<2\mathrm{m/s}$ 时，滚动轴承宜采用脂润滑；当浸油齿轮的圆周速度 $v\geqslant 2\mathrm{m/s}$ 时，滚动轴承宜采用油润滑；对蜗杆减速器，下置式的蜗杆轴承用浸油润滑，蜗轮轴承多采用脂润滑或刮板润滑。

(1) 脂润滑

脂润滑易于密封、结构简单、维护方便，采用脂润滑时，滚动轴承的转速与内径积一般应满足 $dn\leqslant 2\times 10^5\mathrm{mm\cdot r/min}$。采用脂润滑时应在轴承的内侧设置挡油环或其他密封装置，以免油池中的油进入轴承稀释润滑脂。

(2) 飞溅润滑

当浸油齿轮的圆周速度 $v>2\mathrm{m/s}$ 时可以采用飞溅润滑。把飞溅到上箱体的油汇集到箱体剖分面上的油沟中，然后流进轴承以实现对轴承的润滑。飞溅润滑结构简单，在减速器中应用最广。

(3) 刮板润滑

当浸油齿轮的圆周速度 $v<2\mathrm{m/s}$ 时，由于飞溅的油量不能满足轴承的需要，当下置式蜗杆的圆周速度 $v>2\mathrm{m/s}$ 时，由于蜗杆位置低，飞溅的油难以达到蜗轮轴承，最好采用刮板润滑，即利用刮板刮下齿轮或蜗轮端面的油，并导入油沟对轴承进行润滑。

(4) 浸油润滑

适用于中、低速的下置蜗杆轴承的润滑，高速时因搅油剧烈易造成严重过热，应注意油面不应超过滚子的中心。

(5) 压力喷油润滑

转速很高的轴承需要采用压力喷油润滑。喷油润滑需要专用的管路装置、润滑油的冷却和过滤装置以及油量的调节装置等，成本较高。

减速器的轴承如果是滑动轴承，由于传动用油的黏度太高不能在滑动轴承中使用，所以此时轴承润滑就需要有独立的润滑系统，应按照轴承的受载情况和滑动速度等工作条件来选择合适的润滑方法及润滑油的黏度。

思考与练习

16-1　双级与多级减速器按传动布置形式可分为哪几种？各有何优缺点？

16-2　减速器箱体上的附件各起什么作用？

16-3　简述减速器的结构、主要类型及其特点。

16-4　减速器中传动零件有哪几种润滑方式？各适用于何种场合？

16-5　减速器中轴承有哪几种润滑方式？各适用于何种场合？

16-6　试述减速器的代号标注方法。

本章重点口诀

独立部件减速器，降低转速增转矩，
减速器的各两头，原动机与工作机，
减速器的类型有，齿轮蜗杆与行星，
双级齿轮减速器，展开同轴与分流。

本章知识小结

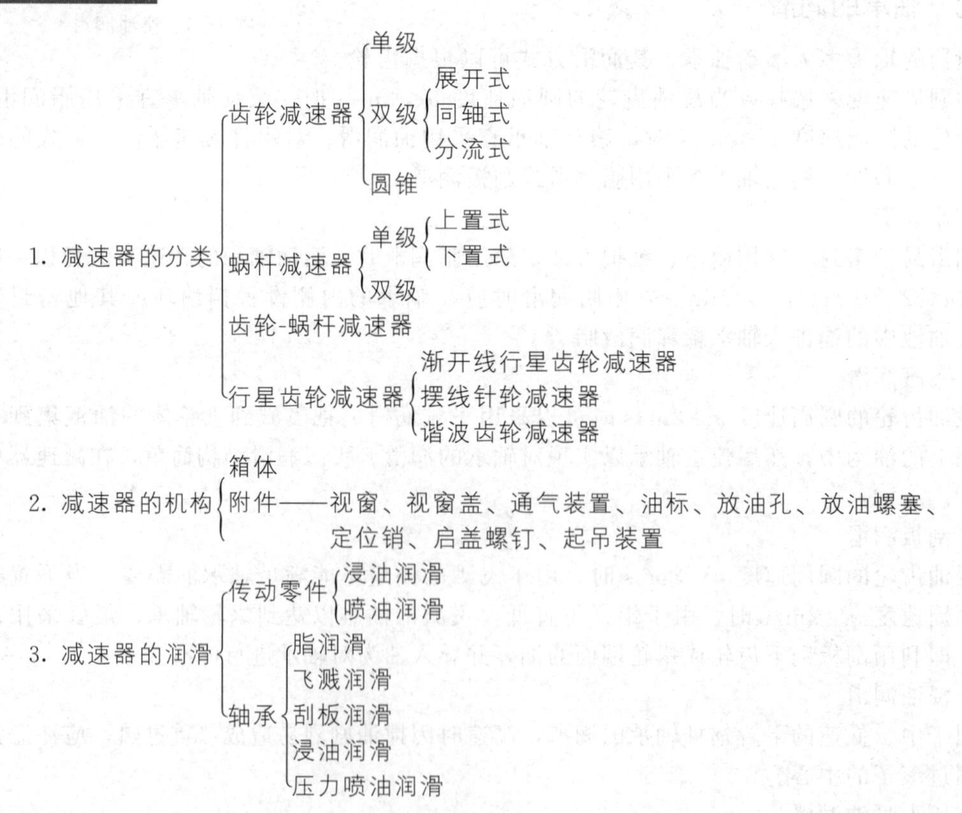

参考文献

[1] 陈立德．机械设计基础．北京：高等教育出版社，2007.
[2] 张建中．机械设计基础学习与训练指南．北京：高等教育出版社，2007.
[3] 张久成．机械设计基础．北京：机械工业出版社，2011.
[4] 朱龙根．机械设计．北京：机械工业出版社，2006.
[5] 赵祥．机械原理及机械零件．北京：中国铁道出版社，2006.
[6] 王中发．机械设计．北京：北京理工大学出版社，2007.
[7] 王志伟．机械设计基础．北京：北京理工大学出版社，2007.
[8] 吴宗泽．机械设计课程设计手册．北京：高等教育出版社，2006.
[9] 柴鹏飞．机械基础．北京：机械工业出版社，2010.
[10] 蔡广新．机械设计基础．北京：化学工业出版社，2016.